高等职业教育计算机类课程
新形态一体化教材

U0733171

信息技术基础
（WPS Office）

主　编　陈高锋

副主编　杨冬梅 魏翠芳 邹飞

中国教育出版传媒集团

高等教育出版社·北京

内容提要

本书为高等职业教育计算类课程新形态一体化教材，依据教育部最新颁布的《高等职业教育专科信息技术课程标准（2021年版）》编写，同时兼顾全国计算机等级考试（一级计算机基础及WPS Office）教学需求。本书围绕高等职业教育专科各专业对信息技术学科核心素养的培养需求，以"项目教学、任务驱动"为编写思路，按照任务引入与分析、任务学习活动、任务实施、技能训练的体系组织内容，任务引入与分析部分选取日常工作和学习过程中用到的典型案例，任务学习活动将需要掌握的知识和技能划分为多个学习活动，便于学习者学习和理解。

全书共包括8个项目，分别为计算机基础知识、常用操作系统、WPS文档处理、WPS电子表格处理、WPS演示文稿制作、Internet与信息检索、新一代信息技术概述及信息素养与社会责任、信息技术拓展。本书案例丰富、图文并茂、通俗易懂、实用性较强。

本书配套有微课视频、授课用PPT、案例素材、思考与练习答案、知识拓展等数字化资源。与本书配套的数字课程在"智慧职教"平台（www.icve.com.cn）上线，学习者可以登录平台进行在线学习，授课教师可以调用本课程资源构建符合自身教学特色的SPOC课程，详见"智慧职教"服务指南。教师可发邮件至编辑邮箱1548103297@qq.com获取相关资源。

本书可作为高等职业院校"信息技术基础"或"计算机应用基础"公共基础课程教材，也可作为全国计算机等级考试（一级计算机基础及WPS Office）及信息技术应用培训教材。

图书在版编目（ＣＩＰ）数据

信息技术基础 ： WPS Office / 陈高锋主编 ． -- 北京 ： 高等教育出版社，2022.10（2024.5重印）
ISBN 978-7-04-059338-9

Ⅰ．①信… Ⅱ．①陈… Ⅲ．①办公自动化 - 应用软件 - 教材 Ⅳ．①TP317.1

中国版本图书馆CIP数据核字(2022)第160288号

Xinxi Jishu Jichu（WPS Office）

| 策划编辑 | 吴鸣飞 | 责任编辑 | 傅 波 | 封面设计 | 杨伟露 | 版式设计 | 徐艳妮 |
| 责任绘图 | 于 博 | 责任校对 | 刘丽娴 | 责任印制 | 赵 振 | | |

出版发行	高等教育出版社	网　址	http://www.hep.edu.cn
社　址	北京市西城区德外大街4号		http://www.hep.com.cn
邮政编码	100120	网上订购	http://www.hepmall.com.cn
印　刷	三河市宏图印务有限公司		http://www.hepmall.com
开　本	787 mm × 1092 mm 1/16		http://www.hepmall.cn
印　张	19.75		
字　数	470千字	版　次	2022年10月第1版
购书热线	010-58581118	印　次	2024年5月第4次印刷
咨询电话	400-810-0598	定　价	55.00元

物 料 号　59338-00

"智慧职教" 服务指南

"智慧职教"（www.icve.com.cn）是由高等教育出版社建设和运营的职业教育数字教学资源共建共享平台和在线课程教学服务平台，与教材配套课程相关的部分包括资源库平台、职教云平台和 App 等。用户通过平台注册，登录即可使用该平台。

● 资源库平台：为学习者提供本教材配套课程及资源的浏览服务。

登录"智慧职教"平台，在首页搜索框中搜索"信息技术基础（WPS Office）"，找到对应作者主持的课程，加入课程参加学习，即可浏览课程资源。

● 职教云平台：帮助任课教师对本教材配套课程进行引用、修改，再发布为个性化课程（SPOC）。

1. 登录职教云平台，在首页单击"新增课程"按钮，根据提示设置要构建的个性化课程的基本信息。

2. 进入课程编辑页面设置教学班级后，在"教学管理"的"教学设计"中"导入"教材配套课程，可根据教学需要进行修改，再发布为个性化课程。

● App：帮助任课教师和学生基于新构建的个性化课程开展线上线下混合式、智能化教与学。

1. 在应用市场搜索"智慧职教 icve"App，下载安装。

2. 登录 App，任课教师指导学生加入个性化课程，并利用 App 提供的各类功能，开展课前、课中、课后的教学互动，构建智慧课堂。

"智慧职教"使用帮助及常见问题解答请访问 help.icve.com.cn。

序　一

在当今人类社会快速发展的过程中，计算机与网络技术等现代信息技术已在社会各个领域得到广泛应用，并逐步改变着人们的工作、学习和生活方式。了解信息技术的基本原理、基本知识，掌握常用办公自动化软件的使用，具备良好的信息素养和社会责任，了解信息技术在所从事行业的典型应用，已经成为现代社会职业人必须具备的能力。

在教育教学领域，信息技术的广泛应用正在改变着其观念、环境、模式、内容和方法，并促使学习方式发生改变。如今的教育正从过去的"以教为中心"转向"以学为中心"，尊重学习个体的主体性和个性化，充分发挥其自主性、积极性，挖掘个体的潜能，使其适应和推动社会的快速发展。

2021 年 4 月，教育部颁布了《高等职业教育专科信息技术课程标准（2021 年版）》（以下简称《新课标》）。《新课标》全面贯彻党的教育方针，落实立德树人根本任务，满足国家信息化发展战略对人才培养的要求，围绕高等职业教育专科各专业对信息技术学科核心素养的培养需求，吸纳信息技术领域的前沿技术，通过理实一体化教学，提升学生应用信息技术解决问题的综合能力，培养学生具有信息意识、计算思维、数字化创新与发展、信息社会责任四方面的核心素养，使学生成为德智体美劳全面发展的高素质技术技能人才。

北京金山办公软件股份有限公司一直致力于适应我国经济发展需要，开发自主可控的办公自动化软件。1988 年 5 月，WPS 的最早开发者求伯君在一个宾馆的房间里凭借一台 386 电脑编写出了 WPS（Word Processing System）1.0，从此开创了中文文字处理软件的时代。1988—1995 年的 7 年间，WPS 迅速发展。1994 年，WPS 用户超过千万。截至 2021 年底，北京金山办公软件股份有限公司开发的 WPS Office、《金山文档》《稻壳儿》《金山词霸》等办公软件产品和服务，为全球 220 多个国家和地区的用户提供办公服务；每天全球有超过 5 亿个文件在 WPS Office 平台上被创建、编辑和分享；每个月全球有超过 3.1 亿用户使用北京金山办公软件股份有限公司的产品进行创作；每个月有超过 8 000 万件办公素材在稻壳儿平台被下载和使用。

本书是由国内多所高等职业院校与北京金山办公软件股份有限公司联合编写的一本高等职业教育专科信息技术教材。本书以典型的工作任务为载体，紧扣《新课标》对学生技能培养的要求，介绍了 WPS Office 的基本功能、操作方法和典型应用，融合了北京金山办公软件股份有限公司在 WPS Office 软件方面的新技术、新知识、新方法和 WPS 办公应用职业技能等级的要求，是一本较为实用、针对性较强的教材。

北京金山办公软件股份有限公司对本书 WPS 相关内容进行了严格审核，希望本书能成为一本优秀的高等职业教育专科信息技术课程教材，助力于课程建设，推动人才培养模式改革创新。

北京金山办公软件股份有限公司

2022 年 7 月

序　二

21 世纪应该如何定义？它可以被冠以"高科技时代""航天时代""纳米时代""经济全球化时代"等称呼，但不管如何称呼都无法改变一个事实，即 21 世纪已离不开"信息"。上到国家的关键信息基础设施，下至百姓生活的点点滴滴，信息让现代化生活的方式日新月异，并深入到社会生活的方方面面。

在 2021 年 4 月教育部颁布的《高等职业教育专科信息技术课程标准（2021 年版）》（以下简称《新课标》）中明确指出："信息技术已成为经济社会转型发展的主要驱动力，是建设创新型国家、制造强国、网络强国、数字中国、智慧社会的基础支撑。"操作系统作为信息技术的基础和灵魂，是整个信息化体系建设的关键技术之一，如果不从根本上解决操作系统的安全问题，传统的信息安全产业就犹如"沙滩上盖房子"，上层再坚固，地基不稳，一遇到风吹草动就有可能会全部垮掉。无论是从信息安全角度还是从未来长远发展的角度来说，自主操作系统在信息基础设施中的作用，在国家信息安全、促进数字经济全面健康发展方面都是不可替代的。

近年来，随着技术的积累与突破，生态的逐步完善，我国自主研发操作系统已经稳步从"可用"向"好用"迈进，并且基本实现了政府机关的全面替换，而关系着国家未来的教育行业，才刚刚起步。特别是近期 CentOS 停服等事件，更是让人们认识到新形势下如果不把核心技术掌握在自己手里，就很难在未来的国际竞争中掌握主动权。

教材是教师教学和学生学习的重要工具，是传播知识的主要载体，《新课标》中对于教材内容也明确指出："要优先选择适应我国经济发展需要、技术先进、应用广泛、自主可控的软硬件平台、工具和项目案例。"作为我国自主研发操作系统的领军企业，统信软件技术有限公司基于 Linux 内核，采用同源异构技术打造创新的统信桌面操作系统（简称：统信UOS），支持主流 CPU 架构和国产 CPU 平台。统信桌面操作系统从内核、桌面环境到系统基础应用均使用开源技术自主研发，开放源代码超过 600 万行，不依赖任何国外商用软件，实现了核心技术和知识产权的自主可控。

本书基于统信 UOS，紧扣《新课标》教学要求，通过介绍统信 UOS 操作系统的发展历程、基础使用和设置管理，展示了我国自主研发操作系统的基本使用方法，为用户了解统信 UOS打开了一扇窗。统信 UOS 完全能够满足日常的学习和办公需要，欢迎广大读者更多地使用统信 UOS，并提出宝贵的建议，帮助我国自己的操作系统更加快速地发展。未来，统信软件技术有限公司也将积极融入学校的课程建设和专业建设，利用信息化技术积累与优势，促进产教融合，服务学生成长和高质量就业，服务职业教育全过程、全方位育人新格局。

统信软件技术有限公司推荐本书作为高等职业院校学生学习统信 UOS 的教材，同时，本书也可作为学习统信 UOS 的自学用书和培训用书。

统信软件技术有限公司

2022 年 7 月

前　言

随着计算机的普及和社会的快速发展，信息技术已经应用于社会生产、生活的各个领域，成为经济社会转型发展的主要驱动力，同时也是建设创新型国家、制造强国、网络强国、数字中国、智慧社会的基础支撑。熟悉并掌握信息技术基础知识、信息化办公技术、信息检索技术，树立正确的信息社会价值观和责任感，了解新一代信息技术的典型应用，促进专业技术与信息技术融合已成为对新时代职业人的必然要求。

2021 年 4 月，教育部颁布了《高等职业教育专科信息技术课程标准（2021 年版）》（以下简称《新课标》）。本书以《新课标》为纲，围绕高等职业教育专科各专业对信息技术学科核心素养的培养需求，以"项目教学、任务驱动"为编写思路，将教学内容分解为 8 个项目，每个项目下又安排了多个任务。任务按照任务引入与分析、任务学习活动、任务实施、技能训练的体系组织内容，紧紧围绕信息意识、计算思维、数字化创新与发展、信息社会素养四方面核心素养来确定课程目标、课程内容、教学要求、教学评价等。

全书共包括 8 个项目，分别为计算机基础知识、常用操作系统、WPS 文档处理、WPS电子表格处理、WPS 演示文稿制作、Internet 与信息检索、新一代信息技术概述及信息素养与社会责任、信息技术拓展。本书案例丰富、图文并茂、通俗易懂、实用性较强，可使学生了解计算机的基础知识，掌握常用操作系统和信息化办公技术应用，了解信息技术发展趋势，理解信息社会特征并遵循信息社会规范，了解大数据、人工智能、云计算等新一代信息技术，培养团队意识和职业精神以及独立思考和探究问题的能力。

本书具有如下特点：

1. 内容组织按照"学习目标—任务引入与分析—任务学习活动—任务实施—技能训练—思考与练习"的体系进行设计。学习目标主要描述通过项目的学习，学生可以掌握的知识、技能、素质，同时，通过数字化教学平台，给学生发布一些课前预习的内容；任务引入与分析通过引入一些在大学期间或以后工作中可能遇到的典型工作任务，使学生清楚通过本任务的学习将能干什么；任务学习活动细分为若干学习活动，每个学习活动相对独立、完整，介绍一个或若干相关知识点；任务实施部分主要展示任务引入中部分任务的完成过程；技能训练布置若干练习任务，检查学生对本部分内容的掌握程度；思考与练习主要通过一些练习题来巩固项目的学习内容。

2. 以培养学生信息综合运用能力为目标，以在日常工作、学习、生活中遇到的真实生产项目为依托，以在实际工作、学习、生活中经常用到的典型工作任务为载体，同时，根据技术的发展，采用目前主流的软件版本进行知识和技能的介绍，将新技术、新知识、新方法融入教学内容之中，充分紧跟技术的发展。

3. 采用校企"双元"合作编写方式，由国内多所高等职业院校与北京金山办公软件股份有限公司、统信软件技术有限公司共同合作编写。在本书的编写过程中，北京金山办公软件股份有限公司、统信软件技术有限公司对本书相关内容进行了修改和完善，以体现职业教育教材的"新"与"实"。

4. 提供丰富的学习资源，支持采用线上线下混合教学的模式开展教学。课前给学生布置学习任务，培养学生自主学习和查阅资料的能力；课中以重点内容讲授、学生操作练习为主，可以采用讨论、交流、操作演示、实操练习等方式进行；课后给学生布置练习作业，帮助学生加深对所学知识的掌握和运用，同时，提供课外学习资源，进一步拓宽学生的学习视野。

本书于 2022 年 10 月出版后，基于广大院校师生的教学应用反馈并结合目前最新的课程教学改革成果，不断优化、更新教材内容。本次修订加印，结合党的二十大精神进教材、进课堂、进头脑的要求，进一步全面落实立德树人的根本任务，努力培养德智体美劳全面发展的新时代建设者和接班人，首先在本书各项目开始处设置素质目标，以培养学生良好的创新意识、协作意识、质量意识、法律意识以及社会责任意识等，加强行为规范与思想意识的引领作用，落实以人才为第一资源的科教兴国和人才强国战略；其次对本书配套的微课、案例素材、授课计划、电子教案等进行了更新和优化，突出展示以高科技为代表的高质量创新驱动发展在现代化建设中的基础性、战略性支撑作用，贯彻"科技是第一生产力、创新是第一动力"指导思想，进一步将教材建设和教书育人结合起来，为建设社会主义现代化强国助力。

本书由杨凌职业技术学院陈高锋担任主编并统稿，杨凌职业技术学院杨冬梅、河北轨道运输职业技术学院魏翠芳、大连职业技术学院邹飞担任副主编，参与本书编写的人员还有杨凌职业技术学院刘元刚、冯春卫、薛海斌，具体编写分工为：项目 1 由刘元刚编写，项目 2 由魏翠芳编写，项目 3 和项目 7 由陈高锋编写，项目 4 由杨冬梅编写，项目 5 由邹飞编写，项目 6 由薛海斌编写，项目 8 由冯春卫编写。在本书的编写中，对北京金山办公软件股份有限公司、统信软件技术有限公司多名技术人员的参与和指导表示衷心感谢。

由于编者水平有限，疏漏和不妥之处在所难免，恳请各位读者和专家给予批评指正。

编　者

2023 年 6 月

目　　录

项目 1

计算机基础知识

计算机是 20 世纪最引人注目的科技成果之一，对人类的生产活动和社会生活都产生了极其重要的影响，而且随着技术的不断进步，在各行各业的应用越来越广泛。21 世纪，信息技术在经济和社会发展中的作用日益显著，掌握计算机的基本知识和常用软件的使用，已经成为各行各业对从业人员的基本要求。

【知识目标】

- ✓ 了解计算机的发展历程与应用领域；
- ✓ 了解字符和汉字编码规则；
- ✓ 理解计算机系统的基本构成和技术指标；
- ✓ 掌握常用进制及其转换。

【技能目标】

- ✓ 能够根据性能指标要求选配计算机；
- ✓ 能够比较不同进制的数据并进行转换；
- ✓ 能够使用常用的输入输出设备。

【素质目标】

- ✓ 培养具备良好的自主学习能力、沟通能力和创新能力；
- ✓ 培养认真负责的态度和严谨细致的作风；
- ✓ 培养具备用所学知识解决实际问题的能力；
- ✓ 培养具备一定的信息素养。

【课前预习】

请同学们通过查找资料，与同学朋友等交流讨论，课前完成下面的几个问题。

1. 了解计算机的发展史，你认为计算机发展史上都有哪些重要的事件？
2. 了解计算机在生活中有哪些应用，举例说明。
3. 说说计算机常用硬件有哪些。
4. 你使用过哪些计算机软件。
5. 查阅资料，说说我国在计算机发展领域取得的成就。

任务 1.1   选购一台计算机

选购一台计算机

1.1.1   任务引入与分析

PPT

任务 1

小明是某职业技术学院软件技术专业的一年级新生，进校后，认识了很多老乡，在和老乡交流过程中，他得知，学习软件技术专业的学生最好自己有一台计算机，这样学习起来会方便很多。在与父母充分沟通并经父母同意后，他计划选购一台笔记本计算机。笔记本计算机的配置要求能够满足相关专业课学习、上网查阅资料并在网上学习视频课程的需要，主要学习并使用的软件有常用办公软件和工具、CAD、VC++、Java、Python、MySQL 等，总预算 6000 元。小明现在请他高年级的老乡张飞帮助自己根据预算和使用要求选择一款合适的笔记本计算机。

任务 2

希望中学随着招生规模的扩大，师资力量紧张，不能满足教学需求，学校新入职语文、数学、英语三科教师各两名。新学期临近，根据办公和教学的需要，学校决定给新入职教师配备台式计算机用于办公，安排计算机老师张华对市场的台式计算机进行了解调研，从配置、售价、售后服务、品牌、质量等方面综合考虑，结合已有办公计算机的使用情况，制定一个台式计算机购买方案，每台预算 5000 元左右，综合权衡后选取合适的台式计算机。

任务分析

根据小明和张华要完成的任务，需要通过查阅资料、学习、实践练习等方式，熟悉并掌握计算机的基本结构、性能指标以及显示器、显卡、硬盘、CPU 等计算机硬件基础知识。通过上网查阅相关资料以及走访计算机销售公司等方式对不同品牌的笔记本计算机和台式计算机进行调研，从配置、价格、售后服务等方面对各个品牌型号进行对比，了解不同型号的差异，才能很好地完成任务。

1.1.2　任务学习活动

学习活动 **1**　**了解计算机的发展历程**

在中国古代，人们发明了一种计算工具——算盘，根据记载，算盘最早是由东汉时期数学家徐岳发明的，在南北朝时期定型。算盘利用进位制计数，使用时需要配合一套口诀。算盘本身还可以存储数字，使用很方便，时至今日，算盘还在很多场合使用，如图 1-1-1 所示。

图 1-1-1　算盘

世界上第一台通用计算机"ENIAC"于 1946 年 2 月 14 日在美国宾夕法尼亚大学诞生，如图 1-1-2 所示。ENIAC 长 30.48 米，宽 6 米，高 2.4 米，占地面积约 170 平方米，30 个操作台，计算速度是每秒 5000 次加法或 400 次乘法。它的诞生具有划时代的意义，对科技的进步产生了极其深远的影响。

图 1-1-2　世界上第一台电子计算机

现代计算机问世之前，计算机的发展经历了机械式、机电式的萌芽期发展过程，从简单的加减法运算，到"程序思想"的提出，从二极管、三极管的发明到电子计算机的研发，从萌芽到快速发展，这一时期计算机发展取得的成就主要是在第一次和第二次工业革命时期，发展历程见表 1-1-1。

表 1-1-1   计算机发展历程表

年　份	机　器　名　称	意　　义
1630	对数刻度尺	机械化计算诞生
1642	帕斯卡加法器	人类第一台机械计算机
1674	改进机械计算机	四则运算一应俱全
1725	穿孔纸带	第一次"程序思想"的运用
1790	自动提花编织机	"存储"思想在计算中的运用
1822	差分机	精度高，可精确到 6 位小数
1890	机械计算机	程序设计处理数据的先河
1906	电子管	为电子计算机的发展奠定了基础
1907	真空三极管	控制速度比继电器快成千上万倍
1936	马克 1 号（研发）	"bug"一词出现在程序中
1937	贝瑞计算机	IEEE 里程碑事件之一
1944	马克 1 号诞生	一次运算耗时 0.3 秒，速度快
1945	现代计算机体系	奠定现代计算机的体系结构基础
1946	电子计算机	世界上第一台电子计算机
1949	离散时序自动计算机	程序存储在计算机中运用
1950	东部标准计算机	电子计算机进入快速发展阶段

20 世纪 50 年代以来，计算机进入快速发展时期，根据计算机所采用的物理部件不同，可将其发展划分为 4 个阶段，分别为电子管、晶体管、集成电路、大规模和超大规模集成电路计算机，见表 1-1-2。进入 21 世纪以来，随着人工智能、大数据技术、机器学习的发展，计算机越来越"智能化"，朝着语音识别、视觉跟踪、脑控计算机等人工智能方向发展。

表 1-1-2   计算机发展阶段分类

年　份	分　类	特　点
1946—1958	第一代电子管计算机	用真空电子管和磁鼓存储数据，操作指令、编程语言不通用，功能受限，速度慢
1956—1963	第二代晶体管计算机	体积小、速度快、功耗低、性能更稳定；使用磁芯存储器；出现了更高级的 COBOL 和 FORTRAN 等编程语言，使计算机编程更容易；出现现代计算机的一些部件，如打印机、磁带、磁盘、内存、操作系统等
1964—1971	第三代集成电路计算机	以中小规模集成电路来构成计算机的主要功能部件；主存储器采用半导体存储器；运算速度可达每秒几十万次至几百万次基本运算；操作系统日趋完善
1971 至今	第四代大规模和超大规模集成电路计算机	采用大规模集成电路和超大规模集成电路为主；运算速度可达每秒上千万次至万亿次基本运算；计算机逐步走向人工智能，具备听、说、读、写等功能

学习活动 2 了解计算机的分类和应用

1. 计算机分类

按照 1989 年由电气与电子工程师协会（Institute of Electrical and Electronics Engineers，IEEE）提出的运算速度分类法，计算机可分为巨型机、大型机、小型机、工作站、微型机和网络计算机。

（1）巨型机（Supercomputer）

巨型机又称超级计算机，是所有计算机类型中功能最强的一类计算机，是衡量一个国家计算机水平的重要标志，其浮点运算速度已达每秒万亿次，主要用于国防尖端技术、空间技术、石油勘探等方面。这类计算机在技术上朝两个方向发展：一是开发高性能器件，特别是缩短时钟周期，提高单机性能；二是采用多处理器结构，构成超并行计算机。图 1-1-3 是我国研制的天河巨型计算机。

（2）大型机（Mainframe）

大型机有时也被称为主机。近年来大型机采用了多处理、并行处理等技术，可以是单处理机、多处理机或多个子系统的复合体，每秒可执行 3 亿至 7.5 亿条指令。大型机具有很强的管理和处理数据的能力，一般在大企业、银行、高校和科研院所等单位使用。图 1-1-4 为 IBM 研制的大型计算机。

图 1-1-3 天河巨型计算机　　图 1-1-4 IBM 大型计算机

（3）小型机（Minicomputer）

小型机规模小、结构简单、设计制造周期短，便于及时采用先进工艺技术，软件开发成本低，易于操作维护。它们已广泛应用于工业自动控制、大型分析仪器、测量设备、企业管理、大学和科研机构等，如图 1-1-5 所示。

（4）工作站（Workstation）

工作站是一种高档微型机系统，如图 1-1-6 所示。它具有较高的运算速度，具有大型机或小型机的多任务、多用户能力，且兼有微型机的操作便利和良好的人机界面，其突出的特点是具有很强的图

图 1-1-5 小型机

形交互能力，因此在工程领域特别是计算机辅助设计领域得到广泛应用。

（5）微型机（Microcomputer）

微型机现在已经广泛应用于办公自动化、数据库管理、图像识别、语音识别、专家系统、多媒体技术等领域，并且已经成为一种家庭常用的学习和办公设备。常用便携式计算机如图 1-1-7 所示，现在除便携式计算机、台式计算机外，还有掌上型、手表型等微型机。

图 1-1-6　工作站    图 1-1-7　便携式计算机

（6）网络计算机（Network Computer）

网络计算机是在一定应用领域中和网络环境下，应用程序运行和数据存储都在服务器上，本身没有硬盘、光驱等，具有普通计算机功能的一种低成本、免升级、免维护、便操作、高可靠的终端客户机。

2. 计算机常用应用领域

（1）数值计算

数值计算是指利用计算机来完成科学研究和工程技术中提出的数学问题的计算。在科学研究和工程设计中，存在着大量烦琐、复杂的数值计算问题，利用计算机的高速计算、大存储容量和连续运算的能力，可以实现人工无法解决的各种数值计算问题。

例如，在圆周率的计算过程中，中国古代数学家祖冲之，用"割圆术"，通过大量计算得出圆周率为 3.1415926，精确到小数点后 7 位，而现代计算机利用其计算速度快，存储容量大的特点，很容易将圆周率计算精确到小数点后数万位。

（2）数据处理

数据处理又叫作非数值计算，就是利用计算机来加工、管理和操作各种形式的数据资料。与数值计算不同的是，数据处理着眼于对大量的数据进行综合和分析处理，一般不涉及复杂的数学问题，但是要求处理的数据量极大而且经常要求在短时间内处理完毕，如企业管理、物资管理、报表统计、账目计算、信息情报检索等。

例如，在天气预报方面，海量气象数据通过计算机建立数据模型进行分析处理，能够准确预报天气情况。

（3）实时控制

实时控制也叫作过程控制，就是用计算机对工业生产过程中的某些信号自动进行检测，并把检测到的数据存入计算机，再根据需要对这些数据进行处理。实时控制不仅可提高生产自动化水平，同时也能提高产品的质量、降低成本、减轻劳动强度、提高生产效率。实时控制广泛应用于化工、电子、钢铁、石油、火箭和航天等领域。

例如，在卫星姿态控制中，微控制器通过传感器收集飞行数据，传到地面控制站，通过计算机对这些数据进行分析处理，调整卫星的飞行姿态。

（4）计算机辅助系统

计算机辅助系统包括计算机辅助设计（CAD）、计算机辅助制造（CAM）、计算机辅助测试（CAT）和计算机辅助教学（CAI）等。

● 计算机辅助设计（Computer Aided Design，CAD）：利用计算机来帮助设计人员进行工程设计，以提高设计工作的自动化程度，节省人力和物力。目前，这种技术已广泛地应用于机械、船舶、飞机和大规模集成电路版图等方面的设计。

● 计算机辅助制造（Computer Aided Manufacturing，CAM）：利用计算机进行生产设备的管理、控制与操作，从而提高产品质量、降低生产成本、缩短生产周期，大大改善制造人员的工作条件。

例如，在汽车无人自动化装配车间，利用计算机对工业机器人进行统一控制，大大提高了生产效率，提高了产品质量。

● 计算机辅助测试（Computer Aided Test，CAT）：利用计算机进行复杂而大量的测试工作。

● 计算机辅助教学（Computer Aided Instruction，CAI）：利用计算机帮助教师讲授和帮助学生学习的自动化系统，使学生能够轻松自如地从中学到所需要的知识。

（5）人工智能

人工智能是一种计算机在模拟人的智能方面的应用。例如，根据频谱分析的原理，利用计算机对人的声音进行分解、合成，使机器能辨识各种语音，或合成并发出类似人的声音；又如，利用计算机来识别各类图像、甚至人的指纹等，现在家庭安装的指纹锁、人脸识别技术等都是人工智能的具体应用。

早期的计算机由于受自身性能等各方面条件的限制，其应用领域比较单一，主要集中在数值计算方面。随着技术的进步，计算机已经应用于社会生活的各个领域，并且朝着综合性应用的方向发展。

学习活动 3　了解计算机系统的基本组成

一个完整的计算机系统是由硬件系统和软件系统两大部分组成的，如图 1-1-8 所示。硬件（Hardware）是计算机系统的物质基础，软件（Software）是计算机系统的灵魂，硬件系统和软件系统互相依赖，不可分割，只有硬件和软件相结合才能充分发挥计算机系统的功能。

1. 计算机硬件

计算机硬件系统由五大部分组成，分别是运算器、控制器、存储器、输入设备、输出设备，如图 1-1-9 所示。该结构是在 1946 年由美籍匈牙利数学家冯·诺依曼和他的同事们在一篇题为《关于电子计算机逻辑设计的初步讨论》的论文中提出并论证的，这一结构沿用至今，也称之为"冯·诺依曼结构"。

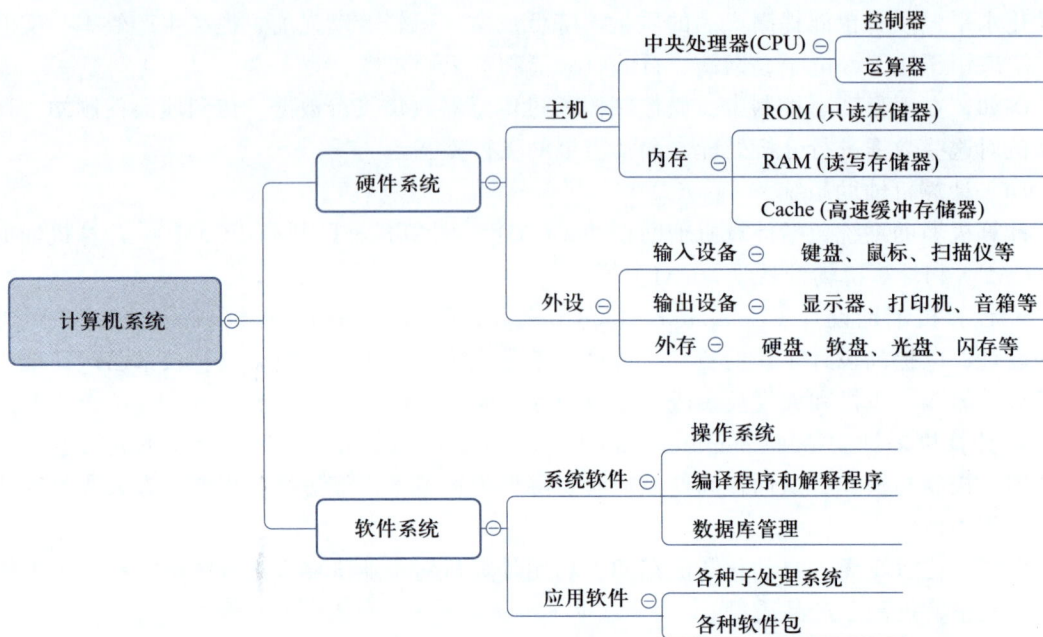

图 1-1-8   计算机系统组成

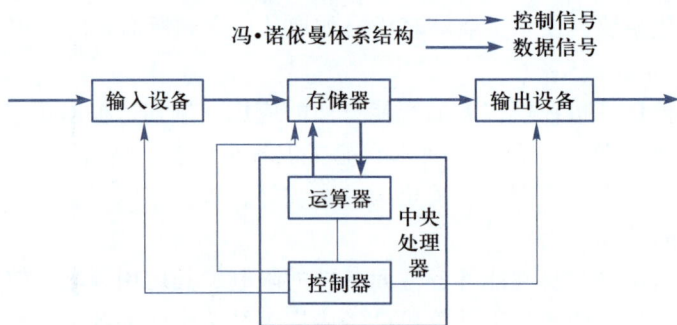

图 1-1-9   计算机基本结构（冯·诺依曼体系结构）

　　五大部件是在控制器的控制下协调统一工作。首先，把表示计算步骤的程序和计算中需要的原始数据，在控制器的控制下，通过输入设备送入计算机的存储器存储；其次，当计算开始时，在控制器的控制和协调下向存储器和运算器发出存储、取数命令和运算命令，经过运算器计算并把结果存放在存储器内；最后，在控制器的控制下，发出输出指令，通过输出设备输出计算结果。

　　冯·诺依曼确立了现代计算机的基本组成和工作方式，核心论点如下：

● 计算机硬件由运算器、控制器、存储器、输入设备和输出设备 5 个基本部分组成。

● 计算机内部采用二进制来表示程序和数据。

● 采用"存储程序"的方式，将程序和数据放入同一个存储器中（内存储器），计算机能够自动高速地从存储器中取出指令进行执行。

（1）中央处理器

中央处理器（Central Processing Unit，CPU），是计算机系统的核心，包括运算器和控制器两个部件，计算机所发生的全部动作都是受 CPU 控制。CPU 是整个计算机的核心部件，是计算机的"大脑"，CPU 性能的高低直接决定了计算机系统的档次。目前 CPU 外国生产厂商有 Intel 公司、AMD 公司，国产有龙芯，如图 1-1-10 所示为龙芯芯片。

图 1-1-10　龙芯 3 号 CPU

运算器，也称为算术逻辑单元（Arithmetic Logic Unit，ALU），主要完成各种算术运算和逻辑运算，是对信息加工和处理的部件，由进行运算的运算器件及用来暂时寄存数据的寄存器、累加器等组成。在计算机中，任何复杂运算都转化为基本的算术与逻辑运算，然后在运算器中完成。

控制器（Controller Unit，CU）是计算机发出命令的"决策机构"，用来协调和指挥整个计算机系统的运行，它本身不具有运算功能，而是通过读取各种指令，并对其进行翻译、分析，而后对各部件做出相应的控制。它主要由指令寄存器、译码器、程序计数器、操作控制器等组成。

（2）存储器（Memory）

存储器是计算机的记忆装置，其主要功能是存放程序和数据。按其在计算机系统中的作用分为内存储器（主存储器）和外存储器（辅助存储器）两大类。

内存储器：如图 1-1-11 所示，安装在计算机主机内，它直接与运算器、控制器交换信息，容量虽小，但存取速度快，一般只存放那些正在运行的程序和待处理的数据。内存储器又可分为只读存储器（断电可保存）和随机存储器（断电数据消失）。

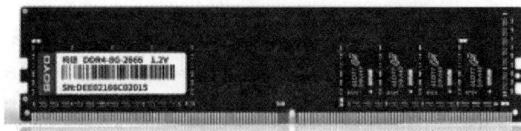

图 1-1-11　内存储器

外存储器：用来存储长期量大的程序和数据，外存储器存取速度慢，但存储容量大，可以在断电后长时间地保存大量信息，如硬盘、U 盘、光盘等。

（3）输入设备

输入设备是从计算机外部向计算机内部传送信息的装置，其功能是将数据、程序及其他信息，从人们熟悉的形式转换为计算机能够识别和处理的形式输入到计算机内部。常用的输入设备有键盘、鼠标、光笔、扫描仪等。

（4）输出设备

输出设备是将计算机的处理结果传送到计算机外部供人们使用的装置，其功能是将计算机内部数据信息转换成人们所需要的或其他设备能接受和识别的信息形式，如数字、字符、图像、声音等。常用的输出设备有显示器、打印机、绘图仪等。通常将输入设备和输出设备统称为 I/O（Input/Output）设备，它们都属于计算机的外部设备。

2. 计算机软件

计算机软件可分为系统软件和应用软件两大类。

系统软件：系统软件是计算机必备的，用以实现计算机系统的管理、控制、运行、维护，并完成应用程序的装入、编译等任务。系统软件与具体应用无关，提供的是系统级服务。常用的系统软件有操作系统、编译程序、语言处理程序和数据库管理系统等，如 Windows 10 操作系统、编译系统等。

应用软件：应用软件是为了解决计算机在某些方面的应用而编制的程序。它包括商品化的通用软件和实用软件，也包括用户自己编制的各种应用程序。

> **学习活动 4** **理解计算机硬件主要性能指标及其作用**

一台计算机性能的高低是根据多项技术指标综合确定的，下面列出硬件的主要技术指标。

1. 机器字长

机器字长是指 CPU 一次能处理的二进制数据的位数，通常与 CPU 的寄存器位数有关。字长越长，数的表示范围也越大，精度也越高。机器的字长越长，处理数据的能力越强，速度越快，机器的反应也越快。衡量机器字长的单位可用位（bit），字节（Byte）。

- 位：计算机内最小的存储单位，简记为 b，每"位"存储一个 1 位的二进制码。
- 字节：8 位构成一字节，简记为 B，1 B=8 b。
- 字：计算机进行数据处理时，一次存取、加工和传输数据的长度，通常由一个或多个字节组成。

计算机中，计量信息存储单位有 B、KB、MB、GB、TB 等，进率是 2^{10}，即：

$$1\ KB=1024\ B;\ 1\ MB=1024\ KB;\ 1\ GB=1024\ MB;\ 1\ TB=1024\ GB$$

现代计算机的机器字长一般都是 8 位的整数倍，如 16 位、32 位、64 位和 128 位等，即字长分别为 2 字节、4 字节、8 字节和 16 字节，所以也可以用"字节"来表示机器字长。字长的值是不固定的，对于不同的 CPU，字长的值也可能不一样，如 32 位计算机：1 字 =32 位 =4 字节；64 位计算机：1 字 =64 位 =8 字节。

目前，市场上计算机的处理器大部分已达到 64 位，但可能会以 32 位字长运行，因为它必须与 64 位软件（如 64 位的操作系统等）相辅相成。也就是说，字长受软件系统的制约，例如，在 32 位软件系统中 64 位字长的 CPU 只能当 32 位用。

2. 主频

CPU 的主频，即 CPU 内核工作的时钟频率（CPU Clock Speed）。

主频的高低在很大程度上反映了 CPU 速度的快慢，和实际的运算速度存在一定的关系，但并不是一个简单的线性关系。CPU 的运算速度还要看 CPU 外部时钟频率、内部缓存等各方面的性能指标，也就是说，主频仅仅是 CPU 性能表现的一个方面，而不代表 CPU 的整体性能。

目前大部分的主流 CPU 产品的主频都在 3.0 GHz 左右，例如 Intel 酷睿 i7，主频为 3.2 GHz。

3. 内存

内存（Memory）是计算机的重要部件之一，也称内存储器和主存储器，它用于暂时存放 CPU 中的运算数据，与硬盘等外部存储器交换的数据。它是外存与 CPU 进行沟通的桥梁，计算机中所有程序都运行在内存中，内存性能的强弱影响计算机整体性能的水平。内存的性能指标包括存储速度、存储容量、CAS 延迟时间、内存带宽等。

- 存取时间：即内存存取一次数据的时间，单位为纳秒，记为 ns，1 秒 =10 亿纳秒。存取时间值越小，表明速度越快。目前，DDR 内存的存取时间一般为 6 ns。
- 存储容量：内存容量越大，计算机在单位时间内可同时存储的数据就越多，可以加快处理的速度，计算机运行越流畅。目前主流便携式计算机内存在 4 GB 以上。
- 内存带宽：指内存一次输出 / 输入的数据量，是衡量内存性能的重要指标，带宽越大，传输数据速度越快。

4. 显卡

显卡全称显示接口卡，又称为显示适配器（Video Adapter），是个人计算机硬件组成部分之一。显卡是将计算机系统的显示信息进行转换驱动，并向显示器提供信号，控制显示器的正确显示。

显卡的性能指标主要包括显示芯片、显存、显存位宽、显存容量、显存频率、显存速度、制造工艺等。

- 显示芯片：显示芯片基本决定了这块显卡的档次和基本性能，是显卡的关键指标。
- 显存容量：又称为帧缓存，用于存储显卡芯片处理过或即将提取的渲染数据。容量越大，可以存储的图像数据就越多，支持的分辨率与颜色数也就越高，运行就更加流畅。
- 显存频率：在默认情况下，显存在显卡上工作时的频率，以 MHz 为单位；频率越高同等时间内处理的数据量越大。

5. 硬盘

硬盘是计算机最主要的存储设备，由一个或者多个铝制或者玻璃制的碟片组成，这些碟片外覆盖有铁磁性材料。影响硬盘性能的参数有容量、转速、平均访问时间、传输速率以及缓存等。一般意义上看，容量越大、转速越快、平均访问时间越短、传输速率越高，硬盘的性能就越好。按照存储介质不同硬盘可分为机械硬盘和固态硬盘。

- 机械硬盘：使用电磁存储，优点是造价低、容量大、使用寿命长，缺点是读写速度慢。
- 固态硬盘：使用半导体存储，优点是体积小，工作安静，功耗低，读写速度快，比机械硬盘快几十上百倍；缺点是造价高。

学习活动 5 **了解常用硬件设备**

选购计算机时，除了解计算机的性能指标外，还需要了解和计算机配套的常用硬件设备。

1. 键盘

键盘是用于操作计算机设备运行的一种指令和数据输入装置，是最常用也是最主要的输入设备，通过键盘可以将英文字母、数字、标点符号等输入到计算机中，从而向计算机发出命令、输入数据等。台式计算机键盘一般以 103 键为基准，笔记本计算机的键盘一般以 88 键为基准。常用台式计算机键盘如图 1-1-12 所示，主要功能分区如下：

图 1-1-12   键盘

- 主键盘区：进行信息录入的最主要键位区，主键区又分为数字符号键、26 个字母键和功能键。
- 功能键区：包括从键盘最上方的 Esc 键到 F12 之间的这些按键，常用于完成一些特定的功能。
- 编辑键区：该键区的键一般起编辑控制的作用，如编辑文档时进行上下翻页及光标的定位等。
- 小键盘区：用于快捷输入数字。
- 指示灯：3 个指示灯从左往右依次表示数字键的开关、大小写字母的切换、滚动锁定功能。

2. 鼠标

鼠标，如图 1-1-13 所示，是计算机的一种外接输入设备，也是计算机显示系统纵横坐标定位的指示器，因形似老鼠而得名，其标准称呼为"鼠标器"，英文名"Mouse"。鼠标的使用是为了使计算机的操作更加简便快捷，来代替键盘输入烦琐的指令，一般分为有线和无线鼠标。操作方式有单击、双击、三击、右击、滑轮上下滚动等。

3. 显示器

显示器（Display Screen），如图 1-1-14 所示，属于计算机的 I/O 设备。它是一种将一定的电子文件通过特定的传输设备显示到屏幕上的显示工具。目前常用的有 LCD（液晶）显示器、LED 显示器等。衡量显示器性能的最重要指标是分辨率，分辨率越高，画面包含的像素数就越多，图像也就越细腻清晰。

图 1-1-13   鼠标

图 1-1-14   显示器

4. 扫描仪

扫描仪（Scanner），如图 1-1-15 所示，是一种捕获影像的装置，在日常工作中较为常用。它可将影像转换为计算机可以显示、编辑、存储和输出的数字格式，是功能很强的一种输入设备。

衡量扫描仪的性能指标主要有扫描速度、分辨率、色彩数、灰度级、扫描速度等。

5. 打印机

打印机（Printer），如图 1-1-16 所示，是计算机的输出设备之一，用于将计算机处理结果打印在相关介质上。目前市面上流行的打印机主要有激光、喷墨、针式 3 种类型，主流品牌有联想、惠普等。

衡量打印机的性能指标主要有打印速度、打印质量（打印机分辨率）、智能程度等。

6. 音箱

音箱指可将音频信号变换为声音的一种设备，如图 1-1-17 所示。通常指音箱主机箱体内自带功率放大器，对音频信号进行放大处理后由音箱本身回放出声音，使其声音变大。

图 1-1-15　扫描仪　　　　　　　图 1-1-16　打印机　　　　　　　图 1-1-17　音箱

衡量音箱性能的指标主要有功率、灵敏度、频率响应、谐波失真等。

此外，常用设备还有触摸屏、摄像头、数码相机等。

1.1.3　任务实施

本节有两个任务，分别是小明为了专业课学习需要选购一台便携式计算机和希望中学教师张华为学校新入职教师配备台式计算机做采购方案。通过前面的学习，让我们一起来完成这些任务。

任务 1　实施过程

① 确定类型。小明的主要需求是专业课学习，需要安装常用专业课软件，同时兼顾网上学习及查阅资料，因此，确定购买学习办公用便携式计算机，而不是游戏用便携式计算机。

② 调研品牌。小明经过市场调研，了解到目前国内市场便携式计算机品牌有联想、戴尔、华为、华硕、小米、惠普、苹果等。

③ 确定品牌。根据对各大品牌深入了解，结合收集高年级同学使用情况反馈，从品牌、销售、售后服务以及购买便利性等因素综合考虑，初步确定从联想、华为 2 个品牌中选择。

④ 选择型号。根据总预算 6000 元左右，在京东、天猫等主流电商平台查询联想、华为

2 个品牌便携式计算机信息。根据预算，重点考虑选择华为 Matebook 笔记本系列、联想拯救者笔记本系列。

⑤ 对比机型。包括但不限于从 CPU、内存、硬盘、显卡这 4 个计算机配置的核心元件，对比各种型号的便携式计算机配置。通过反复对比和比较，重点考虑华为 Matebook13s、联想拯救者 R7000 这 2 款便携式计算机，见表 1-1-3。

表 1-1-3   笔记本计算机配置对比表

参　　数	型　　号	
	华为 Matebook13s	联想拯救者 R7000
CPU	酷睿 i5-11300H	AMD R5-5600H
主频	3.1 GHz	3.3 GHz
内存	16 GB	16 GB
硬盘	机械 512 GB+ 固态 256 GB	固态 512 GB
显卡	Intel Iris Xe Graphics	NVIDIA RTX3050
分辨率	2520 × 1680	920 × 1080
预装系统	Windows 10	Windows 11
售价 / 元	6099	6099

⑥ 确定机型。根据专业课程学习软件对计算机配置的要求，综合考虑性价比以及售后服务等因素，结合高年级同学的使用反馈和建议，考虑总预算，最后决定购买华为 Matebook13s 便携式计算机。

任务 2   实施过程

① 选择品牌。经过市场调研，目前台式计算机厂商主要有联想、戴尔、华为、惠普等。从配置，性价比以及售后服务等方面综合权衡，结合学校目前已有计算机品牌的使用情况，重点考虑联想、戴尔两个品牌。

② 确定系列。根据预算，查询相关电商网站以及走访计算机销售公司，最后确定重点考虑戴尔 OptiPlex 系列台式计算机和联想启天 M420 系列台式计算机。

③ 对比型号。根据单台计算机预算不超过 5000 元，对比 CPU、内存、硬盘、显卡等主要配置参数。重点选择对比戴尔 OptiPlex 7090 MT 和联想启天 M420 两个型号，其参数见表 1-1-4。

④ 确定型号。结合已有办公计算机的使用和售后服务情况，根据使用需要，综合考虑性价比、配置和后续升级需要，最后确定购买联想启天 M420 台式计算机。

⑤ 根据调研分析结果，结合已有办公计算机使用情况，从性价比、参数配置、售后服务、升级需求等方面撰写调查分析报告，制定台式计算机选购方案。

表 1-1-4　台式计算机配置参数对比表

参　　数	型　　号	
	戴尔 OptiPlex 7090 MT	联想 启天 M420
CPU	酷睿 i5-11500	Intel 酷睿 i5-9500
主频 / GHz	2.7	3
内存 /GB	8	8
内存类型	DDR4 3200 MHz	DDR4 3200 MHz
硬盘	机械 1 TB+ 固态 256 GB	机械 1 TB
内存插槽	4 个 DDR4 插槽	2 个 DIMM 插槽
核心个数	6 核	6 核
显示器尺寸 / 英寸	21.5	22
售价 / 元	5199	5000

1.1.4　技能训练

1. 李明是某动漫设计公司的平面设计工程师，从业已经三年多了，他目前使用的便携式计算机是上大学时在校期间购买的，最近在使用过程中，计算机运行很慢，还出现卡顿现象。为了满足工作需要，提高工作效率，他决定购置一款新的便携式计算机，要求如下：

① 能够满足 3ds Max、Maya、Photoshop 等相关软件的安装运行要求。

② 内存容量为 16 GB 以上。

③ 处理器为 intel i7 十代以上。

④ 独立显卡能够满足三维动画渲染需要。

⑤ 固态硬盘容量不小于 1 TB。

⑥ 屏幕尺寸为 12~15 英寸。

⑦ 6 芯锂离子电池，电池续航能力在 5 小时以上。

⑧ 总费用控制在 9000 元左右。

2. 小红是计算机应用技术专业应届毕业生，应聘到某公司工作，被分配到打印机事业部，部门经理为了让她尽快熟悉业务，安排小红对打印机销售市场进行调研并撰写一份调研报告，要求如下：

① 调查价位在 500~2000 元的打印机，重点是在国内市场占有率排名前 5 的品牌和型号。

② 对国内打印机市场按照家庭和办公两个方面，从品牌和型号方面，统计市场占有情况。

③ 归纳打印机的分类和不同类型打印机的适用环境、优缺点。

④ 整理不同类型的打印机容易出现的故障以及常用的维修方法。

⑤ 整理不同打印机需要的耗材、主要品牌、价格等信息。

任务 1.2   设计家庭楼梯控制灯

设计家庭楼梯控制灯 PPT

1.2.1   任务引入与分析

任务 1

随着新农村建设的不断推进，农民经济收入不断提高，东方新村的村民都住进了新建的楼房，李大爷家也搬进了装修好的二层楼房，李大爷为了上下楼方便，在楼梯拐角处装了一盏灯，要求在楼上或楼下都能控制这盏灯的亮灭。李大爷让在大学应用电子技术专业学习的孙子李明给他设计楼梯控制灯电路，并对其工作原理进行简单讲解。

楼梯控制灯要求：楼上楼下安装两个开关，都能控制楼梯拐角处的灯，即楼下开灯，楼上可以关灯；楼上开灯，楼下可以关灯，如图 1-2-1 所示。

图 1-2-1   楼梯控制灯

任务 2

某职业技术学院举行国庆节晚会，演出节目时需要舞台灯光配合。学校大学生活动中心舞台有 4 排灯光，分别是红色、白色、蓝色、黄色，每一排分别由单独的开关控制，根据演出不同的节目打开不同颜色的灯光。

控制要求如下：

开场和朗诵：白灯亮；

歌曲类节目：白、蓝两色灯亮；

小品相声类节目：白、黄两色灯亮；

舞蹈类节目：红、白、蓝三色灯亮；

合唱类节目：红、蓝、黄三色灯亮；

晚会结束致辞：白灯亮。

灯光控制由晚会灯光负责人李伟来负责，李伟现在需要根据要求制定一个灯光控制方案，方便在节目演出时进行控制。

任务分析

根据李明和李伟要完成的任务，需要通过查阅资料、学习、实践练习等方式，熟悉并掌握计算机中不同进制的数据比较、转换等相关知识；了解楼梯控制灯和舞台灯光控制的控制原理，将控制过程和二进制结合起来，才能很好地完成此次任务。

1.2.2　任务学习活动

学习活动 1　了解计算机中的数制

微课 1-1
进位计数值

计算机在进行数据处理时，在其内部需要存储大量的数据。数在计算机中是以器件的物理状态来表示的，一个器件的两种不同的稳定状态就可以用来表示一位二进制数。二进制表示数据简单且可靠，运算简便，因此计算机中的数用二进制来表示。

1. 进位计数制

按进位的原则进行的计数方法称为进位计数制。在采用进位计数的数字系统中，如果用 r 个基本符号（如 0，1，2，…，$r-1$）表示数值，则称其为 r 数制（Radix-r Number System），r 称为该数制的基（Radix），如日常生活中常用的十进制数，就是 $r=10$，即基本符号为（0，1，2，…，9）。如果取 $r=2$，即基本符号为（0，1），则为二进制数。常用数制的基数、位权和数字符号见表 1-2-1。

表 1-2-1　常用数制的基数、位权和数字符号

数　　制	十进制	二进制	八进制	十六进制
基数	10	2	8	16
位权	10^i	2^i	8^i	16^i
数字符号	0~9	0，1	0~7	0~9，A，B，C，D，E，F

对于不同的数制，它们的共同特点是：

① 每一种数制都有固定的符号集。例如十进制数制，其符号有 10 个，分别是 0，1，2，…，9；二进制数制，其符号有两个，分别是 0 和 1。

② 都是用位权表示法：即处于不同位置的数符所代表的值不同，与所在位置的权值有关。例如，十进制数 5555.555 可表示为：

$$5555.555=5 \times 10^3+5 \times 10^2+5 \times 10+5 \times 10^0+5 \times 10^{-1}+5 \times 10^{-2}+5 \times 10^{-3}$$

可以看出，各种进位计数制中的权的值恰好是基数的某次幂。因此，对任何一种进位计数制表示的数都可以写出按其权展开的多项式之和，任意一个 R 进制数 N 可表示为：

$$N=d_{m-1}r^{m-1}+d_{m-2}r^{m-2}+\cdots+d_1r+d_0r^0+d_{-1}r^{-1}+d_{-2}r^{-2}+\cdots+d_{-(k-1)}r^{-(k-1)}+d_{-k}r^{-k}$$

式中的 d_i 为该数制采用的基本数符，r^i 是位权（权），r 是基数，表示不同的进制数；m 为整数部分的位数，k 为小数部分的位数。

在十进位计数制中，是根据"逢十进一"的原则进行计数的。一般地，在基数为 r 的进位计数制中，是根据"逢 r 进一"的原则进行计数的。在计算机中，常用的是二进制、八进制和十六进制，二进制用得最为广泛。

2. 二进制

计算机能够直接识别的只有二进制数。这意味着它处理的数字、字符、图形、图像、声音等信息，都是以 1 和 0 组成的二进制数的某种编码。

在计算机中采用二进制数主要原因如下：

① 二进制数易于表示，二进制数只用 0 和 1 两个不同的数码，所以具有两个稳定状态

的元件均可用来表示二进制数。例如开关的通、断；电路电平的高、低等。

　　②二进制数运算规则简单，简单的运算规则，会使运算器的运算控制容易实现。

　　③二进制数适于逻辑运算，二进制数中只有 1 和 0，可代表逻辑代数中的真和假。

3. 常用数制及表示方法

　　由于二进制在表达数字时，位数太长，不易识别，书写麻烦。因此，在编写计算机程序时，经常用到八进制、十进制、十六进制，其目的是简化二进制的表示。常用数制的表示方法见表 1-2-2。

表 1-2-2　计算机中常用进制数的表示

进位制	二进制	八进制	十进制	十六进制
规则	逢二进一	逢八进一	逢十进一	逢十六进一
基数	$r = 2$	$r = 8$	$r = 10$	$r = 16$
符号	0，1	0，1，…，7	0，1，…，9	0，1，…，9，A，…，F
位权	2^i	8^i	10^i	16^i
表示形式	B（Binary System）	O（Octal System）	D（Decimal System）	H（Hexadecimal System）

　　八进制和十六进制主要是运用在电子技术、计算机编程等领域，是为了配合二进制而使用的。二进制是机器能够识别的最直接语言，有时候用二进制表示数字，位数太多，不方便记录，尤其在硬件编码中，访问地址或存储时，一大串编码很不方便也容易出错，所以一般把二进制转化为八进制或十六进制。例如：

$$1010010111001011 = （122713）O = （A5CB）H$$

　　可以看出，当二进制位数过多时，用八进制或者十六进制表示十分方便。由于二进制转换为八进制或十六进制简便直观，因此在实际应用中，二进制多转换为八进制或十六进制。

4. 书写规则

　　为了区别各种数制，在数字后面加写相应的英文字母标识或在括号外加数字下标。表示方法见表 1-2-3，其中在括号外加数字下标的方法更直观，一般约定十进制数的后缀或下标可以省略。

表 1-2-3　常用数制的书写规则

数　　制	字母标识	字母标识示例	数字下标示例
二进制	B	101B	$（101）_2$
八进制	O	267O	$（267）_8$
十进制	D	123D	$（123）_{10}$
十六进制	H	103H	$（103）_{16}$

学习活动 2　掌握数制转换

　　在计算机中，数字有二进制、八进制、十进制、十六进制四种进制表示，在应用过程中，有时需要将不同进制的数字进行转换。

1. *r* 进制数转换为十进制数

基数为 *r* 的数字，只要将各位数字与它的权相乘，然后按照逢十进位的算法求和，即可将其转换成十进制数。方法是按位权展开并求和（a_i 为第 *i* 位上的数码，*r* 为基数）。公式如下：

$$(a_n \cdots a_1 a_0 . a_{-1} \cdots a_{-m})_r = a_n \times r^n + \cdots + a_1 \times r^1 + a_0 \times r^0 + a_{-1} \times r^{-1} + \cdots + a_{-m} \times r^{-m}$$

例 1-2-1　二进制转换为十进制。

$$(11011.1011)_2 = 1 \times 2^4 + 1 \times 2^3 + 0 \times 2^2 + 1 \times 2^1 + 1 \times 2^0 + 1 \times 2^{-1} + 0 \times 2^{-2} + 1 \times 2^{-3} + 1 \times 2^{-4}$$
$$= 16 + 8 + 2 + 1 + 0.5 + 0.125 + 0.0625$$
$$= (27.6875)_{10}$$

微课 1-2
r 进制数转换为十进制数

例 1-2-2　八进制转换为十进制。

$$(576.5)_8 = 5 \times 8^2 + 7 \times 8^1 + 6 \times 8^0 + 5 \times 8^{-1}$$
$$= 320 + 56 + 6 + 0.625$$
$$= (382.625)_{10}$$

例 1-2-3　十六进制转换为十进制。

$$(1B2A.5)16 = 1 \times 16^3 + 11 \times 16^2 + 2 \times 16^1 + 10 \times 16^0 + 5 \times 16^{-1}$$
$$= 4096 + 2816 + 32 + 10 + 0.31$$
$$= (6954.31)_{10}$$

微课 1-3
十进制数转换为 *r* 进制数

2. 十进制数转换为 *r* 进制数

（1）十进制整数转换为 *r* 进制整数——除 *r* 取余法

将十进制整数不断除以 *r* 取余数，直到商为 0，首次取得的余数放在最右边，依次从右向左排列。

（2）十进制小数转换为 *r* 进制小数——乘 *r* 取整法

将十进制小数不断乘以 *r* 取整数，直到小数部分为 0 或达到所求的精度为止（小数部分可能永远不会为 0）；所得整数从小数点后自左向右排列，首次取得的整数在最左边。

（3）既有整数又有小数——整数小数可以分别转换后再合并

例如，把十进制数 101.6875 转换成二进制数。

整数部分：		小数部分：	
$101 \div 2 = 50$	余数为 1	$0.6875 \times 2 = 1.3750$	整数位为 1
$50 \div 2 = 25$	余数为 0	$0.3750 \times 2 = 0.7500$	整数位为 0
$25 \div 2 = 12$	余数为 1	$0.7500 \times 2 = 1.5000$	整数位为 1
$12 \div 2 = 6$	余数为 0	$0.5000 \times 2 = 1.0000$	整数位为 1
$6 \div 2 = 3$	余数为 0		
$3 \div 2 = 1$	余数为 1		
$1 \div 2 = 0$	余数为 1		

转换结果：

$$(101.6875)_{10} = (1100101.1011)_2$$

3. *r* 进制数之间的转换

r 进制数之间转换可以借助于十进制，先把 *r* 进制转换为十进制，然后借助于十进制转换为 *r* 进制。

微课 1-4

r 进 制 数 之 间 的 转换

（1）将八进制数 576.5 转换为二进制

$(576.5)_8 = 5 \times 8^2 + 7 \times 8^1 + 6 \times 8^0 + 5 \times 8^{-1} = 320 + 56 + 6 + 0.625 = (382.625)_{10}$

然后，将十进制转换为二进制，即（382.625）D=（101111110.101）B。

（2）将十六进制数 1B2A.5 转换为二进制

$(1B2A.5)_{16} = 1 \times 16^3 + 11 \times 16^2 + 2 \times 16^1 + 10 \times 16^0 + 5 \times 16^{-1} = 4096 + 2816 + 32 + 10 + 0.31$

$= (6954.31)_{10}$

然后将十进制转换为二进制，即：（6954.31）D=（1101000101010.0101）B

二进制、八进制和十六进制之间存在特殊关系，1 位八进制数相当于 3 位二进制数，1 位十六进制数相当于 4 位二进制数，因此转换方法比较容易，其见表 1-2-4。

表 1-2-4   二进制与八进制、十六进制之间的关系

八进制	对应二进制	十六进制	对应二进制	十六进制	对应二进制
0	000	0	0000	8	1000
1	001	1	0001	9	1001
2	010	2	0010	A	1010
3	011	3	0011	B	1011
4	100	4	0100	C	1100
5	101	5	0101	D	1101
6	110	6	0110	E	1110
7	111	7	0111	F	1111

根据表中的关系，二进制转换为八进制时，以 3 位为 1 组，整数部分从右往左数，小数部分从左往右数，不足 3 位补 0。二进制转换为十六进制时，以 4 位为 1 组，整数部分从右往左数，小数部分从左往右数，不足 4 位补 0。反之，八进制或十六进制转换为二进制时只要 1 位扩展为 3 位或 4 位即可。例如

$(10101111000011.0101101)_2 = (010101111000011.010110100)_2 = (25703.264)_8$

2　5　7　0　3　2　6　4

$(B27A1C.4A)_{16} = (\underline{1011}\ \underline{0010}\ \underline{0111}\ \underline{1010}\ \underline{0001}\ \underline{1100}.\underline{0100}\ \underline{1010})_2$

4. 机器数

在计算机里用一位二进制的 0 或 1 来区别 "+" "-" 号。通常这个符号放在二进制数的最高位，称符号位，以 0 代表符号 "+"，以 1 代表符号 "-"，其余位表示数值。把在计算机内部存放的正负号数码化的数称为计算机数，把计算机外部由正、负号表示的数称为真值数。例如，在计算机中用 8 位二进制表示数 +90、-90，其格式为：

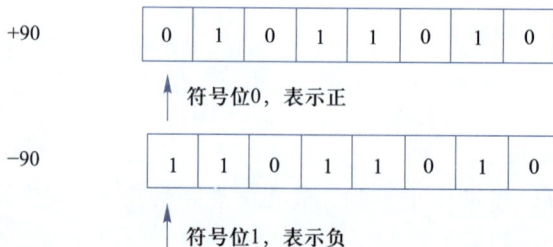

+90

0	1	0	1	1	0	1	0

↑ 符号位0，表示正

-90

1	1	0	1	1	0	1	0

↑ 符号位1，表示负

学习活动 3 了解计算机中的字符编码

由于计算机是以二进制的形式存储、运算、识别和处理信息的，因此，汉字、字母和各种字符也必须按特定的规则转换为二进制编码才能输入计算机。为了使各种文本信息能够通用，就需要对字符编制一个对应的二进制编码。常用的有 ASCII 码（American Standard Code for Information Interchange，美国标准信息交换代码）和汉字编码。

1. ASCII 码

ASCII 码标准用 7 位二进制数编码，用来表示 128 种不同的字符，其中的 95 个编码对应键盘上能输入并且可以显示和打印的 95 个字符，另外的 33 个字符，不对应任何一个可显示或打印的实际字符，其见表 1-2-5，分类如下：

- 48~57 为 0~9 这 10 个阿拉伯数字。
- 65~90 为 26 个大写英文字母，97~122 为 26 个小写英文字母。
- 0~31 及 127（共 33 个）是控制字符或通信专用字符，不可显示或打印，如 LF（换行）、CR（回车）、FF（换页）、DEL（删除）等。
- 其余为通用的运算符和标点符号，如 +、-、×、/、>、=、！等。

因为由 7 位编码构成的 ASCII 码基本字符集能表示的字符只有 128 个，不能满足信息处理的需要，所以又对 ASCII 码字符集进行扩充，采用一个字节（8 位二进制位数）表示一个字符，编码范围为 0~255，一共可表示 256 种字符和图形符号。对计算机字符的处理实际上是对字符编码进行处理。例如，比较字符 A 和 E 的大小，实际上是对 A 和 E 的 ASCII 码 65 和 69 进行比较。

表 1-2-5 标准 ASCII 字符集

低四位	高三位							
	000	001	010	011	100	101	110	111
0000	NUL	DEL	SP	0	@	P	`	p
0001	SOH	DC1	!	1	A	Q	a	q
0010	STX	DC2	"	2	B	R	b	r
0011	ETX	DC3	#	3	C	S	c	s
0100	EOT	DC4	$	4	D	T	d	t
0101	ENQ	NAK	%	5	E	U	e	u
0110	ACK	SYN	&	6	F	V	f	v
0111	BEL	ETB	'	7	G	W	g	w
1000	BS	CAN	(	8	H	X	h	x
1001	HT	EM	)	9	I	Y	i	y
1010	LF	SUB	*	:	J	Z	j	z
1011	VT	ESC	+	;	K	[	k	{
1100	FF	FS	,	<	L	\	l		
1101	CR	GS	-	=	M	]	m	}
1110	SO	RS	.	>	N	^	n	~
1111	SF	US	/	?	O	_	o	DEL

2. 汉字编码

在英文中，一个不超过 128 种字符的字符集就可满足英文处理的需要。汉字是象形文字，字数多，字形复杂，计算机存储和处理都比较复杂。

（1）汉字机内码

用计算机处理汉字，首先要解决汉字编码问题。根据统计，在人们日常生活交往中经常使用的汉字约有四五千个。两个字节可以表示 256×256=65536 种不同的符号，作为汉字编码表示的基础是可行的。我国国家标准化管理委员会采用了加以修正的两字节汉字编码方案（国标码），只用了两个字节的低 7 位。这个方案可以容纳 128×128=16384 个不同的汉字，但为了与标准 ASCII 码兼容，每个字节只用了 94 个编码。

国家标准汉字字符集 GB 2312—80 共收集了 7445 个汉字和图形符号，其中汉字 6763 个，分为两级，其中一级汉字 3755 个，二级汉字 3008 个，另外还包括一般符号、序号、数字、英文字母、日文假名、希腊字母等。

在国标码中，一个汉字占 2 字节，每字节最高位为 0，为了在计算机中将 ASCII 码和国标码区分开，一般将国标码的 2 字节最高位由 0 改为 1，其余 7 位不变，变换后的国标码就叫作汉字机内码。

（2）汉字外码

无论是区位码或国标码都不利于输入汉字，为方便汉字输入而制定的汉字编码，称为汉字输入码，汉字输入码属于外码。不同的输入方法，形成了不同的汉字外码。常见的输入法有以下几类：

- 按汉字的排列顺序形成的编码（流水码）：如区位码。
- 按汉字的读音形成的编码（音码）：如全拼、简拼、双拼等。
- 按汉字的字形形成的编码（形码）：如五笔字型、郑码等。
- 按汉字的音、形结合形成的编码（音形码）：如自然码、智能 ABC。

输入码在计算机中必须转换成机内码，才能进行存储和处理。

（3）汉字字形码

为了将汉字在显示器或打印机上输出，把汉字按图形符号设计成点阵图，就得到了相应的点阵代码（字形码），全部汉字字形码的集合叫汉字字库。显示一个汉字一般采用 16×16 点阵或 24×24 点阵或 48×48 点阵。

可以这样理解，为在计算机内表示汉字而统一的编码方式形成的汉字编码叫内码（如国标码），内码是唯一的。为方便汉字输入而形成的汉字编码为输入码，属于汉字的外码，输入码因编码方式不同而不同，是多种多样的。为显示和打印输出汉字而形成的汉字编码为字形码，计算机通过汉字内码在字模库中找出汉字的字形码，实现其转换。

1.2.3   任务实施

在本任务中，李大爷的孙子李明给李大爷讲解楼梯控制灯电路设计原理，帮助李大爷设计安装楼梯控制灯；李伟需要设计舞台灯光的控制方案。通过前面的学习，让我们一块来完成以上任务。

任务 1　实施过程

1. 楼梯灯控制原理

楼梯控制灯设计有多种方法，开关也可以用双联或三联。本任务选用两个双联开关，分别装在楼上和楼下，楼上开关命名为 K，楼下开关命名为 L，用两根导线分别连接开关 K 和 L，然后从开关 K 和开关 L 分别引出导线，串联接上楼梯灯和电源，接法如图 1-2-2 所示。楼下开关 L 任意时间所处位置为 L1 或 L2，楼上开关 K 任意时间所处位置为 K1 或 K2。线路接通状态见表 1-2-6，从表中可以看出，不管何时，都可以通过开关 L 和 K 控制灯的亮灭。

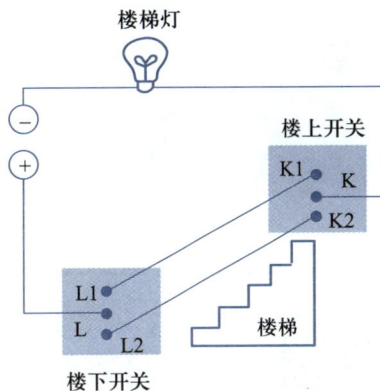

图 1-2-2　楼梯控制灯接线图

表 1-2-6　线路接通状态开关表示

L	K	灯具状态	L	K	灯具状态
L1	K1	亮	L2	K1	灭
L1	K2	灭	L2	K2	亮

微课 1-5
家庭楼梯灯控制方案设计

2. 用二进制解释楼梯灯控制

如果把开关 L 的两点 L1、L2 看作是二进制数 0 和 1，开关 K 的两点 K1、K2 看作是二进制数 0 和 1，见表 1-2-7。

表 1-2-7　楼梯双控开关二进制表示

L		K	
L1	L2	K1	K2
0	1	0	1

从表 1-2-7 可以看出，开关 L、K 任意时刻要么在位置 0，要么在位置 1，调整开关所处位置，即可控制灯具的亮灭。开关的位置和灯具的状态见表 1-2-8。

表 1-2-8　开关位置与灯具状态表

L	K	灯具（状态）	L	K	灯具（状态）
0	0	亮（接通）	0	1	灭（断开）
1	0	灭（断开）	1	1	亮（接通）

从表 1-2-8 可以开出，开关 L 和开关 K 同时处于位置 0 或者处于位置 1 时，灯具亮（接通）；当处于不同位置时，灯具灭（断开）。

生活中二进制的应用场景有很多，例如军舰在夜晚采用灯光通信，长亮表示 1，短亮表示 0 等。

任务 2　实施过程

① 确定节目出场顺序和灯光控制要求，见表 1-2-9。

表 1-2-9   节目出场顺序和灯光控制要求

序号	节目类型	亮灯要求	序号	节目类型	亮灯要求
1	开场	白	5	相声	白黄
2	朗诵	白	6	舞蹈	红白蓝
3	歌曲	白蓝	7	合唱	红蓝黄
4	小品	白黄	8	晚会结束	白

微课 1-6
舞台灯光控
制方案设计

② 舞台灯光控制线路如图 1-2-3 所示。从接线图可以看出，红、白、蓝、黄 4 组灯光分别由 K1、K2、K3、K4 这 4 个开关控制，每个开关控制一组灯光，需要用到相应颜色的灯光时，合上相应开关即可。

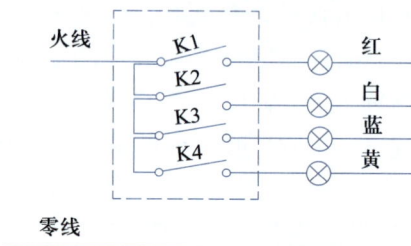

③ 假如开关闭合用 "1" 表示，开关断开用 "0" 表示，舞台灯光控制的二进制表示见表 1-2-10。

图 1-2-3   舞台灯光开关控制图

表 1-2-10   开关的状态与舞台灯光的效果

序号	节目类型	K1	K2	K3	K4	亮灯要求	序号	节目类型	K1	K2	K3	K4	亮灯要求
1	开场	0	1	0	0	白	5	相声	0	1	0	1	白黄
2	朗诵	0	1	0	0	白	6	舞蹈	1	1	1	0	红白蓝
3	歌曲	0	1	1	0	白蓝	7	合唱	1	0	1	1	红蓝黄
4	小品	0	1	0	1	白黄	8	晚会结束	0	1	0	0	白

④ 李伟在对应的开关上贴上开关编号 K1、K2、K3、K4，在每个开关闭合一边贴上 "1"，断开一边贴上 "0"，用二进制数 "1" 代表开关闭合，"0" 代表开关断开。按照节目的出场顺序，制定开关状态控制表，见表 1-2-10。在节目演出时，把开关置于相应的位置即可得到节目需要的灯光效果。

1.2.4   技能训练

图 1-2-4 是某城市交通路口的红绿灯和倒计时器。近期，负责交通灯维护的张警官发现，该路口的倒计时器在显示数字的时候老是缺少一部分，在应该显示 "19" 的时候，显示为 "15"，使得倒计时器显示数字不准确。为了尽快弄清楚该问题出现的原因并进行有针对性的维修，张警官请教在某职业技术学院从事相关专业教学的马老师给他介绍倒计时器的工作原理、出现一部分不亮的原因是什么以及建议的维修方法。

图 1-2-4   交通控制灯

？知识拓展

"银河 1 号"巨型机的研究过程

对于日常使用笔记本计算机、台式计算机，大家比较熟悉，但是对于巨型机，大家可能就不是那么了解了。

巨型机在航空航天、气象、军事等领域有非常大的作用。在湖南长沙，国防科技大学计算机学院宽敞明亮的机房里，就存放着一个红黄相间的大机柜，它就是我国自行设计和研制的第一台每秒运算速度达到亿次的巨型计算机——"银河 1 号"，如图 1-2-5 所示，它的诞生，标志着我国成为当时世界上第三个能够独立设计和研制巨型机的国家。

图 1-2-5　"银河 1 号"巨型机

20 世纪 70 年代初期，外国科学家率先研制出了每秒运行一亿次的巨型计算机，被人们简称为巨型机。这种巨型机的面世，以及它强大的数据处理能力迅速在国际计算机领域引发了强烈反响，同时也改变了其他生产领域的发展态势。

例如，石油的开采就需要借助巨型机来计算相关数据，但在当时的条件下，我国石油物探的数据是用磁带记录的，数据磁带多到需要用卡车来装运，更不要说需要耗费巨大的人力物力进行计算分析了。当我国提出向其他发达国家进口一台性能不算很高的计算机时，对方却提出要求，让我国为这台机器建一个六面不透光的"安全区"，并且能进入"安全区"的只能是国外的工作人员。面对这种情况，我国科学家下定决心，一定要自己研制出巨型机，打破国外的技术封锁。

1978 年，以计算机专家慈云桂教授为代表的科研人员接受了研制巨型机的任务，并表露心迹说："假如人生能实现一个梦，我的这个梦，就是让中国在世界高性能计算领域拥有一席之地。"

他们把实验室当战场，像打仗一样攻关，大家吃在工厂，睡在机房，夜以继日地进行着这一场没有硝烟的战斗。当时参与研制的李思昆教授回忆说："那时加班费一个晚上两角钱，我让大家登记领钱，结果没一个人愿意来领。大家心里想的是省下每一分钱，尽快造出中国的巨型机。"

俗话说，天道酬勤。经过几年没日没夜的顽强拼搏，以慈云桂教授为代表的科研人员，闯过了一个个理论、技术和工艺难关，攻克了数以百计的技术难题，大大提高了机器的运算速度，提前一年完成了研制任务，系统达到并超过了预定的性能指标，机器运行更是稳定可靠。

1983 年 12 月 26 日，我国第一台亿次巨型计算机顺利通过了国家技术鉴定，并被命名为"银河 1 号"。此后，我国"银河人"又研制出"银河 2 号""银河 3 号"等一系列巨型机，孕育形成了"胸怀祖国、团结协作、志在高峰、奋勇拼搏"的"银河精神"。

回望激情燃烧的岁月，是为了更好地延续老一辈"银河人"的优良传统，让大家领悟"银河精神"的真谛，让我们的祖国在世界科技领域不断谱写出新的辉煌。

项 目 总 结

随着科技的不断发展，计算机在人们社会生活的各个领域都有广泛的应用，帮助人们提高工作效率，将人们从简单、枯燥的劳动中解脱出来。了解计算机的基础知识并熟练操作使用计算机成为现代社会人们必须掌握的一项技能。本项目主要介绍计算机的发展历程及应用领域、计算机的组成及技术指标、二进制及其转换、常用符号与汉字编码等。通过本项目学习，读者将能够综合评价一台计算机的性能，根据需要选配合适的计算机，能用二进制数的思路和方法分析和解决问题，提升读者的学习能力、沟通能力，严谨的工作作风和认真负责的工作态度。

思 考 与 练 习

一、选择题

1. 个人计算机（PC），这种计算机属于（　　　）。

   A. 微型计算机　　　　B. 小型计算机　　　　C. 超级计算机　　　　D. 巨型计算机

2. 目前大多数计算机，就其工作原理而言，基本上采用的是科学家（　　　）提出的存储程序控制原理。

   A. 比尔·盖茨　　　　B. 冯·诺依曼　　　　C. 乔治·布尔　　　　D. 艾仑·图灵

3. 我国第一台巨型计算机是（　　　）。

   A. 银河 1 号　　　　B. 银河 2 号　　　　C. 曙光 1000　　　　D. 神威 I

4. 一个完整的计算机系统应包括（　　　）。

   A. 系统硬件和系统软件　　　　　　　　B. 硬件系统和软件系统

   C. 主机和外部设备　　　　　　　　　　D. 主机、键盘、显示器和辅助存储器

5. 目前制造计算机所采用的电子器件是（　　　）。

   A. 晶体管　　　　　　　　　　　　　　B. 石墨烯

   C. 超导体　　　　　　　　　　　　　　D. 超大规模集成电路

6. 计算机软件是指（　　　）。

   A. 计算机程序　　　　　　　　　　　　B. 源程序和目标程序

   C. 源程序　　　　　　　　　　　　　　D. 计算机程序及有关资料

7. 计算机中所有信息的存储都采用（　　　）。

   A. 十进制　　　　　　B. 十六进制　　　　C. ASCII 码　　　　D. 二进制

8. 计算机的内存储器是指（　　　）。

   A. RAM 和磁盘　　　B. ROM　　　　　　C. ROM 和 RAM　　　D. 硬盘和控制器

9. 将十进制数 93 转换为二进制数为（　　　）。

   A. 1110111　　　　　B. 1110101　　　　　C. 1010111　　　　　D. 1011101

10. 显示或打印汉字时，系统使用的输出码为汉字的（　　　）。

    A. 机内码　　　　　B. 字形码　　　　　C. 输入码　　　　　D. 国际交换码

二、填空题

1. 世界上第一台通用计算机诞生于_____年。

2. 计算机的中央处理器 CPU 包括_____和_____两部分。

3. 1 TB 等于_____GB，1 GB 等于_____MB。

4. 计算机辅助设计简称_____，计算机辅助制造简称_____。

5. 在计算机中，bit 的中文含义是_____。

6. 汉字国标码（GB 2312—80）规定的汉字编码，每个汉字用_____字节表示。

7. 与十六进制数 AB 等值的十进制数是_____；与二进制数 101101 等值的十六进制数是_____。

8. 大写字母 B 的 ASCII 码值是_____；小写字母 a 的 ASCII 码值是_____。

9. 现在常说的 32 位机或 62 位机表示的含义是_____。

10. 硬盘按照存储介质可分为_____和_____，其中_____的访问速度更快。

三、思考题

1. 简要说说，在你的学习生活中，都能用计算机做哪些事情？

2. 为什么二进制在计算机中非常重要？

3. 随着技术的不断进步，云计算、人工智能等前沿技术发展迅速，你认为未来机器会具备人类的思维能力吗？为什么？

项目 2

常用操作系统

学 习 目 标

操作系统（Operating System，OS）是管理计算机硬件与软件资源的计算机软件，它提供一个用户交互的操作界面，是一台计算机必须有且非常重要的软件。

Windows 10 是微软公司研发的跨平台及设备应用的操作系统，它的硬件设备兼容性较高，可以运行在手机、平板电脑、台式计算机等设备中。

统信 UOS 是统信软件基于 Linux 开源内核打造的国产操作系统，产品包括桌面操作系统、服务器操作系统和智能终端操作系统。

【知识目标】

- ✓ 掌握 Windows 10 操作系统的设置；
- ✓ 掌握 Windows 10 操作系统文件资源的管理和使用；
- ✓ 掌握统信 UOS 的常用设置基本知识；
- ✓ 掌握统信 UOS 的文件系统；
- ✓ 理解统信 UOS 的系统管理机制和桌面管理架构；
- ✓ 理解统信 UOS 的磁盘管理。

【技能目标】

- ✓ 能够进行 Windows 10 桌面和窗口设置；
- ✓ 能够进行 Windows 10 个性化设置；
- ✓ 能够进行 Windows 10 文件和文件夹的管理和使用；
- ✓ 能够使用统信 UOS 桌面；
- ✓ 能够使用统信 UOS 的文件系统；
- ✓ 能够使用统信 UOS 安装应用软件。

【素质目标】

✓ 培养查阅文献，收集资料的能力；
✓ 培养独立思考，善于发现问题、分析问题、解决问题的能力；
✓ 培养细致认真、精益求精的精神和品质。

【课前预习】

请同学们通过查找资料、与同学朋友等交流讨论，课前完成下面几个问题。

1. 目前计算机常用的操作系统都有哪些？
2. 我国操作系统的发展现状如何？
3. 如何给一台没有操作系统的计算机安装操作系统？
4. 计算机操作系统的主要作用是什么？
5. 计算机软件如何分类，每一类代表性软件都有哪些？

任务 2.1 使用 Windows 10 操作系统

使用 Windows
10 操作系统

PPT

2.1.1 任务引入与分析

任务 1

李明在使用了一段时间便携式计算机之后，发现计算机桌面图标放置凌乱，文件、文件夹、应用程序的快捷方式都被随意放在桌面，寻找资料很不方便。现在他想对桌面进行一次重新整理，具体内容为：

① 删除不经常使用的文件。
② 将桌面的图标按照"修改日期"进行排列。
③ 将经常使用的应用软件的快捷方式固定在任务栏中。

任务 2

五一假期，王芳去找同学玩，她看到同学的计算机桌面设置得非常漂亮，十分具有个人特色。于是，她也想要对自己计算机的 Windows 10 操作系统的工作环境进行私人定制，凸显个人风格。目前主要想设置的内容为：

① 将计算机桌面更改为她喜欢的背景。
② 更改 Windows 颜色。
③ 更改计算机的锁屏界面。
④ 更改计算机的主题和字体。
⑤ 设置［开始］菜单和任务栏。

任务 3

李华在某公司担任文秘，他领取了公司新发的预装了操作系统的计算机，经查看，该计算机只有一个分区，他现在想要将计算机的磁盘再分出两个分区，一个放置个人资料，另一个存放公司资料，这样便于对磁盘中的数据分类管理。他现在该如何做？

任务分析

根据要完成的任务，需要通过查阅资料、学习、实践练习等方式，熟悉并掌握常见的桌面图标用法，桌面图标的添加、删除、排列，任务栏的设置以及窗口的打开、关闭、调整大小、移动、切换、排列等内容；熟悉并掌握 Windows 10 的显示设置、声音设置、背景和颜色设置、锁屏界面设置、主题和字体设置、［开始］菜单以及任务栏设置等内容；熟悉并掌握常见的磁盘格式，磁盘分区操作，文件和文件夹的新建、重命名、选择、复制、移动、删除与还原等内容，才能很好地完成此次任务。

2.1.2　任务学习活动

学习活动 1　认识 Windows 10 操作系统

计算机裸机是指只有硬件部分，没有配置操作系统和其他软件的计算机。如果用户想要正常使用一台计算机，就需要安装操作系统。

1. Windows 10 的发展历程

Windows 操作系统是由微软公司（Microsoft）研发的操作系统，问世于 1985 年，后续微软公司对其进行不断更新升级，提升易用性和可操作性。

Windows 采用了图形用户界面（GUI），比起从前的 MS-DOS 需要输入指令，其使用的方式更为人性化。随着计算机硬件和软件的不断升级，Windows 也在不断升级，其架构从 16 位、32 位再到 64 位，系统版本从最初的 Windows 1.0 到 Windows 95、Windows 98、Windows 2000、Windows XP、Windows Vista、Windows 7、Windows 8、Windows 8.1、Windows 10、Windows 11 和 Windows Server 服务器企业级操作系统，微软公司一直在对 Windows 操作系统进行开发和完善。

本部分以 Windows 10 操作系统为例，介绍 Windows 操作系统的使用。

2. 桌面操作

桌面（Desktop）指打开计算机并成功登录系统之后看到的显示器主屏幕区域。桌面主要包括桌面背景、桌面图标、［开始］按钮、任务栏、通知区域等组成元素。与以往的操作系统相比，Windows 10 操作系统的桌面环境更加简洁、现代。

（1）常见的桌面图标

微课 2-1
桌面操作

桌面图标一般包括图形和说明文字两部分。每一个图标都各自代表一个程序，双击图标就可以运行相应的程序。常见的系统图标有以下 3 种。

① "此电脑" ：可以浏览计算机磁盘中的内容，进行文件的管理工作，更改计算机软硬件设置和管理打印机等。Windows 10 操作系统安装后，"此电脑"并不是默认显示的，需通过"桌面图标设置"操作进行修改。单击［开始］→［设置］→［个性化］→［主题］→［桌面图标设置］超链接，即可打开"桌面图标设置"对话框。

② "网络" ：主要用来查看网络中的其他计算机，访问网络中的共享资源，进行网络设置等。

③"回收站" ：是系统在硬盘中开辟的专门存放从硬盘中删除的文件和文件夹的区域。如果用户误删某些重要文件，可以通过［回收站］窗口［管理］选项卡中的相关命令按钮将其还原到原来的位置。回收站中的文件会占用计算机的磁盘空间，因此需要定期进行清理，以释放磁盘空间，同样通过［管理］选项卡来实现。

用户也可以根据需要把常用的文件、文件夹、软件等放置在桌面上。

（2）任务栏

任务栏是位于桌面的最下方的水平条，如图 2-1-1 所示。任务栏可用于查看正在运行的应用程序和时间等。用户不仅可以通过多种方式对其进行个性化设置，还可以更改颜色和大小、在其中固定常用应用以便快速访问以及重新排列任务栏按钮等。在任务栏位置处右击，在弹出的快捷菜单中选择［任务栏设置］命令，可以自定义设置任务栏。

图 2-1-1　任务栏

• ［开始］菜单：Windows 10 重新使用了［开始］按钮 ，并将其与 Windows 8［开始］屏幕的特色相结合。单击桌面左下角［开始］按钮或者按键盘 Windows 快捷键，打开［开始］菜单之后，用户不仅会在左侧看到系统关键设置和应用列表，还会看到 Windows 标志性的动态磁贴出现在右侧。

• 任务区：用于显示已经打开的程序或文件，并可以在它们之间进行快速切换。

• 语言栏：用来显示系统正在使用的输入法和语言。用计算机进行文本服务时，它会自动出现。可以将语言栏移动到屏幕的任何位置，也可以将其最小化到任务栏。

• 通知区域：位于任务栏的右侧，用户可以方便地查看来自不同应用的通知。在通知区域底部还提供了一些系统功能的快捷开关，如平板模式、网络、飞行模式、定位和移动热点等。通知区域有一些小图标，称为指示器，这些指示器代表一些运行时常驻内存的应用程序，如音量、时钟、病毒防火墙、网络状态等。

3. 窗口操作

窗口是应用程序和用户之间的接口。用户可以通过窗口实现应用程序的操作，应用数据的管理、生成和编辑等功能。

（1）窗口组成

在 Windows 10 中，虽然每个窗口的内容及功能各不相同，但是大多数窗口具有相同的组成部分，Windows 10 窗口的组成部分如图 2-1-2 所示。

微课 2-2
窗口操作

• 标题栏：标题栏位于窗口顶部，用于显示窗口的名称，其左侧是窗口图标，单击该图标可选择还原、移动、最小化、最大化、关闭等命令。

• 控制按钮：控制按钮区位于窗口右上角，其中包括 3 个窗口控制按钮，分别是［最小化］［最大化］和［关闭］按钮。

• 功能区：功能区位于标题栏下方，显示一些常用的菜单和按钮。

• 地址栏：地址栏位于功能区下方，用于显示文件和文件夹所在路径。

• 搜索框：搜索框位于地址栏的右侧，在搜索框中输入关键字，可搜索当前窗口的目标文件。

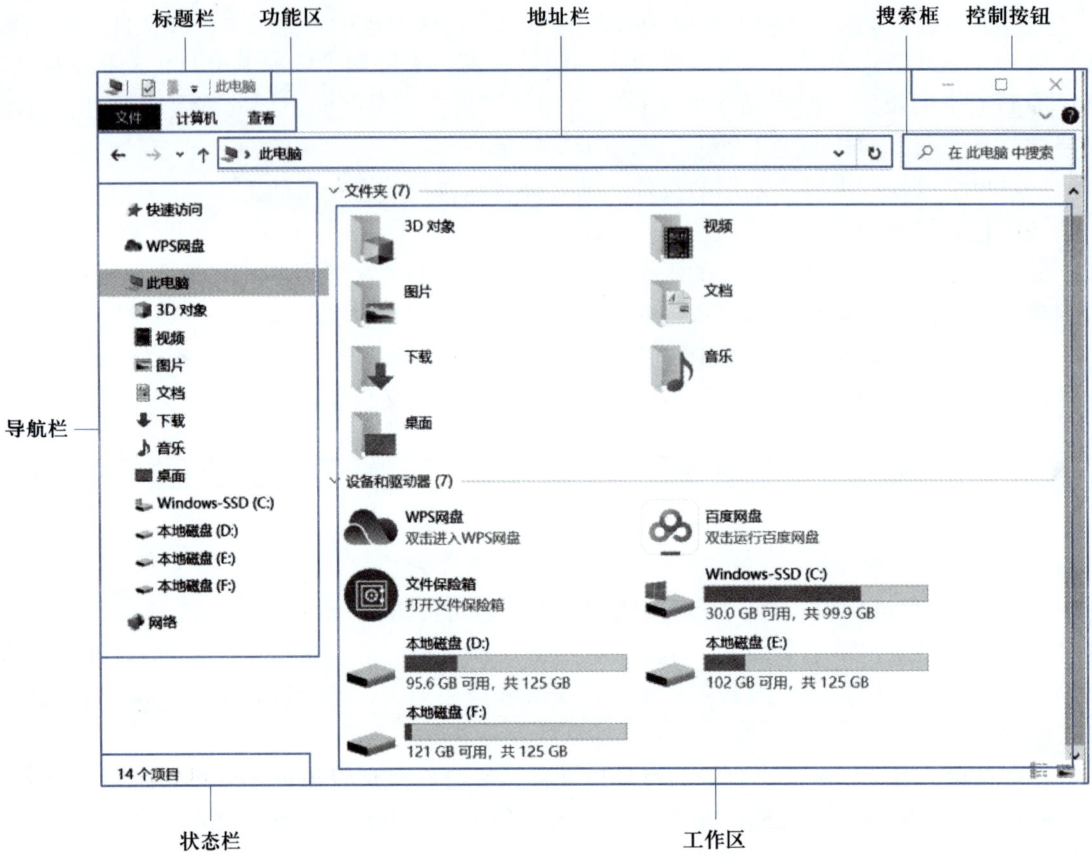

图 2-1-2   Windows 10 窗口的组成部分

- 导航栏：导航栏位于工作区的左侧，可快速切换或打开其他窗口，方便用户准确地查找目标内容。
- 工作区：工作区位于窗口中央，是整个窗口中最大的区域，用于显示当前目录的内容。
- 状态栏：状态栏位于窗口的最下方，用于显示当前窗口以及被选中对象的相关信息。

（2）窗口的操作

Windows 10 窗口的基本操作包括打开、关闭、调整大小、移动、切换、排列等。

- **打开窗口**。在 Windows 10 桌面上，右击应用程序图标，在弹出的快捷菜单中选择［打开］命令。
- **关闭窗口**。当窗口使用完毕时，用户可将其关闭，以释放系统资源。关闭窗口有以下几种基本方法，如图 2-1-3 所示。

方法 1：单击窗口右上角［关闭］按钮。

方法 2：单击标题栏左侧的窗口图标，在弹出的快捷菜单中选择［关闭］命令。

方法 3：右击标题栏，在弹出的快捷菜单中选择［关闭］命令。

- **调整窗口大小**。用户可以随意调整窗口在显示器中的大小，方法有以下几种。

方法 1：单击窗口右上角的控制按钮，如单击［最小化］按钮，可使得当前窗口最小化；单击［最大化］按钮，可使得当前窗口最大化。当窗口最大化时，单击［向下还原］按钮，

方法2：单击窗口图标　　方法3：右击标题栏　　　　　　　　　　　　　　方法1：单击[关闭]按钮

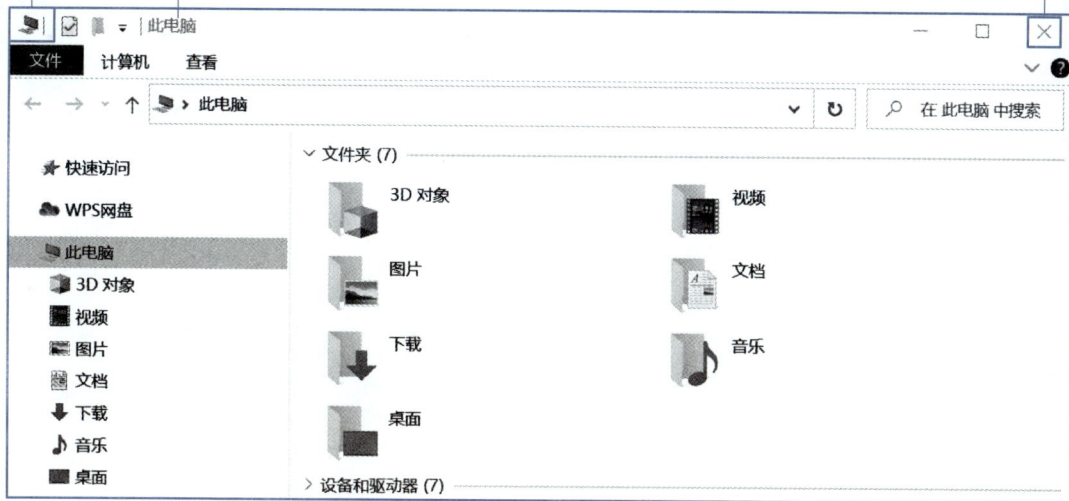

图 2-1-3　关闭窗口

可将窗口还原到最大化之前的状态。

方法 2：双击标题栏，可使窗口最大化或还原。

方法 3：用户将鼠标指针移动到窗口边缘，可上下左右拖曳边框，以达到改变窗口大小的目的。

方法 4：在 Windows 10 系统中使用快捷键调整窗口大小，通过快捷键 Windows+↑、↓、←、→方向键可以快速实现。按快捷键"Windows+↑"，窗口最大化；按快捷键"Windows+↓"，窗口还原；按快捷键"Windows+←"，窗口靠左，并且变为屏幕 50% 的大小；按快捷键"Windows+→"，窗口靠右，变为屏幕 50% 的大小。

● **移动窗口**。将鼠标指针移动到当前窗口的标题栏处，按住鼠标左键不放，将窗口拖曳到目标位置后，松开鼠标，即完成窗口的移动。

● **切换窗口**。Windows 10 是一个多任务操作系统，可以同时处理多项任务。因此，用户可以在不同的窗口间进行切换。

● **排列窗口**。当用户打开多个窗口时，可以设置窗口的显示形式。在任务栏的空白处右击，在弹出的快捷菜单中显示层叠窗口、堆叠显示窗口、并排显示窗口 3 种窗口显示形式。

微课 2-3
系统设置

学习活动 2　设置 Windows 10 操作系统的工作环境

1. 系统设置

系统设置主要包括显示设置和声音设置。启动系统设置的方法为：单击左下方的 Windows 10 图标 ⊞，在弹出菜单中选择[设置]命令，如图 2-1-4 所示。[设置]窗口中包括[系统][设备][个性化]等内容。单击进入[Windows 设置]界面，如图 2-1-5 所示。在[系统]设置中包括[显示][声音]等内容。

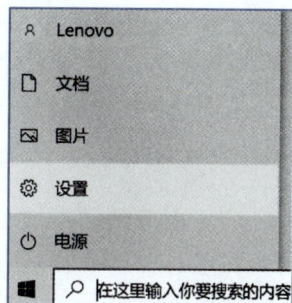

图 2-1-4　选择[设置]命令

Windows 设置

查找设置

系统
显示、声音、通知、电源

设备
蓝牙、打印机、鼠标

手机
连接 Android 设备和 iPhone

网络和 Internet
WLAN、飞行模式、VPN

个性化
背景、锁屏、颜色

应用
卸载、默认应用、可选功能

帐户
你的帐户、电子邮件、同步设置、工作、家庭

时间和语言
语音、区域、日期

游戏
Xbox Game Bar、捕获、游戏模式

轻松使用
讲述人、放大镜、高对比度

搜索
查找我的文件、权限

隐私
位置、相机、麦克风

更新和安全
Windows 更新、恢复、备份

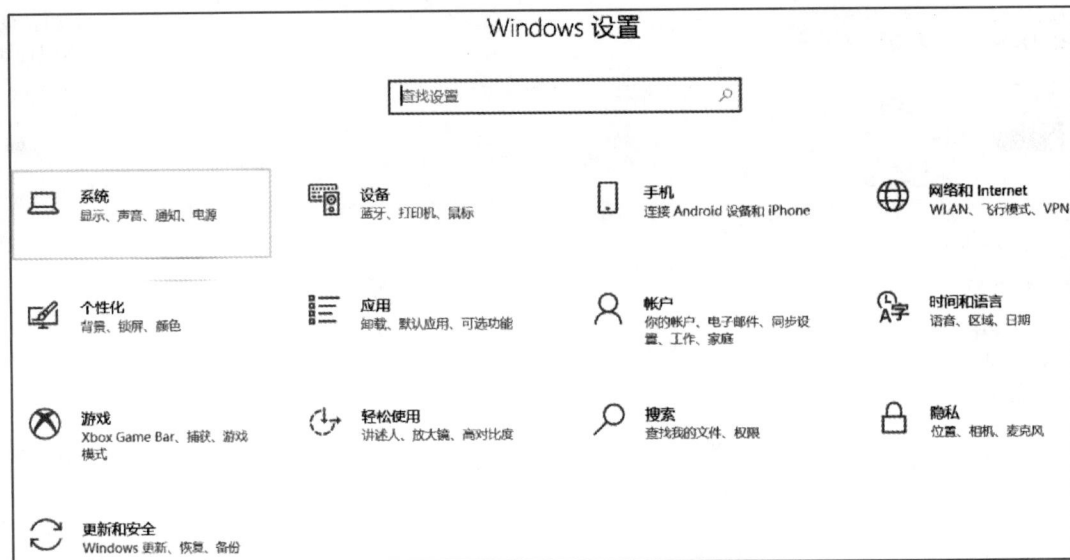

图 2-1-5 Windows 设置界面

（1）显示设置

在［系统］设置中选择［显示］选项，进行显示设置。显示设置包括显示器的亮度和颜色设置以及缩放和布局设置。

• **亮度和颜色设置**。若要改变内置显示器的亮度,拖曳控制亮度的滑动条。若要选择［夜间模式］，打开夜间模式的开关，如图 2-1-6 所示。

• **缩放与布局设置**。若要进行缩放，在［更改文本、应用等项目的大小］下拉菜单中选择一项;若要更改屏幕分辨率,在［显示分辨率］下拉菜单中选择一项;若要改变方向,在［显示方向］下拉菜单中选择一项，如图 2-1-7 所示。

缩放与布局

更改文本、应用等项目的大小

150% (推荐)

高级缩放设置

显示分辨率

1920 × 1080 (推荐)

显示方向

横向

亮度和颜色

更改内置显示器的亮度

夜间模式

关

图 2-1-6 亮度和颜色   图 2-1-7 缩放与布局

（2）声音设置

在［系统］设置中选择［声音］选项，进行声音设置，包括选择输入、输出设备和声音控制面板。

• **输入、输出设置**。在声音设置中，可以在［选择输入设备］和［选择输出设备］下拉

菜单栏中选择相应的输入和输出设备，如图 2-1-8 所示。

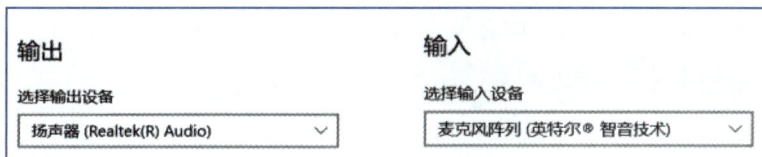

图 2-1-8　输入输出设备

● **声音设置**。在［声音］设置界面中的右侧单击［声音控制面板］超链接，在打开的［声音］对话框中可以进行如下设置。

在［播放］选项卡中可以设置播放设备。

在［录制］选项卡可以设置音频输入设备，如麦克风，在这里也可以禁用列出来的设备，如果全部禁用，则任何音频都无法输入到计算机。

在［声音］选项卡中可以对播放设备进行单独设置。

在［通信］选项卡中，可以根据需要设置其他声音的音量。

2. 个性化设置

在系统设置中单击［个性化］图标，进行个性化设置。个性化设置包括设置桌面背景和颜色、锁屏界面、主题和字体、开始菜单以及任务栏。

微课 2-4
个性化设置

（1）设置桌面背景和颜色

在［个性化］窗口中选择［背景］选项，可以选择背景图片和颜色，如图 2-1-9 所示。选择［颜色］选项可以将［开始］菜单的背景、任务栏、标题栏、窗口边框和操作中心设置为相应颜色。颜色设置可以智能地沿用已有背景图片中的某种颜色，该功能由［颜色］窗口

图 2-1-9　个性化设置

中的一个开关［从我的背景自动选取一种主题色］来控制，默认处于开启状态。

（2）设置锁屏界面

锁屏界面主要用于锁屏界面的图片和"屏幕保护程序"设置。锁屏图片的设置和背景设置方法是一样的，如图 2-1-10（a）所示。

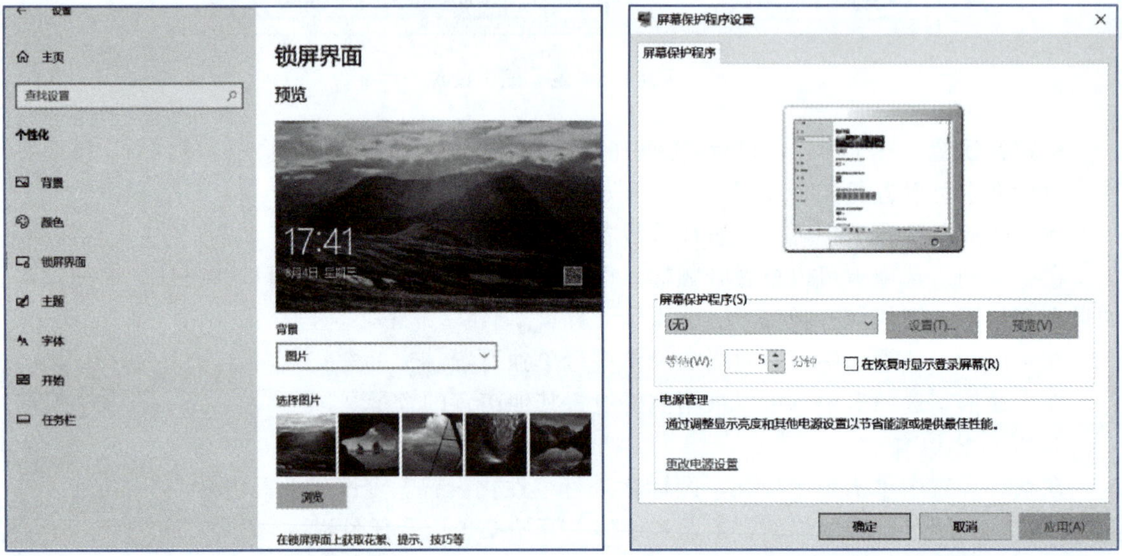

(a) 锁屏界面

(b) 屏幕保护程序设置

图 2-1-10　锁屏界面设置

单击［屏幕保护程序］超链接，打开屏幕保护程序设置窗口，如图 2-1-10(b)所示。在［屏幕保护程序］下拉菜单中可以选择"无""3D 文字""变幻线""彩带""空白"等屏幕保护效果，单击［预览］按钮查看屏幕保护效果。此外，在锁屏界面还可以设置屏幕保护程序自动运行的等待时间，可以设置在结束运行屏幕保护程序时是否要求用户输入密码。若要对本机的电源进行管理，可单击［更改电源设置］按钮进行设置。

（3）设置主题和字体

主题指的是 Windows 预先设置好的一整套界面美化方案。在［个性化］窗口中选择［主题］选项，可以对桌面主题进行更改，如图 2-1-11 所示。在［个性化］窗口中选择［字体］选项，可以对系统使用的字体进行添加和管理，如图 2-1-11 所示。Windows 10 的"字体"个性化设置功能包括可自行添加字体、搜索可用字体等。单击任意字体，还能查看文件大小、制作信息、版本号等。

（4）设置［开始］菜单

［开始］菜单是用户使用计算机的起点，Windows 10 默认的［开始］菜单也不是一成不变的。在［个性化］窗口中选择［开始］选项，可以对［开始］菜单的磁贴、应用列表、常用应用等属性进行修改，如图 2-1-12 所示。用户可以决定是否在［开始］菜单中显示最常用的应用以及是否显示最近添加的应用，还可以设置是否显示类似平板电脑的全屏幕［开始］菜单。此外还可以控制是否在［开始］屏幕或任务栏图标的跳转列表中显示最近打开过的项目。

（5）设置任务栏

任务栏用于快速访问所需内容，如图 2-1-12 所示，常用的设置如下。

图 2-1-11　主题和字体设置

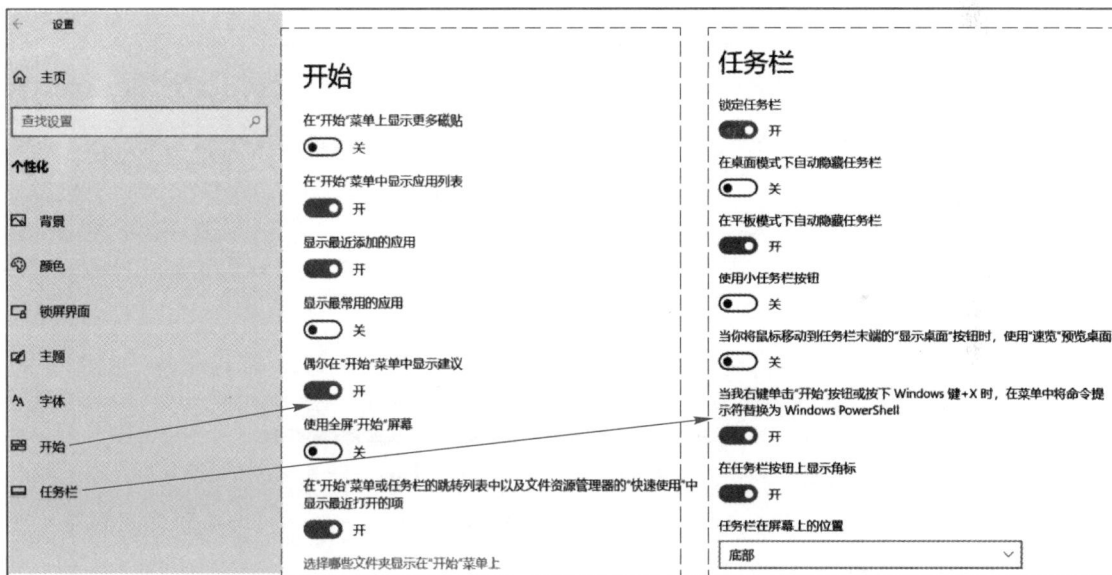

图 2-1-12　[开始]菜单和任务栏设置

①[锁定任务栏]选项，默认状态为"开"，可以固定任务栏的位置和宽度。

②[在桌面模式下自动隐藏任务栏]选项，默认状态为"关"。

③[使用小任务栏按钮]选项，任务栏默认为"关"；若使用小任务栏，则需把开关调到"开"的状态。

④[任务栏在屏幕上的位置]选项，这是一个下拉列表框，有 3 种选择，分别为上、右、下。

⑤[选择哪些图标显示在任务栏上]选项，如任务栏上的图标太多需要清理，单击"关闭"按钮，则该选项就不会在通知区域中出现。

学习活动 3   **在 Windows 10 操作系统中安装应用软件**

1. 磁盘分区

磁盘是计算机主要的存储介质，文件、文件夹和系统信息都存储在磁盘中。磁盘分区是使用分区编辑器在磁盘上划分的几个逻辑部分，磁盘一旦被划分成多个分区，不同类的目录与文件可以存储在不同的分区。磁盘分区具有方便管理和控制、提升系统的效率、提高安全性等优点。由于用户经常进行文件或文件夹的移动、复制、删除等操作以及频繁地进行软件的安装、卸载，使得磁盘产生碎片，造成读写速度慢、读写错误、垃圾文件占用磁盘空间等问题。因此，需要定期对磁盘进行清理和优化，以提高系统性能。

微课 2-5
调整磁盘分区

（1）调整磁盘分区

① 右击"此电脑"图标,在弹出的快捷菜单中选择［管理］命令,打开［计算机管理］窗口。在［计算机管理］窗口的左侧区域,单击［存储］→［磁盘管理］选项,打开［磁盘管理］窗口,可以看到此电脑已经分为 C 盘、D 盘、E 盘、F 盘。现在将 F 盘再分成两部分,分别命名为 F 盘和 G 盘,具体操作为:在 F 盘右击,在弹出的快捷菜单中选择［压缩卷］命令,如图 2-1-13 所示。

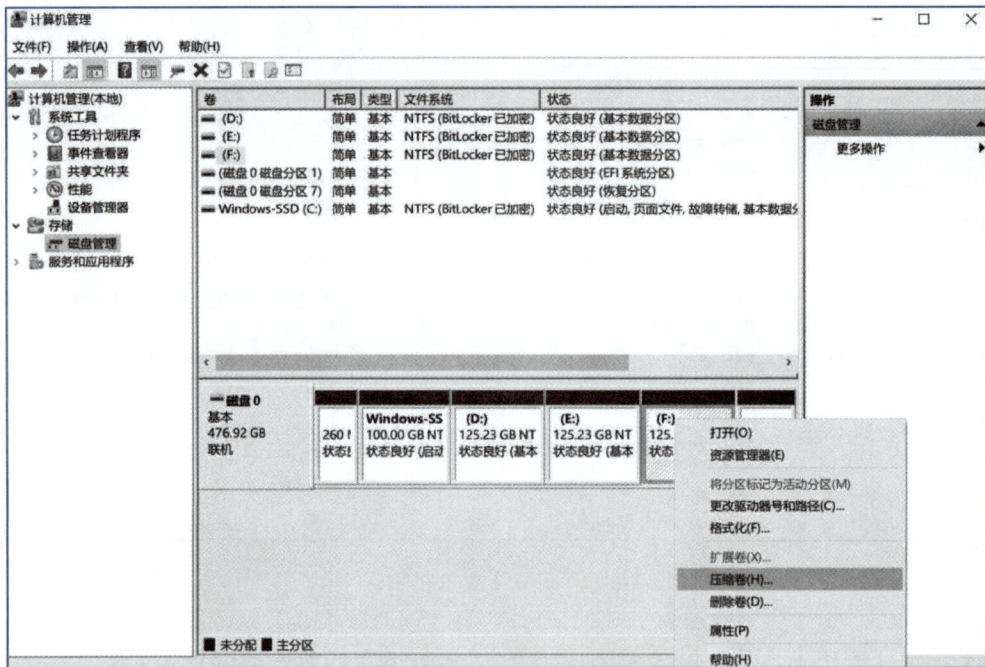

图 2-1-13 ［磁盘管理］窗口

② 在弹出的［压缩］窗口中设置输入压缩的空间量，在这里设置为 51200 MB，即是 50 GB（1 GB=1024 MB），如图 2-1-14 所示。设置完成后，单击［压缩］按钮。

③ 压缩完成后，在磁盘管理中可以看到磁盘包含 50 GB 未分配空间，在未分配空间上右击，在弹出的快捷菜单中选择［新建简单卷］命令，如图 2-1-15 所示。打开［新建简单卷向导］对话框，单击［下一页］按钮，如图 2-1-16 所示。

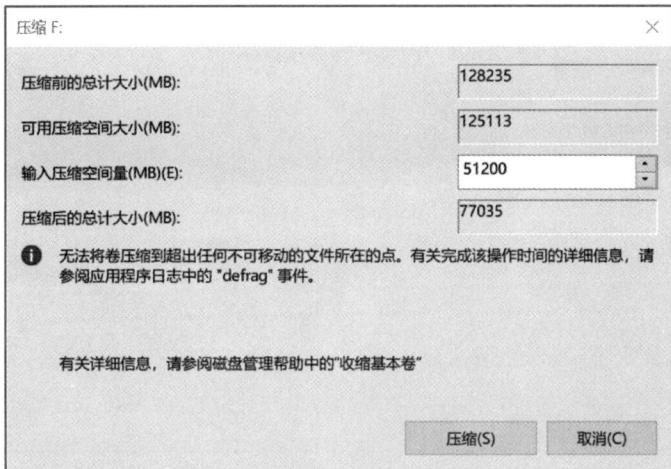

图 2-1-14 ［压缩］窗口

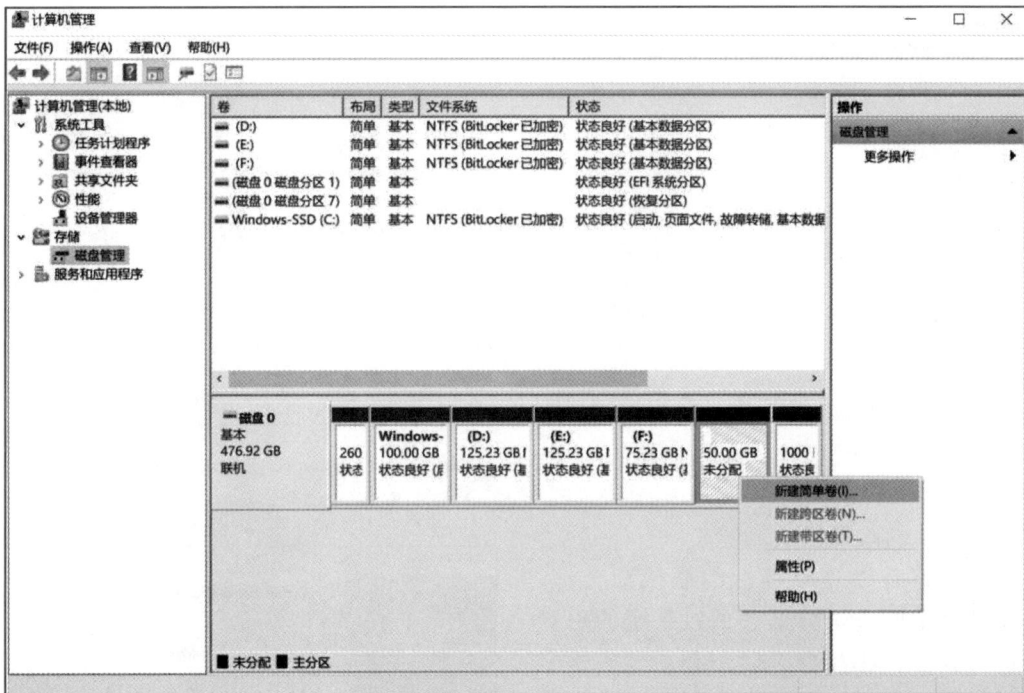

图 2-1-15 新建简单卷

④ 这里只增加一个区，因此将简单卷大小设置为 51200 MB，也就是最大磁盘空间量，如图 2-1-17 所示，单击［下一页］按钮，分区名称顺序分配，因此，新建卷的分配符号为"G"，单击［下一页］按钮，如图 2-1-18 所示。

⑤ 格式化分区。格式化前磁盘卷标可以按照需要修改，也可以分配完成后修改，单击［下一页］按钮，如图 2-1-19 所示。最后等待磁盘格式化完成，如图 2-1-20 所示。

图 2-1-16   新建简单卷向导

图 2-1-17   简单卷大小设置

图 2-1-18   分配驱动器和路径

图 2-1-19   格式化分区

（2）常见的磁盘格式

为了更好地管理磁盘上的系统和文件，对磁盘剩余空间进行分区。通过系统的磁盘管理进行分区，磁盘分区后，必须经过格式化后才能使用，格式化后常见的磁盘格式有 FAT16、FAT32、NTFS 等。

FAT16：FAT 的 全 称 是 File Allocation Table（文件分配表系统），FAT16 是 MS-DOS 和早期的 Windows 95 操作系统中最常见的磁盘分区格式。它采用 16 位的文件分配表，能支持最大为 2 GB 的硬盘。FAT16 的优点是允许多种操作系统访问，是目前应用

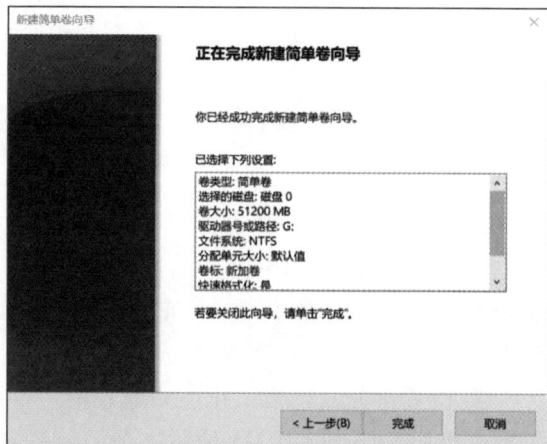

图 2-1-20   新建简单卷完成

最为广泛和获得操作系统支持最多的一种磁盘分区格式。其缺点是磁盘利用效率低。

FAT32：其优点是增强了磁盘性能，减少了磁盘浪费，提高了磁盘利用率。缺点是磁盘运行速度比采用 FAT16 格式分区慢。

NTFS：其优点是在使用过程中不易产生磁盘碎片，具有较强的安全性和稳定性。

（3）磁盘清理和优化

当操作系统运行一段时间后，就会产生许多"垃圾文件"。"垃圾文件"的种类有很多，例如，卸载软件时的遗留文件、Internet 缓存文件、注册表文件以及其他临时文件。当垃圾文件数量不断增多时，会影响系统性能，而且影响系统的正常使用。因此，用户需要定期清理磁盘。

微课 2-6
磁盘清理和优化

磁盘清理的步骤：右击需要清理的磁盘，在弹出的快捷菜单中选择［属性］命令，在弹出的对话框中，单击［磁盘清理］按钮，在弹出的窗口中单击［确定］按钮，如图 2-1-21 所示。

由于磁盘上的文件被频繁地读写，产生大量的碎片，从而影响计算机的运行速度。因此，需要进行磁盘优化，磁盘优化包括对计算机长期使用过程中产生的碎片进行重写整理和合并，可以提高计算机的整体性能和运行速度。

磁盘优化的步骤：右击需要进行优化的磁盘，在弹出的快捷菜单中选择［属性］命令，在弹出的对话框中，选择［工具］选项，在弹出的窗口中单击［优化］按钮，如图 2-1-22 所示。

图 2-1-21　磁盘清理

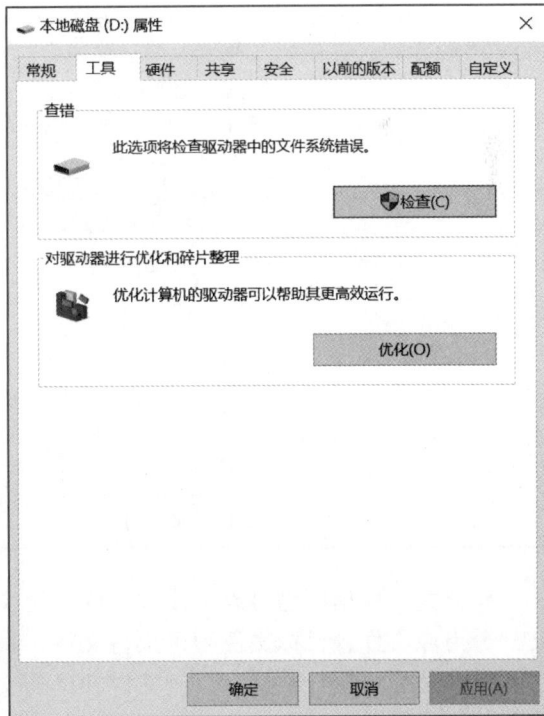

图 2-1-22　磁盘优化

微课 2-7
文件和文件夹的基本操作

2. 文件和文件夹的基本操作

计算机中的信息资料都是以"文件"的形式保存在存储设备中，以文件夹的形式进行管理。

（1）文件

• **文件**。文件是指保存在存储介质（如磁盘、U 盘）上的相关数据的集合，文件是 Windows 中最基本的存储单位。文件中存放的数据有文字、图形、图像、声音、动画等。

• **文件名**。为了区分计算机中的不同文件，需给每个文件设定一个指定的名称，称之为"文件名"。文件名由主文件名和扩展名组成，中间用"."隔开。

文件名的命名规则：

① 文件名可以是英文字符、汉字、数字以及一些符号。

② 最多可以使用 255 个字符。

③ 文件名中除开头以外的任何地方都可以出现空格，但不能含有 \、/、:、、*、？、"、<、>、| 等字符。

④ 在同一文件夹内的文件不可同名。

⑤ 不能利用大小写区分文件名。

• **扩展名**。也称后缀名，由生成文件的应用程序规定，用来表示文件的性质和类型，用户不能随便更改或删除。常用的扩展名及其含义见表 2-1-1。

表 2-1-1　文件常用扩展名

扩展名	含　义	扩展名	含　义
txt	文本文档	rar	WinRAR 压缩文件
doc	Word 文档	jpg	普通图形文件
xls	Excel 电子表格	png	便携式网络图形（可透明图片）
ppt	PowerPoint 演示文稿	bmp	位图文件
pdf	可移植文档格式	dwg	CAD 图形文件
com	命令文件	sys	系统文件
dat	数据文件	dll	动态链接文件
exe	可执行文件	hlp	帮助文件
gif	GIF 格式动画文件	wav	声音文件

• **分类**。根据用途可以将文件分为系统文件、用户文件和库文件。根据数据形式可以将文件分为源文件、目标文件和可执行文件。根据系统管理员或用户所规定的存取控制属性可以将文件分为只执行文件、只读文件和读写文件。根据文件的组织形式和系统对其的处理方式可以将文件分为普通文件、目录文件和特殊文件。

（2）文件夹

在计算机中，用来协助用户管理一组相关文件的集合称为文件夹。文件夹的命名规则和文件命名的规则类似，不同的是文件夹的名字中没有扩展名，不用区分文件夹的类型。

（3）文件和文件夹属性

右击文件或者文件夹，在弹出的快捷菜单中选择［属性］命令，接着弹出如图 2-1-23 所示的［属性］对话框，其中图 2-1-23（a）是文件夹属性窗口，图 2-1-23（b）是文件属性对话框。

(a) 文件夹属性对话框　　　　(b) 文件属性对话框

图 2-1-23　文件和文件夹属性对话框

- 只读：表示该文件或文件夹只能查看不能被修改。
- 隐藏：表示该文件或文件夹在系统中被隐藏，默认情况下，用户不能看见被设置成隐藏的文件或文件夹。如果想将其显示，选择［查看］选项卡，在［显示 / 隐藏］功能组中选中［隐藏的项目］复选项，如图 2-1-24 所示。

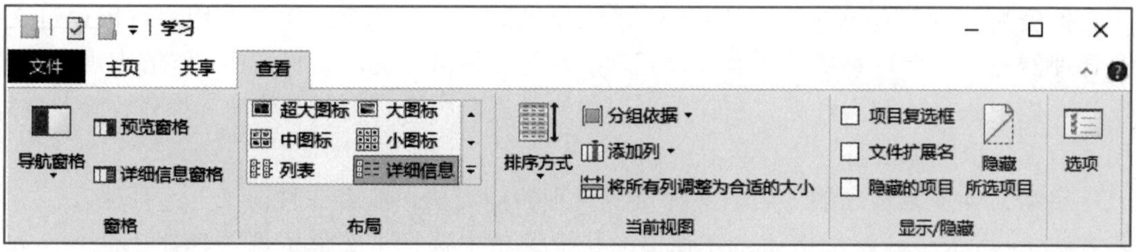

图 2-1-24　文件隐藏设置

（4）文件和文件夹的基本操作

文件和文件夹的基本操作包括新建、重命名、选择、复制、移动、删除与还原等。

● **新建文件和文件夹**。选择文件或文件夹在计算机中的存储位置，在空白处右击，在弹出的快捷菜单中选择［新建］命令，在弹出的文档类型中选择一种想要新建的文件类型或者选择［文件夹］命令用来新建一个文件夹。

● **重命名文件和文件夹**。右击要重命名的文件或文件夹，在弹出的快捷菜单中，选择"重命名"命令，在名称区域中输入新的名称，按 Enter 键或在空白处单击，即完成重命名。

● **选择文件或文件夹**。选择单个文件或文件夹时，将光标移动到要选取的文件或文件夹上，单击鼠标左键即可。若要选择多个文件或文件夹时，可以先按 Ctrl 键，然后使用鼠标或者方向键逐一选择需要的文件或文件夹；若要选择某个文件夹下的所有文件，可以使用 Ctrl+A 组合键。

● **复制文件和文件夹**。

方法 1：首先，右击需要复制的文件或文件夹，在弹出的快捷菜单中选择［复制］命令。接着，打开目标窗口，在空白处右击，在弹出的快捷菜单中选择［粘贴］命令。

方法 2：选择需要复制的文件或文件夹，使用 Ctrl+C 组合键进行复制。打开目标窗口，使用 Ctrl+V 组合键进行粘贴。

● **移动文件和文件夹**。

方法 1：首先，右击需要剪切的文件或文件夹，在弹出的快捷菜单中选择［剪切］命令。接着，打开目标窗口，在空白处右击，在弹出的快捷菜单中选择［粘贴］命令。

方法 2：选择需要剪切的文件或文件夹，使用 Ctrl+X 组合键进行复制。打开目标窗口，使用 Ctrl+V 组合键进行粘贴。

● **删除与还原文件和文件夹**。当不需要一些文件和文件夹时，用户可将其删除，以节省内存空间。

方法 1：删除到回收站。选择需要删除的文件或文件夹，使用鼠标右击，在弹出的快捷菜单中选择［删除］命令。

方法 2：彻底删除。选择需要删除的文件或文件夹，按 Shift+Delete 组合键进行彻底删除。

用户可以对删除到回收站的文件和文件夹进行还原，方法为：打开回收站，右击需要还原的文件或者文件夹，在弹出的快捷菜单中选择［还原］命令。

（5）文件资源管理器

文件资源管理器是 Windows 10 操作系统提供的一种资源管理工具。用户可以通过文件资源管理器查看本台计算机的所有文件资源，其是一种树形文件系统结构，能够直观地了解、管理计算机中的文件和文件夹，在其中可以对文件进行打开、复制、移动等操作，除此之外，使用搜索框可以搜索文件。

● **启动文件资源管理器**。启动文件资源管理器的方法一般有 3 种。

方法 1：右击［开始］按钮，在弹出的快捷菜单中选择［文件资源管理器］命令，如图 2-1-25（a）所示。

方法 2：单击［开始］按钮，在列表中选择［Windows 系统］→［文件资源管理器］命令，如图 2-1-25（b）所示。

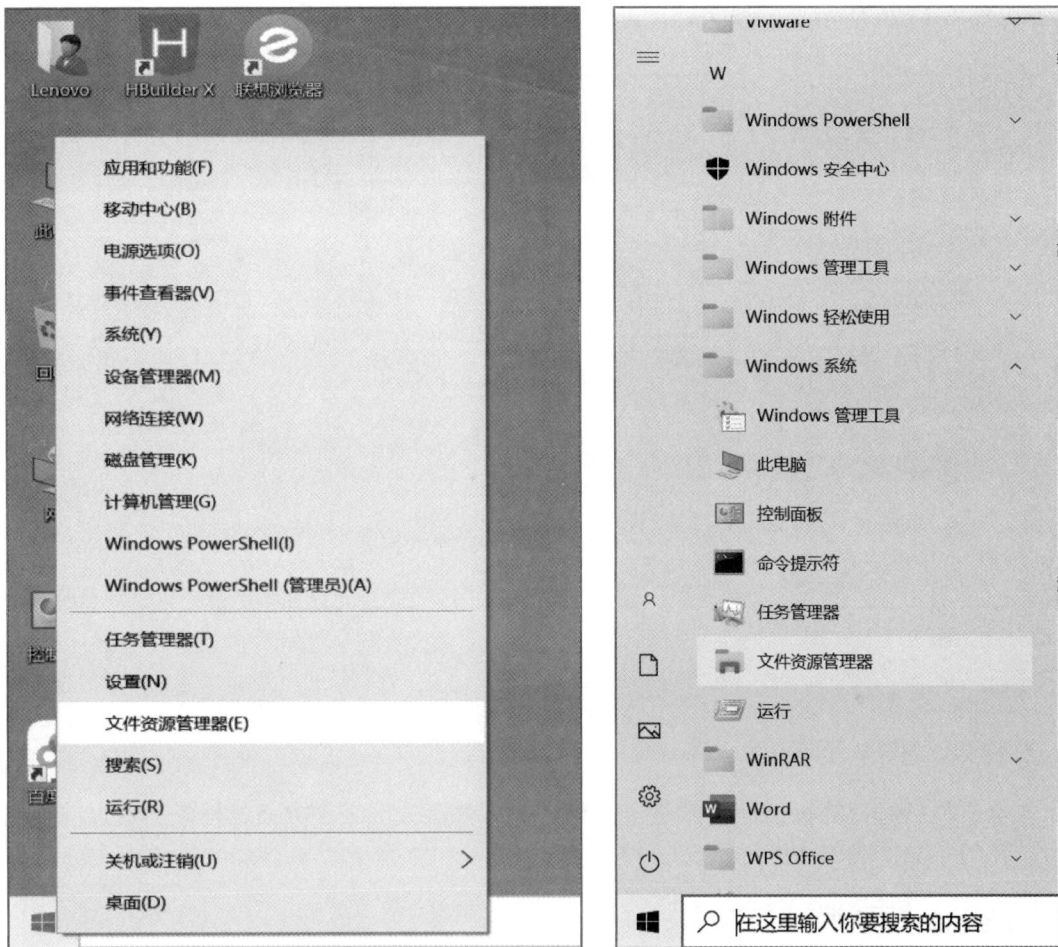

(a) 右击[开始]按钮   (b) 单击[开始]按钮

图 2-1-25 启动文件资源管理器

方法 3：按下键盘上的 Windows+E 键，可以快速打开文件资源管理器。

• **查看当前文件夹中的内容**。在文件资源管理器的导航窗格中单击某个文件夹图标，则该文件夹被选中，成为当前文件夹，此时右边的工作区窗口显示该文件夹下的所有子文件夹与文件。

• **展开文件夹树**。在文件资源管理器的导航窗格中，可以看到在某些文件夹图标的左侧有下三角符号或右三角符号。右三角符号表示该文件夹下含有子文件夹，只要单击该右三角符号，就可以展开该文件夹。下三角符号表示该文件夹已经被展开，此时若单击该下三角符号，则会将该文件夹下的子文件夹折叠隐藏起来，折叠后标记变为右三角符号。

（6）安装 WPS

WPS Office 是由北京金山办公软件股份有限公司自主研发的一款办公软件，可以实现办公软件最常用的文字、表格、演示，PDF 阅读等多种功能，具有内存占用低、运行速度快、云功能多、强大插件平台支持、免费提供海量在线存储空间及文档模板的优点。登录 WPS 官方网站，将光标移动到［立即下载］按钮，弹出版本的选择列表，下载 WPS Office（Windows

版），如图 2-1-26 所示。下载完后，进行本地安装。

图 2-1-26 WPS 下载界面

2.1.3 任务实施

在本节包括对计算机桌面操作、个性化设置、磁盘分区 3 个方面的任务。通过前面的学习，让我们一起完成该任务。

任务 1 **桌面操作实施过程**

① 删除图标。右击不经常使用的图标，从弹出的快捷菜单中选择"删除"命令；或直接将对象拖曳到回收站；或按 Shift+Delete 快捷键彻底删除。

② 排列图标。在桌面空白处右击，在弹出的快捷菜单中选择［排序方式］→［修改日期］命令排序。

③ 在任务栏中固定快捷方式。在［开始］菜单栏中或者桌面上找到应用程序的快捷方式，然后将其拖曳到任务栏中。

任务 2 **个性化设置实施过程**

微课 2-8
桌面操作个
性化设置与
磁盘分区

① 在［个性化］窗口中选择［背景］选项，选择背景图片，进行桌面背景的设置。

② 在［个性化］窗口中选择［颜色］选项，更改背景颜色。

③ 在［个性化］窗口中选择［锁屏界面］选项，对锁屏图片和屏幕保护程序进行设置。

④ 在［个性化］窗口中选择［主题］选项，对桌面主题进行更改。

⑤ 在［个性化］窗口中选择［字体］选项对系统使用的字体进行设置。

⑥ 在［个性化］窗口中选择［任务栏］选项，可以对任务栏的锁定、隐藏、

大小等属性进行修改。

任务 3　磁盘分区以及格式化实施过程

右击"此电脑"图标，在弹出的快捷菜单中选择［管理］命令，打开［计算机管理］窗口，在［计算机管理］窗口左侧选择［存储］→［磁盘管理］选项，打开［磁盘管理窗口］，设置新建卷的大小，分配符设置。最后进行格式化，格式化完成后，即完成磁盘分区操作。

2.1.4　技能训练

1. 请按照以下要求进行桌面图标和窗口的操作

① 将桌面图标分别以"名称""大小""项目类型""修改日期"进行排序。

② 将桌面图标分别以"大图标""中图标""小图标"进行查看。

③ 打开多个窗口，在任务栏中分别选择［并排显示窗口］［层叠窗口］［堆叠显示窗口］［显示桌面］命令，观察其区别。

2. 请按照以下要求进行计算机个性化设置

① 将桌面背景更改为自己喜欢的图片。

② 选择一个自己喜欢的主题颜色，并打开透明效果。

③ 设置一个自己喜欢的锁屏界面。

④ 将屏幕保护程序设置为"彩带"，等待一分钟，观察效果。

⑤ 设置屏幕分辨率分别为"1680×1050"和"1360×768"，观察显示效果有什么不同。

⑥ 隐藏任务栏。

3. 请按照以下要求完成文件和文件夹的操作

① 在本地磁盘 E 盘中新建 3 个文件夹，分别命名为"资料""学习""娱乐"。

② 在"资料"文件夹下，新建 WPS 文字文档"习题 .docx"、WPS 演示文档"课件 .ppt"和 WPS 表格文档"数据 .xls"。

③ 将"习题 .doc"文件复制到"学习"文件夹中。

④ 将"课件 .ppt"文件移动到"娱乐"文件夹中。

⑤ 将"资料"文件夹下"数据 .xls"的文件属性设置为"只读"和"隐藏"。

⑥ 删除"资料"文件夹下的"习题 .doc"文件。

任务 2.2　使用统信 UOS 操作系统

使用统信 UOS
操作系统

PPT

2.2.1　任务引入与分析

李明是某大学计算机科学与技术专业的毕业生，应聘到某事业单位工作，出于安全的需要，单位的计算机要更换为国产操作系统统信 UOS。为了使单位的职工尽快熟练使用统信 UOS，单位领导安排李明给大家开展一次培训，在培训结束后，为了考核大家的掌握程度，李明给大家布置了 3 个任务。

① 统信 UOS 操作系统的基本操作，包括"开始"菜单在哪里、如何设置系统主题、如何修改桌面背景、如何设置系统的日期时间、如何关闭计算机等。

② 在桌面上新建一个文件夹，命名为"资料"，新建一个"电子表格"类型的文档，命名为"数据"。在桌面再新建一个"学习"文件夹，将"资料"文件夹中的"数据"文件复制到"学习"文件夹内。最后，再将"资料"文件夹中的"数据"文件删除，删除后再将其恢复。

③ 安装办公软件 WPS，安装完成后，打开该软件，在软件能够正常运行后卸载该软件。

任务分析

根据要完成的任务，需要通过查阅资料、学习、实践练习等方式，熟悉并掌握统信 UOS 操作系统的使用和相关设置，磁盘的概念，文件和文件夹的管理及相关操作，应用软件的安装、打开、使用和卸载等内容，才能很好地完成此次任务。

2.2.2　任务学习活动

学习活动 1　认识统信 UOS 操作系统

1. 统信 UOS 的发展历程

统信操作系统（简称"统信 UOS"）是一款国产自主研发操作系统，由统信软件技术有限公司打造。

2004 年组建开源项目研发团队，2009 年发布第一个面向全球用户的 Deepin 社区版，在经历十余年技术沉淀后，统信软件技术有限公司于 2019 年成立，并在 2020 年正式发布统信 UOS V20 操作系统。

统信 UOS 操作系统通过对硬件外设的适配支持，应用软件的兼容、优化，以及对应用场景解决方案的构建，完全满足项目支撑、平台应用、应用开发和系统定制的需求，体现了当今国产自主研发操作系统发展的高水平。

2. 统信 UOS 的版本

统信 UOS 的主要产品包括桌面操作系统、服务器操作系统和智能终端操作系统，具体内容见表 2-2-1。

表 2-2-1　统信 UOS 版本

版　本	特　点
统信桌面操作系统	基于 Linux 开源内核的国产操作系统，同源异构支持全系列 CPU 架构，提供高效简洁的人机交互、美观易用的桌面应用与安全稳定的系统服务
统信服务器操作系统	同源异构支持全系列 CPU 架构，广泛适用于高可用集群、中间件、云计算、容器等应用场景，支撑电信、金融、政府等政企规模化应用需求
统信智能终端操作系统	支持全系列 CPU 架构，可替代 Android 生态应用，专为自助服务设备、平板设备、智慧屏设备等有固定用途的设备量身定制，服务于金融、医疗、政府、教育、能源等行业，支撑各行业对操作系统的定制化需求

微课 2-9
统信 UOS 界面介绍

本任务中提及的统信 UOS 主要指桌面操作系统。

3. 统信 UOS 的界面

成功登录系统后，即可体验统信 UOS 桌面环境，如图 2-2-1 所示。桌面环境主要由桌面、任务栏、启动器、控制中心和窗口管理器等组成。

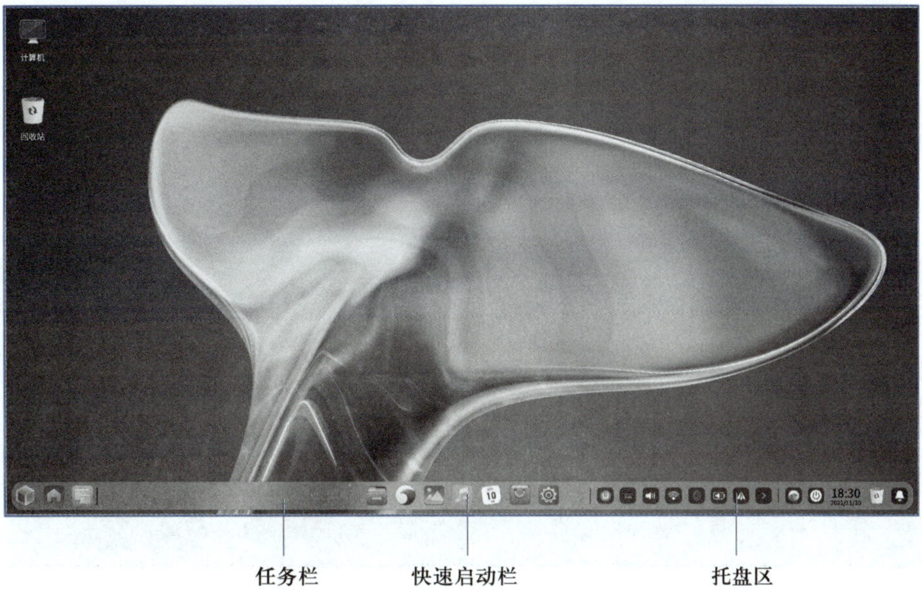

图 2-2-1　统信 UOS 桌面

（1）桌面图标

桌面图标一般是程序或文件的快捷方式。统信 UOS 桌面默认情况会出现［计算机］和［回收站］两个图标，有些应用程序安装后，也会在桌面上新建应用图标。

（2）任务栏

任务栏一般是指位于桌面底部的长条，主要由启动器、应用程序图标、托盘区、系统插件等组成。

（3）启动器

启动器▣可以管理系统中所有已安装的应用，在启动器中使用分类导航或搜索功能可以快速找到需要的应用程序。

在启动器中可以查看新安装的应用，新安装应用的旁边会出现一个小蓝点提示。

（4）多任务视图

单击［多任务视图］按钮▣可以查看系统启动的所有任务。

（5）快速启动栏

快速启动栏可以直接启动相关应用，用户也可以将自己常用的应用置于快速启动栏上。

（6）托盘区

托盘区会显示系统的各种通知，用户也可以通过托盘区对系统的一些功能进行设置，如输入法、语言、日期时间、声音及网络等。

学习活动 2　了解统信 UOS 的常用功能

1. 注销与关机

注销是清除当前登录的用户信息，注销计算机后可以使用其他用户账号来登录，在桌面，单击任务栏右侧的［电源］按钮，如图 2-2-2 所示，弹出窗口，单击［注销］按钮，登出系统，如图 2-2-3 所示，单击［关机］或［重启］按

微课 2-10
统信 UOS 的
注销与关机

钮，可关闭系统或者重启系统。

图 2-2-2　[电源]按钮

图 2-2-3　[注销][关机]与[重启]按钮

2. 设置桌面图标排列方式以及大小

用户可以对桌面上的图标按照需要进行排序。在桌面上空白处右击，在弹出的快捷菜单中选择[排序方式]命令，如图 2-2-4 所示，在其子菜单中选择相应命令可以将文件按名称、修改时间、大小、类型顺序显示。

用户可以自行调整桌面图标的显示大小，在桌面空白处右击，在弹出的快捷菜单中选择[图标大小]命令，在其子菜单中选择合适的图标大小，如图 2-2-5 所示。

3. 壁纸与屏保设置

- **设置壁纸**。在桌面上右击，在弹出的快捷菜单中选择[壁纸与屏保]命令，如图 2-2-5 所示，弹出[壁纸与屏保设置]窗口，如图 2-2-6 所示。在窗口中选择某一壁纸后，壁纸就会在桌面和锁屏中生效。

微课 2-11
统信 UOS 桌面图标操作与屏保壁纸设置

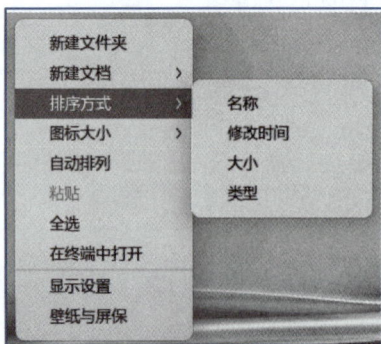

图 2-2-4　图标排列顺序

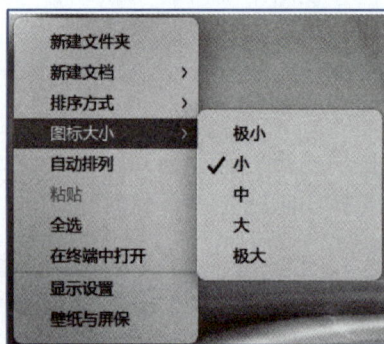

图 2-2-5　图标大小

图 2-2-6　壁纸设置

• **设置屏保**。在桌面上右击,在弹出的快捷菜单中选择［壁纸与屏保］命令,如图 2-2-5 所示,弹出［壁纸与屏保设置］窗口,单击［屏保］按钮,效果如图 2-2-7 所示。选择相应的屏保及时间,如果需要设置密码,可选中［恢复时需要密码］复选框,然后单击［设置屏保］按钮。

图 2-2-7　屏保设置

4. 切换任务栏显示模式和位置

• **任务栏的显示模式**。任务栏提供时尚模式和高效模式两种显示模式,显示不同的图标大小和应用窗口激活效果,其中高效模式更加节省系统资源,适合计算机配置较低用户使用,可以获得更加流畅的效果。在任务栏上右击,在弹出的快捷菜单中选择［模式］→［时尚模式］命令,如图 2-2-8 所示。

• **任务栏的位置**。任务栏的位置也是可以调整的,统信 UOS 中任务栏位置分别可以设置在桌面的上、下、左、右。例如在任务栏上右击,在弹出的快捷菜单中选择［位置］→［下］命令,如图 2-2-9 所示,可以将任务栏放在桌面的下方。

图 2-2-8　任务栏模式设置

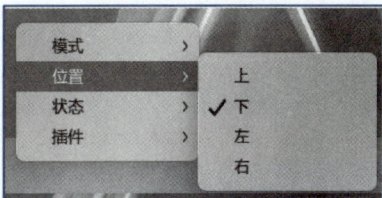

图 2-2-9　任务栏位置设置

5. 启动器

启动器是统信 UOS 中的核心组件,能帮助用户管理系统中已安装的所有应用,在启动器中使用分类导航或搜索功能可以快速找到需要的应用程序。

启动器有小窗口和全屏两种模式,单击启动器界面右上角的图标可以切换模式。两种模式均支持搜索应用、设置快捷方式等操作。小窗口模式还支持快速打开文件管理器、控制中心和进入关机界面等功能。如图 2-2-10 所示是启动器小窗口模式,如图 2-2-11 所示是启动器全屏模式。

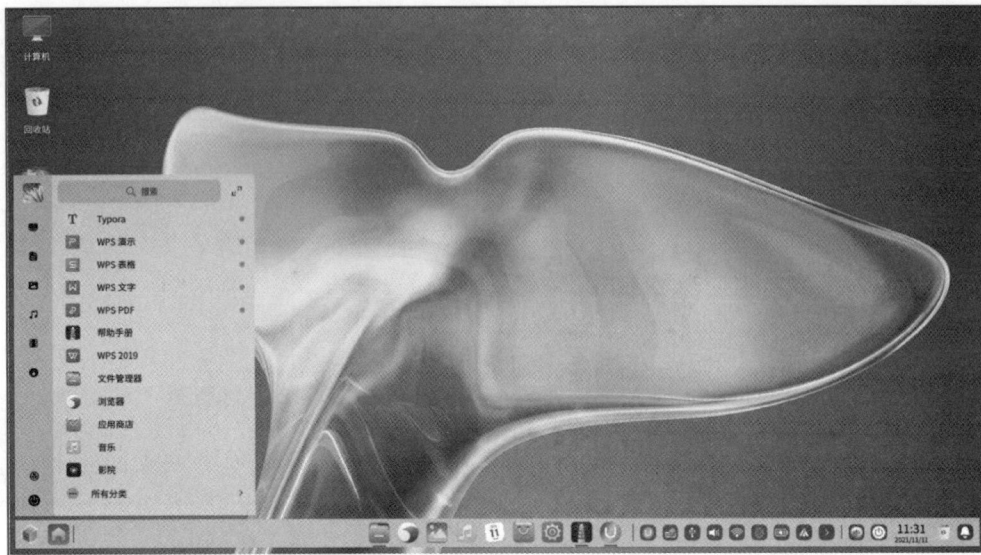

图 2-2-10   启动器小窗口模式

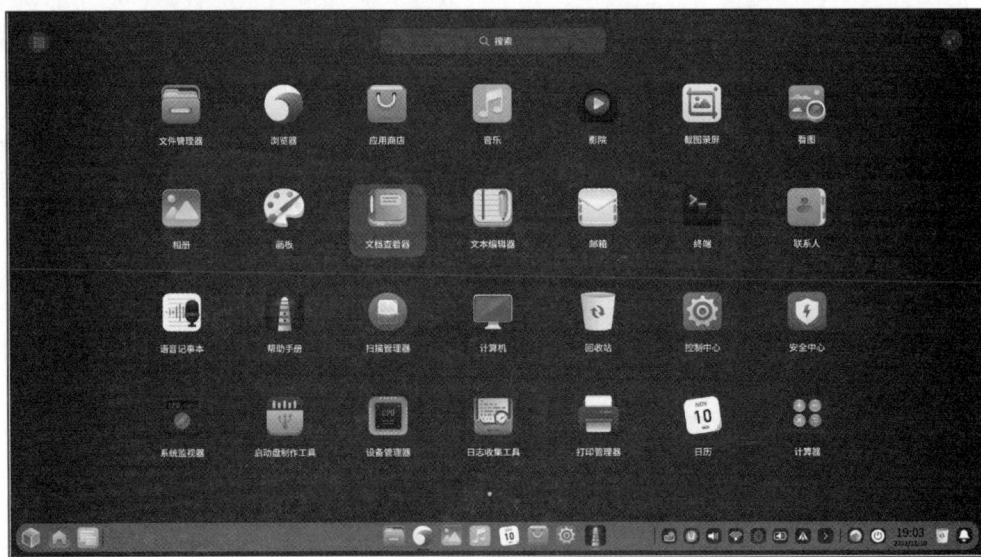

图 2-2-11   启动器全屏模式

6. 设置日期和时间

● **查看日期和时间**。用户可随时在任务栏右侧查看当前日期和时间，如需查看更详细的信息，可将鼠标指针悬停在任务栏的时间上，即可查看具体时间信息，如当前日期、星期和时间，如图 2-2-12 所示。

● **设置日期和时间**。用户也可以修改日期和时间，操作方法：右击［日期和时间］图标，在弹出的菜单中

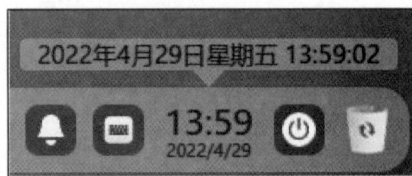

图 2-2-12   查看日期和时间

选择［时间设置］命令，进入时间和日期更改界面，在其中进行日期和时间的设置。

学习活动 3　**了解统信 UOS 文件管理**

1. 统信 UOS 的文件系统

文件管理是操作系统的基本功能，也是使用统信 UOS 工作时最常用到的功能，熟悉统信 UOS 的文件操作是开展正常工作的基础。

（1）磁盘

磁盘是系统数据存放的场所，统信 UOS 系统本身及各种应用软件和数据文件都存储在磁盘上，磁盘在使用时一般要进行分区，不同的分区有不同的功能，这样可以更加方便地存储和管理数据。分区在使用前需要进行格式化，通过格式化把分区划分成可以用来存储数据的单位。与 Windows 不同，统信 UOS 没有盘符的概念，只有文件和目录两种类型。在统信 UOS 下只有目录的切换，不存在磁盘切换的问题。

（2）文件

文件是指保存在计算机中的各种信息和数据，计算机中的文件类型很多，如文档、表格、图片、音乐和应用程序等。在默认情况下，文件在计算机中是以图标形式显示的，它由文件图标、文件名称和文件扩展名 3 部分组成，如表示为一个图片文件，其扩展名可能为 jpeg。在 Windows 下可执行文件的扩展名常为 exe、bat 等，如果更改扩展名则程序无法运行。与 Windows 不同，统信 UOS 下可执行文件不靠扩展名来识别，在统信 UOS 中有专门识别相关可执行文件的方法，即便是改名，也不影响文件的执行。

（3）目录（文件夹）

目录相当于一个容器，主要用于保存和管理计算机中的文件，目录下可以有子目录，这样，统信 UOS 的目录就形成一个树状结构，最底层的目录称为根目录。目录是统信 UOS 对系统中文件进行组织的基本形式，通过目录，可以让用户快速地找到需要的文件。

（4）文件路径

在对文件进行操作时，除了要知道文件名外，还需要指出文件所在的盘符和文件夹，即文件在计算机中的位置，称为文件路径。文件路径包括相对路径和绝对路径两种，其中，相对路径是以"."（表示当前文件夹）、".."（表示上级文件夹）或文件夹名称开头；绝对路径是指文件或目录在硬盘上存放的绝对位置，如"/usr/local/src/data.txt"表示"data.txt"文件是存放在 /usr/local/src/ 目录中。

2. 统信 UOS 的文件管理器

文件管理器是统信 UOS 的一款功能强大、简单易用的文件管理工具，在统信 UOS 中对文件的各种操作都可以通过文件管理器来进行，相当于 Windows 中的资源管理器，其界面如图 2-2-13 所示。

- 导航栏：快速访问本地文件、磁盘、网络邻居、书签、标记等。
- 地址栏：可以快速切换访问历史、在上下级目录间切换、搜索、输入地址访问。
- 菜单栏：可以新建窗口、切换窗口主题、设置共享密码、设置文件管理器、查看帮助文档和关于信息、退出文件管理器。
- 状态栏：显示文件数量或者已选中文件的数量。

地址栏　　　　　　　　　　　　　　　　　　　菜单栏

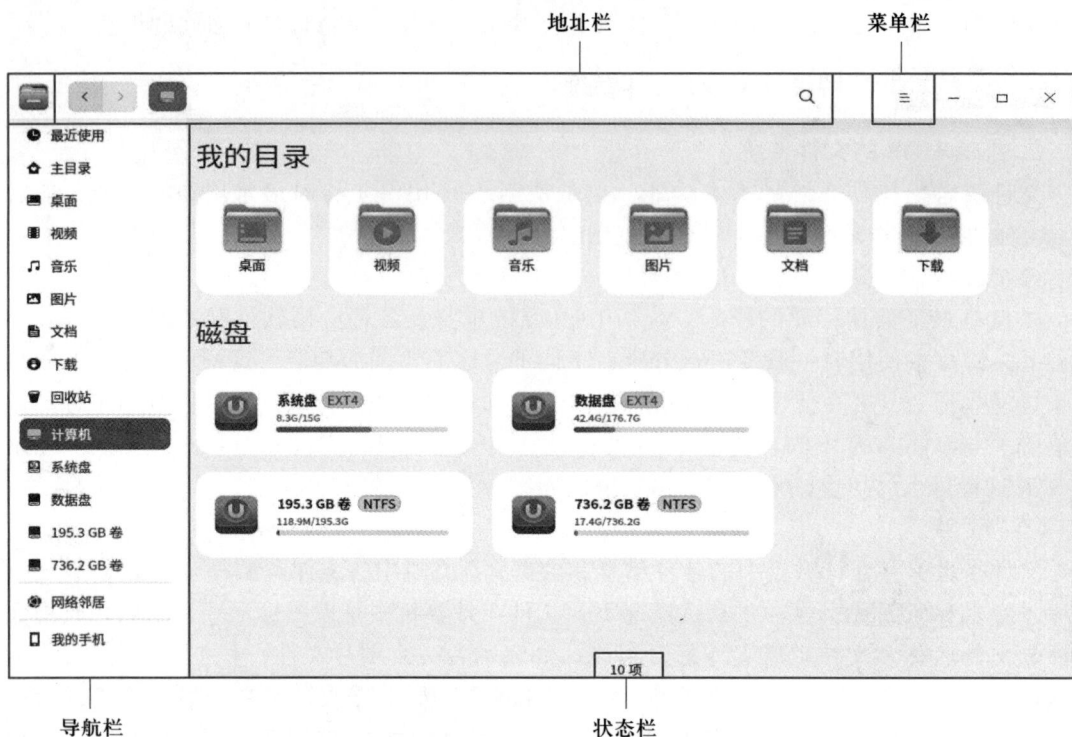

导航栏　　　　　　　　　　　　　状态栏

图 2-2-13　文件管理器

3. 统信 UOS 的文件操作

使用统信 UOS 文件系统，可以进行文件和文件夹的新建、删除、复制、移动和改名及设置权限等操作。打开文件管理器，选择要执行操作的文件和文件夹，进行相关操作。

（1）新建文件夹和文档

用户可以根据自己的需求在特定位置创建新的空白文件夹和文档，如图 2-2-14 所示。

● 新建文件夹：在空白区域右击，在弹出的快捷菜单中选择［新建文件夹］命令，并更改文件夹名称。

● 新建文档：在空白区域右击，在弹出的快捷菜单中选择［新建文档］命令，在其子菜单中选择新建的文档类型，并更改文档名称。

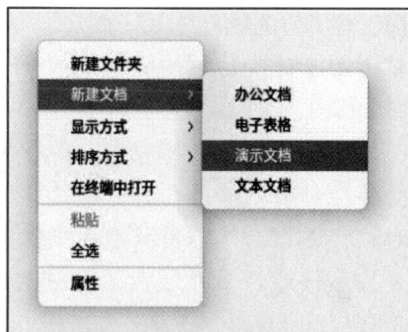

图 2-2-14　新建文档

（2）删除文件

选择想要删除的文件，右击该文件，在弹出的快捷菜单中选择［删除］命令，被删除的文件可以在回收站找到。在桌面回收站中，右击相应的文件可以进行［还原］或［删除］操作。

（3）复制文件

选择要复制的文件，右击，在弹出的快捷菜单中选择［复制］命令，然后到目标位置，单击右键，在弹出的快捷菜单中选择［粘贴］命令。

（4）移动文件

选择要移动的文件，右击，在弹出的快捷菜单中选择［剪切］命令，然后到目标位置，右击，在弹出的快捷菜单中选择［粘贴］命令。

（5）重命名文件

选择需要改名的文件，右击，在弹出的快捷菜单中选择［重命名］命令，输入新文件的名称。

（6）设置文件权限

选择要设置权限的文件，右击，在弹出的快捷菜单中选择［属性］命令，此时打开［属性］对话框，如图 2-2-15 所示，在权限管理处，设置相关对应的权限。

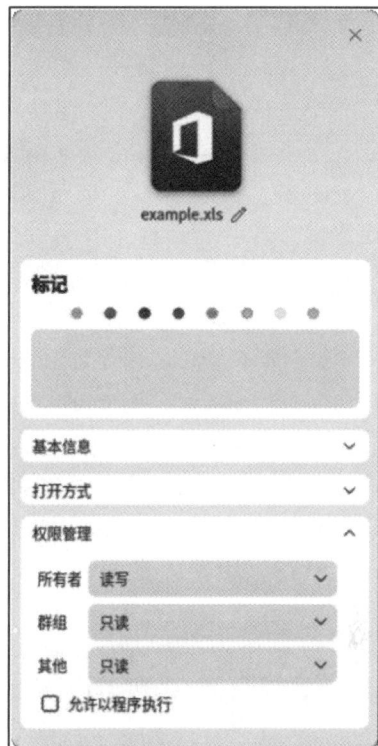

图 2-2-15　文件权限管理

学习活动 4　了解统信 UOS 软件管理

1. 统信 UOS 应用商店

统信 UOS 中的各种应用都需要相关的软件支持，文档处理可以用 WPS，在线交流可以使用 QQ 或微信，网络下载可以使用迅雷等，与 Windows 中主要使用软件包安装软件不同，统信 UOS 中软件的安装和管理一般主要是通过应用商店来进行。

统信 UOS 应用商店是一款集应用展示、安装、下载管理、评论、评分于一体的平台软件，为用户精心筛选和收录了不同类别的应用。每款应用都经严格的安装和运行测试，保障用户能够通过应用商店搜索热门应用，并一键安装和运行，如图 2-2-16 所示。

图 2-2-16　统信 UOS 应用商店

用户可以在应用商店中选择或搜索自己感兴趣的软件进行安装或删除。应用商店中包含了绝大部分常用软件，可以有效地保证日常办公和娱乐活动需要。

（1）运行应用商店

单击任务栏上的［启动器］按钮 ，进入启动器界面。

上下滚动鼠标滚轮浏览或通过搜索，找到应用商店 ，单击该按钮运行。

右击［应用商店］按钮 ，在弹出的快捷菜单中选择［发送到桌面］命令，在桌面创建快捷方式。若选择［发送到任务栏］命令，则将应用程序固定到任务栏。若选择［开机自动启动］命令，则将应用程序添加到开机启动项，在计算机开机时自动运行。

> 📖 注意：
>
> 应用商店默认固定在任务栏上，可以单击任务栏上的 按钮，打开应用商店。

（2）关闭应用商店

- 在应用商店界面，单击 ✕ 按钮，退出应用商店。
- 在任务栏右击 ，在弹出的快捷菜单中选择［关闭所有］命令来退出应用商店。
- 在应用商店界面，单击 ≡ 按钮，在弹出的下拉菜单中选择"退出"命令来退出应用商店。

2．使用应用商店安装软件

当统信 UOS 中没有用户需要的软件时，可以打开统信 UOS 的应用商店，通过应用商店搜索、下载、安装不同分类的应用，同时还可以根据轮播图、最新上架、装机必备、热门推荐、热门专题、下载排行、用户评论等不同方式挖掘更多精彩应用。

（1）搜索应用

应用商店中自带搜索功能，如图 2-2-17 所示，输入关键字后，单击［搜索］按钮 🔍，含该关键字的应用名称将在搜索栏下方显示，可查看包含该关键字的所有应用。

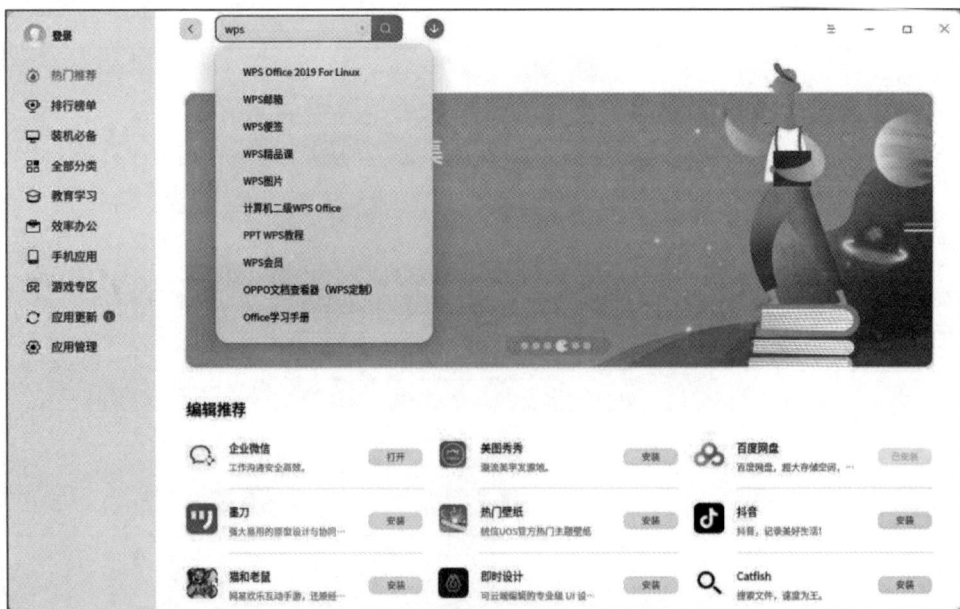

图 2-2-17　UOS 应用商店

（2）下载与安装应用

应用商店提供一键式的应用下载和安装，无须手动处理，同时在下载安装应用的过程中，用户可以在"下载管理" ⬇ 界面查看当前应用的下载和安装进度，还可以暂停或删除下载任务。安装完后，单击［应用管理］按钮，可查看已安装应用。

应用商店支持网络账号同步功能。用户使用网络账号登录后，下载安装的应用会同步显示在本地应用和云端应用。当在其他设备上登录该账号时，可以一键安装云端应用。

📖 注意：

未登录时，下载安装的应用仅会显示本地应用。

2.2.3　任务实施

在本任务中，李明在给同事完成统信 UOS 操作系统使用培训后，给大家布置了 3 个任务，通过前面的学习，让我们一起完成这些任务。

1. 统信 UOS 的基本操作

① **启动器**。默认情况下，启动器 🔷 位于任务栏左侧，它是统信 UOS 中的核心组件，能帮助用户管理系统中已安装的所有应用，在启动器中使用分类导航或搜索功能可以快速找到需要的应用程序。

微课 2-14
统信 UOS 基本操作

② **设置系统主题**。在控制中心打开［个性化］窗口，在［个性化］窗口中单击［通用］按钮。根据用户的需求更换深色或浅色主题，也可选择自动主题，自动主题根据当前时区的时间和日出日落的时间，自动更换窗口主题，通常日出后是浅色，日落后是深色。

③ **设置桌面背景**。在桌面上右击，在弹出的快捷菜单中选择［壁纸与屏保］命令，弹出［壁纸与屏保设置］窗口，在窗口中可以设置壁纸和屏保。

④ **设置系统日期和时间**。在日期和时间上右击，在弹出的快捷菜单中选择［时间设置］命令，进入［时间和日期更改］界面，在时间设置中关闭"自动同步配置"功能，即可自行更改时间和日期。

⑤ **关闭计算机**。单击任务栏右侧的［电源］按钮，在弹出的窗口中，单击［关闭］按钮，关闭操作系统。

2. 统信 UOS 的文件操作

在桌面空白区域右击，在弹出的快捷菜单中选择［新建文件夹］命令，将文件夹命名为"资料"。然后，进入"资料"文件夹，右击，在弹出的快捷菜单中选择［新建文档］→［电子表格］命令，将文档命名为"数据"。

微课 2-15
统信 UOS 文件操作

在桌面空白区域再次右击，在弹出的快捷菜单中选择［新建文件夹］命令，将文件夹命名为"学习"。进入"资料"文件夹，选择"数据"文件，单击右键，在弹出的快捷菜单中选择［复制］命令，然后进入"学习"文件夹，右击，在弹出的快捷菜单中选择［粘贴］命令。

再次进入"资料"文件夹，选择"数据"文件，右击，在弹出的快捷菜单中选择［删除］命令，从而将"数据"文件删除。在回收站查找删除的文件，然后右击回收站中该文件可以选择［还原］命令。

微课 2-16
统信 UOS 中
安装 WPS

3. 统信 UOS 中安装办公软件 WPS

（1）使用应用商店安装文字处理软件 WPS

打开统信 UOS "应用商店"，在左侧导航栏中选择［效率办公］选项，然后在右侧软件列表中选择 "WPS Office 2019 For Linux"，如图 2-2-18 所示。如果不知道软件具体分类，也可直接在搜索栏中输入软件名称进行搜索。

图 2-2-18　在应用商店中选择 WPS 软件

单击进入 WPS 软件信息界面（也可直接单击［安装］按钮进行安装），如图 2-2-19 所示。在打开的界面中可以对软件的功能、大小、版本等信息进行了解，单击右上角的［安装］按钮就可以进行安装。

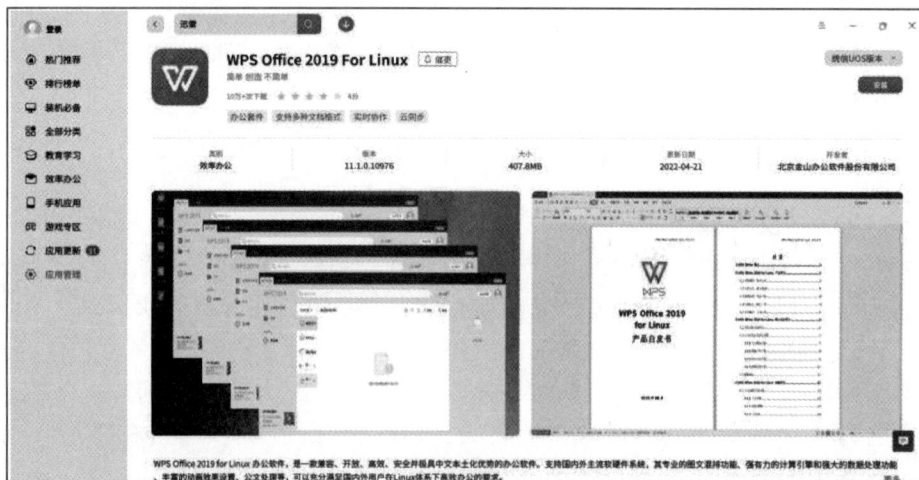

图 2-2-19　WPS 软件信息

（2）运行软件

在桌面双击 WPS 软件图标或在启动器中单击 WPS 软件图标，运行 WPS 软件，查看软件是否可以正常运行。

（3）卸载软件

可以通过启动器或应用商店卸载软件。

- **通过启动器卸载软件**。在启动器中，右击 WPS 软件图标，然后在弹出的快捷菜单中选择［卸载］命令。
- **通过应用商店卸载软件**。打开统信 UOS"应用商店"，在左侧的导航栏中选择［我的应用］选项，选择想要卸载的 WPS 软件，单击右侧的［卸载］按钮即可卸载。

2.2.4　技能训练

1. 统信 UOS 操作系统基本操作练习

① 打开统信 UOS 并登录，尝试进行关机和重启。

② 设置任务栏的模式为高效模式，并把任务栏置于桌面左侧。

③ 设置桌面壁纸为第 3 张图片，并设置屏保为第 2 个选项。

④ 从启动器中启动［记事本］程序。

⑤ 设置系统日期和时间。

2. 文件操作练习

① 在"文档"文件夹中新建一个名称为 example.xls 的电子表格文件和一个名称为 test.txt 的文本文档。

② 复制 example.xls 文件到"下载"文件夹，并改名为 example1.xls。

③ 移动 test.txt 文件到"下载"文件夹。

④ 设置 test.txt 文件属性为可以读、写，同组用户和其他用户只能读。

项 目 总 结

操作系统是计算机系统中重要的系统软件，管理计算机中的软硬件资源，提供用户操作使用计算机的交互界面。本项目以操作系统 Windows 10 和统信 UOS 为例，介绍操作系统使用、设置、文件系统、磁盘管理等内容。通过本项目的学习，读者可以熟练地操作使用计算机，为后续学习其他应用软件，使用计算机解决学习工作中的实际问题打下坚实基础。

思考与练习

一、选择题

1. 在 Windows 10 中，移动窗口时，鼠标指针要停留在（　　　）处拖曳。
    A. 菜单栏　　　　　　 B. 标题栏　　　　　　　 C. 边框　　　　　 D. 状态栏
2. 在 Windows 10 中，右击桌面上某对象，则（　　　）。
    A. 打开该对象的快捷菜单　　　　　　 B. 弹出帮助说明
    C. 关闭该对象的操作　　　　　　　　 D. 取消菜单
3. Windows 中使用"磁盘清理"的主要作用是（　　　）。

A. 修复损坏的磁盘　　　　　　　　　B. 删除无用文件，扩大磁盘可用空间

C. 提高文件访问速度　　　　　　　　D. 删除病毒文件

4. 在 Windows 10 中个性化设置不包括（　　　）。

A. 主题　　　　　B. 桌面背景　　　　C. 颜色　　　　D. 声音

5. 记事本的默认扩展名为（　　　）。

A. doc　　　　　B. com　　　　　　C. txt　　　　D. xls

6. 统信 UOS 是一款（　　　）软件。

A. 网络系统　　　B. 操作系统　　　　C. 管理系统　　D. 应用程序

7. 在统信 UOS 中，将一个应用程序窗口最小化后，该应用程序（　　　）。

A. 仍在后台运行　B. 暂时停止　　　　C. 完全停止运行　D. 出错

8. 当用户不清楚某个文档或文件夹位于何处时，可以使用（　　　）命令来寻找并打开它。

A. 程序　　　　　B. 文档　　　　　　C. 帮助　　　　D. 搜索

二、判断题

1. Windows 的窗口组件包括标题栏。　　　　　　　　　　　　　　（　　　）

2. 统信 UOS 没有盘符的概念，只有文件和目录两种类型。　　　　（　　　）

3. 统信 UOS 的目录采用的是树形结构。　　　　　　　　　　　　（　　　）

4. 在统信 UOS 的桌面底部通常为工具栏。　　　　　　　　　　　（　　　）

5. 在 Windows 10 系统中，确定一个文件存放位置的是文件路径。　（　　　）

6. ［画图］程序可用来编辑扩展名为 com 的文件。　　　　　　　（　　　）

7. 在 Windows 10 系统中，［粘贴］命令的快捷键是 Ctrl+C。　　　（　　　）

8. 在操作系统中，文件的类型可以根据文件的存储位置来识别。　（　　　）

9. 在计算机中，文件是存储在内存中的信息集合。　　　　　　　（　　　）

10. 压缩文件的扩展名可以是 zip。　　　　　　　　　　　　　　（　　　）

三、填空题

1. 统信 UOS 的版本分为_____ _____ _____。

2. 启动器是统信 UOS 中的核心组件，启动器有_____和_____两种模式。

3. 统信 UOS 应用商店是一款集应用展示、_____、_____、_____、评分、推荐于一体的应用程序。

4. 统信 UOS 中右击回收站的文件可以进行_____或_____操作。

項目 **3**

WPS 文档处理

学 习 目 标

WPS Office 是一款兼容、开放、高效、安全并极具中文本土化特色的办公软件，包含 WPS 文字、WPS 表格、WPS 演示三大功能模块。

WPS 文字集编辑与打印为一体，具有丰富的全屏幕编辑和强大的图文混排功能，提供了各种控制输出格式及打印功能，能够满足各种文字工作者编辑、打印各种文件的需求。

WPS 表格集数据处理与分析为一体，拥有强大的计算、分析、传递和图表功能，可以帮助人们将繁杂的数据转化为信息，是日常工作、学习中数据处理的得力助手。

WPS 演示集制作与演示幻灯片为一体，能够制作出集文字、图形、图像、声音以及视频剪辑等多媒体元素于一体的演示文稿，直观、形象地展示所要表达的内容。

【知识目标】

✓ 了解 WPS 文字窗口的组成；
✓ 掌握 WPS 文字启动与退出；
✓ 掌握在 WPS 文字中编辑文本并设置格式的方法；
✓ 掌握在 WPS 文字中插入文本框、艺术字、图形的方法，并且会设置格式，掌握图文混排的技巧；
✓ 掌握 WPS 文字中创建、编辑、美化表格的方法；
✓ 掌握 WPS 文字公式编辑器的使用方法；
✓ 理解使用 WPS 文字自动生成目录的方法及文件共享机制；
✓ 掌握邮件合并的方法。

【技能目标】

✓ 能够熟练使用 WPS 文字进行文件的新建、保存、另存等操作；
✓ 能够熟练使用 WPS 文字进行文字录入、编辑、排版；

✓ 能够使用 WPS 文字编辑图片、艺术字、图形，实现图文混排；

✓ 能够使用 WPS 文字的公式编辑器编辑公式；

✓ 能够使用 WPS 文字制作表格并进行简单的计算。

【素质目标】

✓ 培养审美意识、组织能力和团队协作精神；

✓ 培养严谨的工作态度和认真负责的工作作风；

✓ 培养细致认真、精益求精的精神和品质。

【课前预习】

请通过查阅资料，与同学朋友等交流讨论，课前完成下面几个问题。

1. 查阅资料，了解主要的文字编辑软件有哪些，文字处理软件能干什么。

2. 在日常学习和生活中，哪些场景需要用到 WPS 文字？

3. 在学习 WPS 文字之前，大家都了解或者用过哪些文字处理软件？

任务 3.1　制作一个讲座通知

制作一个讲
座通知

PPT

3.1.1　任务引入与分析

为了更好地帮助刚进校的大学生规划大学期间学习生活，校团委决定请学校就业指导专家库成员董老师，给大一新生做一次职业生涯规划方面的讲座。现需要制作一个讲座的通知，团委负责人将起草通知的任务交给学生会学习部负责人李明，该通知包括通知对象、讲座目的、讲座时间、讲座地点、讲座题目、主讲人、参加人、相关要求等方面内容，李明制作好的效果如图 3-1-1 所示。

任务要求

① 新建 WPS 文字文档，输入通知内容，并保存到指定位置。

② 进行页面设置：纸张采用默认的 A4 纸张、纵向；页边距为上、下边距为 2 cm，左、右页边距为 2.8 cm。

③ 全文段落格式设置：行距为固定值 26 磅，除通知标题和通知对象外，其他段落首行缩进 2 个字符；通知标题和通知对象首行段落无特殊格式。

④ 全文字体格式设置：通知题目字体格式为黑体、三号、加粗、居中对齐；正文字体格式为仿宋、小四；正文中的大标题，如"一、讲座时间"等 6 个标题，字体格式为宋体、四号、加粗。

⑤ 通知的落款和通知的日期都选择"右对齐"。

任务分析

根据李明要完成的任务，通过查阅资料、学习、实践练习等方式，熟悉并掌握新建 WPS 文字文档并保存文件的方法，会录入文本，并会设置页面的大小、页边距等，熟练设置字体

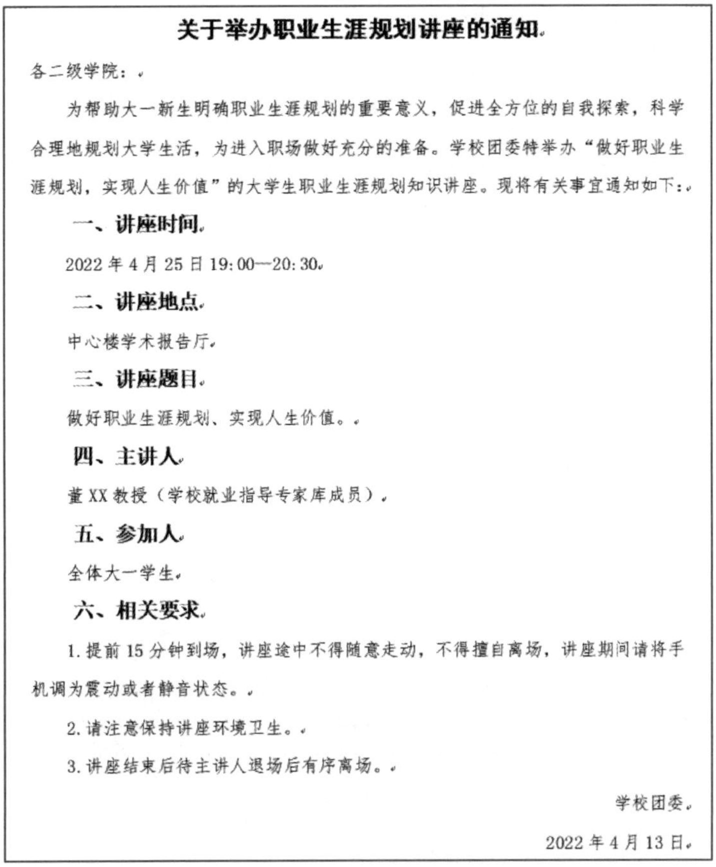

关于举办职业生涯规划讲座的通知

各二级学院：

为帮助大一新生明确职业生涯规划的重要意义，促进全方位的自我探索，科学合理地规划大学生活，为进入职场做好充分的准备。学校团委特举办“做好职业生涯规划，实现人生价值”的大学生职业生涯规划知识讲座。现将有关事宜通知如下：

一、讲座时间

2022 年 4 月 25 日 19:00—20:30

二、讲座地点

中心楼学术报告厅

三、讲座题目

做好职业生涯规划、实现人生价值。

四、主讲人

董 XX 教授（学校就业指导专家库成员）

五、参加人

全体大一学生

六、相关要求

1. 提前 15 分钟到场，讲座途中不得随意走动，不得擅自离场，讲座期间请将手机调为震动或者静音状态。

2. 请注意保持讲座环境卫生。

3. 讲座结束后待主讲人退场后有序离场。

学校团委

2022 年 4 月 13 日

图 3-1-1　“关于举办职业生涯规划讲座的通知”效果图

和段落格式，才能很好地完成此次任务。

3.1.2　任务学习活动

学习活动 1　认识 WPS 文字

在对文档进行编辑排版之前，要先了解 WPS 文字启动、WPS 文字界面的组成，熟悉常用选项卡。

1. WPS 文字的启动

下面介绍几种常用的 WPS 文字启动方式。

方法 1：使用快捷方式启动。双击桌面上的“WPS Office”快捷方式图标，进入［WPS 首页］，单击左侧导航栏的［新建］按钮，在弹出的［新建］窗口中选择［新建文字］命令，然后选择“新建空白文字”项，即可启动 WPS 文字并新建一个空白文字文档。还可以通过选择历史记录文件，启动 WPS 文字，进入文档编辑环境。

方法 2：［开始］菜单启动。单击桌面左下角［开始］菜单，在弹出的程序菜单中，选择“WPS Office”命令，就可启动 WPS Office，在［首页］中选择［新建］按钮或历史记录文件，都可启动 WPS 文字，进入文档编辑环境。

方法 3：双击任意 WPS 文字文档，也可启动 WPS 文字环境并打开该文件。

2. WPS 文字的界面

WPS 文字界面由标签栏、功能区、编辑区、状态栏等部分构成，界面如图 3-1-2 所示。

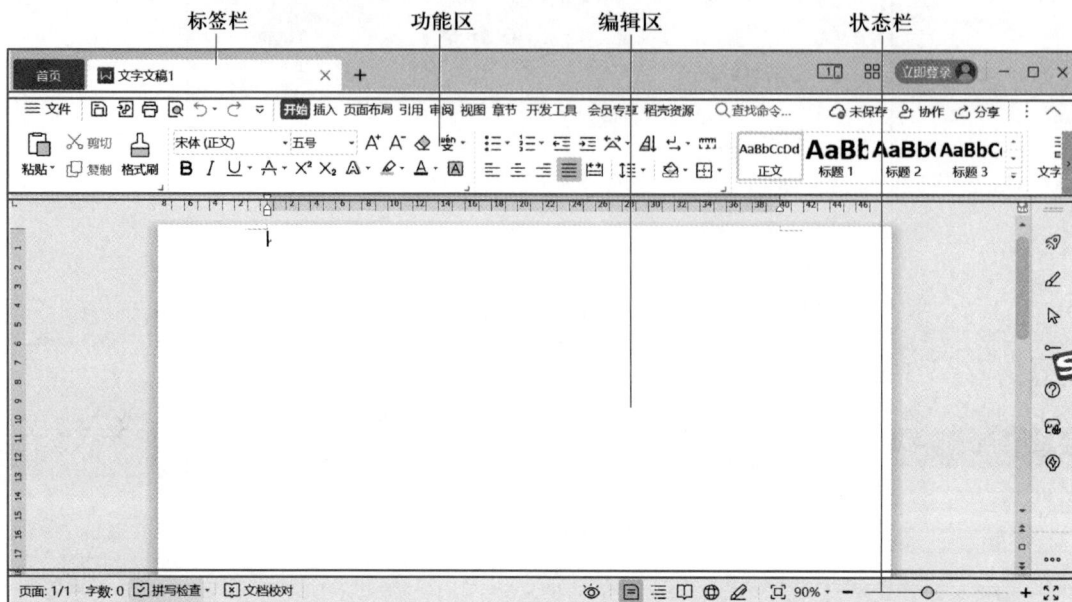

图 3-1-2 WPS 文字界面

（1）标签栏

标签栏位于 WPS 文字窗口界面顶部，显示［首页］、当前打开文件的名字、"+"按钮和最小化、最大化按钮等。

（2）功能区

功能区承载了各类功能入口，包括 10 个选项卡，分别是开始、插入、页面布局、引用、审阅、视图、章节、开发工具、会员专享和稻壳资源，每个选项卡中都包括很多的命令按钮，单击它们可以快速地实现某项功能。

功能区左上角是［文件］菜单，里面包括 WPS 文字文件的所有操作命令，如新建、打开、保存等。

快速访问工具栏在［文件］菜单后，包括常见的保存、打印等按钮。

将鼠标放到功能区的任意按钮上，都会出现该按钮的说明，有助于用户快速了解按钮的名称和功能。

（3）编辑区

编辑区是 WPS 文字内容编辑和呈现的主要区域，包括文档页面、水平和垂直标尺、滚动条、右侧边的任务窗格。

（4）状态栏

状态栏位于 WPS 文字窗口的最下边，显示当前文档的信息，如当前页码 / 总页数、字数、拼写检查、护眼模式、页面视图、缩放级别、全屏显示按钮等。

3. WPS 文字中常用选项卡介绍

（1）[开始]选项卡

[开始]选项卡及其中的按钮如图 3-1-3 所示，在这里有完成 WPS 文字的大部分功能按钮。

图 3-1-3　[开始]选项卡

可以设置：

① 文本编辑，如复制、粘贴、剪切等。

② 字体格式，如字体类型、大小、间距、颜色、文字效果、加粗以及特殊字符等。

③ 段落格式，如项目符号、行间距、对齐方式、特殊格式、换行和分页等。

④ 样式设置，如标题、正文样式等。

⑤ 文字排版，包括文字常用排版功能设置。

⑥ 查找和替换，单击该命令可以设置文本查找、替换、删除、智能删除等。

（2）[插入]选项卡

[插入]选项卡及其中的按钮如图 3-1-4 所示，这里包括可以插入到 WPS 文字文档中的所有对象按钮，如插入封面页、分页符、表格、图片、形状、页眉页脚、文本框、艺术字等。

插入这些对象后，选中它们，在功能区中会出现对应的选项卡，选项卡中包括针对这些插入对象的一些功能按钮，可以对插入的对象进行编辑。

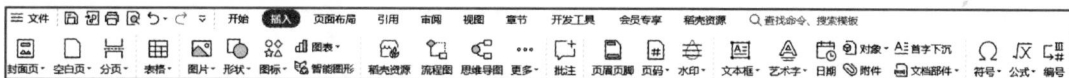

图 3-1-4　[插入]选项卡

（3）[页面布局]选项卡

[页面布局]选项卡及其中常用功能如图 3-1-5 所示，这里包括所有与页面设置相关的按钮，如主题、颜色、效果、页边距、纸张方向、背景、页面边框等。

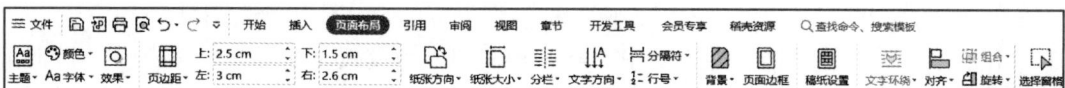

图 3-1-5　[页面布局]选项卡

选项卡中的按钮，如果后面紧跟着一个小三角形，表示单击该三角形会弹出下拉菜单或面板，而直接单击该按钮，会执行按钮本身的功能。在功能区右下角还有一些直角小按钮，称之为"对话框"按钮，单击它们通常会打开相应的设置对话框。

除了[开始][插入][页面布局]这 3 个使用频率较高的选项卡外，WPS 文字的其他选项卡中还有很多的功能按钮，这里就不再一一介绍了。

学习活动 2　文档的新建与保存

　　在对文档进行编辑之前，需要新建 WPS 文字文档。在编辑排版的过程中，要注意对文档进行保存，以防止由于计算机断电、死机等原因导致文档丢失。

　　1. 文档的新建

　　方法 1：在桌面空白处，右击，在弹出的快捷菜单中选择［新建］命令，在弹出的子菜单中选择［DOCX 文档］或［DOC 文档］命令，即可新建一个 WPS 文字文档。

　　方法 2：双击桌面上的"WPS Office"快捷方式图标，进入［WPS 首页］，单击左侧导航栏的［新建］按钮，在弹出的［新建］窗口中选择［新建文字］命令，然后选择［新建空白文字］选项，即可启动 WPS 文字并新建一个文字文档，如图 3-1-6 所示。

图 3-1-6　［新建］文档标签页

　　方法 3：在 WPS 文字编辑环境下，单击标签栏上方的"+"，也会打开［新建］窗口，如图 3-1-6 所示。在新建文档类型窗口中，有多种文档类型模板，如毕业论文模板、职业规划模板、开题报告模板等，使用者可以根据需要选择。在这里，单击［新建空白文字］选项，就会建立一个默认名称为"文字文稿 1"的空白文档。

　　2. 文档的保存

　　文件的保存有两种方式，一是直接保存，二是将当前已打开文件另存为。

　　（1）直接保存

　　单击［保存］按钮或者按快捷键 Ctrl+S，即可快速保存。如果之前文档从未保存过，则会弹出图 3-1-7 所示的［另存文件］对话框。

选择保存位置　　新建文件夹

选择文件类型　输入文件名　　　　保存与取消

图 3-1-7　［另存文件］对话框

（2）文档另存

在工作学习中，有时候需要把文件另外保存到其他位置。

单击文档左上角［文件］按钮，在弹出的下拉菜单中选择［另存为］命令，打开［另存文件］对话框，填写文件保存相关信息，如图 3-1-7 所示。

微课 3-2
文档的保存

①［文件名］：在此处输入需要保存文件的文件名。

②［文件类型］：默认为 "*.docx"，单击右侧下拉按钮，可以选择其他文件类型，如 "*.html" "*.wps" "*.rtf" 等。

③［位置］：单击右侧下拉按钮，在弹出的下拉列表中选择文档保存位置。

④［新建文件夹］：当需要将当前文件保存到一个新文件夹时，单击该按钮即可新建一个文件夹。

⑤［保存］与［取消］：单击［保存］按钮，文件保存成功；单击［取消］按钮，取消保存。

学习活动 3　文字编辑与段落设置

1. 文字的录入

在文字编辑区域内，选择合适的输入法，在光标闪动的位置（插入点）输入文字内容，如图 3-1-8 所示。

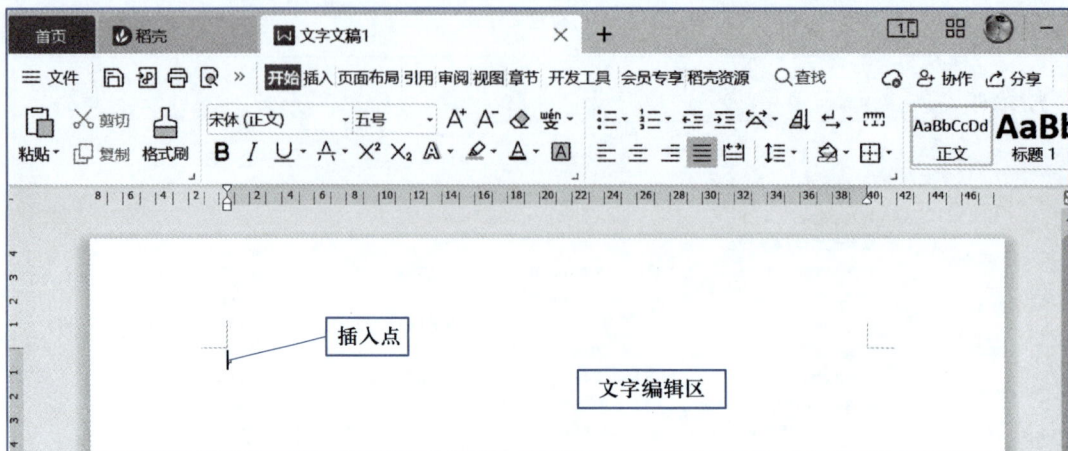

图 3-1-8   文字录入窗口

2. 文字的选择

文字的选择有以下几种方式。

① 在文档的左侧空白处,单击即可选择鼠标所在行;或者用鼠标拖曳选择该行。

② 在文档的左侧空白处,双击即可选择鼠标该行所在的段落;或者鼠标拖曳选择该段落。

③ 全文选择:在文档的左侧空白处,三击;或者按快捷键 Ctrl+A 即可选中整个文档。

3. 字体的设置

微课 3-3
文字的录入
和字体的设置

选中文本,在弹出的快捷工具栏中可以设置字体格式;或单击 [开始] 选项卡中字体设置按钮设置字体格式;还可以单击 " ⌐ " 按钮,打开 [字体] 设置对话框;或在文本上右击,在弹出的快捷菜单中选择 [字体] 命令,也可打开 [字体] 设置对话框,进行字体格式设置,如图 3-1-9 所示。该对话框有 2 个选项卡: [字体] 和 [字符间距]。

(1) [字体] 选项卡

[中西文字体设置]:进行所选文本的字形、字号的设置以及西文字体的选择。

[复杂文种]:一些非常见的文字字体、字形、字号的设置,通常默认即可。

[所有文字]:设置所选文字的字体颜色、下画线型、下画线颜色和着重号。

[效果]:可以为文字设置上标、下标等特殊格式。

[文本效果]:该按钮位于对话框最下方,单击该按钮,弹出 [设置文本效果格式] 对话框,可以设置填充颜色、阴影、三维格式等。

[预览]:可以看到文本应用设置之后的实时效果。

(2) [字符间距] 选项卡

在该选项卡中可以设置:字符缩放比例;字符间距,如标准、加宽、紧缩,调整间距的数值;字符位置,如标准、上升、下降。

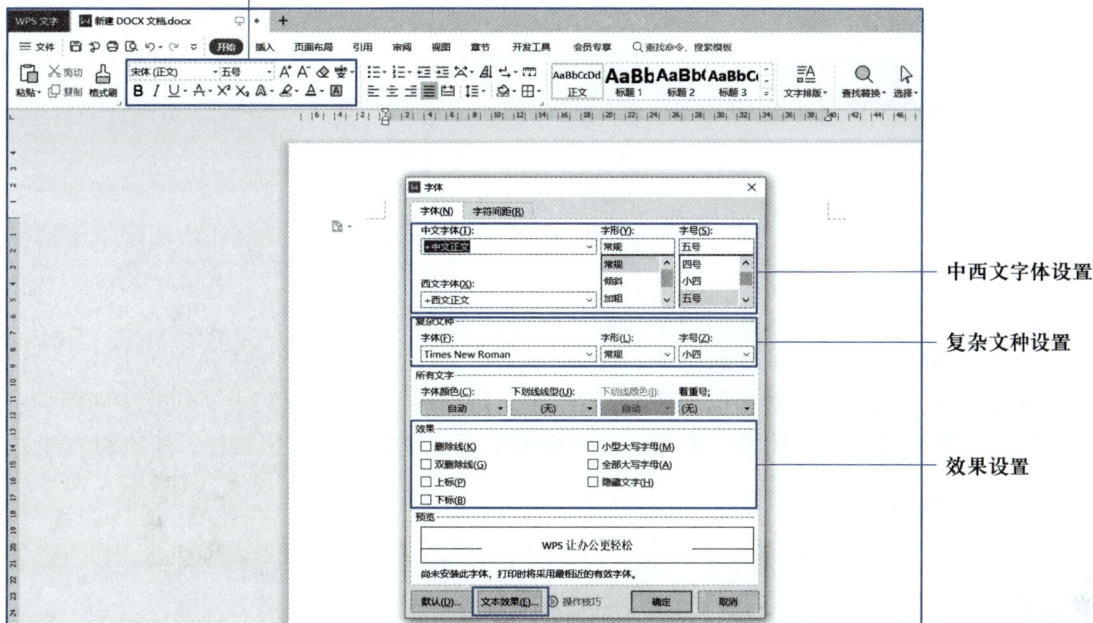

图 3-1-9　字体格式设置

4. 段落设置

选择需要设置的段落，使用［开始］选项卡中的按钮快速设置段落格式，如图 3-1-10 中方框里面的按钮；也可以单击"⌐"打开［段落］对话框，或者在段落上右击，在弹出的快捷菜单中选择［段落］命令，打开［段落］对话框，如图 3-1-10 所示。

微课 3-4
段落设置

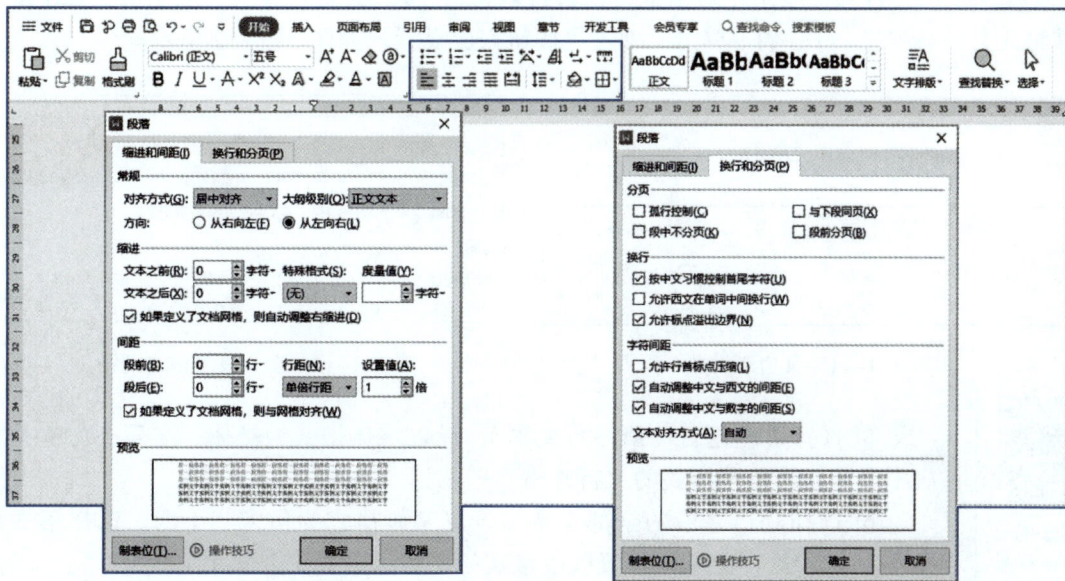

图 3-1-10　段落格式设置

［段落］对话框包含［缩进和间距］和［换行和分页］2个选项卡。

（1）［缩进和间距］选项卡

［常规］：设置段落对齐方式、文字方向、大纲级别等。

［缩进］：设置所选文本之前和之后的缩进位置，还可以设置特殊格式，如首行缩进或悬挂缩进及其缩进的度量值，度量值单位可以是厘米、字符等。

［间距］：设置段落之前和段落之后的间距，参数可以选择"行""磅""英寸""厘米""毫米""自动"；"行距"指各行文本之间的距离，有单倍行距、多倍行距、最小值、固定值等选项。

（2）［换行和分页］选项卡

［分页］：进行分页设置，表明段落跨越2页时该如何设置。

［换行］：设置在中文或英文状态下，该如何换行。

［字符间距］：用于设置是否需要压缩行首标点、调整中英文间距和中文与数字间距。

［预览］：可以看到设置的实时效果。设置完成之后，单击［确定］按钮，所有设置生效。

3.1.3 任务实施

微课 3-5
新建文件并进行页面设置

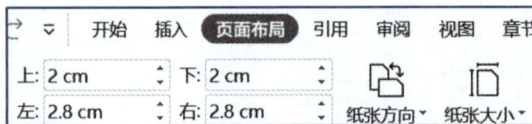

在本任务的任务引入部分，李明需要制作一个讲座通知，通过前面的学习，让我们一块完成该任务。

① 新建 WPS 空白文字文档，保存到 D 盘"信息处理技术"文件夹下，文件名为"讲座通知 .docx"。

② 打开配套资料"素材 \3-1"文件夹中的"通知文本 .txt"文件，将通知的内容复制，粘贴到新建的"讲座通知 .docx"中。

③ 单击［页面布局］选项卡，在［上］、［下］页边距中输入"2 cm"，［左］［右］页边距中输入"2.8 cm"，按 Enter 键确认；纸张默认为"A4"大小，方向默认为"纵向"，如图 3-1-11 所示。

④ 选择全文，打开［段落］对话框，进行段落格式设置。设置行距为"固定值""26磅"；特殊格式为首行缩进，2字符；单击［确定］按钮完成设置，如图 3-1-12 所示。

图 3-1-11 页边距设置

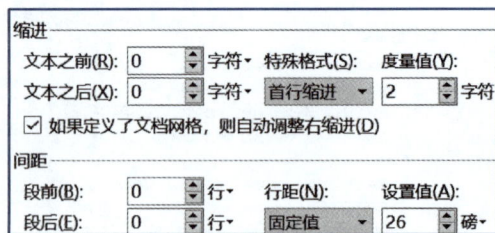

图 3-1-12 全文段落格式设置

微课 3-6
设置通知文本及段落样式

⑤ 选择讲座题目（第一行文本），设置字体格式为黑体、三号、加粗，并居中显示，该段落格式的"特殊格式"选择"无"。

⑥ 选择题目之后的全部文本，设置字体格式为仿宋、小四。选择第2行文本"各二级学院："，设置段落格式的"特殊格式"为"无"。

⑦ 选择标题文本"一、讲座时间"，设置字体格式为宋体、四号、加粗；

选择该文本,双击[开始]选项卡中的[格式刷]按钮,用鼠标依次选中"二、讲座地点""三、讲座题目"等 5 个标题。

⑧ 选择文档末尾的落款和时间,设置对齐方式为"右对齐"。

⑨ 单击[保存]按钮保存文件。

3.1.4 技能训练

到了一年一度学生会换届选举时间,学工办辅导员李老师安排学生会干事李红制作一个换届选举通知,贴在学生事务公开栏里面,把学生会换届选举相关事项告知大家。通知内容包括标题、报名须知、注意事项、落款、时间等。李红需要设计好排版方式,设置好所有的文字、段落格式。

要求如下:

① 打开配套资料中"素材\3-1"文件夹下的"学生会换届通知.docx"文件。

② 页面设置:纸张为 A4、纵向;页边距为上、下 2 cm,左、右 2.5 cm。

③ 通知题目格式为三号、黑体、加粗,居中;段前 0.5 行,段后 0.5 行,行距为固定值,23 磅。

④ 除通知标题后的其他文本格式设置:一级标题格式为四号,楷体,加粗;正文格式为仿宋、小四;段落格式为"首行缩进" 2 个字符,通知对象行无缩进。

⑤ 文档末尾的落款和时间,设置对齐方式为右对齐。

任务 3.2   制作话剧社社员申请表

制作话剧社
社员申请表
PPT

3.2.1   任务引入与分析

一年一度的社团纳新开始了,春雷话剧社开始招收新社员。为了方便对社团成员进行管理,规范申请流程,话剧社社长让秘书长张梦娜同学制作一张话剧社社员申请表,凡是新加入的社员都需要填写该表,按流程审批后,存档管理。张梦娜制作好的样表如图 3-2-1 所示。

任务要求

① 创建新文件,保存到指定位置。

② 页面设置:A4 纸,纵向,页边距为上、下 2.3 cm,左、右 2 cm。

③ 输入表格标题,设置样式为楷体、二号、居中。

④ 参照样张,插入一个 9 行 7 列的表格。表格文本格式为楷体、四号,单倍行距。

⑤ 表格前四行指定行高 0.8 cm,其余行高根据内容和布局调整。第 1 列列宽为 1.44 cm,其余列宽根据内容和布局调整,让表格布局在一整张 A4 纸上。

任务分析

根据张梦娜要完成的任务,通过查阅资料、学习、实践练习等方式,熟悉并掌握表格的创建、编辑(单元格的合并、行高、列宽的设置等)、表格属性等表格常用设置,才能很好地完成此次任务。

<table>
<tr><td colspan="7" align="center">春雷话剧社社员申请表</td></tr>
<tr><td>姓名</td><td></td><td>性别</td><td></td><td>出生年月</td><td></td><td rowspan="4">照片</td></tr>
<tr><td>籍贯</td><td>(省)</td><td></td><td>(市)</td><td></td><td>(区/县)</td></tr>
<tr><td>学院</td><td></td><td>年级</td><td></td><td>专业班级</td><td></td></tr>
<tr><td>编号</td><td></td><td>联系方式</td><td colspan="3">QQ　　　　　Tel</td></tr>
</table>

图 3-2-1　"春雷话剧社社员申请表"样张

3.2.2　任务学习活动

学习活动 1　**表格的创建与编辑**

1. 创建表格

（1）使用表格网格选择插入的表格行列数

单击［插入］选项卡中［表格］下拉按钮，在弹出的下拉面板的"网格"中移动鼠标选择表格的行列数，单击后即可插入所选的表格。

（2）使用［插入表格］对话框插入表格

单击［插入］选项卡中的［表格］下拉按钮，在弹出的下拉面板中选择［插入表格］命令，打开如图 3-2-2 所示对话框。

［表格尺寸］：输入要插入的表格列数和行数。

［列宽选择］：设置列宽，可以选中［固定列宽］单选按钮并设定列宽，也可以选中［自动列宽］单选按钮。

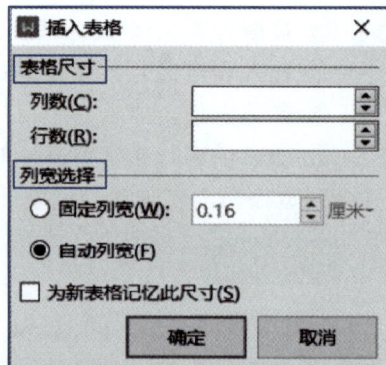

图 3-2-2　［插入表格］对话框

设置好列数和行数后，单击［确定］按钮创建指定行、列的表格。

（3）绘制表格

单击［插入］选项卡［表格］下拉按钮，在弹出的下拉面板中选择［绘制表格］命令，鼠标变成画笔状态，此时，在需要绘制表格的文档空白处，按住鼠标左键并拖曳鼠标，完成表格绘制后松开鼠标即可。

2. 编辑表格

选择表格后，功能区出现［表格工具］［表格样式］2 个选项卡。

如图 3-2-3 所示，选择［表格工具］选项卡中的按钮可以设置表格属性、绘制表格、删除、插入行、插入列、显示虚框、拆分单元格等。

微课 3-8
表格常用工具栏

图 3-2-3　［表格工具］选项卡（一）

此外，对于表格中的内容在［表格工具］选项卡中也可以进行设置，如字体格式、单元格内容对齐方式、文字方向、计算、排序等，如图 3-2-4 所示。

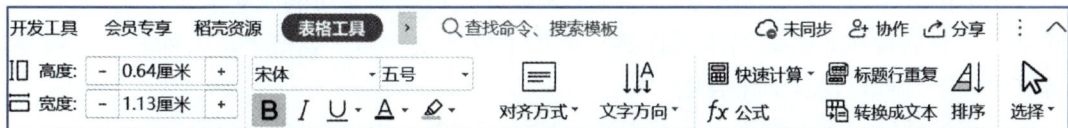

图 3-2-4　［表格工具］选项卡（二）

3. 表格属性设置

单击［表格工具］选项卡中的［表格属性］按钮，或者在表格中右击，在弹出的快捷菜单中选择［表格属性］命令，都可以打开［表格属性］对话框，如图 3-2-5 所示。

［表格属性］对话框包括 4 个选项卡，介绍如下：

［表格］：设置表格的尺寸、对齐方式、文字环绕等。单击［边框和底纹］按钮，打开［边框和底纹］对话框，设置表格或页面的边框、底纹样式；单击［选项］按钮，打开［表格选项］对话框，可以设置单元格的边距等。

［行］：在这里可以单独设置每一行的高度，选择行是否可以跨页断行等。

［列］：在这里可以单独设置每一列的宽度。

［单元格］：在这里可以单独设置选定单元格的宽度及单元格内容的垂直对齐方式。

通常按照下面的步骤编辑表格：

① 表格框架的设置，包括合并单元格，增加删减

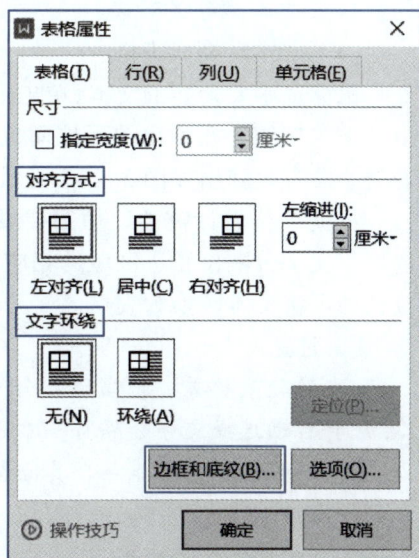

图 3-2-5　［表格属性］对话框

行列；表格大小设置，行高、列宽设置；单元格内部边距的设置等。

②选择表格的行、列或单元格。

③输入表格内容，包括表头、单元格内容等。

④设置表格内数据的字体，设置单元格内数据的对齐方式等。

⑤设置表格或单元格的边框、底纹，包括绘制斜线表头、表格标题行等。

⑥表格样式的设置。

前 5 步在［表格工具］选项卡中设置，最后 1 步要在［表格样式］选项卡中设置。

学习活动 2　表格样式及内容转换

1. 表格样式

选择表格，单击［表格样式］选项卡，可以看到其中的功能按钮，如图 3-2-6 所示。

图 3-2-6　［表格样式］选项卡

框①中的 6 个复选框，用于确定是否将预设样式应用到对应的元素上。

框②中是系统预设的表格主题样式，单击下拉按钮，弹出表格［预设样式］下拉面板，选择其中一个，可以快速美化表格。

框③中的按钮，用于设置自定义表格的底纹、边框、边框颜色和粗细。

框④中的按钮，用于绘制表格、绘制斜线表头。单击［清除表格样式］按钮，即可清除设置的表格样式；单击［擦除］按钮，鼠标变为"黑板擦"形状，可以擦除表格框线。

2. 文本与表格的转换

（1）文本转换成表格

鼠标选中要转换的文本，单击［插入］选项卡中的［表格］下拉按钮，在弹出的下拉面板中，选中［文本转换为表格］命令，弹出如图 3-2-7 所示对话框。

根据表格设计需要，填写要转换的表格列数、行数；选择［文字分隔位置］区域的相应单选按钮，单击［确定］按钮即可将文本转换为表格。

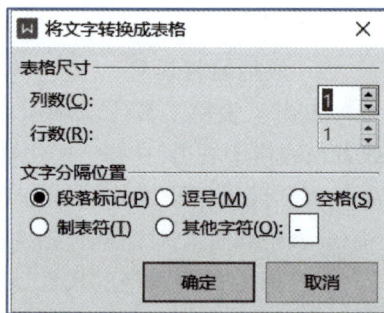

图 3-2-7　［将文字转换成表格］
对话框

> **📖 注意：**
>
> 　　在转换表格前，应当设置好文字分隔符，在这个对话框中就不需要设置行数、列数，系统会自动选择文字分隔符，单击［确定］按钮即可将文本转换为表格。文本分隔符应该使用同一种符号，不能混合其他符号使用，否则，转换后的表格可能就不符合要求。

（2）表格转换成文本

选择要转换成为文本的表格，选择［表格工具］选项卡，单击［转换成文本］按钮，在打开的［表格转换成文本］对话框中，选择文字分隔符，单击［确定］按钮将表格转换成文本。

微课 3-9
表格中数据
的计算

学习活动 3　**表格中数据的计算**

在表格的实际应用中，有时候需要对表格中的数据进行初步计算，如需要计算学生的平均分和总分，见表 3-2-1。

表 3-2-1　成　绩　表

姓名	数学	英语	语文	总分
李明	92	90	89	
张华	90	93	92	
王强	96	95	99	
平均分				

WPS 文字提供了"快速计算"和"公式"两种方式来完成表中数据的计算。选择［表格工具］选项卡，其中有［快速计算］和［fx 公式］两个计算按钮，如图 3-2-8 所示。

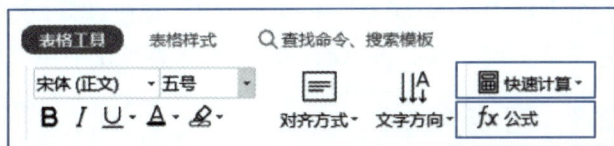

图 3-2-8　表格数据计算方式选择

选中需要计算的一行或一列数据，单击［快速计算］下拉按钮，在下拉菜单中单击对应的函数，如图 3-2-9 所示，可以迅速求出所选择数据区域的最大值、最小值、总和以及平均值。一般情况下，选中一行或者一列，快速计算结果为所在行或者所在列的数值计算结果。

当数据区域比较复杂，快速计算不能满足要求时，可以使用［fx 公式］按钮来实现计算。单击［fx 公式］按钮，弹出［公式］对话框，如图 3-2-10 所示。

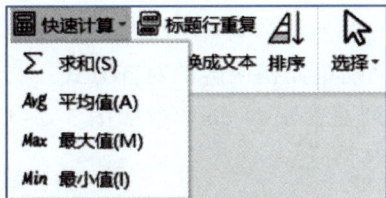

图 3-2-9　［快速计算］下拉菜单

图 3-2-10　［公式］对话框

在［公式］对话框中，在"公式"下面的文本框中直接输入对应的公式，或从下方列表中选择"数字格式""粘贴函数""表格范围"，生成对应的函数公式。

● "数字格式"是选择计算结果对应的数字格式，如保留小数点后几位、以人民币形式显示、中文数字大写、中文数字小写、人民币大写等。

● 单击"粘贴函数"下拉按钮，在弹出的下拉列表中，选择粘贴函数，它们就会出现在该对话框中"公式"文本框中。

● "表格范围"指需要处理数据的范围，单击下拉按钮选择方位词，其中"RIGHT"为计算单元格所在行的右边的数值，"LEFT"为计算单元格所在行的左边的数值，"ABOVE"为计算单元格所在列的上边的数值，"BELOW"为计算单元格所在列的下边的数值。

例 3-2-1　请一起完成表 3-2-1 中的计算。

操作：

① 计算李明的总分，在李明所在行的总分单元格单击，单击［表格工具］选项卡中的［fx 公式］按钮，在打开的［公式］对话框中的"公式"文本框中输入"=sum（left）"，单击［确定］按钮，即可求出李明的总分。以同样的方式计算张华、王强的总分。

② 计算数学课程的平均分，单击"平均分"后面的第 1 个单元格，在打开的［公式］对话框中的"公式"文本框中输入"=average（above）"，在"数字格式"组合框中输入"0.0"，单击［确定］按钮，即可求出数学课程的平均分，且平均分保留 1 位小数。再以同样的方式计算英语、语文课程的平均分。

3.2.3　任务实施

在本任务的任务引入部分，话剧社秘书长张梦娜同学需要制作一个话剧社社员申请表，通过前面的学习，掌握了表格的新建、单元格拆分合并等操作，让我们一起来完成该任务。

① 打开 WPS 文字，新建文件，并保存到 D 盘"信息处理技术"文件夹，文件名为"春雷话剧社社员申请表 .docx"。

② 在［页面布局］选项卡中将页面设置为 A4 纸，纵向，页边距为上、下 2.3 cm，左、右 2 cm。

③ 输入表格标题"春雷话剧社社员申请表"，设置字体格式为楷体、二号，居中显示。

④ 插入一个 9 行 7 列的表格，全选表格，设置表格文本格式为楷体、四号，单倍行距，居中对齐。

⑤ 设置表格宽度为 16.8 cm；选中第 2 行的第 2~ 第 6 列，合并单元格，单元格对齐方式为"右对齐"；选中第 4 行的第 4~ 第 6 列，合并单元格，单元格对齐方式为"靠下两端对齐"，字体为小四；选中第 7 列的第 1~ 第 4 行，合并单元格，对齐方式为"居中"。

⑥ 参照图 3-2-1，输入表格文本，调整个别单元格内容的对齐方式。

⑦ 表格前 4 行指定行高 0.8 cm，第 1 列列宽为 1.44 cm，参照图 3-2-1，根据内容和布局调整列宽、行高等，让表格布局在一整张 A4 纸上。

⑧ 保存文件。

微课 3-10 计算学生成绩

微课 3-11 新建文件并插入表格

微课 3-12 编辑表格并输入内容

3.2.4　技能训练

期终考试结束，高新第一中学开始评选学习标兵，初一（3）班班主任张老师要求班长李红制作班级前 5 名同学的成绩分析表，求出前 5 名同学的语文、数学、英语三科成绩的平均分和总分，并求出每一科成绩的平均分，成绩分析表见表 3-2-2。

表 3-2-2　成绩分析表

姓名＼科目	数学	英语	语文	平均分	总分
张华	92	82	90		
李明	81	89	91		
王刚	88	89	90		
李强	93	85	88		
马利	95	83	86		
平均分					

要求如下：

① 新建 WPS 文字文档，参照表 3-2-2 绘制表格，添加斜线表头，并输入表格内容。

② 用函数计算每名同学成绩的总分、平均分以及各科的平均分，平均分保留 2 位小数。

③ 设置第 1 行行高 1.1 cm，其余行高 0.6 cm；第 1 列列宽 2.1 cm，其余列宽 2.3 cm。

④ 设置第 1 行字体为宋体、四号、加粗；其他单元格字体为宋体、小四；文字内容居中显示。

⑤ 在最右侧插入一列，命名为"排名"，按照成绩输入各位同学名次。

⑥ 套用表格样式：选择"浅色系"选项卡中的第 3 行第 1 个预设样式"浅色样式 2- 强调 1"。

⑦ 调整表格布局，保存在本机 D 盘"信息处理技术"文件夹里，文件名为"初一（3）班前 5 名成绩分析表 .docx"。

任务 3.3　制作一个 "守卫绿色家园"宣传海报

制作一个"守卫绿色家园"宣传海报

PPT

3.3.1　任务引入与分析

每年的 4 月 22 日是世界地球日，这是一个专为世界环境保护而设立的节日，旨在提高民众对于现有环境问题的认识，并动员民众参与到环保运动中。森林是地球上最大的陆地生态系统，是全球生物圈中重要的一环，是地球上的基因库、碳储库、蓄水库和能源库，对维系整个地球的生态平衡起着至关重要的作用，是人类赖以生存和发展的资源和环境，人类需要保护森林。

李明是某职业技术学校林业技术专业的一名大一学生，也是学校团委的一名干事，在 4 月 22 日来临之前，为了提高同学们保护森林的意识，学校团委计划举办一系列的保护森林活动，现需要制作一幅宣传海报，团委把这项任务交给了李明。李明在查阅资料后，制作了一幅科普森林知识的海报，效果如图 3-3-1 所示。

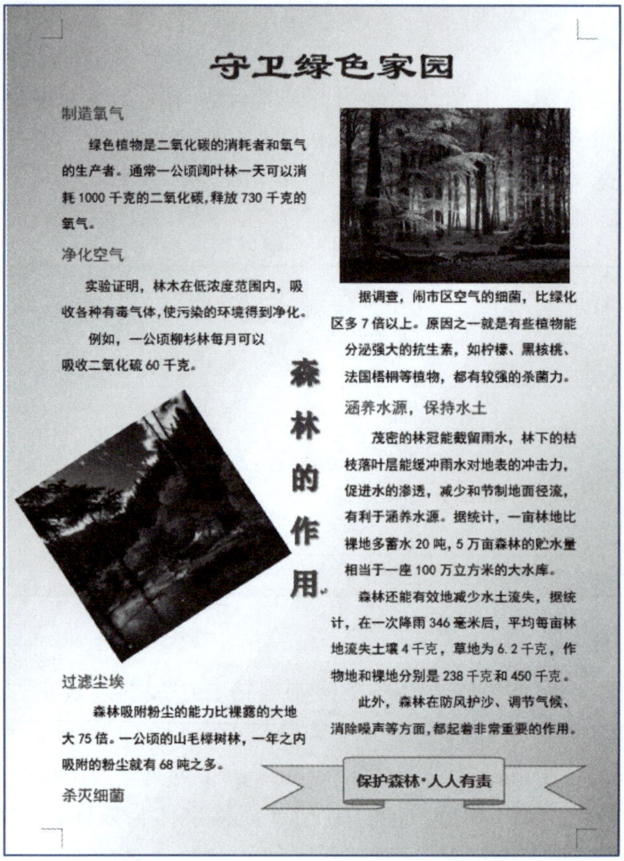

图 3-3-1　"守卫绿色家园"海报效果图

任务要求

① 设置页面：上下左右的页边距都是 2.5 cm。

② 在文本开头使用文本框添加海报标题，文本框无边框、无填充，文本环绕方式为"上下型环绕"。

③ 在页面的中间插入艺术字"森林的作用"。

④ 插入图片并调整位置，实现图文混排的效果。

⑤ 插入自选图形并设置格式，提出倡议"保护森林 人人有责"。

任务分析

根据李明要完成的任务，通过查阅资料、学习、实践练习等方式，熟悉并掌握在 WPS 文字中插入文本框、图片、自选图形的方法，并会设置对象格式，才能很好地完成本任务。

3.3.2　任务学习活动

学习活动 1　**页面的设置**

[页面布局] 选项卡功能丰富，包括页边距、纸张方向、纸张大小、背景、页面边框、分栏、

稿纸设置以及文字方向等常用设置，每个按钮又包括功能丰富的子菜单，如图 3-3-2 所示。

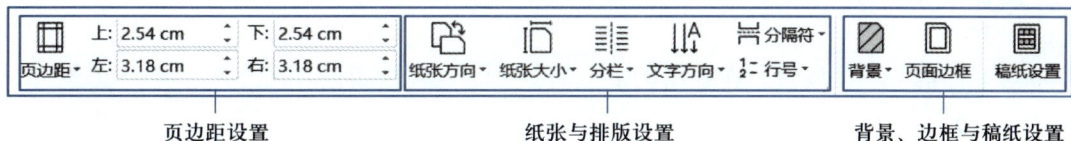

页边距设置　　　　　　　　　纸张与排版设置　　　　　背景、边框与稿纸设置

图 3-3-2　[页面布局]选项卡

1. 页边距设置

在［页面布局］选项卡中的上、下、左、右 4 个页边距组合框里输入页边距，按 Enter 键即可，或者单击微调箭头也可改变页边距；单击［页边距］下拉按钮，在弹出的下拉面板中有 WPS 预设的几种页边距，选择一种即可，也可选择［自定义页边距］命令，打开如图 3-3-3 所示的［页面设置］对话框。

微课 3-13
页面的设置

（1）［页边距］选项卡

在相应的上、下、左、右边距对应文本框中输入数字并选择单位即可。

［装订线位置］：选择装订线位置在左还是右，填写装订线宽。

［方向］：选择纸张方向是纵向还是横向。

［页码范围］：单击［多页］下拉按钮，在弹出的下拉面板中有页码范围和样式可供选择。设置好后，在预览处，单击［应用于］下拉按钮，在弹出的下拉面板中选择应用范围。

（2）［纸张］选项卡

在该选项卡中，可以选择纸张大小，常用的纸张大小有 A4、A3、B4、B5、16 开等。

（3）［版式］选项卡

在该选项卡中可以设置页眉页脚格式，如可以设置首页不同或奇偶页不同，还可设置页眉页脚距离边界的高度。

（4）［文档网格］选项卡

在该选项卡中可以设置文字排列方向、文档网格（每一页的行数和每一行的字数）。

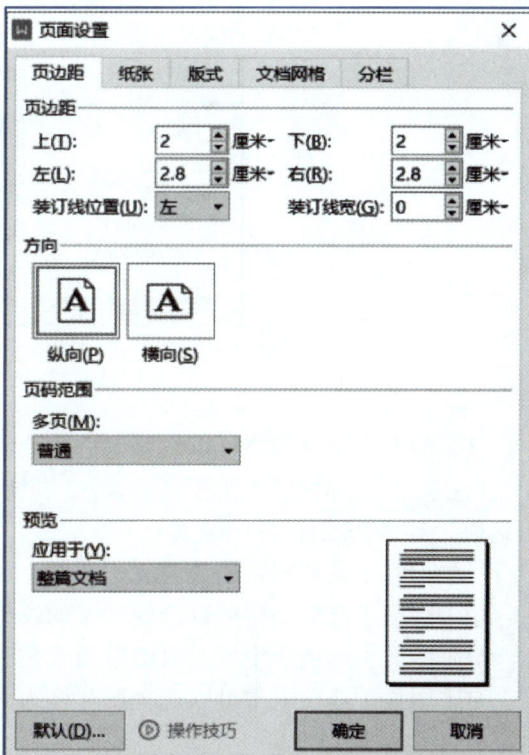

图 3-3-3　[页面设置]对话框

（5）［分栏］选项卡

在该选项卡中可以进行分栏排版，默认有一栏、两栏、偏左、偏右等。

2. 纸张与排版设置

如图 3-3-2 所示，有纸张方向、纸张大小、分栏、文字方向、分隔符、行号 6 个常用页面设置按钮，方便快速进行页面设置。

3. 背景、页面边框与稿纸设置

如图 3-3-2 所示，有背景、页面边框、稿纸设置 3 个按钮。

（1）背景

单击［背景］下拉按钮，在弹出的下拉面板中，有主题颜色、标准色、渐变填充、其他填充颜色、图片背景、其他背景等背景设置模式。不同的设置模式提供的颜色不同，根据需要进行选择即可。选择其中的［图片背景］命令，打开［填充效果］对话框，如图 3-3-4 所示。

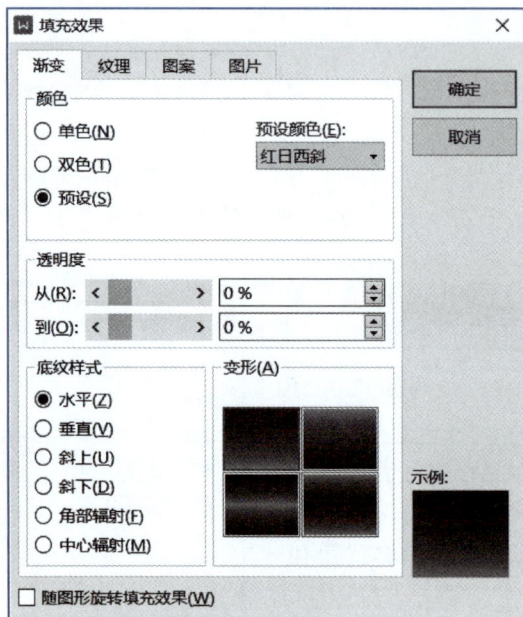

图 3-3-4　［填充效果］对话框

①［渐变］选项卡中可以设置颜色、透明度、底纹样式等。

［颜色］：有"单色""双色""预设" 3 种模式，预设颜色中还有"红日西斜""雨后初晴""极目远眺"等 WPS 预设好的模式。

［透明度］：设置图案的透明度，此外，还可以对图案底纹样式进行设置。

②［纹理］选项卡中可以选择预置的纹理样式，如皮革、粗布、放射图案等。

③［图案］选项卡中可以对图案前景色和背景色进行设置。

④［图片］选项卡中可以选择图片作为文档背景。

（2）稿纸设置

单击［稿纸设置］按钮，打开［稿纸设置］对话框，可以设置稿纸规格、网格、颜色等。

（3）页面边框

单击［页面边框］按钮，打开［边框和底纹］对话框，在其中设置边框线型、颜色、样式等。

学习活动 2　文本框与图文混排

为了方便文字和图形进行混排，使文档内容层次分明，生动丰富，WPS 文字具有文本框和图文混排功能。

1. 文本框

单击［插入］选项卡中［文本框］下拉按钮，在弹出的下拉面板中，选择［竖排文本框］或者［横向文本框］命令，在文档空白处按住鼠标左键并拖曳鼠标即可插入相应的文本框，如图 3-3-5 所示。

横向文本框

竖排文本框

图 3-3-5　文本框

［横向文本框］：文本框内文字横向排列，符合一般阅读习惯。

［竖排文本框］：文本框内文字从上到下排列，在报纸、杂志等排版中常用到。

单击选择文本框，功能区会出现［文本工具］选项卡，如图 3-3-6 所示。

微课 3-14
插入文本框

（1）文本设置

主要对文本框内的文字进行设置，包括以下常用设置。

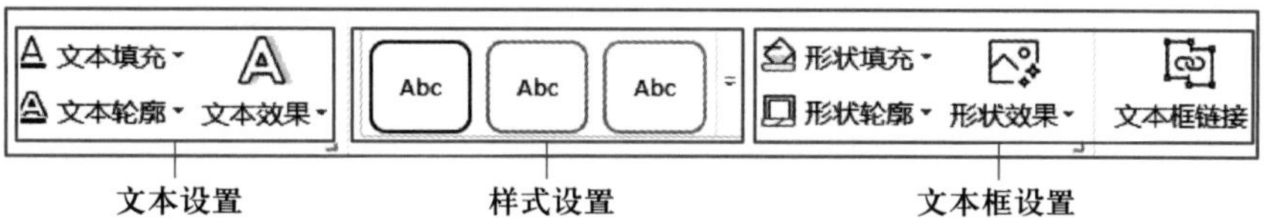

文本填充·　Ａ
文本轮廓·　文本效果·
文本设置

Abc　Abc　Abc
样式设置

形状填充·
形状轮廓·　形状效果·　文本框链接
文本框设置

图 3-3-6　［文本工具］选项卡内容（部分）

［文本填充］：单击［文本填充］下拉按钮，弹出的下拉面板中有主题颜色、标准色、渐变填充、其他字体颜色等命令，选择相应颜色即可对文本框内文字颜色进行设置。

［文本轮廓］：单击［文本轮廓］下拉按钮，弹出的下拉面板中有主题颜色、标准色、其他轮廓颜色、线型、虚线线型等文本轮廓格式设置命令。选择［更多设置］命令，在文档右侧弹出任务窗格，可以对文本轮廓进行更详细的设置。

［文本效果］：单击［文本效果］下拉按钮，弹出的下拉面板中有阴影、倒影、发光、转换、三维旋转等命令，选择对应的菜单命令，弹出对应的样式列表，在其中单击即可改变选中文本的效果。

（2）样式设置

主要对文字样式设置。单击右侧下拉按钮，弹出常见文本样式列表，WPS 预设了数十种常见的文本样式，选择相应样式即可改变文本框样式，包括字体、边框颜色、填充颜色等。

（3）文本框设置

主要是对文本框边框颜色、形状颜色、形状效果等进行设置。

［形状填充］：单击［形状填充］下拉按钮，弹出的下拉面板中有主题颜色、标准色、渐变填充、其他填充颜色等菜单命令。此外，还有图片或纹理命令，除预设图片以外，还可采用本地图片对文本框进行填充。

［形状轮廓］：单击［形状轮廓］下拉按钮，弹出的下拉面板中有主题颜色、标准色、渐变填充等常用颜色设置，选择［其他边框颜色］命令，打开［颜色］对话框，可以对颜色模式进行高级设置。

［形状效果］：单击［形状效果］下拉按钮，弹出的下拉子菜单中有阴影、倒影、发光、柔化边缘、三维旋转、更多设置六项功能菜单，选择相应菜单，在弹出的面板中单击相应样

式即可改变文本框效果。例如选择［阴影］菜单命令，在面板"外部"区域中选择"向下偏移"样式即可设置文本框"向下偏移"的外部阴影效果。

［文本框链接］：选中文本框使用［文本框链接］按钮即可创建或者解除文本框链接。

2. 图文混排

微课 3-15
图文混排

单击［插入］选项卡［形状］下拉按钮，弹出［形状］下拉面板，其中包括线条、矩形、基本形状、箭头总汇、公式形状、流程图、星与旗帜和标注 8 组常用图形。单击所选中的形状，在文档空白处按住左键并拖曳至合适大小，松开左键即可新建图形。为了对新建形状进行设置，WPS 提供了［绘图工具］选项卡，其功能如图 3-3-7 所示。

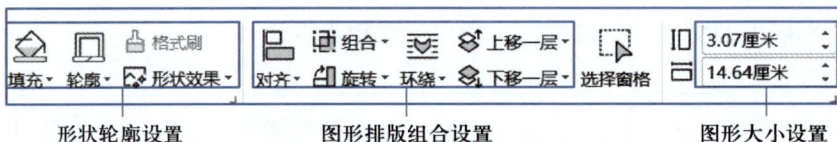

填充、轮廓、形状效果、格式刷	对齐、旋转、组合、环绕、上移一层、下移一层	选择窗格	3.07厘米 14.64厘米
形状轮廓设置	图形排版组合设置		图形大小设置

图 3-3-7　［绘图工具］选项卡（部分）

（1）形状轮廓设置

主要用于形状的颜色、轮廓颜色、形状效果等常见设置。

［填充］：单击［填充］下拉按钮，弹出的下拉面板中有主题颜色、标准色、渐变填充、图片或纹理、图案等功能菜单命令，主要用于设置图形内部颜色。

［轮廓］：单击［轮廓］下拉按钮，弹出的下拉面板中有主题颜色、标准色、渐变填充、线型、虚线线型等功能菜单命令，主要用于设置图形的轮廓颜色和形状。

［形状效果］：单击［形状效果］下拉按钮，弹出的下拉面板中有阴影、倒影、发光、柔化边缘、三维旋转、更多设置六大功能菜单命令，选择相应菜单，弹出对应面板，在其中选择相应样式即可。

（2）图形排版组合设置

主要用于图形、文本框、艺术字等的组合排版、环绕方式设置等。

［对齐］：单击［对齐］下拉按钮，在弹出的下拉菜单中有左对齐、右对齐、水平居中等对齐功能命令。

📖 **注意：**

在选择单个对象对齐时，系统是以当前页作为参照依据；多个对象设置对齐方式时，是以最后选择的那个对象作为参照依据。

［组合］：单击［组合］下拉按钮，在弹出的下拉菜单中选择［组合］命令即可把选中的图形组合到一起。当不需要组合时，选择［取消组合］命令即可。

📖 **注意：**

组合图形之前，需要按住 Ctrl 键，选中需要组合到一起的图形。

［上移一层］：选中图形，单击［上移一层］下拉按钮，在弹出的下拉菜单中有"上移一

层""置于顶层""浮于文字上方"3 个菜单命令，选择相应菜单命令，即可改变图形的层级。

［下移一层］：选中图形，单击［下移一层］下拉按钮，在弹出的下拉菜单中有"下移一层""置于底层""浮于文字下方"3 个菜单命令，选择相应菜单命令，即可改变图形的层级。

（3）图形大小设置

在相应的长宽栏目里设置图形的长和宽。

学习活动 3　艺术字和边框的设置

为了增强排版效果，WPS 文字提供了艺术字设置功能。

1. 艺术字格式设置

单击［插入］选项卡［艺术字］下拉按钮，在弹出的预设样式下拉面板中选择艺术字样式，如图 3-3-8 所示。

微课 3-16
艺术字的使用

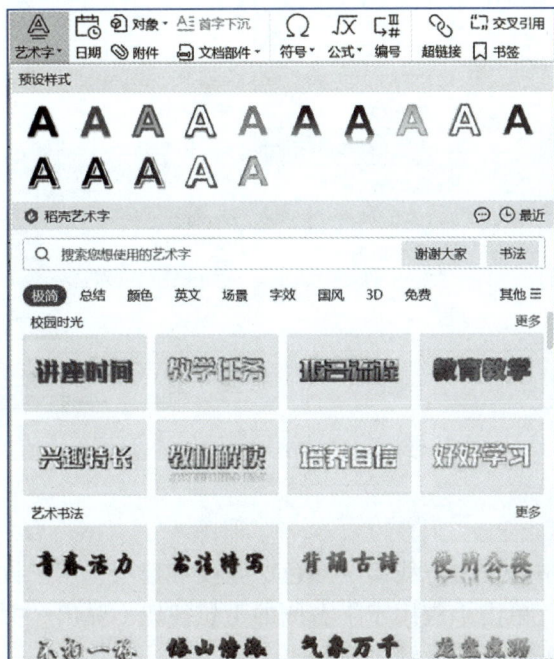

图 3-3-8　［艺术字］预设样式面板

常用的预设样式有 15 种，此外 WPS 还提供极简、颜色、英文等九大类艺术字，有些可以免费使用，有些需要开通 WPS 会员或者购买才能使用。选择相应预设样式，在文档中需要插入艺术字的位置单击，弹出文本框，在文本框内输入艺术字内容即完成艺术字新建，如图 3-3-9 所示。

图 3-3-9　艺术字参考样张

　　艺术字新建完成后，可以对其进行格式设置，包括文本设置、文本轮廓、形状填充、形状轮廓、形状效果等。此外，选中艺术字，在预设样式中选择其他样式，可以更改艺术字样式。

　　2. 边框和底纹设置

　　WPS 提供了丰富的边框设置功能，如图形边框、文本框边框、艺术字边框、页面边框等，不同的边框设置操作过程基本一样，以页面边框为例。单击［页面布局］选项卡［页面边框］按钮，打开［边框和底纹］对话框，如图 3-3-10 所示。

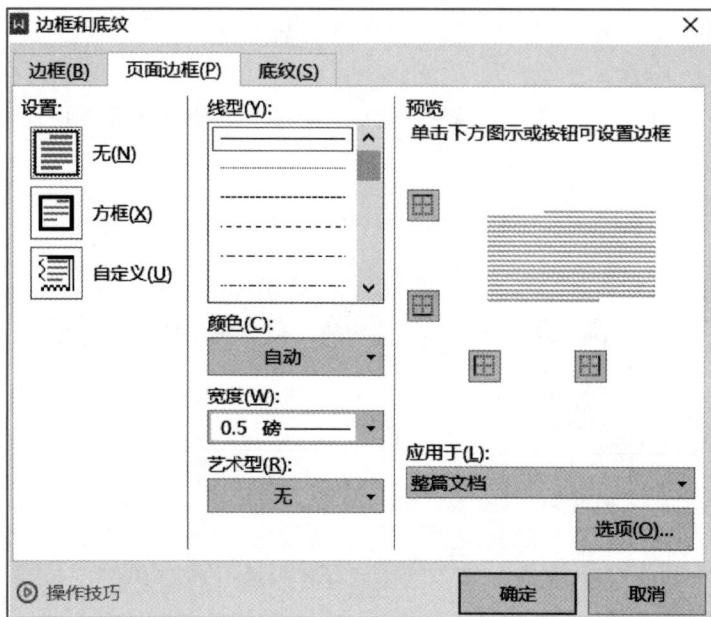

图 3-3-10　［边框和底纹］对话框

　　（1）［边框］选项卡

　　在［边框］选项卡中有设置、线型、颜色、宽度等选项，用于设置边框类型、线型颜色和宽度等。设置完成后，单击［应用于］右侧的下拉按钮，弹出"文字""表格""段落"等选项，选中相应选项即可应用所设置边框样式。

　　（2）［页面边框］选项卡

　　［页面边框］选项卡与［边框］选项卡不同的是，除颜色、线型、宽度外，多了一个艺术型，有预设的艺术型边框样式供选择使用。设置完成后，单击［应用于］右侧的下拉按钮，在弹出的下拉列表中可以选择将设置好的页面边框样式应用于整篇文档还是其他节。

　　（3）［底纹］选项卡

　　在［底纹］选项卡中可以对所选区域底纹进行设置，包括填充、图案两个设置选项，如图 3-3-11 所示。

　　［填充］：WPS 预设了主题颜色、标准颜色以及更多颜色选项，根据设置要求，选择相应颜色。

　　［图案］：用于设置图案颜色和样式。

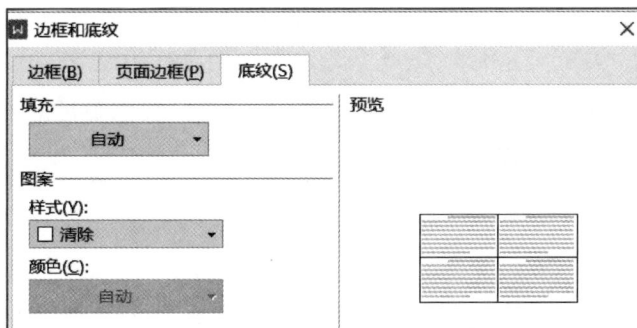

图 3-3-11　［底纹］选项卡

3.3.3　任务实施

在本任务中的任务引入部分，小李需要制作一个宣传海报，向大家科普森林的知识。通过前面的学习，让我们一起来完成该任务。

① 打开配套资料中"素材 \3-3"文件夹下面的"守卫绿色家园（文本）.docx"文件，另存到 D 盘"信息处理技术"文件夹下，文件名为"守卫绿色家园.docx"。

② 单击功能区中的［页面布局］选项卡，设置页边距：在［上］［下］［左］［右］文本框中输入"2.5 cm"。

③ 单击［页面布局］选项卡中的［背景］下拉按钮，选择［其他背景］→［渐变］命令，打开［填充效果］对话框；选中［渐变］选项卡中颜色区域的"双色"单选按钮；在"颜色 1"下拉面板中选择标准颜色中的"浅绿"，"颜色 2"选择"白色"；在"底纹样式"区域中选中"斜上"单选按钮；"变形"选择左下角的样式；单击［确定］按钮，完成海报页面的背景设置。

④ 单击［插入］选项卡中的［文本框］下拉按钮，选择［横向文本框］命令，在页面上拖曳鼠标画出文本框，输入文本"守卫绿色家园"，设置文本格式为隶书、小初、加粗，颜色为"浅绿，着色 6，深色 50%"。选择该文本框，单击［绘图工具］选项卡中的［轮廓］下拉按钮，选择［无边框颜色］命令，单击［填充］下拉按钮，选择［无填充颜色］命令，取消文本框的边框和填充颜色。

⑤ 单击［插入］选项卡中的［艺术字］下拉按钮，选择［预设样式］中的第 1 个，输入文本"森林的作用"。选中该艺术字，设置字体格式为宋体、一号、加粗，字体颜色为"红色"，参照图 3-1-1 调整艺术字的大小和位置。

⑥ 单击［插入］选项卡中的［图片］下拉按钮，单击［本地图片］按钮，在打开的［插入图片］对话框中，选择配套资料"素材 \3-3"文件夹下的"森林 1.png"文件，单击［打开］按钮，插入图片。选中图片，在快捷按钮中单击［布局选项］按钮，在弹出的面板中单击［文字环绕］下面的［四周型环绕］，参照图 3-3-1，按住图片上方的"旋转"控制柄，旋转图片、调整大小和位置。以同样的方式插入图片"森林 2.png"，调整其文字环绕方式为"上下型环绕"，参照图 3-3-1，调整图片的位置。

⑦ 单击［插入］选项卡中的［形状］下拉按钮，选择［星与旗帜］中的"上

凸带形"，拖曳鼠标在页面上画出该形状，输入文本"保护森林 人人有责"。设置自选图形样式：填充为"浅绿，着色 6，浅色 80%"，轮廓色为标准色中的"绿色"，高度为 1.6 cm，宽度为 10 cm；设置图形中的文本样式为微软雅黑、四号、加粗，颜色为标准色中的"深红"，参照图 3-3-1，调整自选图形的位置。

⑧ 保存文件。

3.3.4　技能训练

在中国共产党建党 100 周年之际，为了宣传党的艰苦奋斗精神，陶冶学生的爱国爱党情怀，为实现中华民族的伟大复兴努力学习新知识、新技能，信息工程学院学工办安排学生会宣传部负责人李明同学搜集资料、制作宣传海报。要求如下：

① 海报要有鲜明的主题，文字简洁，简要描述建党 100 年以来的奋斗历程。

② 选取建党 100 周年典型的人物事迹进行简短介绍。

③ 海报中要有建党 100 周年的主题图片。

④ 标题"中国共产党成立 100 周年"用艺术字制作，样式自选。

⑤ 选取切合主题的图案或者图片对海报进行装饰。

⑥ 利用图文混排，突出鲜明主题。

⑦ 布局合理，排版美观。

任务 3.4　制作一个"互联网 +"项目申报书

制作一个"互联网 +"项目申报书

PPT

3.4.1　任务引入与分析

第七届中国国际"互联网 +"大学生创新创业大赛即将举办，信息工程学院决定举行学院层面的选拔赛，选出优秀项目推荐参加校级比赛。大数据技术专业 10 班席同学的项目被推荐参加校级比赛，现需要将之前做的申报书进行修订和完善，在大赛官网报名时以附件形式提交，如图 3-4-1 所示是生成的目录效果图（部分）。

任务要求

① 在给定的素材中修改后，保存到指定位置。

② 设置标题样式：将"第一章 ***"设为一级标题，格式设置为黑体、三号、加粗、居中，段前、段后间距各 0.5 行，为其他各章标题设置同样的格式；将"1.1 ***"设为二级标题，格式设置为宋体、三号、加粗，段前、段后间距各 0.5 行，为其他各章二级标题设置同样的格式；将"1.1.1 ***"设为三级标题，格式设置为黑体、四号，行距为最小 23 磅，为其他各章三级标题设置同样的格式。

③ 在封面页最后添加分节符，将素材分为 2 节。申报书正文（除各级标题外的文本）设置格式为宋体，小四；行间距为最小值 22 磅；首行缩进 2 个字符；添加页脚"第 X 页　共 X 页"，在页面底端居中显示。

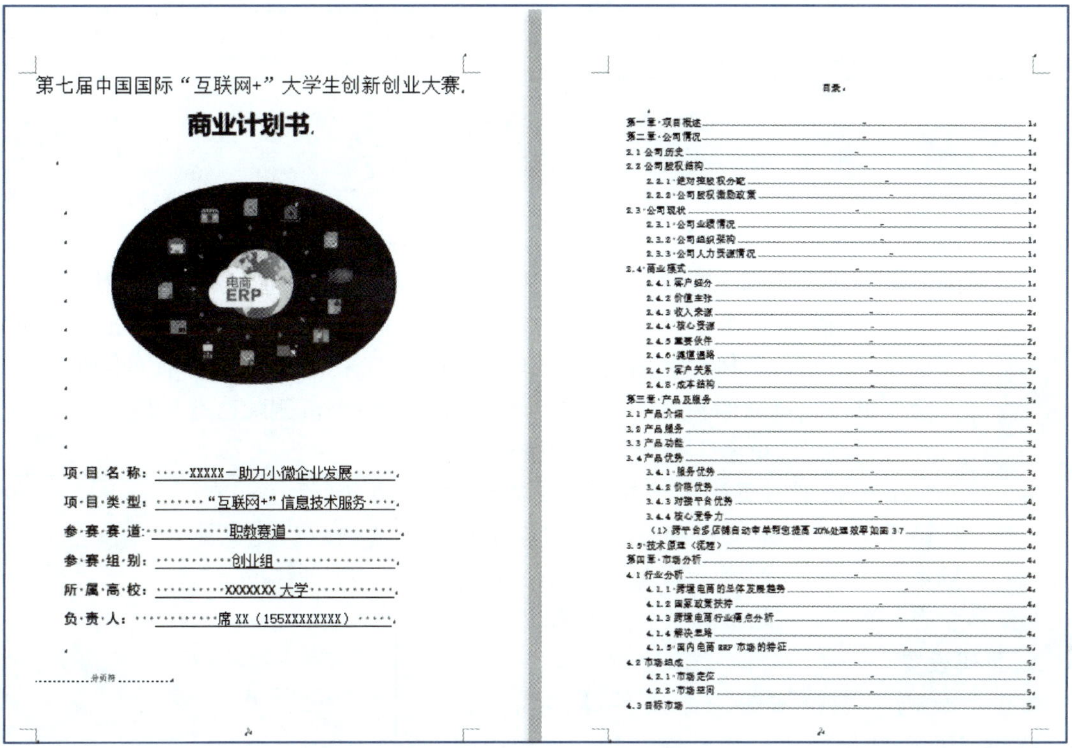
第七届中国国际“互联网+”大学生创新创业大赛

商业计划书

电商 ERP

项目名称：XXXXX—助力小微企业发展

项目类型：“互联网+”信息技术服务

参赛赛道：职教赛道

参赛组别：创业组

所属高校：XXXXXXX 大学

负责人：席 XX（155XXXXXXXX）

目录

第一章 项目概述……1
第二章 公司情况……1
2.1 公司历史……1
2.2 公司股权结构……1
2.2.1 绝对控股权分配……1
2.2.2 公司股权激励政策……1
2.3 公司现状……1
2.3.1 公司业绩情况……1
2.3.2 公司组织架构……1
2.3.3 公司人力资源情况……1
2.4 商业模式……1
2.4.1 客户细分……1
2.4.2 价值主张……1
2.4.3 收入来源……2
2.4.4 核心资源……2
2.4.5 重要伙伴……2
2.4.6 渠道通路……2
2.4.7 客户关系……2
2.4.8 成本结构……2
第三章 产品及服务……3
3.1 产品介绍……3
3.2 产品服务……3
3.3 产品功能……3
3.4 产品优势……3
3.4.1 服务优势……3
3.4.2 价格优势……3
3.4.3 对接平台优势……4
3.4.4 核心竞争力……4
（1）跨平台多店铺自动审单帮您提高 20%处理效率如图 3 7……4
3.5 技术原理（流程）……4
第四章 市场分析……4
4.1 行业分析……4
4.1.1 跨境电商的总体发展趋势……4
4.1.2 国家政策扶持……4
4.1.3 跨境电商行业痛点分析……4
4.1.4 解决思路……4
4.1.5 国内电商 ERP 市场的特征……5
4.2 市场组成……5
4.2.1 市场定位……5
4.2.2 市场空间……5
4.3 目标市场……5

图 3-4-1　申报书目录效果图

④ 为正文添加页眉“助力小微企业发展”，格式设置为宋体、五号、右对齐。

⑤ 根据编写的页面，自动生成目录，目录级别为“3 级目录”。目录部分自成一节，没有页眉、页脚。

⑥ 注意全文整体排版美观，格式统一，干净整洁。

任务分析

根据席同学要完成的任务，需要通过查阅资料、学习、实践练习等方式，熟悉并掌握页眉页脚的设置；掌握自动生成目录，标题字体、目录层级的设置；掌握添加页码和页码格式的设置；具备对文档进行全面排版，按照格式要求统筹布局的能力，才能够很好地完成本任务。

3.4.2　任务学习活动

学习活动 1　页眉页脚与页码设置

页眉位于文档中每个页面的顶部区域，常用于显示文档的附加信息，可以插入时间、图形、文档标题、文件名或作者姓名等。页脚位于文档中每个页面的底部区域，可以在页脚中插入页码、日期、公司徽标、文件名等。

微课 3-22
页眉页脚设置

1. 页眉页脚设置

单击［插入］选项卡［页眉页脚］按钮，切换到［页眉页脚］选项卡功能面板，如图 3-4-2 所示。

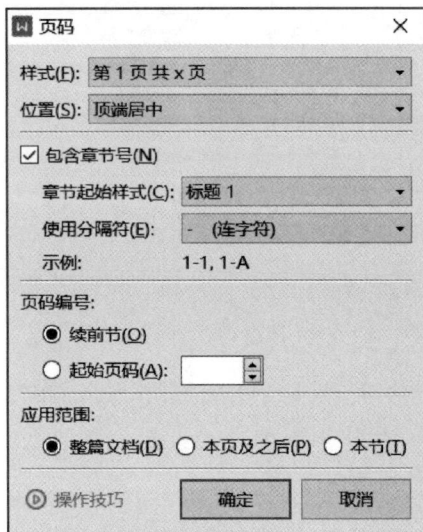

图 3-4-2 〔页眉页脚〕选项卡

〔配套组合〕：单击〔配套组合〕下拉按钮，弹出〔稻壳配套组合〕下拉面板，WPS 预设了常用的页眉页脚图案，如商务风、中国风、小清新、简约风等，根据文档内容以及使用场景选择合适的风格。注意，其中有些图案是免费使用，有些需要开通会员才能使用。

〔页眉〕：单击〔页眉〕下拉按钮，弹出〔稻壳页眉页脚〕下拉面板，WPS 预设了常用页眉风格和图案，如简约风、中国风、节日等；单击下面的〔编辑页眉〕命令可进入页眉编辑状态；单击〔删除页眉〕命令可删除已有页眉。

微课 3-23
页码设置

〔页脚〕：单击〔页脚〕下拉按钮，弹出〔稻壳页眉页脚〕下拉面板，WPS 预设了常用页脚风格和图案，如扁平风、商务风、简约风等；单击下面的〔编辑页脚〕命令可进入页脚编辑状态；单击〔删除页脚〕命令可删除页脚。

2. 页码设置

单击〔页码〕下拉按钮，弹出预设样式面板，WPS 提供了页码预设样式，如页眉左侧、页眉中间、页脚右侧、页脚中间等不同的预设样式。〔稻壳页码〕中提供了不同的页码设置图案，如简约风、商务风、卡通风、中国风等。在面板下方选择〔页码〕命令，打开如图 3-4-3 所示对话框。

〔样式〕：设置页码的显示样式，单击右侧下拉按钮，弹出页码设置样式，包括中文显示、英文显示、阿拉伯数字显示等不同样式。

图 3-4-3 〔页码〕对话框

〔位置〕：设置页码的位置，单击右侧下拉按钮，弹出不同的页码位置。

〔包含章节号〕：选中该复选框，设置章节起始样式和使用分隔符，章节起始样式从标题 1 到标题 9；分隔符有冒号、连字符、句号、长画线和短画线。

〔页码编号〕：如果文章设有分节，选中"续前节"单选按钮，文章页码编号接上一节连续编号；否则，每节单独编号。选中"起始页码"单选按钮，设置起始页的页码。

〔应用范围〕：选择页码设置的应用范围，选中相应单选按钮即可。

设置完成页码格式之后，单击〔确定〕按钮。

3. 页眉横线设置

单击〔页眉横线〕下拉按钮，弹出页眉横线样式，选择所选样式，即可给页眉添加横线。要删除页眉横线，单击〔页眉横线〕下拉按钮，在弹出的页眉横线样式列表中选择〔无线型〕命令即可。设置页眉横线样式之后，选择〔页眉横线颜色〕命令，在弹出的子面板中，选择相应颜色即可设置页眉横线颜色。

4. 日期和时间设置

单击［日期和时间］按钮，打开［日期和时间］对话框，设置时间和日期显示格式。WPS预设了不同的时间日期显示样式，其语言设置有中文和英文两种语言显示方式。

5. 页眉页脚切换

单击［页眉页脚切换］按钮，插入点可以在页眉页脚之间切换。

6. 页眉页脚选项

单击［页眉页脚选项］按钮，打开如图3-4-4所示对话框，设置整篇文档页眉页脚显示方式。例如设置首页页眉页脚不同，或者奇偶页页眉页脚不同以及页码在页眉页脚的位置等。文档分节后，还可以设置不同节的页眉页脚显示方式。

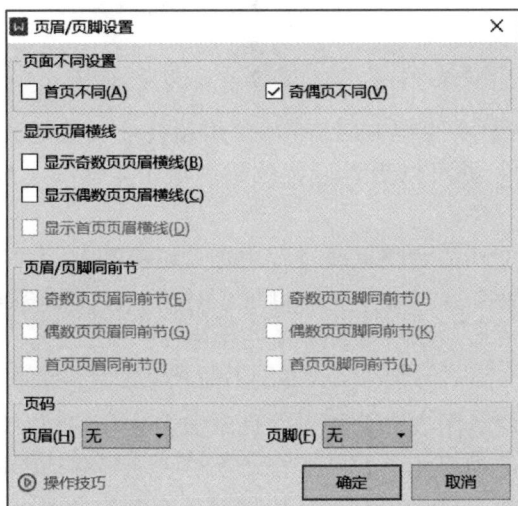

图 3-4-4　［页眉/页脚设置］对话框

此外，还可以设置页眉距离页面顶端的距离和页脚距离页面底端的距离。页眉页脚设置功能丰富，实际使用中需要不断练习才能熟练掌握。

学习活动 2　目录与题注、脚注、尾注设置

在文档的排版过程中，往往需要添加文档目录，方便快速查阅，WPS文字目录自动生成功能极大地方便了文档目录的添加，格式设置提高了文档排版效率。

1. 自动生成目录

单击［引用］选项卡［目录］下拉按钮，弹出［智能目录］下拉面板。WPS预设了常用的目录样式，单击即可选为本文档的目录样式。选择［自定义目录］命令，打开［目录］对话框，如图3-4-5所示。

［制表符前导符］:单击右侧下拉按钮,在下拉列表中显示制表符前导符,有无、虚线、实线、点等多种不同的前导符供选择，如图3-4-5所示选择点虚线作为前导符。

［显示级别］:设置目录显示级别，最高可以设置9级，如图3-4-5所示，设置4级。一般情况下，绝大部分书籍杂志显示目录不超过3级。

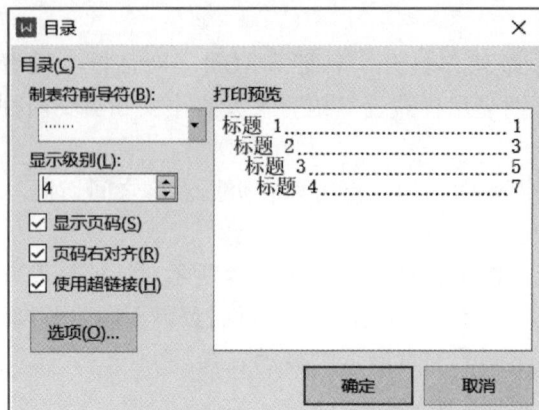

图 3-4-5　［目录］对话框

此外，选中［显示页码］［页码右对齐］［使用超链接］等复选框，即可选中相应功能。设置好后，在"打印预览"处可以查看设置效果。单击［选项］按钮还可以对目录选项进行设置。

当目录设置好后，在文档的调整更改过程中还可以更新目录，右击目录，在弹出的快捷菜单中选择［更新目录］命令，打开［更新目录］对话框，如图 3-4-6 所示，根据需要可以选中［只更新页码］或者［更新整个目录］单选按钮。

2. 题注

题注用来给图片、表格、图表、公式等项目添加名称和编号。使用题注功能可以保证长文档中图片、表格或图表等项目能够顺序地自动编号。如果移动、插入或删除带题注的项目时，WPS 文字可以自动更新题注的编号，还可以对带有题注的图表进行交叉引用。单击［引用］选项卡［题注］按钮，打开［题注］对话框，如图 3-4-7 所示。

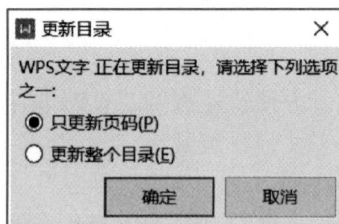

图 3-4-6　［更新目录］对话框

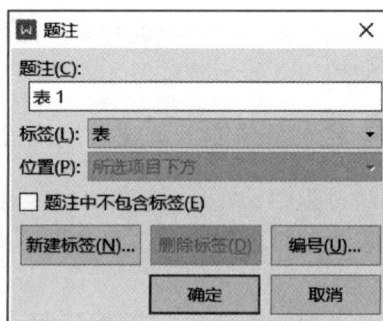

图 3-4-7　［题注］对话框

［标签］：单击其右侧下拉按钮，在弹出的下拉列表中有"图""表""图表""公式"4 个选项。如果都不符合需要，单击［新建标签］按钮，可以自定义标签。

［位置］：题注所显示位置，有"所选项目上方"和"所选项目下方"两种位置，一般表格的题注选择上方，图表、图、公式的题注选择下方。

［编号］：单击［编号］按钮，打开［题注编号］对话框，设置编号格式和分隔符样式，

WPS 文字预设了不同的编号样式和分隔符样式供选择。

设置完成后，单击［确定］按钮即完成题注格式的设置。

3. 脚注

脚注就是对某个名词或选的例子作注释，例如选自某部书或文章等，在需要插入脚注的位置单击［引用］选项卡［插入脚注］按钮，在插入点处自动弹出脚注序号，在当页的末尾弹出一条分隔线（默认）和对应的脚注序号，编辑脚注内容即可。单击［脚注/尾注分隔线］按钮可以删除或者添加分隔线。删除脚注只需在插入点处，删除对应的脚注序号即可。

4. 尾注

尾注的作用和脚注类似，即对文本的补充说明。脚注一般位于页面的底部，可以作为文档某处内容的注释；尾注一般位于文档的末尾，列出引文的出处等，操作方式和脚注类似。

脚注和尾注由两个关联的部分组成，包括注释、引用标记和其对应的注释文本。可以设置 WPS 文字自动为标记编号或创建自定义的标记。在添加、删除或移动自动编号的注释时，WPS 将对注释引用标记重新编号。

学习活动 3　查找替换

WPS 文字［查找替换］按钮大大提高了文档的编辑修改效率，"查找"可以通过关键词的搜索快速定位到关键词在文档中的位置，"替换"可以将查找的内容或格式替换为其他的内容或格式。

1. 查找

单击［开始］选项卡中的［查找替换］按钮，或者按快捷键 Ctrl+F，打开［查找和替换］对话框，输入查找内容，单击［查找下一处］或者［查找上一处］按钮即可，如图 3-4-8 所示。

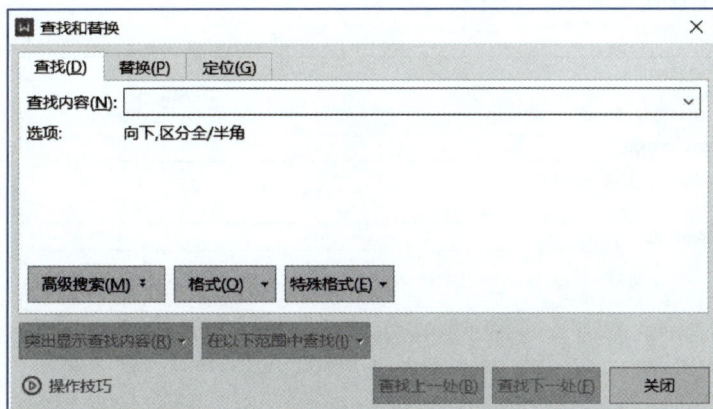

图 3-4-8　［查找和替换］对话框

微课 3-25
查找和替换

［高级搜索］：用于设置查找文档的格式，单击该按钮，出现一些搜索格式设置选项，如图 3-4-9 所示，单击相应复选框即可对查找格式进行设置。

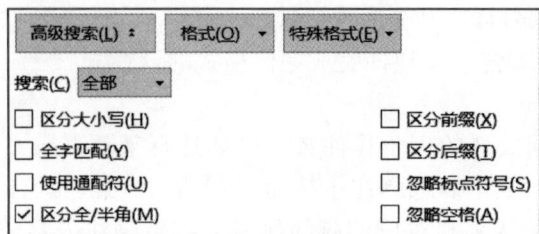

图 3-4-9　高级搜索

［格式］:单击该按钮,弹出下拉子菜单,可以对查找内容的格式进行设置,如字体、段落、制表位、样式、突出显示等。

［特殊格式］:当查找内容是一些特殊格式,不能通过键盘输入时,单击［特殊格式］下拉按钮,弹出下拉子菜单,其中有段落标记、手动换行符、尾注标记、脚注标记、分节符、分栏符、制表符等。

注意:

　　通配符"*""?"的使用。"*"可以替代任意长度字符,"?"只能替代 1 个字符。使用通配符可实现模糊查找。

单击［突出显示查找内容］下拉按钮,在下拉菜单中选择［全部突出显示］命令,可以在文档中对查找的内容突出显示;单击［在以下范围中查找］下拉按钮,在下拉菜单中可以设置查找范围。

2. 替换

当需要对文档中某一个字或词语进行替换时,WPS 文字替换功能可以一次性替换更改,提高了文档的修改效率。单击［查找替换］下拉按钮,在弹出的下拉菜单中选择［替换］命令,打开如图 3-4-10 所示对话框。

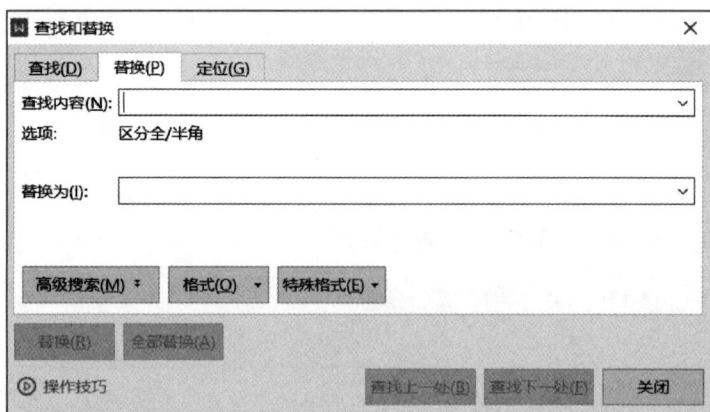

图 3-4-10　［查找和替换］对话框［替换］选项卡

［查找内容］:此处输入需要被替换的字或词语或简短句子。注意,当查找内容是标点符号时,要区分全角半角;当查找内容是英文或者字母时,区分大小写。

［替换为］：此处输入替换内容。

当设置完成后,单击［替换］按钮,只对查找到的文档内容进行一次替换;单击［全部替换］按钮,将整个文档相关内容全部替换。

> 📖 注意：
>
> 当查找或替换内容为不常见的特殊格式字符时,单击［特殊格式］下拉按钮,在弹出的下拉菜单中选择相应格式即可。

3. 定位

在［定位］选项卡中可以快速地定位至用户输入的页、节、行、书签等位置。

3.4.3　任务实施

在本任务的任务引入部分,席同学需要制作一个"互联网 +"项目申报书,通过前面的学习,已经掌握了目录、页眉页脚等操作,让我们一块来完成该任务。

① 打开配套资料中的"素材\3-4"文件夹下面的"助力小微企业发展项目计划书 .docx"文件,另存到 D 盘"信息处理技术"文件夹下。

② 设置标题样式。

a. 选中"第一章 项目概述",单击［开始］选项卡中的预设样式下拉列表中的"标题 1",在"标题 1"上右击,选择［修改样式］命令,在打开的［修改样式］对话框中,修改文本格式为黑体、三号、加粗;单击［格式］按钮选择［段落］命令,在打开的［段落］对话框中设置格式为水平居中对齐,段前、段后间距为 0.5 行;单击［确定］按钮返回［修改样式］对话框,再单击［确定］按钮完成"标题 1"样式的修改。使用格式刷为其他各章最高一级标题设置同样的格式。

微课 3-26
另存文件并设置一级标题样式

b. 以同样的方式将"1.1 ***"设为"标题 2"样式,并修改该"标题 2"样式为宋体、三号、加粗,段前、段后距离为 0.5 行。使用格式刷为其他各章二级标题设置同样的格式。

微课 3-27
设置二级和三级标题样式

c. 以同样的方式将"1.1.1　***"设为"标题 3"样式,并修改该"标题 3"样式为黑体、四号,行距为最小 23 磅,使用格式刷为其他各章三级标题设置同样的格式。

③ 将插入点定位到封面页面的最后,单击［页面布局］中的［分隔符］下拉按钮,选择［分页符］命令将文章分为 2 节。将申报书正文(除各级标题外的文本)设置格式为宋体、小四,行间距为最小值 22 磅,首行缩进 2 个字符。

微课 3-28
设置正文格式及页眉页脚

④ 给素材第二节(除了封面页)添加页脚"第 × 页　共 × 页",在页面底端居中显示。添加页眉"助力小微企业发展",格式设置为宋体、五号、右对齐。

⑤ 在正文的前面(第二页开头)定位,单击［引用］选项卡下的［目录］下拉按钮,选择第 3 个目录样式,在当前位置智能地插入目录;在目录的后面插入分页符,此时素材变为 3 节。目录部分没有页眉、页脚。

微课 3-29
添加目录并保存文件

⑥ 检查生成的目录及正文中的页码、页眉页脚等是否设置正确。如果后期正文有修改的地方,则单击目录部分,选择"更新目录"命令。

⑦ 保存文件。

3.4.4 技能训练

某职业技术学院响应国家乡村振兴战略，利用暑期开展教授下乡村活动，进行乡村振兴大调研，助力乡村发展建言献策。信息工程学院白老师带领团队去某乡村进行调研，通过座谈、入户访谈、召开村民讨论会等形式从党建、民俗、产业结构、收入来源等方面对该乡村进行全面了解，调研完毕，白老师需要提交一份调研报告，为所调研乡村提出发展建议。要求如下：

① 封面设置如下，标题为黑体、二号；调研时间、地点、调研人员、调研乡村等为黑体、小三。

② 一级标题为黑体、三号；二级标题为黑体、小三；三级标题为黑体、四号；正文为宋体、小四，首行缩进 2 个字符，行间距为最小值 22 磅。

③ 图表有题注，涉及经济领域或民俗方面的名词有脚注注释。

④ 页眉页脚距离页面顶端底端都是 1.5 cm，页眉插入"乡村振兴大调研"，右对齐，页脚中间添加页码，显示格式为"1"。

⑤ 自动生成目录，文字样式为黑体、四号，行间距设为单倍行距。

⑥ 调研报告排版美观，布局合理。

任务 3.5   制作一个三好学生荣誉证书

制作一个三好学生荣誉证书

PPT

3.5.1 任务引入与分析

2021 学年全年成绩已经汇总完毕，根据思想品德、学业成绩、体育成绩、劳动考核、集体活动等 5 个方面表现，信息工程学院评选出 2021 学年三好学生共 120 名。为了鼓励这些荣获"三好学生"称号的学生，让他们学习更上一层楼，学院党总支书记安排学工办梁老师制作三好学生荣誉证书，参考样张如图 3-5-1 所示。证书制作完成后，用证书专用打印纸打印，在表彰大会上颁发到每一位获奖同学手中。

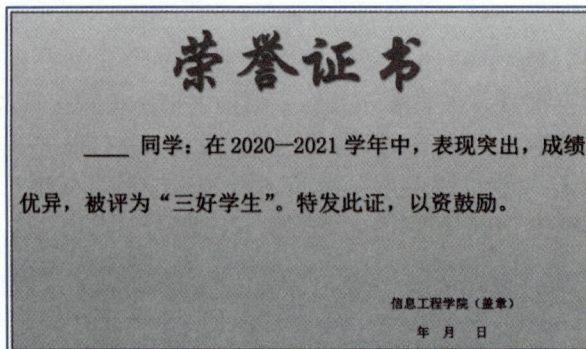

荣誉证书

_____ 同学：在 2020—2021 学年中，表现突出，成绩优异，被评为"三好学生"。特发此证，以资鼓励。

信息工程学院（盖章）

年　月　日

图 3-5-1 荣誉证书样张

任务要求

① 制作邮件合并的主文档：新建 WPS 文字文档，另存到指定位置。

② 设置主文档的页面为 A4 纸张，横向。

③ 插入文本框制作证书的背景，文本框宽 22 cm，高 13 cm，边框为双线、3.5 磅、红色，填充为稻壳渐变色的第 2 行第 3 个颜色，将文本框移动到页面的中间。

④ 插入艺术字，使用第 1 个预设样式，文本为"荣誉证书"，字体为华文行楷、字号 60，文本填充为红色。

⑤ 输入荣誉证书中其他的文本。证书内容格式设置为宋体、小一、加粗，行距为"多倍行距"：4 倍，首行缩进 2 个字符。最后的落款字体格式为宋体、四号、加粗。

⑥ 在主文档中，插入数据源，插入合并域"姓名"，合并到新文档。

任务分析

根据梁老师要完成的任务，需要通过查阅资料、学习、实践练习等方式，熟悉并掌握邮件合并操作；会建立数据源、选取收件人、插入合并域、查看合并数据等；掌握打印机常用设置方法；掌握图文混排等知识和技能；才能很好地完成此次任务。

3.5.2　任务学习活动

学习活动 1　邮件合并

邮件合并是 WPS 文字中一种可以批处理的功能，在批量制作各类荣誉证书、成绩单、信封等日常工作中，操作尤其方便。

微课 3-30
邮件合并

1. 邮件合并准备工作

在进行邮件合并之前需要准备两个文档，一个是邮件合并数据源（如收件人、发件人、邮编等），支持的数据源格式有多种，如 .xlsx、.xls 等，见表 3-5-1；另一个是包括所有文件共有内容的主文档（如未填写的信封、荣誉证书信息等）。主文档和数据源准备好后，使用邮件合并功能进行邮件合并，合并后的文件，用户可以保存为 WPS 文档，可以打印出来，也可以以邮件形式发出。

表 3-5-1　邮件合并数据源

学　号	姓　名	班　级
20211012	李明	计算机 85
20211013	王华	计算机 86
20211014	张洪	计算机 87
⋮		

建立并设置好需要邮件合并的文档和数据源，单击［引用］选项卡［邮件］按钮，切换到［邮件合并］选项卡功能面板，如图 3-5-2 所示。

图 3-5-2 ［邮件合并］选项卡

2. 数据源

数据源一般是提前建立好的表格。单击［打开数据源］下拉按钮，在弹出的下拉列表中选择［打开数据源］命令，打开［选取数据源］对话框，如图 3-5-3 所示，找到保存数据源的位置，选中相应文件，单击［打开］按钮即可。

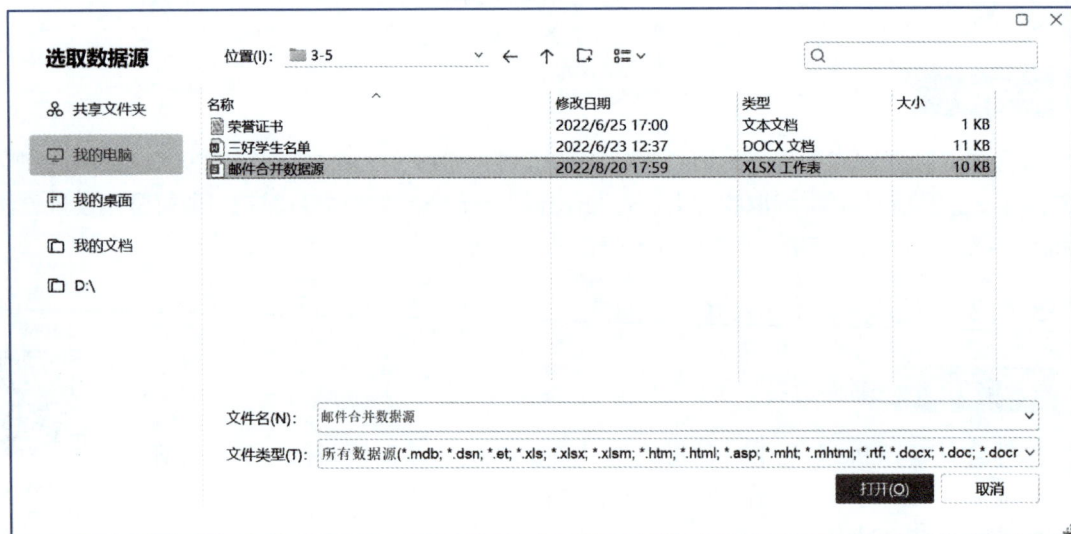

图 3-5-3 ［选取数据源］对话框

3. 收件人

单击［收件人］按钮，打开［邮件合并收件人］对话框，如图 3-5-4 所示，单击［全选］按钮，所有收件人被选中。如果要取消选中其中某一个收件人，只需要取消选中姓名前的复选框即可。

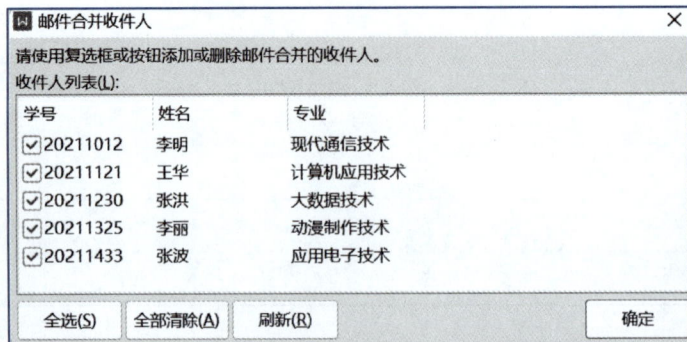

图 3-5-4 ［邮件合并收件人］对话框

4. 插入合并域

当选取收件人后,把光标移到正文文档相对应的位置,单击[插入合并域]按钮,打开[插入域]对话框,如图3-5-5所示,默认插入域是"数据库域"。选择对应选项,单击[插入]按钮。此外,还可选中[地址域]单选按钮,WPS预设了一些常用的地址选项,如邮政编码、职务、单位、姓氏、尊称、电子邮件地址、住宅电话、省/市/自治区等。

5. 查看合并数据

当插入合并域完成后,单击[查看合并数据]按钮,即可查看合并的结果;单击[上一条]或者[下一条]按钮即可逐条查看合并结果。此外,在[邮件合并]选项卡功能区中,还有合并到新文档、合并到不同新文档、合并到打印机、合并发送等常用功能。

图 3-5-5 [插入域]对话框

学习活动 2 打印设置

在日常的学习工作中,常需要打印文档,在打印文档之前,要先进行打印设置。单击[文件]菜单中的[打印]命令,打开[打印]对话框,如图3-5-6所示,也可以单击快速访问工具栏中的[打印]按钮,或者按快捷键Ctrl+P打开[打印]对话框。

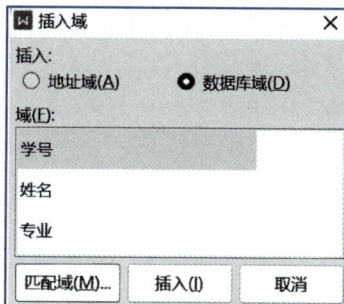

微课 3-31
打印设置

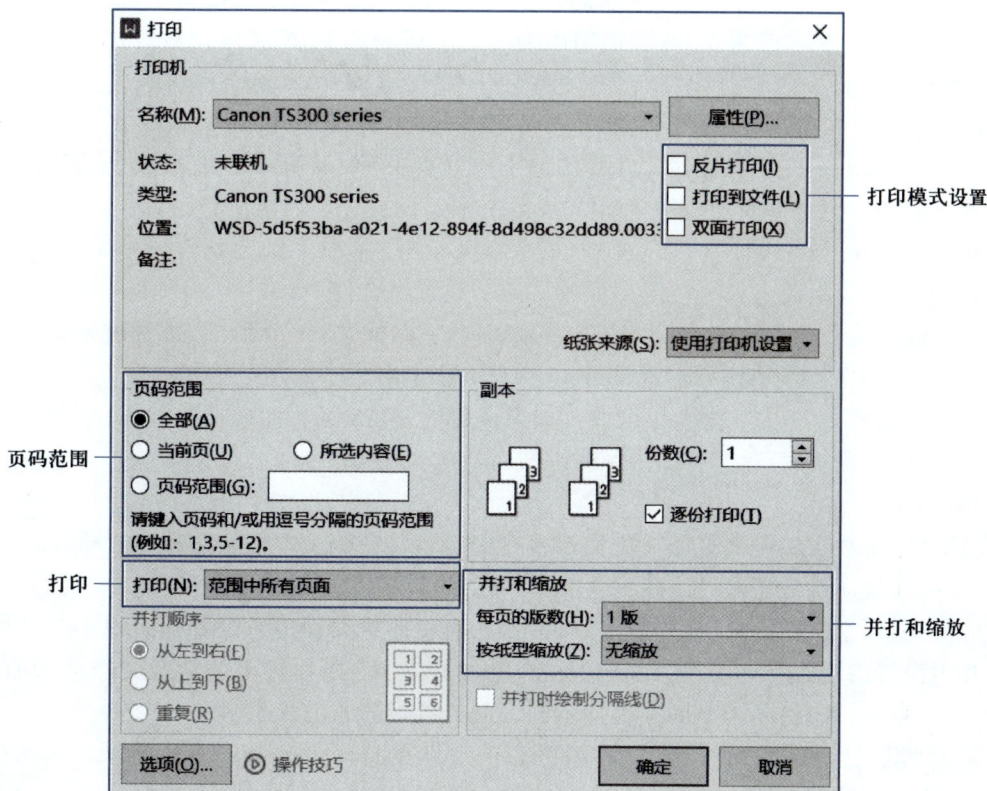

图 3-5-6 [打印]对话框

（1）名称

此处显示和计算机连接好的打印机名称和型号。当一台计算机连接了不同的打印机时，单击［名称］右侧下拉按钮，在弹出的下拉列表中选择相应打印机即可。目前常用打印机大多是通过 USB 接口和计算机连接。

> 📖 **注意：**
>
> 不同品牌的打印机，驱动程序不一样，同一品牌不同型号的打印机驱动程序也可能不一样，同一台计算机，连接不同的打印机需要安装不同的打印机驱动程序。

（2）页码范围

设置打印范围，默认为"全部"打印。此外，还有［当前页］［页码范围］［所选内容］等选项。可以选中［页码范围］单选按钮，在其后的文本框中输入需要打印的页码。

> 📖 **注意：**
>
> 当前页指的是光标所在页。

（3）打印模式设置

有［反片打印］［打印到文件］［双面打印］3 个复选框。

［反片打印］：也叫"镜像打印"，是一种独特打印输出方式，仅适用于文字处理文档。打印稿以"镜像"显示电子文档，可满足一些用户的特殊排版印刷需求，在印刷行业中广泛使用，但这种打印功能通常需要专业的 PS（PostScript）打印机才可以实现。

［打印到文件］：它能将 WPS 文档输出为一个二进制的 PRN 文件，然后就可以拿到其他机器上使用 DOS 命令进行打印。

（4）打印

单击［打印］右侧下拉按钮，在弹出的下拉列表中有［范围中所有页面］［奇数页］［偶数页］3 个选项。注意，此处是在打印"页码范围"设置完之后再进行设置。

（5）并打和缩放

包括［每页的版数］和［按纸型缩放］两个设置组合框。

［每页的版数］：就是每张纸上要打印的版面数，例如选择"2 版"，那么就是每 2 页打印在一张纸上；选择"4 版"，那么就是每 4 页打印在一张纸上。

［按纸型缩放］：即按纸张大小缩放，如果设置的是 A3 纸，而现在要用 A4 纸打印，可以在下拉选项中选择 A4，它会打印出一张缩成 A4 大小的纸张。

（6）副本

设置打印份数，如需要打印 3 份文档，在"份数"右侧文本框填写数字 3 即可。

（7）打印机属性设置

单击［属性］按钮，打开［属性］对话框，对打印机属性进行设置，如图 3-5-7 所示。

［常用设置］：选择打印类型，默认为标准，也可以选择［照片打印］［业务文档］［节省纸张］等选项。注意，打印机品牌不同，类型不同，此处的设置也有区别。

［附加功能］：有［双面打印］［无边距打印］［灰度打印］［草稿］4 个选项，灰度打印是指不管文档有几种颜色，实际打印出来只有黑白两种颜色。

［方向］：有［纵向］［横向］两个选项，默认选项是［纵向］。

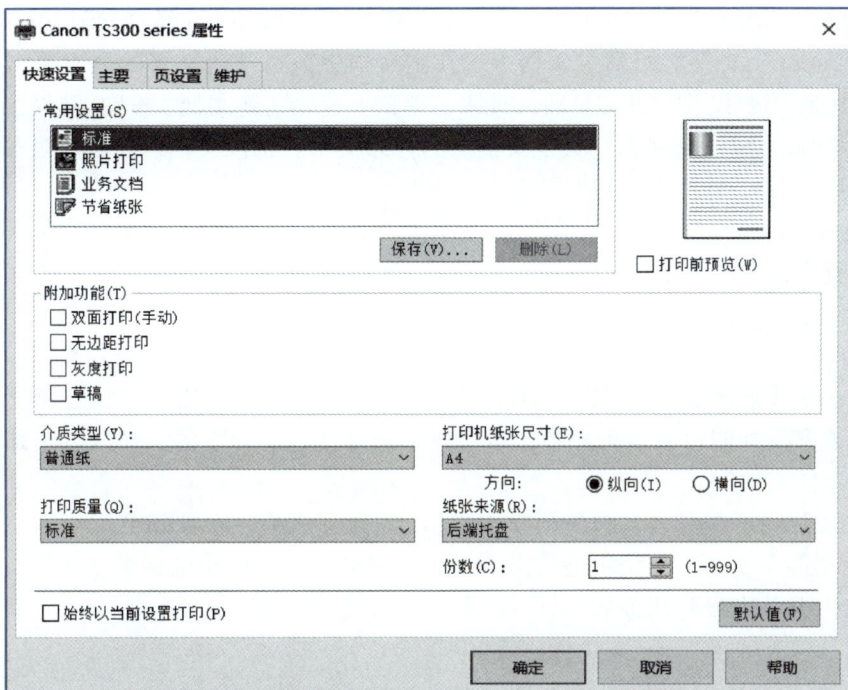

图 3-5-7　打印机属性设置

此外，单击［打印］对话框中的［选项］按钮，打开［选项］对话框，可以对打印选项、打印文档的附加信息、双面打印选项等进行相关设置。

3.5.3　任务实施

在本任务的任务引入部分，梁老师需要制作一个三好学生证书并打印，通过前面的学习，我们已经掌握邮件合并和打印设置操作，让我们一块来完成该任务。

① 制作邮件合并的主文档。新建 WPS 文字文档，另存到 D 盘"信息处理技术"文件夹下，文件名为"荣誉证书.docx"。

② 设置主文档的页面为 A4 纸张、横向。

③ 制作证书的背景。插入文本框，文本框宽 22 cm、高 13 cm，边框为双线、3.5 磅、红色，填充为稻壳渐变色第 2 行第 3 个样式，将文本框移动到页面的中间。

④ 插入艺术字，使用第 1 个预设样式，文本为"荣誉证书"，文字样式为华文行楷、字号 60，文本填充为红色。参照图 3-5-1，移动艺术字的位置到文本框的中上部。

⑤ 参考图 3-5-1 输入荣誉证书中其他的文本。证书内容格式设置为宋体、小一、加粗，行距为多倍行距：4 倍，首行缩进 2 个字符。后面的落款字体格式为宋体、四号、加粗。参考样张将落款移动到合适的位置。

⑥ 保存文件。

⑦ 进行邮件合并。单击［引用］选项卡中的［邮件］按钮，功能区中出现［邮

微课 3-32
新建文件并
设置页面

微课 3-33
制作荣誉证
书正文

微课 3-34
合并学生信
息

件合并］选项卡，切换到该选项卡。单击［打开数据源］按钮，选择"素材\3-5"中的"三好学生名单.docx"文件。回到主文档中，在主文档中该写学生姓名的地方单击定位，再单击［插入合并域］按钮，把"姓名"插入进来。单击［合并到新文档］按钮，选择合并"全部"，单击［确定］后，生成一个名为"文字文稿"的合并文档。将该文档以"全部荣誉证书.docx"文件名保存到 D 盘"信息处理技术"文件夹下。

⑧ 切换到"全部荣誉证书.docx"，在打印机中放入证书打印专用纸张，单击［打印］按钮即可完成所有证书的打印。

3.5.4 技能训练

高三第一次摸底考试已经完成，育才中学高三（2）班班主任张老师已经统计好班级学生成绩，为了家校共同促进学生进步，班主任张老师把每位同学的成绩以电子邮件附件的形式发给家长，要求如下。

① 建立班级同学成绩表，包括同学姓名、5 门课程成绩、家长邮箱。

② 建立邮件主文档，文档中是要发给家长的邮件内容及学生的成绩"占位"。

③ 用邮件合并完成此任务。

任务 3.6 制作一个数学计算题答题文档

制作一个数学计算题答题文档

PPT

3.6.1 任务引入与分析

为了充分利用信息技术提升教学效果，方便同学们利用课外时间自学，育英中学决定建设一批在线开放课程，李老师的数学课程被选为首批建设课程。在线开放课程建设中需要添加课程资源，李老师决定将知识点的讲解制作成学习文档，作为课程资源，供同学们下载学习使用，下面需要制作一元二次方程的求解过程文档。

一元二次方程 $ax^2+bx+c=0$，求根公式为：

$$x=\frac{-b\pm\sqrt{b^2-4ac}}{2a}$$

由求根公式可知，一元二次方程的根是由系数 a、b、c 的值决定。b^2-4ac 称为方程的判别式，根据判别式值的不同，一元二次方程的根有以下 3 种情况。

当 $b^2-4ac>0$ 时，方程有两个不同的实数根：

$$x_1=\frac{-b+\sqrt{b^2-4ac}}{2a} \quad x_2=\frac{-b-\sqrt{b^2-4ac}}{2a}$$

当 $b^2-4ac=0$ 时，方程有两个相同的实数根：

$$x_1=x_2=-\frac{b}{2a}$$

当 $b^2-4ac<0$ 时，方程没有实数根。

任务要求

① 打开配置资料中的素材文件"方程求根.docx"，另存到指定位置。
② 使用公式编辑器在文档的指定位置输入方程的根公式。
③ 注意公式与普通文本的排版，做到布局合理，排版精确。

任务分析

根据张老师要完成的任务，我们需要通过查阅资料、学习、实践练习等方式，掌握通过公式编辑器输入公式；掌握常用数学符号、几何符号、希腊字母等符号的输入；掌握公式的布局排版以及公式和文字混排，才能够很好地完成本任务。

3.6.2　任务学习活动

学习活动 1　**了解 WPS 文字中的公式编辑**

在 WPS 文字中，可以直接插入公式。单击［插入］选项卡中的［公式］下拉按钮，在弹出的下拉面板中，提供了 3 种输入公式的途径。

1. 插入和编辑内置公式

单击［公式］下拉按钮，可以在弹出的下拉面板中选择内置公式，如二次公式、二项式定理、傅立叶级数、勾股定理等，单击相关公式即可使用。如单击"傅里叶级数"，在文档的插入点处就出现了下面的公式：

微课 3-35
插入和编辑公式

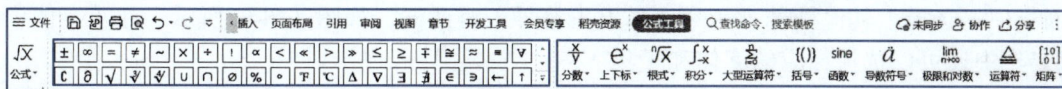

$$f(x) = a_0 + \sum_{n=1}^{\infty} \left(a_n \cos \frac{n\pi x}{L} + b_n \sin \frac{n\pi x}{L} \right)$$。单击公式右侧的下拉按钮，可将公式设置为"内嵌"模式或"显示"模式。"内嵌"模式下公式嵌入到文本行中，"显示"模式下公式自成一行，此时可以选择公式的对齐方式。

插入公式后，单击公式中的符号，可以将其修改为需要的数值。

在公式中单击，公式左上角出现三个点，单击其可以选中整个公式，以方便复制、删除、移动公式。

2. 使用［公式工具］选项卡插入和编辑公式

单击［公式］下拉按钮，选择［插入新公式］命令，在功能区中出现［公式工具］选项卡，如图 3-6-1 所示，同时在文档的插入点出现公式占位符"在此处键入公式。"，在占位符中单击可直接输入公式；或选择图 3-6-1 右边方框中的［分数］［上下标］［根式］等模板，再根据模板输入数据；或选择图 3-6-1 左边方框中的符号列表中的符号，用以创建和编辑公式。

图 3-6-1　［公式工具］选项卡

此种方法创建的公式基本都是"内嵌"模式，也可修改为"显示"模式。选择整个公式的方法同上。

单击图 3-6-1 左框后面的下拉按钮，可以选择这些符号的类别，现在呈现的是"基础数学"符号。这里可以选择的符号类别有 8 种，分别是基础数学、希腊字母、字母类符号、运算符、箭头、求反关系运算符、手写体和几何学。

3. 使用［公式编辑器］插入和编辑公式

单击［公式］下拉按钮，选择［公式编辑器］命令，打开［公式编辑器］窗口，如图 3-6-2 所示，从上到下分别是标签栏、菜单栏、工具栏、编辑区和状态栏。

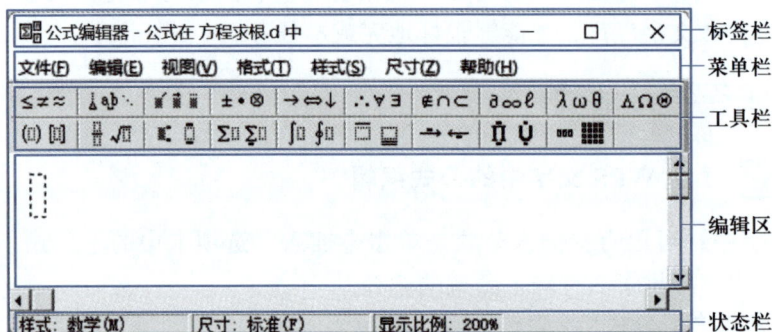

图 3-6-2 ［公式编辑器］窗口

标签栏显示当前公式编辑器是在哪个文件中使用。

［公式编辑器］窗口就是一个编辑公式的综合环境，不但可以输入公式，还可以通过菜单栏设置公式中符号的类别（样式）、格式、显示比例（视图）和符号尺寸大小等。

工具栏中提供了公式中的全部模板，每个模板下面有很多的子模板供用户选择。

在编辑区内可以根据需要编写和输入数据、模板、公式等。编写完成后，选择［文件］→［更新］命令或直接关闭［公式编辑器］，即可将编辑的公式插入到文档中。

这样插入的公式，选中后，周围有 8 个小圆圈控制柄，可以拖曳控制公式的大小和位置。双击公式，可以再次进入［公式编辑器］编辑公式。

状态栏中显示了输入公式时所采用的模板名称、符号尺寸等信息。

学习活动 2 公式中的符号

公式编辑器提供的符号种类有 19 类，囊括了各个领域所需要的符号，如常用的希腊字母 α、β、χ 等。除常用的运算符号外，其他 18 类见表 3-6-1，每一类都有特定的用途和含义。

当这些符号不能满足需要时，单击［插入］选项卡中的［符号］下拉按钮，在弹出的下拉面板中，选择［其他符号］命令，弹出［符号］对话框，如图 3-6-3 所示。在［字体］和［子集］中还可以选择相应的字体和子集。

表 3-6-1 公式编辑器符号分类说明

序号	符 号	名 称	序号	符 号	名 称
1	ΛΩ⊗	大写希腊字母	10		√	围栏模板
2	λ ω θ	小写希腊字母	11	[ ]	分式和根式模板
3		修饰符号	12	[ ]	上标和下标模板
4	± • ⊗	运算符号	13	Σ□ Σ□	求和模板
5	→ ⇔ ↓	箭头符号	14	∫□ ∮□	积分模板
6	∴ ∀	逻辑符号	15	□	底线和顶线模板
7	∈ ∩ ⊂	集合论符号	16	⇀ ↽	标签箭头模板
8	∂ ∞ ℓ	其他符号	17	∏ ∪	乘积和集合论模板
9		间距和省略号	18	⬛⬛⬛ ⬛	矩阵模板

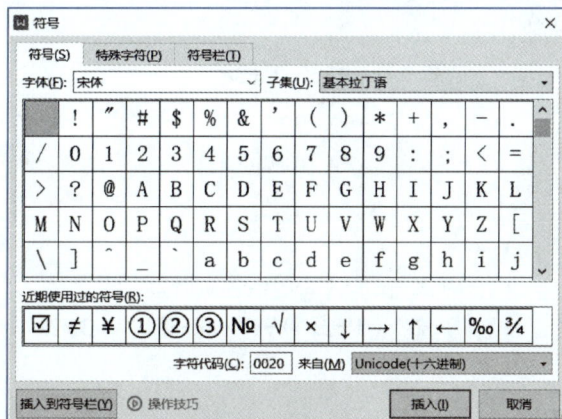

图 3-6-3 ［符号］对话框

3.6.3 任务实施

在本任务的任务引入部分，张老师需要把一元二次方程解的过程制作成一个文档，通过前面的学习，让我们一块来完成该任务。

① 打开配套资料中的"素材 \3-6"文件夹下面的"方程求根 .docx"文件，另存到 D 盘"信息处理技术"文件夹下。

② 单击将插入点（光标）定位到要插入第 1 个公式的地方，单击［插入］选项卡中的［公式］下拉按钮，在下拉面板中选择［插入新公式］命令。打开［公式工具］选项卡，在公式占位符中利用［上下标］中的公式模板，输入一元二次方程 $ax^2+bx+c=0$。

③ 单击将插入点（光标）定位到要插入第 2 个公式的地方，单击［插入］选项卡中的［公

微课 3-36
编辑一元二次方程中的公式

式］下拉按钮，在下拉面板中选择［内置］的第 1 个公式"二次公式"。

④ 单击将插入点（光标）定位到要插入第 3 个公式的地方，单击［插入］选项卡中的［公式］下拉按钮，在下拉面板中选择［公式编辑器］命令，打开［公式编辑器］对话框，输入第 3 个公式。

⑤ 按照步骤 4 插入第 4 个和第 5 个公式。

⑥ 保存文件。

3.6.4　技能训练

疫情期间不能开展线下教学，只能采取线上教学。为了解同学们最近一段时间"高等数学"课程的学习效果以及知识掌握情况，查漏补缺，为后续改进教学提供依据，某职业技术学院主讲高等数学的黄老师决定检验一下同学们对导数知识点的掌握情况，布置了 3 道求导数的题目，让同学们将每道题的解题过程写在文档上，发到他的邮箱。

要求如下：

① 新建 WPS 文件，文件保存到 D 盘"信息处理技术"文件夹下，文件名为"编辑公式 .docx"。

② 输入下面的内容：

求以下三个函数的导数。

$$y=5x^3-2^x+3e^x$$
$$y=x^2\ln x$$
$$y=x^2\ln x\cos x$$

示例如下：

$$y=xe^{x^2}$$
$$y'=e^{x^2}+x\cdot e^{x^2}\cdot(2x)=e^{x^2}(1+2x^2)$$
$$y''=e^{x^2}\cdot 2x\cdot(1+2x^2)+e^{x^2}\cdot 4x=2xe^{x^2}(3+2x^2)$$

③ 保存文件。

任务 3.7　制作"在线收集学生信息"的共享文档

制作"在线收集学生信息"的共享文档

PPT

3.7.1　任务引入与分析

某职业院校在新冠疫情期间，为了更好地掌握学生的信息，需要在线收集学生所处城市和当日体温信息。学工办将这些收集任务分发给每一位班主任，大数据 21005 班的陈老师根据这些信息，制作了一份共享文档，可以实现多人共享，方便每一个学生填写自己的信息，这样可以极大提高信息收集效率和准确率。

陈老师制作的共享文档原始文件如图 3-7-1 所示。

图 3-7-1　学生信息收集原始文件

任务要求

① 使用 WPS 的计算机、手机或平板电脑，须能够上网。

② 打开"学生信息收集 .docx"文件，登录 WPS 账户，将当前文件保存在云端。

③ 设置文件的分享权限是"所有人""可编辑"，将生成的微信"小圆码"图片发送到学生微信群。

④ 学生在线填写信息，收集完毕，退出协同编辑状态。

⑤ 保存文件。

任务分析

根据陈老师要完成的任务，我们需要通过查阅资料、学习、实践练习等方式，熟悉并掌握 WPS 文字文档的协同编辑，设置共享人员和权限等功能，才能很好地完成本任务。

3.7.2　任务学习活动

学习活动 1　文档协同编辑

多人协同编辑文档是 WPS 文字的一个功能，无须文档来回传送，无须汇总，编辑与使用方便。

1. 协同编辑功能

单击 WPS 文字右上角 [协作] 按钮，打开如图 3-7-2 所示对话框。

[进入多人编辑]：单击该按钮，弹出打开 [另存文件] 对话框，选择文件的保存位置，默认为"我的云文档"，单击 [保存] 按钮，文档进入多人编辑模式。如需保存在其他位置，可在 [另存文件] 对话框中更改保存信息。

[发送至共享文件夹]：单击该按钮，可将文档上传到共享文件夹，可随时随地下载使用。

[关注文档修改]：单击该按钮，开启 [关注文档修改] 按钮，可以了解文档的修改情况。

微课 3-37
文档的协同编辑

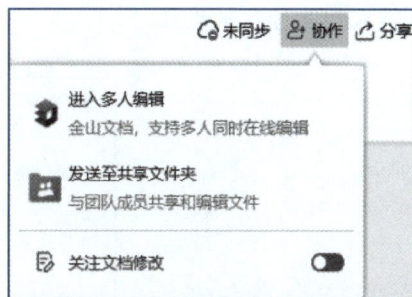

图 3-7-2　[协作] 对话框

2. 分享功能

进入多人协作编辑模式后，单击 WPS 文字右上角的［分享］按钮，弹出如图 3-7-3 所示窗口，其中有 3 种状态：任何人可查看、任何人可编辑、仅指定人可查看 / 编辑。

选择［任何人可编辑］选项，单击［创建并分享］按钮，打开如图 3-7-4 所示对话框。

图 3-7-3   分享权限选择

图 3-7-4   分享方式与对象

［复制链接］：单击该按钮，复制文档分享网址，发送给协作编辑人员。协作编辑人员打开链接即可协同编辑文档。

［通讯录］：单击该按钮，在搜索栏输入用户名、手机号，可以添加指定人员加入文档编辑。在窗口右下角有两个按钮，可用于对协同编辑人员的查看、发表评论、下载、另存、打印权限进行设置。

单击［任何人可编辑］下拉按钮，弹出如图 3-7-5 所示下拉面板，可以对编辑权限进行设置，如选择［任何人可查看］选项，那么共享后，所有人可查看，但是不能编辑。

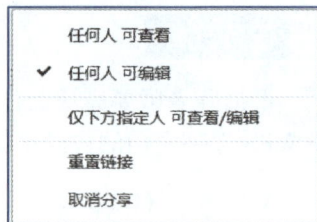

图 3-7-5   编辑权限设置列表

> 📖 **注意：**
>
> 用户指的是在 WPS 注册的用户，例如输入手机号，弹出如图 3-7-6 所示对话框，单击［添加］按钮，在弹出的下拉列表中选择［可查看］或［可编辑］选项，可以对协同编辑人员进行权限设置。

图 3-7-6   指定共享人员权限对话框

学习活动 2　**文档保护与加密发布**

对已经编辑好的文档，为防止其他人员任意篡改，需要进行加密保护，WPS 提供了文档加密保护功能。

1. 限制编辑

单击［审阅］选项卡［限制编辑］按钮，打开如图 3-7-7 所示对话框。

限制对选定的样式设置格式：单击［设置］按钮，打开如图 3-7-8 所示对话框，单击［显示］右侧的下拉按钮，在弹出的下拉列表中选择样式，通过设置，可以对当前文档允许使用的样式进行限制编辑。

微课 3-38
限制编辑和
文档保护

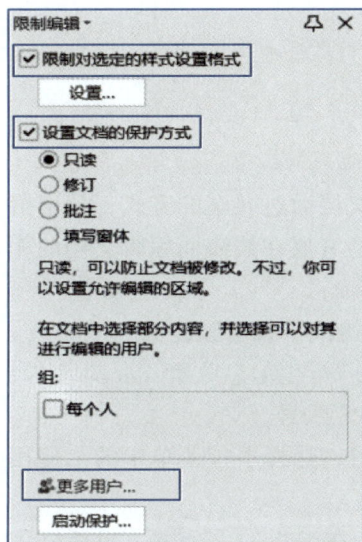

图 3-7-7　［限制编辑］对话框

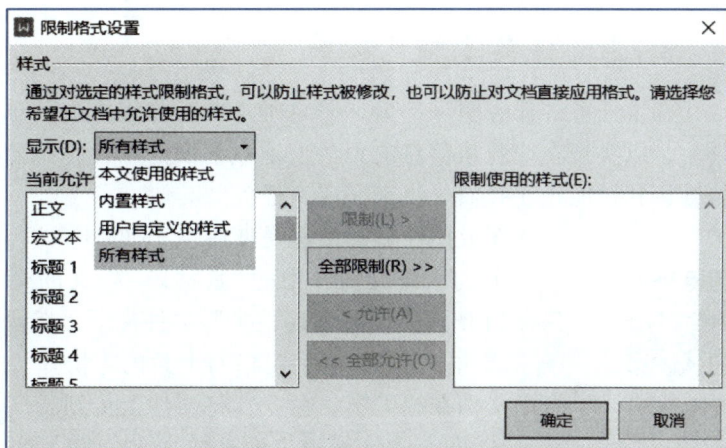

图 3-7-8　［限制格式设置］对话框

设置文档的保护方式：有"只读""修订""批注""填写窗体"4 种方式。

添加特定用户：单击［更多用户］按钮，可以添加指定用户对文档进行编辑。

保护：单击［启动保护］按钮，打开如图 3-7-9 所示对话框，输入密码，单击［确定］按钮即可。

2. 文档权限

单击［审阅］选项下的［文档权限］按钮，打开如图 3-7-10 所示对话框，单击［私密文档保护］开启按钮，可以对文档进行私密保护，此时只有本人账号可以查看，其他账号无权查看。单击［添加指定人］按钮，可以添加指定人员查看编辑文档。

图 3-7-9　［启动保护］对话框

3. 文档发布为 PDF

单击［文件］按钮，在弹出的下拉菜单中选择［输出为 PDF］命令即可。

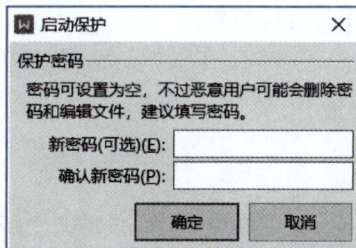

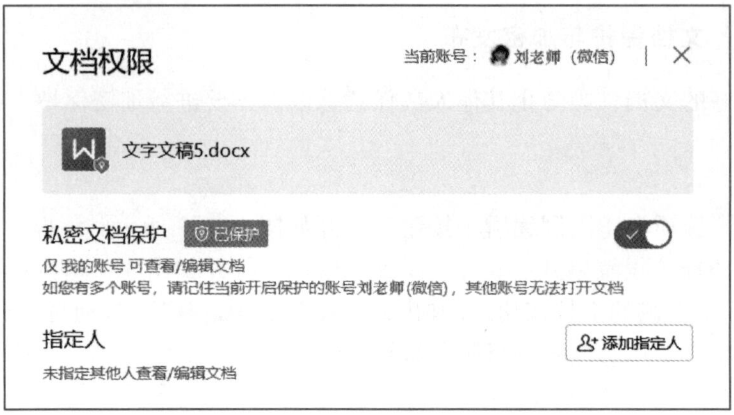

图 3-7-10　[文档权限]对话框

3.7.3　任务实施

在本任务的任务引入部分，陈老师需要将收集学生信息的文档通过共享的方式，分享给学生，以实现在线收集信息的目的。通过前面的学习，我们已经掌握在线协同编辑文档的相关知识和技能，让我们一块来完成该任务。

完成该任务的前提是使用 WPS 的计算机、手机或平板电脑能够上网。

① 打开配套资料中的"素材 \3-7"文件夹下的"学生信息收集 .docx"文件，保存到 D 盘"信息处理技术"文件夹下，登录 WPS 账号。

微课 3-39
使用协作方式共享文档实现在线信息收集

② 单击 WPS 文字窗口右上角的[协作]按钮，选择下拉菜单中的[使用金山文档在线编辑]命令，将文件上传到云端。

③ 进入协作编辑页面，单击[分享]按钮，在弹出的[分享]对话框中选择文档权限为"所有人""可编辑"；在下方的"分享到"选择"微信"，则会生成一个微信的"小圆码"图片，将这个图片发送到学生微信群。

④ 学生通过微信的"扫一扫"功能，可以打开"学生信息收集 .docx"文件并进行编辑。

⑤ 学生在线填写信息，填写完毕，退出协同编辑状态。

⑥ 保存文件。

3.7.4　技能训练

大一新生入学，需要统计新生的基本信息，学工办赵老师设计好信息统计表格，见表 3-7-1。表格电子版制作完成后转发给新生班主任，班主任以在线编辑的方式完成新生信息的收集。

表 3-7-1　新生信息统计表格

学号	姓名	手机	父亲姓名	联系方式	母亲姓名	联系方式	家庭地址	宿舍号

要求如下：

① 设置编辑权限，只有本班级学生可编辑。

② 统一设置格式、字体、行间距，学生按照格式要求填写信息。

项 目 总 结

WPS Office 是由北京金山办公软件股份有限公司开发的一款常用办公软件，包含 WPS 文字、WPS 表格、WPS 演示三大功能模块，在国内使用范围广泛。本项目主要介绍 WPS 文字文档的新建与保存、文字编辑与段落设置、表格绘制、页面设置、图文混排、页眉页脚设置、邮件合并、公式编辑器使用、协同编辑等内容。通过本项目的学习，读者可以熟练操作使用 WPS 文字软件，制作规范、美观的文档和表格，提高办公效率。

思 考 与 练 习

一、选择题

1. WPS 文字是一种（　　　）软件。
   A. 图形处理
   B. 数据处理
   C. 具有文字、图形混合排版功能的文字处理
   D. 视频处理

2. 在 WPS 文字窗口中下列操作不能创建新文档的是（　　　）。
   A. 选择［文件］→［新建］命令
   B. 单击快速访问工具栏中的［新建］按钮
   C. 按标签栏上的"+"键
   D. 单击快速访问工具栏中的［打开］按钮

3. 为了避免在编辑操作过程中计算机突然断电造成内容丢失，应（　　　）。
   A. 在新建文档时即保存文档
   B. 在打开文档时即做存盘操作
   C. 在编辑时每隔一段时间做一次存盘操作
   D. 在文档编辑完毕时立即保存文档

4. 在 WPS 文字中，要将正在编辑的文件以另外的文件名保存应（　　　）。
   A. 执行"另存为"菜单命令　　　　　　B. 执行"保存"菜单命令
   C. 单击"保存"工具按钮　　　　　　　D. 新建文件后重新输入

5. 在编辑区中录入文字时，当前输入的内容出现在（　　　）。
   A. 文档的末尾　　　　　　　　　　　B. 当前行尾部
   C. 鼠标指针位置　　　　　　　　　　D. 插入点处

6. 在 WPS 文字中，剪切的快捷键是（　　　）。
   A. Ctrl+A　　　　　B. Ctrl+X　　　　　C. Ctrl+C　　　　　D. Home

7. 在编辑状态下，若鼠标在某行行首的左边，则选择光标所在行的操作是（　　　）。

　　A. 单击　　　　　　　B. 三击　　　　　　　C. 双击　　　　　　　D. 右击

8. WPS 文字自动生成目录，最多可以生成（　　　）级目录。

　　A. 3　　　　　　　　　B. 4　　　　　　　　　C. 9　　　　　　　　　D. 15

9. 要选定一个段落，以下（　　　）操作是错误的。

　　A. 将插入点定位于该段落的任何位置，然后按 Ctrl+A 快捷键

　　B. 将鼠标指针拖过整个段落

　　C. 将鼠标指针移到该段落左侧的选定区双击

　　D. 将鼠标指针在选定区纵向拖动，经过该段落的所有行

10. 当工具栏上的［剪切］和［复制］按钮颜色黯淡，不能使用时，表示（　　　）。

　　A. 此时只能从［编辑］菜单中调用［剪切］和［复制］命令

　　B. 在文档中没有选定任何内容

　　C. 剪贴板已经有了要剪切或复制的内容

　　D. 选定的内容太长，剪贴板存放不下

11. 将文档中的一部分内容复制到别处，最后一个步骤是（　　　）。

　　A. 重新定位插入点　　B. 粘贴　　　　　　　C. 剪切　　　　　　　D. 复制

12. 在 WPS 文字中，要写入一个公式，最好是使用 WPS 文字自带的（　　　）。

　　A. 画图工具　　　　　B. 公式编辑器　　　　C. 图像生成器　　　D. 剪贴板

13. 使用 Ctrl+F 快捷键，可以实现（　　　）功能。

　　A. 剪切　　　　　　　B. 打印　　　　　　　C. 替换　　　　　　　D. 查找

14. 要将文档中的"Computer"替换成"计算机"，打开［查找和替换］对话框，在［查找内容］栏里输入"Computer"后，下一步操作是（　　　）。

　　A. 单击［全部替换］按钮

　　B. 在［替换为］栏里输入"计算机"

　　C. 单击［替换］按钮

　　D. 单击［查找下一处］按钮

15. 在 WPS 文字表格编辑中，不能进行的操作是（　　　）。

　　A. 删除单元格　　　　B. 旋转单元格　　　　C. 插入单元格　　　D. 合并单元格

二、判断题

1. 选中某一行内容只能通过鼠标拖曳选择。　　　　　　　　　　　　　　　　（　　　）

2. 进行查找替换设置时，当遇到特殊格式，可以通过特殊格式下拉菜单设置。（　　　）

3. 进行将文字转换成表格的操作，需要注意文字分隔符的设置，才能正确转换。（　　　）

4. WPS 文字表格可用于计算复杂的表格数据。　　　　　　　　　　　　　　（　　　）

5. WPS 文字文档密码设置生效后，无法对其进行修改。　　　　　　　　　　（　　　）

项目 **4**

WPS 电子表格处理

学 习 目 标

WPS 表格是 WPS Office 办公组件之一，它是一个电子表格软件，可以用来制作电子表格，完成数据运算，进行数据分析和预测，制作可视化图表展示数据等。

【知识目标】

✓ 熟练掌握 WPS 表格文件的创建、保存、打开等基本操作；
✓ 掌握数据的输入和填充方法；
✓ 掌握单元格格式设置方法；
✓ 掌握 WPS 表格中工作表的添加、删除、重命名、复制等操作；
✓ 熟悉 WPS 表格公式计算的运算规则；
✓ 掌握公式和常用函数的使用方法；
✓ 掌握 WPS 表格数据的排序、筛选和分类汇总；
✓ 掌握图表的创建和编辑方法；
✓ 理解并掌握数据透视表与数据透视图的应用。

【技能目标】

✓ 能够熟练使用 WPS 表格进行工作簿的新建、保存等操作；
✓ 会使用 WPS 表格进行数据的录入、编辑及格式设置；
✓ 能够根据需求设置行高、列宽、行列隐藏与显示等；
✓ 能够自如地添加和编辑工作表；
✓ 会对表格数据进行简单的计算；
✓ 能够熟练使用 WPS 表格的排序和筛选、分类汇总功能等从表格中获取需要的数据信息；
✓ 会用图表展示数据及分析结果；

✓ 会打印表格数据；

✓ 会用数据透视表、数据透视图多角度分析数据表。

【素质目标】

✓ 培养积极思考、勇于实践的能力；

✓ 培养数字化的思维方式；

✓ 培养细致认真、精益求精的精神和品质；

✓ 培养自主学习的良好习惯。

【课前预习】

请通过查找资料、与同学朋友等交流讨论，课前完成下面的几个问题。

1. 目前常用的表格处理软件有哪些？
2. 日常生活中，在什么地方会用到表格？
3. 图表与表格的关系是什么？
4. 你见过哪些图表类型？

任务 4.1　制作学生信息登记表

> 制作学生信息登记表
> PPT

4.1.1　任务引入与分析

大学开学，新生报到，学校各二级学院需要收集学生的第一手资料。学生办公室李主任把这项工作分配给了辅导员小王，要求收集所有新生的基本信息，并存为电子表格。小王收集的学生信息中的一个班的基本信息如图 4-1-1 所示。

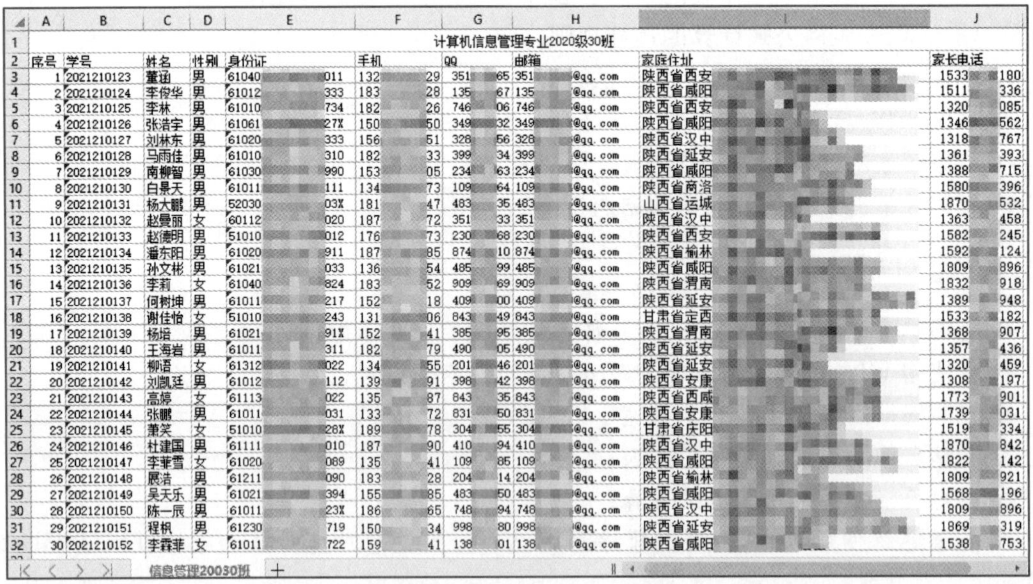

图 4-1-1　信息管理 20030 班学生基本信息

任务要求

① 使用 WPS 表格创建一个电子表格，输入数据，保存到 D 盘 "信息处理技术" 文件夹下，文件名是 "任务 1　学生基本信息 .xlsx"。

② 每个班的信息放在一张工作表中，在数据表的第 1 行添加表头，位于整个表格的中间。

③ 学生基本信息包括序号、学号、姓名、性别、身份证、手机、邮箱、家庭住址和家长电话，各字段排列顺序参照图 4-1-1。

④ 所有数据采用默认的字体格式为宋体、字号 11；各列的对齐方式采用默认的对齐方式：文本是左对齐，数字是右对齐。

⑤ 使用数据有效性设置："性别" 列的数据采用下拉列表的方式输入，"身份证" 列数据长度规定为 18 位，不是 18 位时系统会提示出错。

⑥ 将工作表 "Sheet1" 更名为 "信息管理 20030 班"。

任务分析

根据小王要完成的任务，通过查找资料、学习、实践练习等方式，熟悉 WPS 表格文件新建和保存操作；理解单元格、工作表等基本概念；会输入基本数据，能够使用 "自动填充功能" 进行数据填充，使用 "数据有效性" 规范数据输入。掌握了这些知识、技能才能很好地完成此任务。

4.1.2　任务学习活动

学习活动 1　**了解 WPS 表格软件环境**

微课 4-1
WPS 表格的工作窗口介绍

1. 进入 WPS 表格环境

运行 "WPS Office"，在［WPS 首页］标签中单击主导航中的［新建］按钮，切换到［新建］窗口，单击该窗口左侧的［新建表格］按钮，选择［新建空白表格］选项会进入 WPS 表格编辑环境；或者在操作系统中打开任意表格文件，也可以进入 WPS 表格编辑环境。

2. WPS 表格的工作窗口

WPS 表格编辑环境的主窗口由标签栏、"文件" 菜单、快速访问工具栏、功能区、名称框、编辑栏、工作区、状态栏等部分构成，如图 4-1-2 所示。

（1）标签栏

标签栏位于工作簿窗口顶部，第一次新建的工作簿的名字默认为 "工作簿 1"，后面再新建的文件名默认为 "工作簿 2" "工作簿 3" ……。

（2）［文件］菜单

［文件］菜单位于［标签栏］下方最左边，里面包含一些基本命令，如［新建］［打开］、［另存为］［打印］［输出为 PDF］［分享］［关闭］等。

（3）快速访问工具栏

快速访问工具栏位于［文件］菜单右侧。默认的快速访问工具栏包括［保存］［输出为 PDF］［打印］［打印预览］［撤销］［恢复］等按钮，单击该工具栏右侧的［自定义快速访问

图 4-1-2　WPS 表格工作窗口

工具栏〕按钮，可以添加和取消快速访问工具栏中的命令按钮。

（4）功能区

功能区包括 9 个选项卡，分别是〔开始〕〔插入〕〔页面布局〕〔公式〕〔数据〕〔审阅〕〔视图〕〔开发工具〕〔会员专享〕等。各选项卡中包含了 WPS 表格中各种操作所需要用到的命令按钮，鼠标移动至按钮上方时会出现该按钮的名称、快捷键和功能描述提示框。

如果窗口宽度不能显示某个选项卡里面的全部功能，单击工具栏右侧的按钮▶，如图 4-1-3 所示，隐藏的其他工具按钮就会滑动显示出来。

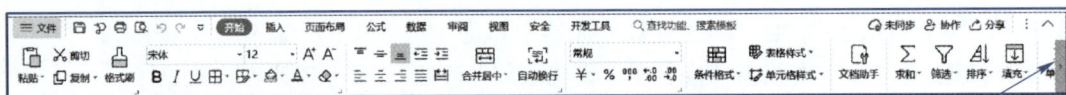

图 4-1-3　工具栏滑动显示其他按钮 ▶

> 📖 **注意：**
>
> 单击工具栏下方的〔⌐〕按钮，会打开一个对话框。如果按钮后带"▾"，则代表单击〔▾〕按钮会弹出下拉菜单。

（5）名称框

名称框显示所选单元格地址名称，选择单元格区域时，名称框显示单元格区域左上角单元格的地址名称，如果单元格区域已经定义了名称，则显示单元格区域名称。

（6）编辑栏

编辑栏在名称框的右侧，当用户在此输入数据或公式时，名称框和编辑栏中间的工具框会显示 3 个按钮。单击〔✕〕按钮取消刚才输入的内容；单击〔✓〕按钮确认刚才输入的内容；单击〔fx〕按钮会打开〔插入函数〕对话框，如果已经输入函数名称则打开的是〔函数参数〕

对话框。

（7）工作区

工作区位于窗口的中间部分，是编辑和存放数据的区域，包括左上角的［全选］按钮、水平滚动条、垂直滚动条、工作表标签、行号、列标和单元格等。行号在工作表的左侧，以数字显示；列标在工作表的上方，以大写的英文字母显示，起到坐标定位的作用。当用户选择单元格或者单元格区域时，对应的行号、列标背景会加深显示。

（8）状态栏

状态栏位于 WPS 表格窗口的右下方，在状态栏左下角是［录制宏］按钮，右侧显示护眼模式、阅读模式、普通视图、页面布局、分页预览、缩放级别、缩小、放大、显示比例和全屏显示等按钮。

3. WPS 表格中的基本概念

（1）工作簿与工作表

一个工作簿就是一个电子表格文件，工作簿由若干张工作表组成，工作表是编辑表格数据的地方。工作簿相当于一个"小册子"，工作表相当于"小册子"中的"页"，"小册子"可以有很多"页"，但最少有一"页"，该页的名称默认是"Sheet1"。

微课 4-2
工作簿工作
表与单元格

新建的工作簿默认只有一个工作表"Sheet1"，单击"Sheet1"旁边的［＋］按钮可以添加新的工作表，后续添加的工作表标签默认为"Sheet2""Sheet3"……。

（2）单元格

工作表中行和列交叉处的小方格称为单元格。单元格是工作表中最基本的元素，也是存储和编辑数据的最小单元，用于输入字符、数字、日期时间等信息。一个工作表最多可以有 1048576 行，行号从 1 到 1048576；列标用英文大写表示，从左至右分别是 A、B、C…Y、Z、AA、AC…IV…XFD。单元格的名称由列标、行号组成，如 A1、B5 等。

（3）单元格区域

单元格区域是指多个单元格的集合。单元格区域分为连续单元格区域和不连续单元格区域。要表示一个连续的单元格区域，可以使用该区域左上角和右下角的单元格表示，中间用"："分隔。例如"A1：B3"就是一个连续单元格区域，该单元格区域包括从左上角 A1 到右下角 B3 为止的 6 个单元格。不连续单元格区域，使用"，"分隔，如"A1，B3"表示 A1 和 B3 共计 2 个单元格。

📖 **注意：**

单元格区域中的冒号或者逗号都必须是英文符号。

（4）活动单元格

活动单元格是指表格中处于激活状态的单元格，可以是正在编辑的，也可以是选取的范围中的单元格，其外边框通常显示为绿色。

4. WPS 表格文件类型

WPS 表格文件的类型是 *.et，这是 WPS 表格专有的文件格式，一般只有 WPS 表格软件程序本身才可以读取。为了使表格文件具有较强的兼容性，现在保存文件时默认类型是 *.xlsx。

5. WPS 表格的帮助系统

WPS 提供了强大的帮助系统，所有按钮提示框下面有学习视频帮助人们了解命令按钮的用法，非常人性化。选择［文件］→［帮助］→［WPS 表格 帮助］命令，在右侧的任务窗格打开［帮助中心］，在［帮助中心］中输入搜索的关键字后按 Enter 键，在下面显示的项目中，单击查看的相关内容。

学习活动 2　了解表格文件的基本操作

使用 WPS 处理电子表格，首先就要学习工作簿文件的新建、打开、保存、关闭等操作。

1. 新建文件

方法 1：打开"WPS Office"，在［首页］标签中单击导航窗格中的［新建］按钮，切换到［新建］窗口，单击该窗口左侧的［新建表格］按钮后，选择［新建空白表格］选项新建一个电子表格文件。

方法 2：在 WPS 表格中使用快捷键 Ctrl+N，或者选择［文件］→［新建］命令，在打开的［新建］窗口中，选择［新建空白表格］选项建立新的表格文件。

2. 保存文件

WPS 表格文件保存的操作方法与 WPS 文字保存文件的操作类似。WPS 表格的文件默认保存类型是 *.xlsx。

3. 打开文件

WPS 表格打开文件的操作方法与 WPS 文字打开文件的操作类似。可以单独打开一个表格文件，也可在［首页］标签页下的历史记录中，选择多个文件同时打开。

4. 输出为其他格式文件

（1）输出为 PDF

选择［文件］→［输出为 PDF］命令，打开［输出为 PDF］对话框。选择输出文件、输出范围（整个工作簿或当前工作表）、输出选项、保存位置等，单击［开始输出］按钮，将 WPS 表格输出为 PDF 格式的文件。

（2）输出为图片

选择［文件］→［输出为图片］命令，打开［输出为图片］对话框。选择输出方式、水印设置、输出范围、输出格式、输出尺寸、输出目录等，单击［输出］按钮，将 WPS 表格输出为图片。

（3）另存为其他格式的文件

选择［文件］→［另存为］命令，打开［另存文件］对话框中，在"文件类型"下拉列表中选择其他的文件类型，可以把 WPS 电子表格保存为其他格式的文件。

5. 加密文件

选择［文件］→［文档加密］命令，弹出子菜单，其中有 3 个命令，分别是［文档权限］［密码加密］［属性］。

在［另存文件］对话框中，单击对话框左下部的［加密］超链接，也可打开［密码加密］对话框，保存文件的同时加密文件。

微课 4-3
WPS 表格文件的新建、保存和关闭

微课 4-4
WPS 表格文件的打开

微课 4-5
将表格文件输出为其他格式的文件

（1）文件权限

选择［文件］→［文档加密］→［文档权限］命令，打开［文档权限］对话框，打开"保护"开关后只有当前登录的 WPS 账号才有权限打开该文件。单击该对话框中的［添加指定人］按钮，可以指定微信账号或 WPS 账号的权限：阅读、打开或者编辑。

微课 4-6
设置文件权限及文件加密

（2）密码加密

加密：选择［文件］→［文档加密］→［密码加密］命令，打开［密码加密］对话框。在该对话框中可以针对"打开权限"和"编辑权限"设置不同的密码，单击［应用］按钮密码设置成功。保存文件后，该文件加密成功。

📖 注意：

要妥善保管密码，否则一旦遗忘，则无法恢复！

取消密码：在［密码加密］对话框中删除之前的密码，单击［应用］按钮，保存文件后才可取消之前设置的密码。

（3）文件属性

选择［文件］→［文档加密］→［属性］命令，打开文件［属性］对话框，可以设置文件的标题、主题、作者、类别、关键字等。

6. 共享文件

选择［文件］→［分享］命令，在打开的对话框中设置：

① 当前文件分享给谁：复制链接、发给联系人、发至手机、以文件发送。

② 公开分享：任何人可查看、任何人可编辑。

③ 指定范围分享：指定人可查看／编辑。

使用共享文件可以实现文件的多人协同编辑。

7. 关闭文件

单击工作簿文档标签上面的［❌］按钮，或者在［文件］菜单中选择［退出］命令，关闭当前工作簿。如果单击 WPS 窗口右上角的［✕］按钮，就会关闭 WPS 软件，此时无论WPS 中打开了几个文件，都会进行关闭操作。关闭文件时，如果当前文件没有保存，系统会弹出［是否保存文档］消息框，操作与 WPS 文字处理软件相同。

学习活动 3　数据的输入

按数据类型来讲，数据分为文本、数值、逻辑值、错误值 4 类。数值又分为多种数字格式，时间日期也属于数字格式。

输入数据前要先选择放置数据的单元格。

微课 4-7
选择单元格、行、列、工作表

1. 选择单元格、行、列、工作表

（1）选择一个单元格

鼠标单击工作表里面任意一个单元格就选择了该单元格，也可以使用方向键→、↑、↓、←选择某个单元格，还可在名称框里面输入单元格地址，如"D2"，按 Enter 键即可选定 D2单元格。

（2）选择连续的单元格区域

方法 1：按住鼠标左键拖曳跨越多个单元格，就会选择这些连续单元格区域。

方法 2：用鼠标单击某一单元格，按住 Shift 键的同时，再单击其他单元格，就可选择这两个单元格中的连续区域。

方法 3：在［名称框］中输入单元格区域地址或名称，如"D2:F6"，按 Enter 键后该连续的单元格区域就被选定。

（3）选择不连续的单元格区域

鼠标单击第 1 个单元格，按住 Ctrl 键的同时选中其他单元格或单元格区域，此时就选中了不连续的单元格区域。

（4）选择整行或整列

单击列标，选择该列；单击行号，选择该行。

在列标上按住鼠标左键向左或向右拖曳，可以选择连续多列；在行号上按住鼠标左键向下或向下拖曳，可以选择连续多行。

在按住 Ctrl 的同时在行号或列标上单击鼠标，可以选择不连续的行或列。

（5）选择整张工作表

单击工作表中左上角的［全选］按钮 ◢，或使用快捷键 Ctrl+A，可以选择整个工作表。

📖 **注意：**

选中的行、列或单元格带有绿色边框，对应的行号、列标的背景会加深显示。

2. 编辑单元格

（1）复制单元格

复制单元格有 3 种方法：

① 选择单元格，单击［开始］选项卡中的［复制］按钮，再单击目标位置，单击［粘贴］按钮，单元格复制完成。选择单元格区域，复制后，单击要目标位置的左上角单元格，单击［粘贴］按钮，单元格区域复制完成。

② 选择单元格或单元格区域后，按住键盘上的 Ctrl 键的同时，拖动要复制的单元格或单元格区域到目标位置后，先放开鼠标再放开 Ctrl 键，也可实现单元格的复制。

③ 选择单元格或单元格区域，使用快捷键 Ctrl+C、Ctrl+V 实现所选单元格的复制、粘贴操作。

（2）移动单元格

移动单元格有 3 种方法：

① 选择单元格，单击［开始］选项卡中的［剪切］按钮，单击目标位置，单击［粘贴］按钮，单元格移动完成。选择单元格区域，剪切后，单击要目标位置的左上角单元格，单击［粘贴］按钮，单元格区域移动完成。

② 选择单元格后或单元格区域，将其拖动要目标位置后，放开鼠标就可实现单元格的移动。

③ 选择单元格，使用快捷键 Ctrl+X 进行剪切、Ctrl+V 进行粘贴，实现单元格的移动操作。

（3）删除单元格

在选中的单元格上右击，在弹出的快捷菜单中选择［删除］命令，在弹出的子菜单中有 5 个选项，分别是［右侧单元格左移］［下方单元格上移］［整行］［整列］［删除空行］，根据需要选择相应选项即可删除对应单元格。

（4）合并单元格

选中多个连续的单元格，单击［开始］选项卡中的［合并居中］按钮，或者在［合并单元格］下拉列表中选择合适的命令选项合并单元格，选择的命令不同，合并的结果也不同。

［合并居中］：选择该命令，选中的多个单元格合并为一个单元格，保留左上角单元格的值，该值在合并后的单元格中水平居中、垂直居中对齐。

［合并单元格］：选择该命令，选中的多个单元格合并为一个单元格，保留左上角单元格的值，该值在合并后的单元格中，水平方向保持原来的对齐方式，垂直居中对齐。

［合并内容］：选择该命令，选中的多个单元格合并为一个单元格，保留所有单元格的值，这些值在单元格中分行显示，单元格内容水平左对齐、垂直居中对齐。

［按行合并］：选择该命令，选中的多个单元格，每行并为一个单元格，保留各行第一个单元格的值，这些值在合并后的单元格中，水平方向保持原来的对齐方式，垂直居中对齐。

［跨列居中］：选择该命令，选中的多个单元格，如果在同一行上数据单元格后面有空单元格，则有数据的单元格，数据跨越空单元格，水平居中显示。

［合并相同单元格］：只有选择的多个单元格位于同一列且有相同值数据时，该命令才会出现，此时选择该命令，数据相同连续单元格合并为一个单元格，其他的不合并。合并后的单元格保留一个相同值，该值在合并后的单元格中，水平方向保持原来的对齐方式，垂直居中对齐。

［设置默认合并方式］：选择该命令，打开［选项］对话框，设置合并单列、多列、拆分单列合并单元格中的一种为默认的合并方式。

（5）取消单元格合并

① 选择合并单元格，单击［合并居中］按钮可以快速取消合并。

② 选中被合并的单元格，单击［合并居中］下拉按钮，在弹出的下拉列表中选择［取消合并单元格］命令。

③ 想拆分被合并到一个单元格中的内容，选中被合并的单元格，单击［合并居中］下拉按钮，在弹出的下拉列表中选择［拆分并填充内容］命令。

3. 输入数据

输入数据有 3 种方法：

① 选中单元格后，直接输入数据，如果该单元格原来有数据，新输入的数据会覆盖原有数据。

② 选中单元格，其中的数据出现在［编辑栏］中，此时在这里可以重新输入或修改原来的数据。

③ 双击单元格或者按 F2 键进入单元格编辑状态，此时可直接输入数据，也可以修改原来的数据。

（1）输入文本

文本包括汉字、英文字符、数字、空格及其他能从键盘输入的符号，选中单元格直接输入文本即可。当文本宽度超过了当前单元格宽度时，若右边相邻单元格没有内容，则超出的文本延伸到右边单元格显示；若右边相邻单元格有内容，则超出宽度的文本内容不显示，但在［编辑栏］中可以看到。

单元格的数据默认是单行显示，如果要实现多行显示有 2 种方法：

① 自动换行。选中单元格，单击［开始］选项卡中的［自动换行］按钮，则输入的数据超过单元格宽度后会自动换行。

② 强制换行。选中单元格后输入数据，在需要换行的地方，按 Alt+Enter 快捷键，光标就跳到下一行，等待用户的输入。

（2）输入数值

数值类型细分为货币、会计专用、百分比、分数、科学记数等。输入数值后，如果单元格宽度较窄，数据会以科学记数法显示，如"1323455"可能会显示为"1.32E+6"，表示"1.32×10^6"，其中"E+6"表示 10^6；小数部分超过格式有效范围时，系统会对超过长度的部分四舍五入显示。对于因为单元格宽度太窄而导致数据以科学计数法显示的单元格，调整其宽度后数据即可正常显示。

输入分数的时候，先输入整数部分及一个空格，再输入分数，例如想要输入"4/3"，就直接输入"1 1/3"，代表的就是 1.333333。

输入纯小数时，例如 0.5，不输入 0，直接输入".5"即可。

如果输入的是由纯数字组成的特殊文本数据，如身份证号码、电话号码、邮政编码、QQ 号、工号等，WPS 表格会自动将手动输入超过 11 位的数字所在单元格格式转为文本类型。而电话号码、邮编、QQ 等由纯数字构成、不超过 11 位的数据会被识别为数值。如果想把它们修改为文本类型，可以在数据之前输入英文单引号"'"，或者在单元格格式中设置数据类型为"文本"。

如果系统把数字识别为文本类型，想把它变回数值类型，可以单击该单元格前端的黄色叹号"　"，在弹出的快捷菜单中选择［转换为数字］或者［忽略错误］命令即可。

（3）输入日期和时间

输入日期，用"–"或者"/"分隔日期中的年、月、日，如输入"2021–8–3"或"2021/8/3"。输入当天的日期，按下 Ctrl+；快捷键即可。

输入时间，时、分、秒之间使用"："隔开。输入系统当前的时间，按下 Ctrl+Shift+；快捷键即可。

4. 快速输入数据

（1）在多个单元格同时输入相同的数据

先选中要输入数据的多个单元格，输入一个值，按快捷键 Ctrl+Enter 后，即可在这些单元格中同时输入相同的数据。

（2）自动填充

自动填充是一种快速输入数据的方法。

操作方法如下：先输入初始数据，如图 4-1-4 所示中的"1 月""1"等，鼠标按住该单元格右下角的填充控制柄（黑色小方块），此时鼠标呈现实心"十"，横向或纵向拖动鼠标，系统会自动根据活动单元格的特点填充数据。如果填充的数据不是自己需要的结果，单击填充数据下方的图标按钮［　］，在弹出的快捷菜单中，选择填充类型，即可修改数据填充方式。

快捷菜单中，各填充选项含义如下：

● **复制单元格**：将原始单元格复制到下面选择的单元格中，填充的数据与原始数据一模

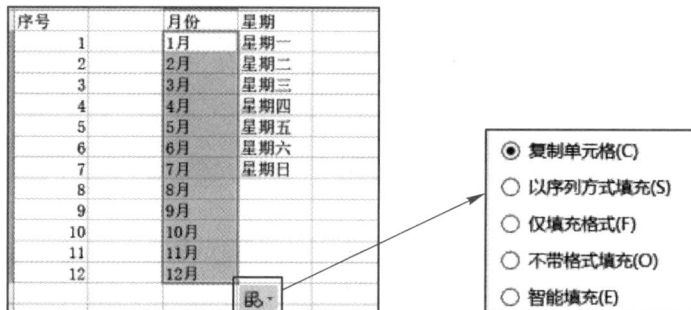

图 4-1-4　自动填充效果及快捷菜单

一样。

- **以序列方式填充**：填充单元格里面的内容会以序列的方式变化，向下或向右填充时数会递增，向左或向上填充时数值会递减。

- **仅填充格式**：只填充格式，不填充数值。

- **不带格式填充**：只填充内容，不填充格式。

- **智能填充**：智能填充是通过比对字符串间的关系，给出最符合用户需要的一种填充规则。可参考的对应关系越多，判断越准确。

（3）自定义序列填充

顾名思义，自定义序列填充就是按照用户自己定义的序列顺序自动填充数据。

日常工作中，如果经常用到相同的人名、部门名称等，使用时反复输入，效率低还易出错。如果使用"自定义序列"将这些数据添加到"序列列表"中，就可以实现一次输入、无限次使用。使用的时候，只要输入该序列中的任意一项，使用自动填充功能，就会按照之前定义好的顺序自动填充人名、部门名称等。

添加自定义序列的方法：在［文件］菜单中选择［选项］命令，打开［选项］对话框，单击左侧导航栏中的［自定义序列］标签，进入"自定义序列"窗口，如图 4-1-5 所示。

在［自定义序列］列表框中选中"新序列"，在窗口右侧［输入序列］文本框中输入序列中的项目，一行一个，输入完毕，单击中间的［添加］按钮就可以把刚输入的序列添加到左侧的［自定义序列］列表框中。另外，添加的新序列也可以从已有的表格数据导入，单击图 4-1-5 右下方的［从单元格导入序列］右侧的［ ⬛ ］按钮，选择表格中已经输入的数据（要生成新序列的数据）区域后返回到该对话框，单击［导入］按钮，将序列导入到［输入序列］文本框中，然后单击中间的［添加］按钮，把刚输入的序列添加到［自定义序列］列表框。最后单击［确定］按钮，自定义序列添加完成。

添加好的自定义序列就可以同系统原有的序列一样，在使用的时候实现自动填充。如果填充个数超过序列中数据的个数，则会循环填充。图 4-1-5 中就添加了新序列"行政部，销售部，运输队，财务部，人力资源部""博士，研究生，本科，专科，中专"等。

5. 导入外部数据

单击［数据］选项卡中的［导入数据］下拉按钮，在弹出的下拉菜单里面有［导入数据］［来自网络连接］［连接工作簿］［跨工作簿连接］等命令，可以将其他类型的数据导入到 WPS 表格软件中使用。

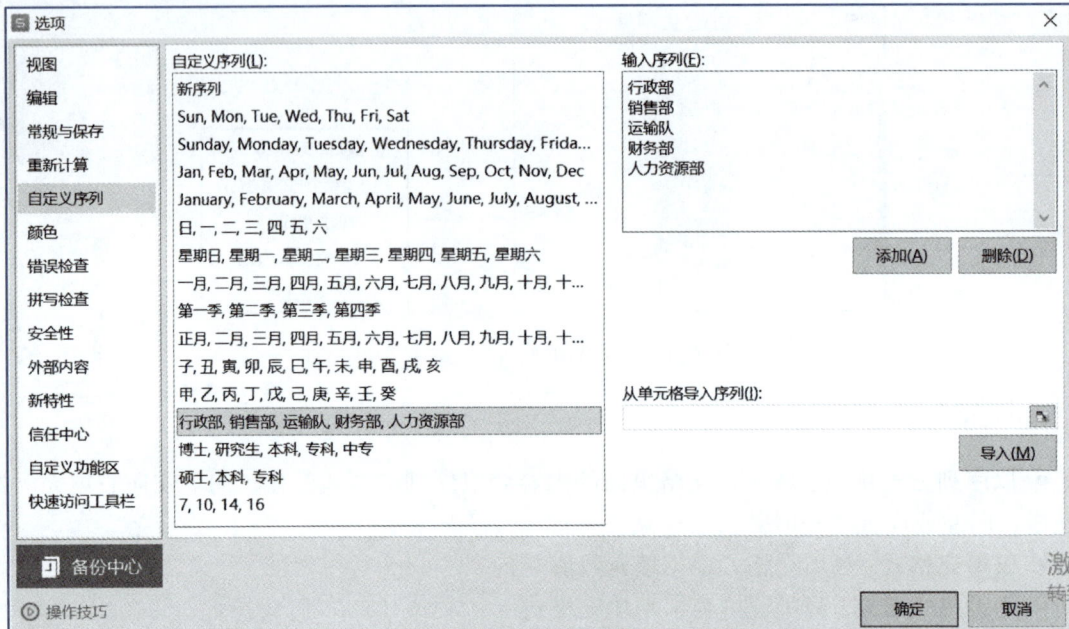

图 4-1-5　自定义序列

本地可导入的文件类型有 *.txt、*.mdb、*.csv、*.xlsx、*.prn、*.et 等，大多数数据库类型的文件都可导入，WPS 文字里面的表格数据可以复制过来直接使用。

6. 清除单元格数据

选中单元格，按 Backspace 或者 Delete 键就可以清除单元格的数据，也可以通过删除单元格来清除单元格中的数据。

学习活动 4　数据有效性的设置

数据有效性设置是对单元格中输入的数据取值范围等方面进行限制。在单元格上设置了数据有效性后，对于符合条件的数据，系统允许输入；对于不符合条件的数据，系统则禁止输入，并弹出警告消息框。依靠设置的数据有效性，在一定程度上可以避免输入错误的数据。

单击［数据］选项卡中的［有效性］下拉按钮，在弹出的下拉列表中选择［有效性］命令，打开［数据有效性］对话框，如图 4-1-6 所示，该对话框有 3 个选项卡。

［设置］选项卡：可以设置单元格里面可以输入数据的规则，默认是任何值，可以设置数据的类型、范围、长度、自定义等。

［输入信息］选项卡：选定单元格时显示

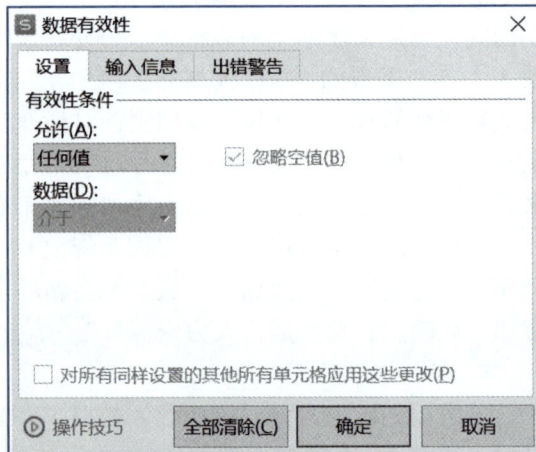

图 4-1-6　［数据有效性］对话框

的提示信息。

［出错警告］选项卡：设置提示窗口的提示类型、出错标题和错误信息提示。

例 4-1-1　使用"数据有效性"设置学生每门课程的成绩分数在 0-100 之间，对超出范围的数据进行提示。

操作：选择要输入成绩的单元格区域，单击［数据］选项卡中的［有效性］下拉按钮，在弹出的下拉列表中选择［有效性］命令，打开［数据有效性］对话框，在［设置］选项卡中，按照图 4-1-7 进行设置：在［允许］下拉列表中选择"整数"，在［数据］下拉列表中选择"介于"，在［最小值］文本框中输入"0"，在［最大值］文本框中输入"100"。在［出错警告］选项卡中，按照图 4-1-8 进行设置：［样式］下拉列表中选择"警告"，［标题］文本框中输入"注意输入"，［错误信息］中输入"输入的成绩在 0-100 之间的整数！"，单击［确定］按钮，完成有效性设置。

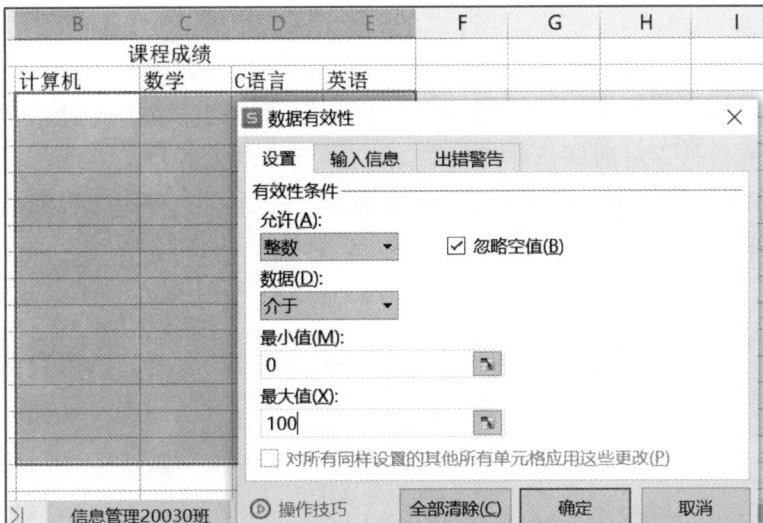

微课 4-11
设定成绩输入范围

图 4-1-7　设置数据范围

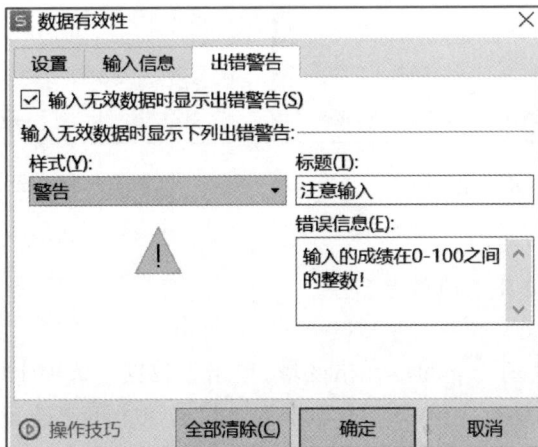

图 4-1-8　设置"出错警告"提示信息

接下来就可以输入成绩了。如果在单元格中输入"112"，按 Enter 键确认后，弹出消息提示框，如图 4-1-9 所示。因为"112"不符合输入规则，系统提示警告。此时重新输入成绩，只要成绩在 0~100 之间，则不会有任何提示。

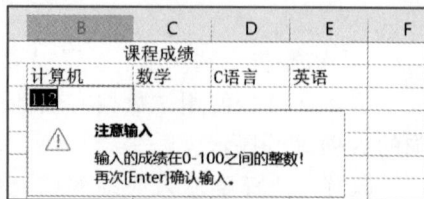

图 4-1-9   输入错误数据时的提示

例 4-1-2   使用"数据有效性"规定身份证号码长度。

微课 4-12
规定身份证号码长度

操作：选定要输入身份证号码的单元格区域，跟上面同样的步骤打开［数据有效性］对话框进行设置，参数如图 4-1-10 所示，在［允许］下拉列表中选择"文本长度"，在［数据］下拉列表中选择"等于"，在［数值］文本框中输入"18"，单击［确定］按钮，数据有效性设置完毕。此后在输入身份证号码时，如果输入的身份证号码位数不等于 18，则会显示消息框，提醒用户重新输入数据。

例 4-1-3   输入"性别"时，让用户从下拉列表选择输入。

微课 4-13
使用下拉列表输入性别

操作方法 1：选定"性别"下的单元格区域，跟上面同样的步骤打开［数据有效性］对话框，进行如图 4-1-11 所示的设置，在［允许］下拉列表中选择"序列"，在［来源］文本框中输入"男,女"，单击［确定］按钮即可完成设置。此后在输入"性别"时单元格右边会出现下拉列表，从里面选择"男"或"女"即可。

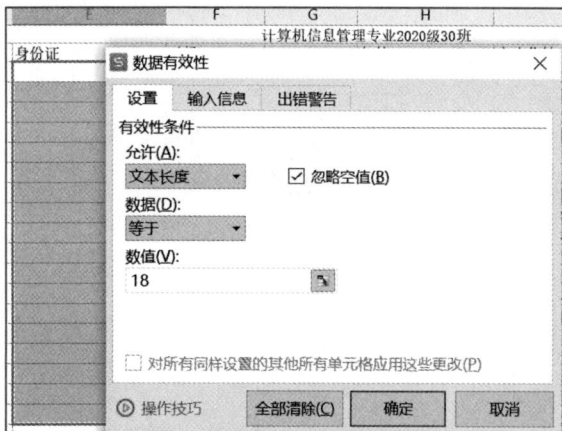

图 4-1-10   身份证长度设置为 18 位

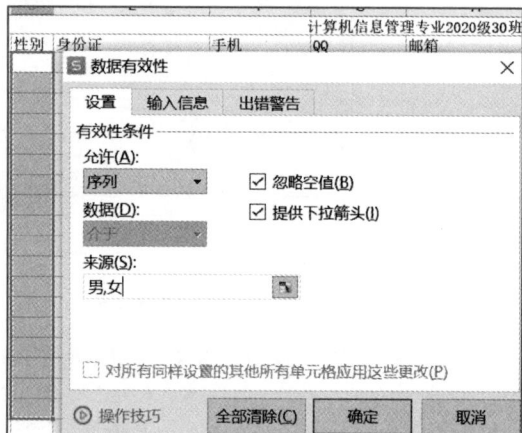

图 4-1-11   设置"性别"取值范围

📖 **注意：**

序列中的逗号必须是英文的逗号。

操作方法 2：选定"性别"下的单元格区域，单击［数据］选项卡中的［下拉列表］按钮，打开［插入下拉列表］对话框，选中［手动添加下拉选项］单选按钮，单击后面的绿色［+］按钮，在下面的列表框中输入"男"，再单击绿色［+］按钮，再在下面的列表框中输入"女"，单击［确定］按钮，就为选定单元格区域设置了从下拉列表选择性别的选项。

学习活动 5　**工作表的编辑**

多数时候工作簿中一张工作表不够用，就需要添加工作表，工作表多了，操作也就多了。下面介绍关于工作表的一些基本操作。

1. 选定一个工作表

单击工作表标签，使之成为活动的工作表即可选定一个工作表。被选中的工作表标签以白底绿字显示，而没有被激活的工作表标签则以灰色显示。

2. 选定多个工作表

如果要在当前工作簿的多个工作表中，同时输入数据或者执行相同的操作，就需要同时选定这些工作表，操作方法如下。

● **选定多个连续的工作表**：单击要选定的多个相邻工作表中的第 1 个工作表标签，按住 Shift 键不放，单击最后一个工作表标签，即可选中多个相邻的工作表。

● **选定多个不连续的工作表**：按住 Ctrl 键，同时单击其他工作表标签，即可选中多个不连续的工作表。

● **选择工作簿中的所有工作表**：在工作表的标签上右击，在弹出的快捷菜单中，选择［选定全部工作表］命令即可选中所有工作表。

3. 重命名工作表

系统默认的工作表以 Sheet1、Sheet2、Sheet3……命名。为了能直观地通过工作表名称了解工作表内容，通常会给工作表重命名。

方法 1：双击需要改名的工作表标签，此时工作表名称进入可编辑状态，输入新的工作表名称，按下 Enter 键确认，改名成功。

方法 2：在需要改名的工作表标签上右击，在弹出的快捷菜单中选择［重命名］，输入新的工作表名称，按下 Enter 键确认，即可完成工作表的改名。

微课 4-14
重命名工作表

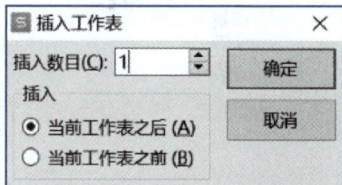

4. 插入工作表

方法 1：单击工作表标签后边的［＋］按钮，即可创建一个新的工作表，新插入的工作表名称系统会按照之前的工作表名称顺序命名为 Sheet2、Steet3……。

图 4-1-12　"插入"工作表

方法 2：选定一个工作表，右击工作表标签，在弹出的快捷菜单中选择［插入工作表］，打开如图 4-1-12 所示的［插入工作表］对话框，输入要插入的工作表数目，以及当前要插入的工作表的位置，单击［确定］按钮即可插入新工作表，新插入的工作表成为当前活动工作表。

5. 删除工作表

在需要删除的工作表标签上右击，在弹出的快捷菜单中选择［删除工作表］命令即可删除。

微课 4-15
插入工作表

6. 移动与复制工作表

移动工作表：直接拖曳工作表标签到另外的位置后放开鼠标，可移动工作表；还可以在要移动的工作表标签上右击，在弹出的快捷菜单中选择［移动工作表］命令，即可打开［移动或复制工作表］对话框，如图 4-1-13 所示，选

微课 4-16
移动与复制工作表

定工作表位置，单击［确定］按钮后，可以完成工作表的移动。

复制工作表：按住 Ctrl 键的同时拖曳工作表标签到新的位置，可复制工作表；或者在图 4-1-13 中选中［建立副本］复选框，就可以将复制的新工作表复制到指定位置。

7. 保护工作表

在需要保护的工作表标签上右击，在弹出的快捷菜单中选择［保护工作表］命令，即可打开［保护工作表］对话框，如图 4-1-14 所示，输入密码、选中需要保护的内容，单击［确定］按钮，再次输入、确认一次密码即可保护当前工作表的选定内容。

设置了密码的工作表中锁定的项目无法编辑，只有取消工作表保护后才可以重新编辑。取消工作表保护的方法与加密类似，在工作表标签上右击，在快捷菜单里面选择［取消保护工作表］命令，在打开的对话框中输入密码就可以取消工作表保护。

8. 隐藏与取消隐藏工作表

隐藏工作表：在需要隐藏的工作表标签上右击，在弹出的快捷菜单中选择［隐藏工作表］命令，即可隐藏当前工作表。

取消隐藏工作表：在工作表标签上右击，在弹出的快捷菜单中选择［取消隐藏工作表］命令，即可打开［取消隐藏］对话框，如图 4-1-15 所示，在里面选择需要显示的工作表，单击［确定］按钮即可显示所选工作表。

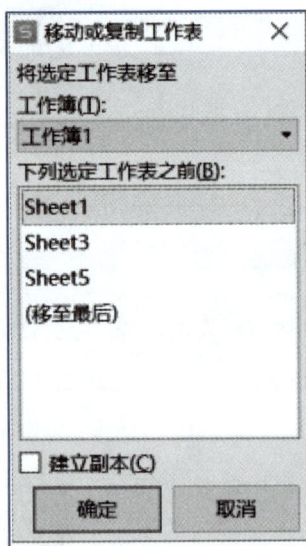

图 4-1-13 移动工作表　　　图 4-1-14 保护工作表　　　图 4-1-15 ［取消隐藏］对话框

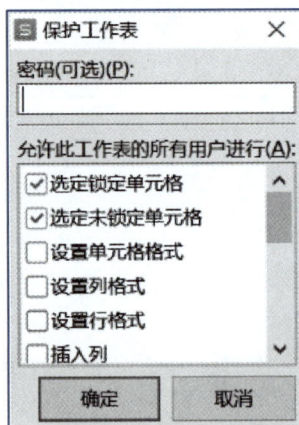

4.1.3 任务实施

在本任务的任务引入部分，小王需要根据领导的要求收集所有新生的基本信息，并输入到电子表格中，每个班级的学生信息放在一个工作表中。通过前面的学习，已经掌握了 WPS 表格的基本操作，下面我们一起完成该任务。

1. 新建工作簿

运行"WPS Office"，在［首页］标签中单击主导航窗口中的［新建］按钮，切换到［新建]窗口，单击该窗口左边的［新建表格］按钮，选择［新建空白表格］选项就新建了一个电子表格（工作簿）文件。

2. 保存工作簿

在［文件］菜单中选择［保存］命令，打开［另存文件］对话框。将文件保存到 D 盘下的"信息处理技术"文件夹下，文件名为"任务 1 学生基本信息"，文件类型默认".xlsx"，单击［保存］按钮，即可保存当前表格文件。

如果之前没有"信息处理技术"文件夹，则在［另存文件］对话框中单击［创建新文件夹］按钮，位置如图 4-1-16 所示。将新建的"新建文件夹"更名为"信息处理技术"，然后将工作簿文件保存在其中。

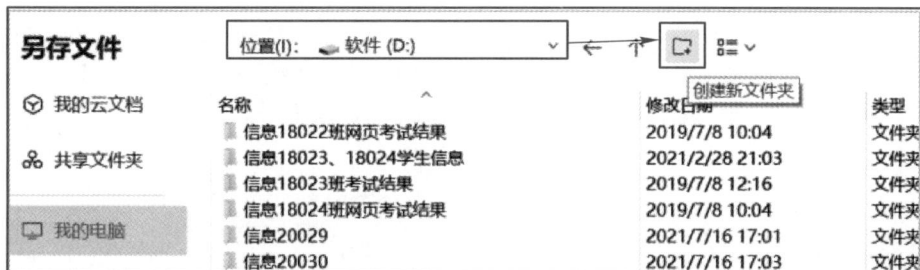

图 4-1-16 保存文件时新建文件夹

3. 更改工作表名称

在工作表标签"Sheet1"上右击，在弹出的快捷菜单中选择［重命名］命令，此时 Sheet1 反色显示，直接输入名称为"信息管理 20030 班"，按 Enter 键完成工作表的改名。

4. 输入数据

该表格中有几种不同的数据类型，输入的方式也不同。所有数据的字体为宋体、11 磅。

（1）输入文本类型的数据

在 A1 单元格输入"计算机信息管理专业 2020 级 30 班"，在 A2：J2 的单元格依次输入表格的列标题，分别是序号、学号、姓名、性别、身份证、手机、QQ、邮箱、家庭住址、家长电话，如图 4-1-17 所示，再输入"姓名"和"家庭住址"两列的数据。

（2）自动填充序号

在 A3 单元格输入数字"1"，将鼠标移动到该单元格右下角，按住填充控制柄拖曳至 A32 单元格，释放鼠标左键，填充完成。

（3）输入学号、QQ、手机、家长电话

"学号""QQ""手机""家长电话"等列直接输入数据，此时默认为数值类型。选择 B2:B32，设置单元格数据类型为"文本"类型。

（4）输入邮箱数据

在 H3 单元格输入公式 =G3&"@qq.com"，然后向下填充，完成学生邮箱的输入。

（5）使用数据有效性设置"性别"和"身份证"列的数据

将"性别"列设置规则为：数据采用在下拉列表中选择输入。"身份证"列设置输入规则为：文本长度为 18 位，按照规定输入性别和身份证号。

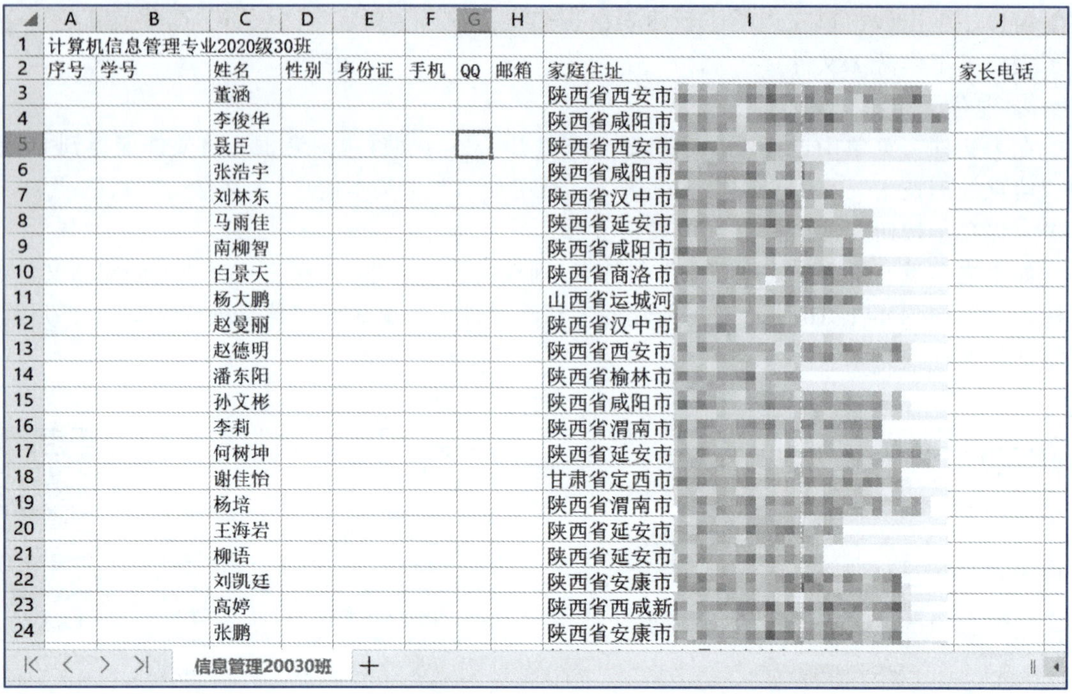
A B C D E F G H I J
1 计算机信息管理专业2020级30班
2 序号 学号 姓名 性别 身份证 手机 QQ 邮箱 家庭住址 家长电话
3 董涵 陕西省西安市
4 李俊华 陕西省咸阳市
5 聂臣 陕西省西安市
6 张浩宇 陕西省咸阳市
7 刘林东 陕西省汉中市
8 马雨佳 陕西省延安市
9 南柳智 陕西省咸阳市
10 白景天 陕西省商洛市
11 杨大鹏 山西省运城河
12 赵曼丽 陕西省汉中市
13 赵德明 陕西省西安市
14 潘东阳 陕西省榆林市
15 孙文彬 陕西省咸阳市
16 李莉 陕西省渭南市
17 何树坤 陕西省延安市
18 谢佳怡 甘肃省定西市
19 杨培 陕西省渭南市
20 王海岩 陕西省延安市
21 柳语 陕西省延安市
22 刘凯廷 陕西省安康市
23 高婷 陕西省西咸新
24 张鹏 陕西省安康市
信息管理20030班

图 4-1-17 输入文本类型数据

设置好后，在 D 列和 E 列输入数据，此时效果如图 4-1-18 所示，图 4-1-18（a）中在下拉列表选择输入“性别”为“男”或者“女”，图 4-1-18（b）是“身份证”输入错误后弹出的提示信息。

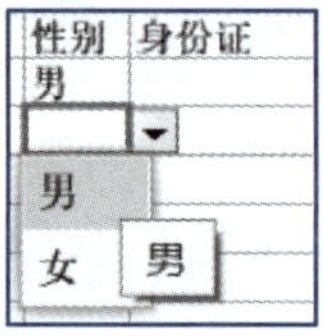
性别 身份证
男
男
女
男

(a)

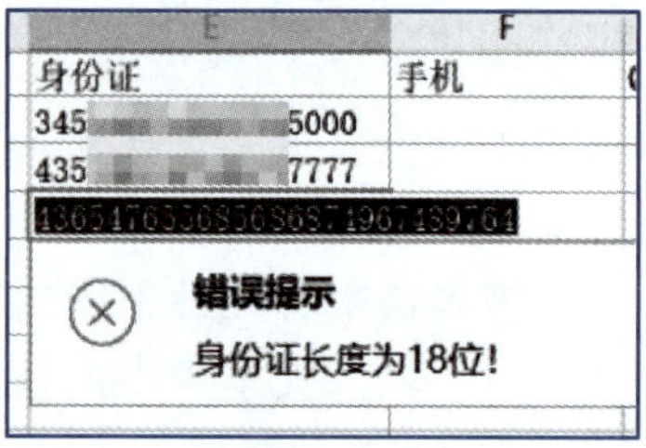
E F
身份证 手机
345 5000
435 7777
错误提示
身份证长度为18位!

(b)

图 4-1-18 设置有效性后的数据输入效果

5. 合并表格标题

选中单元格区域 A1:J1，单击［开始］选项卡中的［合并居中］按钮，合并为一个单元格。

6. 保存文件

单击［开始］选项卡中的［保存］按钮保存文件。

4.1.4 技能训练

训练 1 制作“入库清单”电子表格

通常公司进货，货物入库时都要填写入库清单。李军是某电子产品门店的采购员，他将本次购买的产品信息整理好，输入到电子表格中，提交给领导查看。李军做好的样例如图 4-1-19 所示。

图 4-1-19　入库清单

要求：

① 新建 WPS 表格文件，保存到 D 盘下的"信息处理技术"文件夹中，文件名为"训练 1 入库清单 .xlsx"。

② 参照图 4-1-19 输入数据。所有文本采用默认格式：宋体、字号 11、表头是"某电子门店入库清单"，在表格上方居中显示。

③ 表格数据包括序号、供应商编号、供应商名称、材料编号、材料类别、规格、单位、单价。

训练 2　制作"订单信息"电子表格

快递公司为了跟踪订单的物流信息和做好售后服务，要求严格记录每一个订单信息。办公室文员小王制作了一张表格，保存了 2022 年 2 月 8 日发货的订单信息，如图 4-1-20 所示。

图 4-1-20　订单信息

要求：

① 新建 WPS 表格文件，保存到 D 盘下的"信息处理技术"文件夹下，文件名为"训练 2 订单信息 .xlsx"。

② 参照图 4-1-20 输入数据。所有文本采用默认格式：宋体、字号 11。表格表头是"订单信息"，在表格上方居中显示。

③ 数据表中包括序号、订单号、收件人、联系电话、收件地址、发货日期。

④ 收件地址太长，使用"自动换行"功能让数据可以换行显示。

任务 4.2　美化学生信息登记表

美化学生信息登记表
PPT

4.2.1　任务引入与分析

辅导员小王完成新生信息收集任务后，把做好的表格交给学工办李主任审核。李主任肯定了小王的工作，认为数据收集完整，但表格还可以做得更美观一些。小王收到反馈后，经过认真思考，重新美化表格，做好的最终效果如图 4-2-1 所示。

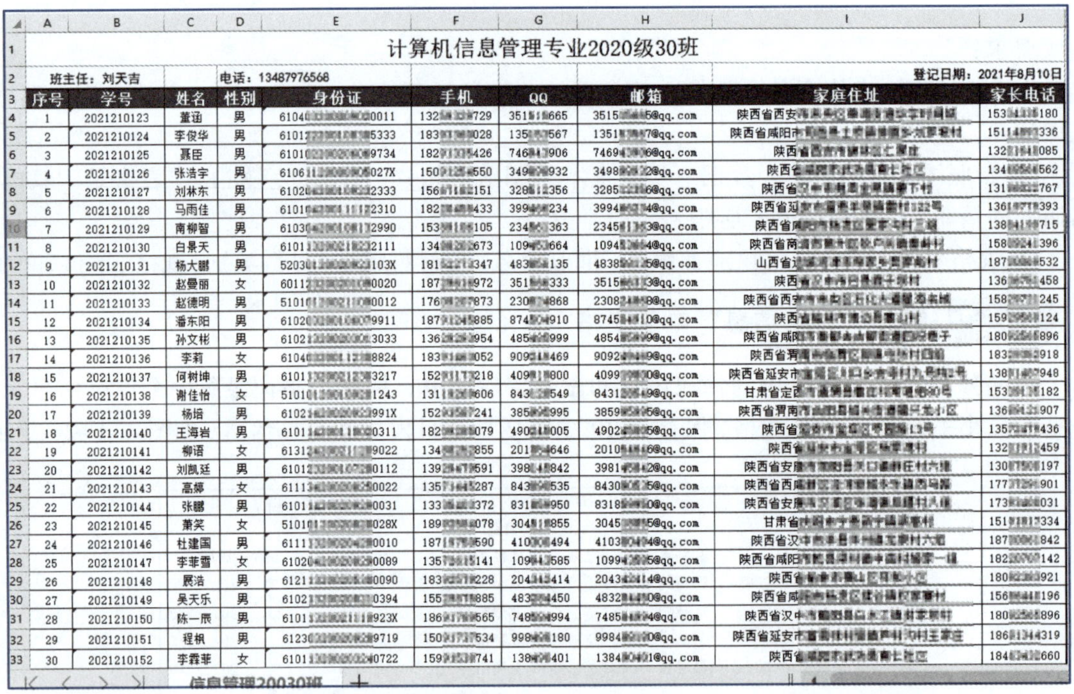

图 4-2-1　美化后的"学生基本信息"表

任务要求

① 打开配套资料"素材\4-2\任务 1　学生信息登记表 .xlsx"文件，另存到 D 盘"信息处理技术"文件夹中，文件名为"任务 2　美化学生信息登记表 1.xlsx"，给表格主要数据添加边框：外框粗线、内框细线。

② 表头设置格式：字体为"方正粗黑宋简体"，字号为 20，行高设为 35 磅。

③ 表格标题行 B3：K3，设置格式：蓝色背景、白色字体。要求所有数据居中对齐。

④ 调整其他行高为 20 磅，拖动列宽调整为合适的宽度，"家庭住址"列设为"最适合

列宽"。

⑤ 添加一行，合并部分单元格，输入班主任、电话和登记日期。

⑥ 打开配套资料"素材 \4-2\ 任务 1 学生基本信息 .xlsx"文件，另存到 D 盘"信息处理技术"文件夹中，文件为"任务 2 学生信息登记表 2.xlsx"，套用"预设表格样式"快速改变表格外观。

任务分析

根据小王要完成的任务，通过查阅资料、学习、实践练习等方式，熟悉并掌握单元格的格式设置，能够熟练设置单元格的字体、对齐、边框、底纹等；熟悉各种表格套用格式和条件格式，掌握这些知识、技能，才能很好地完成该任务。

4.2.2 任务学习活动

学习活动 1 单元格格式设置

表格的美化可通过单元格格式设置来完成，也可以使用系统提供的表格预设样式完成；而条件格式可以对表格中满足某些特殊条件的单元格设置特别的样式。

微课 4-19
设置单元格
格式

单元格的格式设置分为数据类型设置、内容对齐设置、字体格式设置、单元格边框设置、单元格底纹设置及单元格保护方面的设置。

WPS 表格中的［格式刷］功能同样可以复制单元格格式，方法同 WPS 文字。

1. 设置单元格格式

方法 1：单元格的格式可以通过［开始］选项卡中众多的格式按钮设置，如图 4-2-2 所示。这里部分按钮与 WPS 文字处理软件中的功能是一样的。

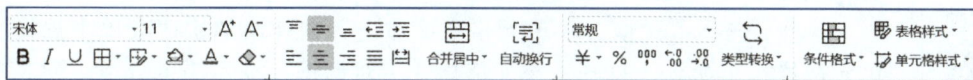

图 4-2-2 ［开始］选项卡中的格式按钮

方法 2：单元格的格式可以通过［单元格格式］对话框来完成设置。打开［单元格格式］对话框的方法为：在单元格上右击，在弹出的快捷菜单中选择［设置单元格格式］命令，或单击［开始］选项卡中的［单元格］下拉按钮，在弹出的下拉菜单中选择［设置单元格格式］命令。

［单元格格式］对话框如图 4-2-3 所示，有 6 个选项卡，分别是数字、对齐、字体、边框、图案、保护，对应着单元格格式不同方面的设置。其中［对齐］、［字体］选项卡中的功能与WPS 文字软件中一致。这里只介绍数据类型设置、边框设置和保护设置。

（1）单元格中数据的类型设置

数据类型设置可以通过单击［开始］选项卡中各个数字格式按钮实现，也可以通过［单元格格式］对话框［数字］选项卡中的选项实现。

［数字］选项卡，如图 4-2-3 所示，左侧的［分类］列表框中列举了 WPS 表格中的所有

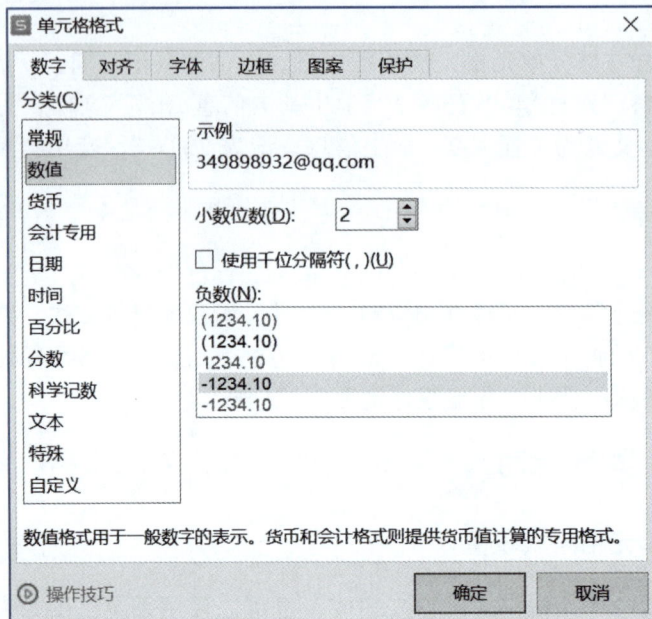

图 4-2-3 单元格格式的［数字］选项卡

数据类型。选择一种分类，窗口右侧会出现不同的选项及"示例"效果。

［分类］列表框中的"常规"，是系统默认的选项，系统会根据用户输入的数据自动判定该值属于哪个类型并以相应的方式显示。"数值""货币""会计专用""分数""百分比""科学记数"分类都属于数值类型。"日期""时间"类型用于规范日期和时间数据格式。"文本"类型的数据以文本形式显示。"特殊"分类主要用于定义邮编、中文大小写等。用户使用"自定义"类型可以定义自己的数据格式。

微课 4-20
设置数值小数位数

例 4-2-1 设置单元格的数值保留 2 位小数，居中对齐。

操作：选择单元格，在单元格上面右击，在弹出的快捷菜单中选择［设置单元格格式］命令，打开［单元格格式］对话框，在左侧［分类］列表框中选择"数值"，右侧小数位数设为"2"，负数格式选择"-1234.10"，取消选中［使用千位分隔符］复选框。此时，上面"示例"中就可以显示应用选项后的结果。选择［对齐］选项卡，水平对齐方式设置为"居中"、垂直对齐方式设置为"居中"，最后单击［确定］按钮设置完毕。

小数位数还可以通过单击［开始］选项卡中的［ ］［ ］按钮来增加和减少，对齐方式也可以通过单击［开始］选项卡中［ ］按钮设置。

微课 4-21
自定义日期格式

例 4-2-2 自定义日期格式，为年 4 位、月 2 位、日 2 位，如 2021 年 10 月 1 日，显示为"2021/10/01"。

操作：选择单元格，打开［单元格格式］对话框，在左侧［分类］列表框中选择"自定义"，在"类型"文本框中输入"yyyy/mm/dd"，单击［确定］按钮即可完成自定义类型。

（2）单元格边框设置

单击［开始］选项卡中的［所有框线］下拉按钮 田·，弹出如图 4-2-4（a）所示下拉列表。

选择相应的命令，可以直接设置需要的边框。如果没有合适的，就可以在下拉菜单中选择［其他边框］命令，打开［单元格格式］对话框，选择［边框］选项卡，如图 4-2-4（b）所示，设置线条的样式、颜色，单击预置选项、预览草图及上面的按钮可以添加边框样式，在［预置］区单击［无］按钮可以取消所有的边框。单击［确定］按钮后，边框设置完毕。

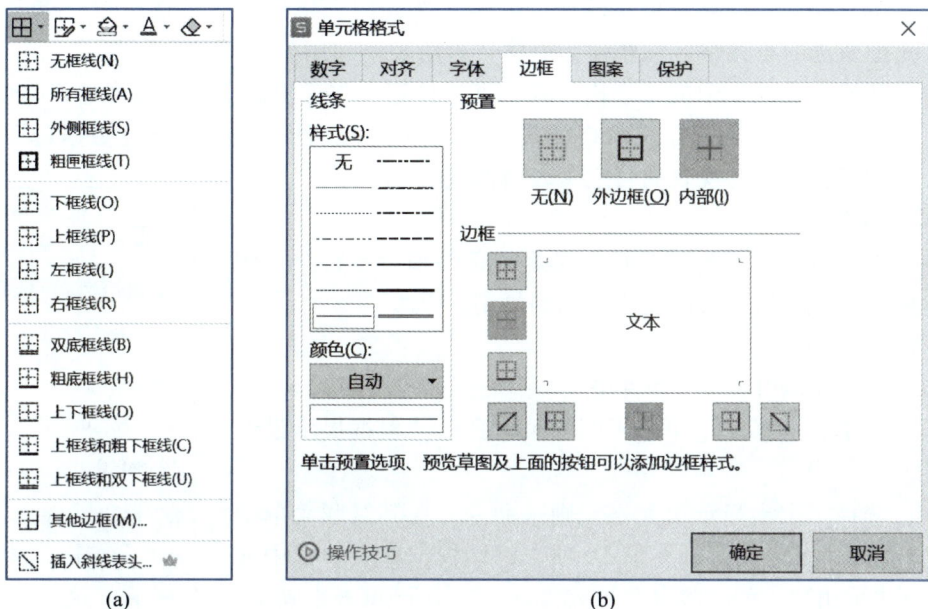

（a）

（b）

图 4-2-4　边框设置

例 4-2-3　设置表格边框样式：蓝色粗线外边框、蓝色细线内边框。

操作：选中要设置格式的单元格区域，打开［单元格格式］对话框，选择［边框］选项卡，在［样式］列表框中选择第 5 行第 2 列线条样式，单击［颜色］右侧的下拉按钮，在弹出的下拉列表中选择标准颜色中的"蓝色"，在"预置"区单击［外边框］按钮；在［样式］列表框中选择第 7 行第 1 列线条样式，再单击［内部］按钮，单击［确定］按钮，即可完成边框设置。

微课 4-22
设置边框样式

（3）单元格底纹设置

单元格底纹设置包括颜色填充和图案填充两种。颜色填充又分为单色和渐变填充。图案填充可以包括图案样式和图案颜色两个选项。

这里除了界面与 WPS 文字不同，按钮的功能和效果都是一样的。

（4）单元格保护

在［单元格格式］对话框中的［保护］选项卡中，选中［锁定］复选框或［隐藏］复选框，设定单元格锁定或隐藏，单击［确定］按钮后就设定了单元格保护；但是只有在保护工作表后，锁定的单元格或隐藏公式才会生效。

2. 套用表格样式

系统提供了很多预先定义好的表格样式，包括边框、底纹、行高、列宽等效果，使用这些预设样式可以快速完成表格美化，每种预设样式都有自己的名字。

微课 4-23
套用表格样式

使用方法：选中要应用格式的单元格区域，单击［开始］选项卡中的［表格样式］下拉按钮，弹出"预设样式"下拉面板。选择需要的样式，在打开的［套用表格样式］对话框中，"表数据的来源"下有"仅套用表格样式"和"转换为表格，并套用表格样式"2 个选项，默认选中第 1 个选项，即选中［仅套用表格样式］单选按钮，单击［确定］按钮，就将预定的样式用于选择的区域中；如果选中［转换为表格，并套用表格样式］单选按钮，单击［确定］按钮后，先把所选的单元格区域转换为表格，再给表格套用表格样式。

单击［开始］选项卡中的［表格样式］下拉按钮，在弹出的下拉面板中选择［新建表格样式］命令，可以创建新的自定义表格样式；在弹出的下拉面板中选择［新建数据透视表样式］命令，可以创建新数据透视表的自定义表格样式。

3. 设置条件格式

条件格式，顾名思义，就是根据设定的条件来设置符合规则的单元格格式，这些格式可以使用格式刷复制。

（1）添加条件格式

单击［开始］选项卡中的［条件格式］下拉按钮，打开如图 4-2-5 所示的下拉菜单，选择子菜单中不同的菜单命令，根据提示设置条件格式。

例如，选择［突出显示单元格规则］命令，在其级联菜单中选［前 10 项］命令，会打开［前 10 项］对话框，在文本框中输入"3"，格式采用默认的"浅红色填充深红色文本"，单击［确定］按钮后，所选数据的前 3 项，格式就变为"浅红色填充深红色文本"。

图 4-2-5　［条件格式］
下拉菜单

（2）清除条件格式

如图 4-2-5 所示，选择［清除规则］命令，可以清除使用［条件格式］按钮加上去的格式；也可以单击［开始］选项卡中的［清除］下拉按钮，在弹出的下拉菜单中选择［格式］命令，清除条件格式设定的单元格格式。

例 4-2-4　将学生成绩单中，60 分以下的成绩以浅橙色底纹、红色字体加粗显示，85 分以上的成绩以淡蓝色底纹、深蓝色字体加粗显示。

操作过程：

微课 4-24
条件格式应用

① 选择学生成绩所在区域，单击［开始］选项卡中的［条件格式］下拉按钮，在弹出的下拉菜单中选择［新建规则］命令，打开［新建格式规则］对话框。如图 4-2-6 所示，在［选择规则类型］列表框中选择第 2 项"只为包含以下内容的单元格设置格式"；在［编辑规则说明］的下拉列表中选择"单元格值""小于"，在文本框中输入"60"；单击"预览"后的［格式］按钮，在打开的［单元格格式］对话框中，设置格式：字体颜色为"红色"，字形为"加粗"，单元格底纹颜色选取颜色列表中第 2 行第 6 列的颜色，单击［确定］按钮后，回到［新建格式规则］对话框，就可看到预览的格式效果，如图 4-2-6 所示，单击［确定］按钮。

② 选择学生成绩所在区域，同样方式打开［新建格式规则］对话框，设置条件：在［选择规则类型］列表框中选择第 2 项"只为包含以下内容的单元格设置格式"；在［编辑规则说明］下拉列表中选择"单元格值""大于"，文本框中输入"85"；单击"预览"后的［格式］按钮，

在打开的［单元格格式］对话框中，设置格式：字体颜色为"深蓝"，字形为"加粗"，单元格底纹颜色选取颜色列表中第 2 行第 5 列的颜色，单击［确定］按钮后，回到［新建格式规则］对话框，再次单击［确定］按钮，回到工作表。

此时对学生成绩区域就设置了 2 个条件格式，最终效果如图 4-2-7 所示。

图 4-2-6　［新建格式规则］对话框　　图 4-2-7　应用条件格式设置的效果

在图 4-2-5 中选择［管理规则］命令，打开［条件格式规则管理器］对话框，如图 4-2-8 所示。单击［新建规则］按钮可以添加新的规则；单击［编辑规则］按钮可以对选中的规则进行重新编辑；单击［删除规则］按钮则可以删除选中的规则。

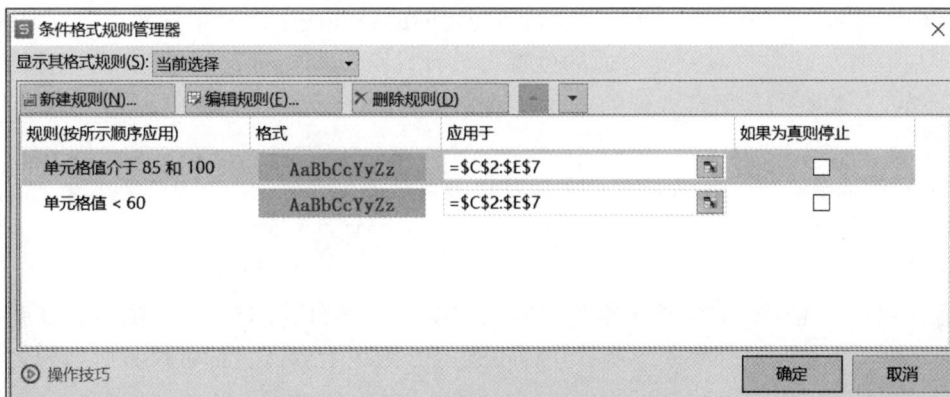

图 4-2-8　［条件格式规则管理器］对话框

例 4-2-4 中定义的格式规则如图 4-2-8 所示。

学习活动 2　行和列的设置

表格的美化效果除了设置单元格的格式之外，行高和列宽的调整也必不可少。

单击［开始］选项卡中的［行和列］下拉按钮，在弹出的下拉菜单中有［行高］［最适合的行高］［列宽］［最适合的列宽］［标准列宽］［插入单元格］［删除单元格］［隐藏与取消隐藏］等命令。可以选择相应的命令来对行和列进行设置，也可以通过快捷菜单中的命令实现行、列的设置。

1. 设置列宽

（1）自定义列宽

精确列宽设置：选中要调整宽度的列，右击，在弹出的快捷菜单中选择［列宽］命令，打开［列宽］对话框，输入数字或者单击［微调］按钮，改变数值，单击［确定］按钮即可设定列宽为输入的值，如图4-2-9所示。

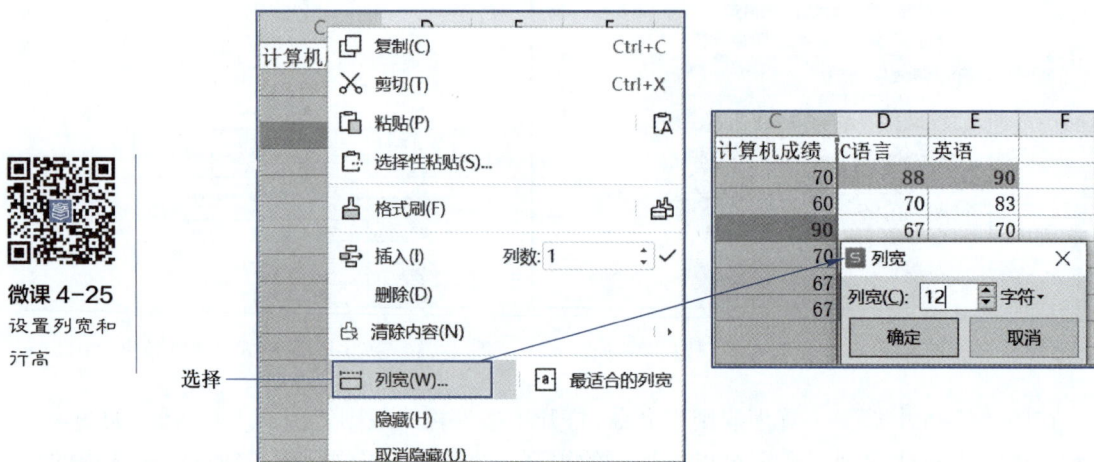

微课 4-25
设置列宽和
行高

图 4-2-9   精确设置列宽

模糊列宽设置：选中单列，把鼠标放到两列之间的分隔线上，当鼠标变成带双向箭头时，按住鼠标左键向左或向右拖曳到合适的位置再放开，可以调整所选列的宽度。选择多列时，拖动列分割线，调整的是所选多列的宽度。

> 📖 **注意：**
> 拖动鼠标调整列宽时，鼠标旁会实时显示当前的列宽值。

（2）最适合列宽

最适合列宽就是刚好能够放下本列内容的宽度。操作如下：选中列，右击，在弹出的快捷菜单中选择［最适合的列宽］命令，或者在选中列的分割线上双击，都可设置所选列为最适合列宽。

2. 设置行高

（1）自定义行高

精确行高设置：选中要调整高度的行，右击，在弹出的快捷菜单中选择［行高］命令，打开［行高］对话框，输入数字或者单击［微调］按钮，改变数值，单击［确定］按钮即可设定行高为输入的值，如图4-2-10所示。

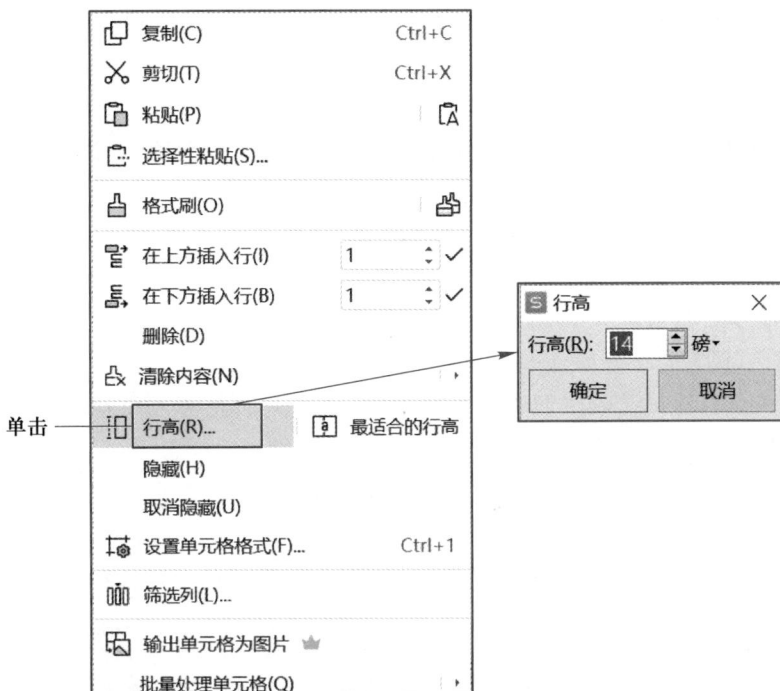

图 4-2-10　精确设置行高

模糊行高设置：选中行，把鼠标放到两行之间的分隔线上，当鼠标变成带双向箭头时，按住鼠标左键向上或向下拖曳到合适的位置再放开，可以调整所选行的高度。选择多行时，拖动行分割线调整的是所选多行的高度。

> 📖 注意：
>
> 拖动鼠标调整行高时，鼠标旁会实时显示当前的行高值。

（2）最适合行高

选中行，单击鼠标右键，在弹出的快捷菜单中选择［最适合的行高］命令，或者在选中行的下分割线上双击，即可设置所选行为最合适行高。

3. 插入行、列

（1）插入行

在行号上右击，在弹出的快捷菜单中选择［在上方插入］命令，就能在当前行的上方插入一行；在这个命令后的数字框中输入具体数值 n（$n>0$），单击后面的［✓］按钮，就在当前行的上方插入 n 行。在弹出的快捷菜单中选择［在下方插入］命令，就能在当前行的下方插入一行；在这个命令后的数字框中输入具体数值 n（$n>0$），单击后面的［✓］按钮，就在当前行的下方插入 n 行。

（2）插入列

在列标上右击，在弹出的快捷菜单中选择［在左侧插入］命令，就能在当前列的左侧插入一列；在这个命令后的数字框中输入具体数值 n（$n>0$），单击后面的［✓］按钮，就在当前列的左侧插入 n 列。在弹出的快捷菜单中选择［在右侧插入］命令，就能在当前列的右侧插入一列；在这个命令后的数字框中输入具体数值 n（$n>0$），单击后面的［✓］按钮，就在当前列的右侧插入 n 行。

4. 删除整行或整列

选中要删除的行或列，右击，在弹出的快捷菜单中选择［删除］命令，就可以删除对应的行或列。

5. 隐藏或显示行、列

（1）隐藏行、列

在要隐藏的行上右击，在弹出的快捷菜单中选择［隐藏］命令就可以隐藏对应的行，此时行号就会有"断层"，不再连续，如图 4-2-11 所示，图中 14 行下面是 19 行，意味着 15-18 行隐藏了。隐藏列与隐藏行的操作方法类似，隐藏了 C、D、E 列的示例如图 4-2-12 所示。

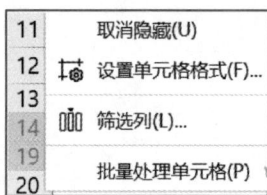

图 4-2-11　隐藏 15-18 行　　　　图 4-2-12　取消隐藏列

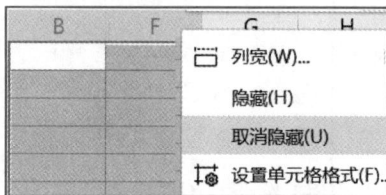

（2）取消隐藏

隐藏的行、列因为看不到，无法选中，也就无法操作。要显示它们，必须选中已经隐藏的行或列前后的行或列，在其上右击，在弹出的快捷菜单中选择［取消隐藏］命令，即可显示隐藏的行或列，如图 4-2-12 所示。

> 📖 注意：
>
> 图 4-2-11 和图 4-2-12 的快捷菜单是截取的部分菜单。

6. 冻结窗格

利用工作表的冻结功能可以冻结表格的行或列，冻结的位置与所选对象有关。

（1）冻结行

例如选中第 3 行，单击［开始］选项卡中的［冻结窗格］下拉按钮，在弹出的下拉菜单中选择［冻结至第 2 行］命令，第 1 行和第 2 行就被冻结了。此时用鼠标拖动垂直滚动条或滚动鼠标的滚轴，第 1 行和第 2 行的数据不会动，其他行的数据会上下滚动。

（2）冻结列

例如选中 C 列，单击［开始］选项卡中的［冻结窗格］下拉按钮，在弹出的下拉菜单中选择［冻结至第 B 列］命令，A、B 列就被冻结了。此时用鼠标拖动水平滚动条，A 列、B 列的数据不会动，其他列的数据会左右滚动。

（3）冻结行和列

单击某一个单元格，如 C3，单击［开始］选项卡中的［冻结窗格］下拉按钮，在弹出的下拉菜单中选择［冻结至第 2 行 B 列］命令，第 1 行和第 2 行及 A 列、B 列就被冻结了。选定某一个单元格时还可以选择只冻结"前几列""前几行""首行"或"首列"等。

（4）取消冻结

只要工作表中有冻结的窗格，单击［开始］选项卡中的［冻结窗格］下拉按钮，在弹出的下拉菜单中选择［取消冻结窗格］命令，之前冻结的窗格就会取消冻结，恢复正常。

4.2.3　任务实施

在本任务的任务引入部分，李主任要求小王把表格做得精致一些。通过上面的学习，已经掌握了表格的美化技能，让我们一起完成"学生基本信息"表的美化工作。

本次表格美化使用单元格格式设置和套用表格样式两种方式完成。

> 📖 **注意：**
>
> 一定要把素材文件另存，保持原始素材的完整性。

1. 使用自定义格式美化表格

① 打开配套资料中的"素材 \4-2\ 任务 1　学生信息登记表 .xlsx"，另存为"任务 2　美化学生信息登记表 1.xlsx"。

② 选中 A 列，在 A 列前插入一列，拖动 A 列到合适宽度；选中第 2 行，插入空行，调整行高为适合的高度。

③ 选中 B1 单元格，设置格式：字体为"方正粗黑宋简体"，大小为"20"，第 1 行的行高为 35 磅。

④ 合并单元格区域 B2：C2，输入"班主任：刘天吉"。设置格式：对齐方式为"左对齐"，字体为"黑体"，字号为 12 磅；合并单元格区域 E2：F2，输入"电话：1348797****"，使用格式刷复制 B2 单元格格式；合并 J2：K2，输入"登记日期：2021 年 8 月 10 日"，对齐方式为"右对齐"，字体为"黑体"，字号为 12。

⑤ 选中 B3：K33，单击［开始］选项卡中的［居中对齐］按钮；设置表格边框：边框颜色为"黑色"，外边框为"粗框"，内部框为默认边框；设置"最适合列宽"。

⑥ 选中 B3：K3，设置格式：底纹背景色为"蓝色"，字体格式为字号 14、白色、加粗，行高设为 24 磅。

⑦ 选中第 4 行～第 33 行，调整行高为 20 磅。

⑧ 在［视图］选项卡中取消选中 显示网格线 复选框，不显示网格线。

⑨ 至此，表格美化完成，保存文件。

2. 使用表格套用格式美化表格

① 打开配套资料中的"素材 \4-2\ 任务 1　学生信息登记表 .xlsx"，另存为"任务 2　美化学生信息登记表 2.xlsx"。

② 步骤同上面步骤（2）～步骤（4）。

③ 选中 B3：K33，单击［开始］选项卡中的［表格样式］下拉按钮，在弹出的下拉面板中选择"表样式浅色 9"，所有列"居中对齐"；选中 B3：K33，设置字体字号为 12。

微课 4-26
打开素材文件另存

微课 4-27
表头制作

微课 4-28
设置表格格式

微课 4-29
表格套用样式 & 另存文件

微课 4-30
使用表格样式美化表格

④ 选中第 3 行 ~ 第 33 行，调整行高为 20 磅。

⑤ 在［视图］选项卡中取消选中［显示网格线］复选框，不显示网格线。

⑥ 表格美化完成，保存文件。

📖 注意：

此处所使用的“预设表格样式”仅供参考。大家在练习时可以自由选择。

4.2.4 技能训练

训练 1 美化“入库清单”

采购员李军把入库清单制作完毕，提交给领导审核。领导查看数据没有遗漏，但建议他把表格做得美观一点。李军按照下面的要求重新设置表格样式，最后制作出了漂亮、规范的表格，如图 4-2-13 所示。

某电子门店入库清单

经手人：张丽　　　　进货时间：2021年8月10日

序号	供应商编号	供应商名称	材料编号	材料类别	规格	单位	单价
1	JQY-0001	新联电子	DR00001	电容	1F	支	0.24
2	JQY-0002	林合电子	DR00002	电容	5F	支	0.45
3	JQY-0003	金源电子	DR00003	电容	6F	支	0.50
4	JQY-0004	三创电子	DR00004	电容	8F	支	0.56
5	JCK-0001	盛华电器	DR00005	电容	10F	支	0.62
6	JCK-0002	腾飞电器	DZ00001	电阻	5Ω	支	0.75
7	JCK-0003	马华电器	DZ00002	电阻	10Ω	支	0.85
8	JCK-0004	熊猫电器	DZ00003	电阻	16Ω	支	0.90
9	SQY-0001	科创科技	DZ00004	电阻	20Ω	支	0.80
10	SQY-0002	人云电子	DZ00005	电阻	29Ω	支	0.95
11	SQY-0003	科罗拉电器	DZ00004	电阻	30Ω	支	0.98
12	SQY-0004	济源电子	JCK0001	集成块	AEu8120	支	123.50
13	TYZ-0001	嘉园电器	JCK0002	集成块	AEu8135	支	88.34
14	TYZ-0002	思科电器	JCK0003	集成块	AEu8272	支	100.50
15	TYZ-0003	海虔电器	JCK0004	集成块	AEu8330	支	86.40

图 4-2-13 美化后的“入库清单”

要求：

① 打开配套资料中的“素材 \4-2\ 训练 1　入库清单 .xlsx”，文件另存为“训练 1　美化入库清单 .xlsx”，操作过程中注意随时保存文件。

② 在第 1 列的前面插入一列，此时表格数据位于 B1：I17 单元格区域中。

③ 在表头的下方插入一行，合并 B2：C2，输入“经手人：张丽”，字体为黑体、字号 12；合并单元格 G3：I3，输入“进货时间：2021 年 8 月 10 日”，字体为黑体、12 磅。

④ 选中 B3：I18 单元格区域添加边框，设置外框为黑色、粗线，内框为黑色、细线。所有文字居中对齐。I4：I18 单元格数据类型为数值，保留 2 位小数。B：H 列区域设置为“最适合列宽”。

⑤ 选中 B3：I3，设置标题行格式：底纹为"矢车菊蓝，着色 1"；字体为加粗、白色。

⑥ 为 B4:I18 数据区域设置底纹：序号为奇数的数据行，底纹颜色为"矢车菊蓝，着色 1，浅色 60%"；序号为偶数的数据行采用默认的白色底纹。

训练 2 美化"订单信息"

小王做的订单信息交给领导后，领导审核订单信息无误，但对表格的外观不太满意。小王后来按照下面的要求重新设置比表格样式，做出了让领导满意的效果，如图 4-2-14 所示。

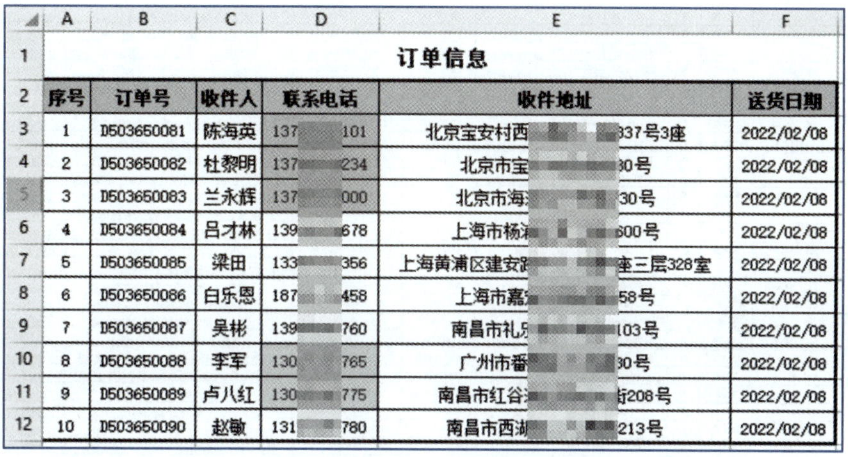

图 4-2-14 美化后的客户订单信息

要求：

① 打开配套资料中的"素材 \4-2\ 训练 2 订单信息 .xlsx"，另存到 D 盘"信息处理技术"文件夹下，文件名为"训练 2 美化订单信息 .xlsx"，在操作过程中记得随时保存文件。

② 选择 A2：F12，添加边框，外框为粗线、内框为细线。表格中所有数据居中对齐。A：F 列区域的宽度设置为"最适合列宽"。

③ 表头"订单信息"格式：宋体、字号 14、加粗，行高为 32 磅。第 2 行 ~ 第 12 行的高度设置为 22 磅。

④ 单元格区域 A2：F2 格式设置：字体加粗，底纹颜色为"巧克力黄，着色 2，浅色 60%"。

⑤ D3：D12 设置为"文本"类型；E3：E12 单元格区域取消"自动换行"；F3：F12 设置为"自定义"类型，格式为"yyyy/mm/dd"。

⑥ 选中 D3：D12，定义条件格式：文本中包含"130"的单元格，设置为"绿填充色深绿色文本"；文本中包含"137"的单元格，设置为"浅红填充色深红色文本"。

任务 4.3　打印学生基本信息表

4.3.1　任务引入与分析

小王已经收录了所有的新生信息，表格也做得很规范、精致，领导看过后很满意。现在要求他把这些学生信息按照班级打印出来装订成册，每页上显示当前页码及总页数，其中一页的打印效果如图 4-3-1 所示。

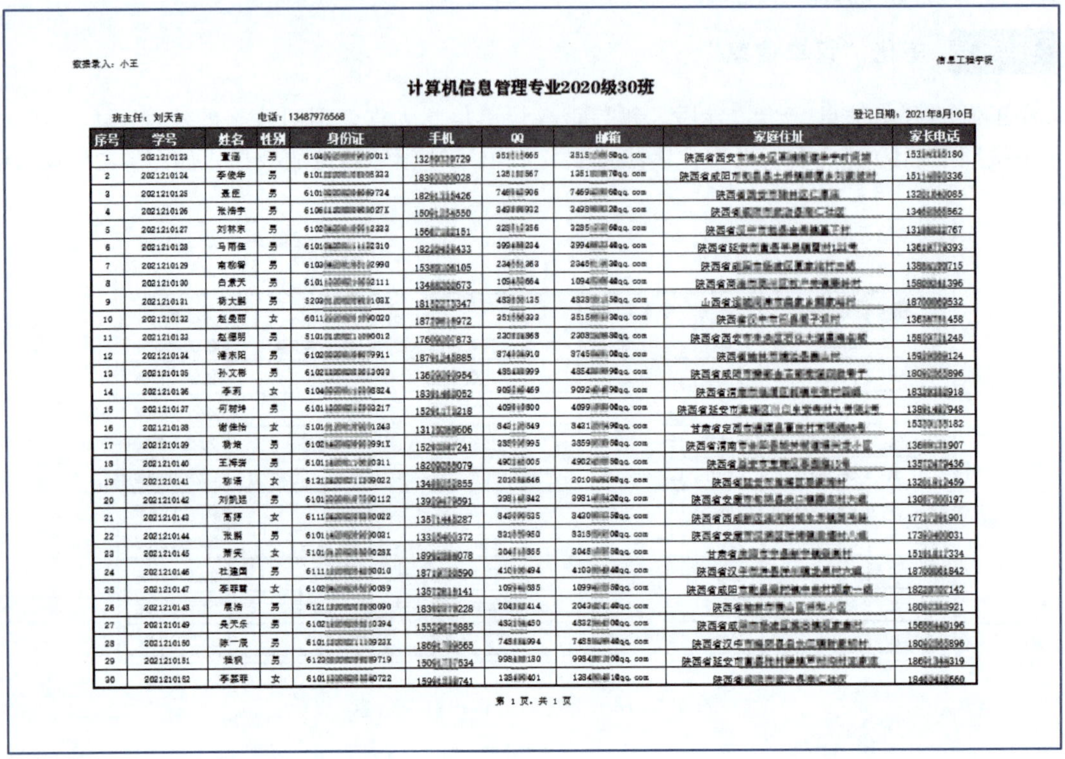

图 4-3-1　一个班的学生基本信息打印预览效果

任务要求

① 学生基本信息采用 A4 纸、横向打印。
② 上下页边距为 2 cm，左页边 3 cm，右页边距 2 cm，最后要左装订。
③ 添加页眉"数据录入：小王　信息工程学院"，添加页脚显示当前页码及总页数。
④ 打印 3 份，装订成册。

任务分析

根据本任务的要求，通过查阅资料、学习、实践练习等方式，熟悉并掌握 WPS 表格中数据打印区域的设置、预览，会根据表格内容设置打印纸张、方向、页边距，添加页眉、页脚等内容，才能很好地完成此任务。

4.3.2　任务学习活动

学习活动 1　认识 WPS 表格中的视图方式

WPS 表格编辑和查看数据的视图分为［普通］［分页预览］［页面布局］［自定义视图］［全

屏显示］［阅读模式］和［护眼模式］7 种。可以单击［视图］选项卡中的相应视图按钮或者状态栏右侧的视图按钮切换视图方式。

1. 普通视图

［普通］视图是默认的文件编辑视图，在这里看到的是行、列构成的网格，是制作表格时常用的视图模式，在这里可方便地输入数据、对表格内容和样式进行管理。

2. 分页预览视图

［分页预览］是指打印内容以分页的方式显示的视图模式，蓝色框内带水印的白色区域就是打印区域，蓝色线框之外的灰色部分不可打印。分页预览视图下，WPS 自动按表格内容给出分页效果，文字水印表示第几页。分页预览视图下的"学生基本信息"表如图 4-3-2 所示。蓝色虚线是分页符，可以拖动调整其位置，将页面内容调整在同一页上；蓝色实线内表示可打印区域，也可拖曳调整打印区域。

微课 4-31
WPS 表格中
的视图方式

图 4-3-2   分页预览

3. 页面布局视图

在［页面布局］视图看到的就是数据表格打印在纸张上的效果。此时不但可对表格内容进行编辑，也可以编辑表格的页眉、页脚。同样，灰色的部分是不可打印区域。

4. 自定义视图

［自定义］视图是将当前显示设置和打印设置保存为将来可以快速应用的自定义视图。

5. 全屏显示视图

［全屏显示］视图方式下，可以最大限度地把表格的行列在屏幕中全部显示出来，同时表格之外的工具栏、状态栏、滚动条等全部消失，只保留了最基本的编辑区域和编辑栏。单击编辑栏右边的［关闭全屏显示］按钮可以退出全屏显示。

6. 阅读模式

在［阅读模式］视图下，单击某个单元格，它就像自带"聚光灯"，其所在的行、列都带有淡黄色底纹，特别适合在行列都很多的表格中，查看某个单元格所对应的行、列的信息。

7. 护眼模式

单击［视图］选项卡中的［护眼模式］按钮或单击表格下方状态栏右侧的"小眼睛"图标，

都可以开启护眼模式。使用 WPS 的护眼模式，可以缓解用眼疲劳。

学习活动 2　打印设置

　　打印设置是在打印之前做的工作，包括设置纸张、方向、页边距、页眉、页脚和打印区域等。单击［页面布局］选项卡中的工具按钮，可以进行绝大部分的打印设置，如图 4-3-3 所示。更加详细的页面设置，需要在［页面设置］对话框中进行，［页面设置］对话框如图 4-3-4 所示。

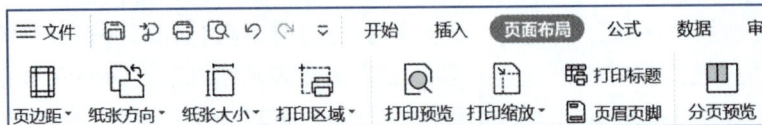

图 4-3-3　［页面布局］选项卡（部分）

　　单击［页面布局］选项卡中［打印区域］按钮右下角的［对话框启动器］按钮⅃，就可以打开如图 4-3-4 所示的［页面设置］对话框，在该对话框中可以设置页面的整体效果、页边距、页眉页脚及打印工作表内容。

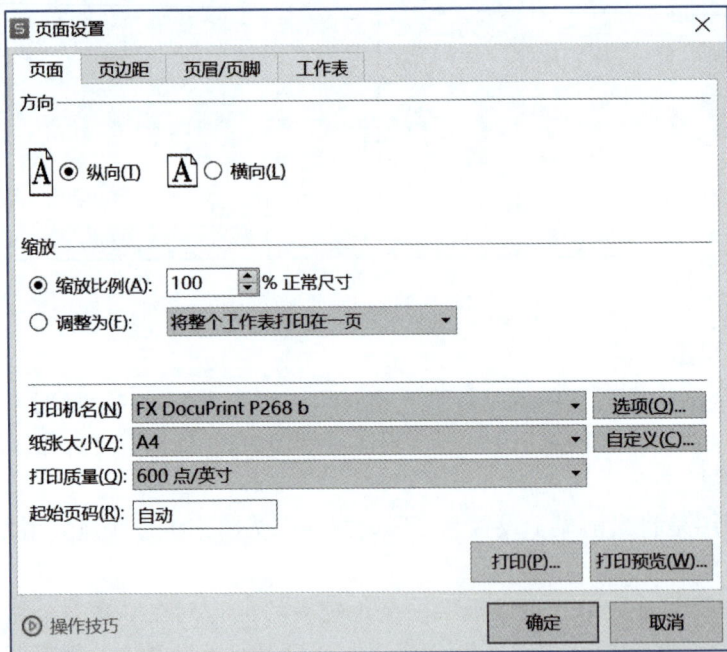

图 4-3-4　页面设置

1. 设置页面整体效果

页面整体效果包括纸张方向、缩放比例和打印机选项。

缩放比例指的是打印区域在纸张上的显示比例。如果要将某个表格数据打印在一页上，则在［页面设置］对话框的［页面］选项卡［缩放］区域中，选中［调整为］单选按钮，在其下拉列表中选择"将整个工作表打印在一页"选项。

通常的做法是在［分页预览］视图中，调整好每页的打印内容，不用设置打印缩放比例。如果计算机上安装了打印机，这里就会显示打印机的相关信息。

2. 设置页边距

单击［页面布局］选项卡中的［页边距］下拉按钮，在弹出的下拉菜单中有多种预设的页边距方案，用户可以从中选择一个。如果不合适，可以选择［自定义页边距］命令，打开如图 4-3-5 所示的［页面设置］对话框［页边距］选项卡，调节上、下、左、右、页眉、页脚的边距。在"居中方式"区域中选中［水平］和［垂直］复选框，可以使表格在页面中的水平方向、垂直方向都居中。图 4-3-5 中间是设置对齐、页边距后的预览效果。单击下方的［打印］按钮会打开［打印］对话框，在此设置打印机、页码范围、副本数、打印内容等。单击［打印预览］按钮，进入［打印预览］界面，单击其中的［返回］按钮退出预览状态。

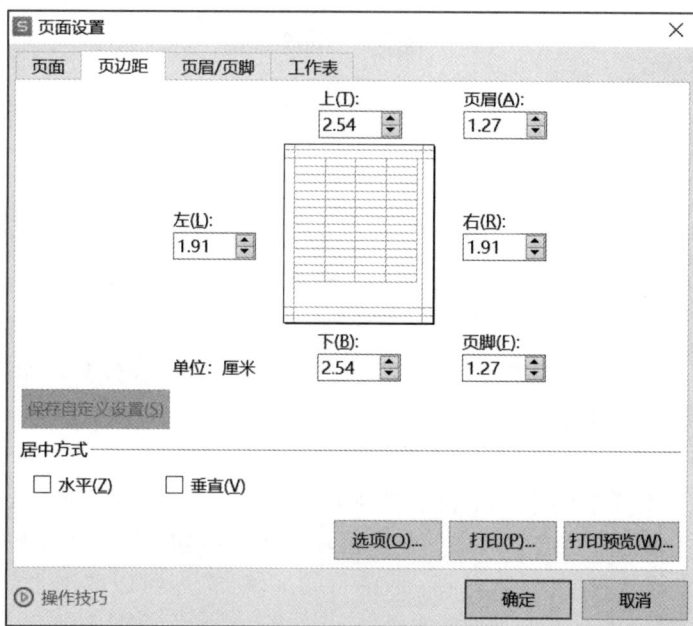

图 4-3-5 ［页边距］设置选项卡

通常，选中［水平］复选框让表格水平居中，垂直方向采用默认的顶端对齐方式。

3. 设置页眉与页脚

双击［页面布局］视图中页眉或页脚所在的位置，会打开如图 4-3-6（a）所示［页面设置］对话框的［页眉/页脚］选项卡；也可以在打开的［页面设置］对话框中切换到［页眉/页脚］选项卡。

单击图 4-3-6（a）中的［自定义页眉］按钮，打开如图 4-3-6（b）所示的［页眉］对话框。页眉位置分为左、中、右三块，在对应的位置直接输入页眉的内容，也可以单击对话框中间的按钮插入对应的内容，这样插入的页码、日期、时间等会随着页面而变化。单击中间的［A］按钮可以设置页眉文字样式。设置好页眉内容后，单击［确定］按钮，回到［页面设置］对话框，再单击［确定］按钮完成页眉设置。

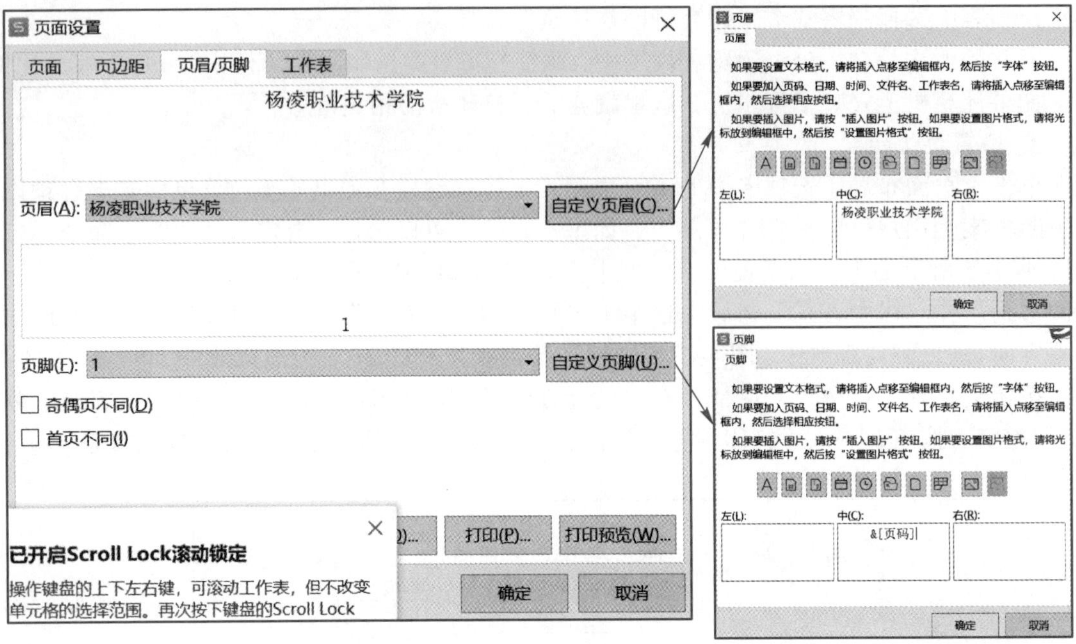

(a) [页眉/页脚]选项卡　　　　　　　　(b) [页眉]与[页脚]对话框

图 4-3-6　自定义页眉、页脚

自定义页脚的方法与页眉相同，也可单击如图 4-3-6（a）所示［页脚］下拉按钮，选择预设的页脚。

页眉页脚只有在"打印预览"方式和［页面视图］中可以看到，其他情况下都看不到。

4. 设置工作表中的其他打印信息

（1）选取打印区域

在［页面设置］对话框的［工作表］选项卡中，单击［ ■ ］按钮选取"打印区域"。

通常，单击［页面视图］选项卡中［打印区域］下拉按钮，在弹出的下拉菜单中选择［设置打印区域］命令来设置打印区域，选择［取消打印区域］命令可以取消之前的打印区域设定；还可以在［分页视图］中通过拖动蓝色实线分页符来选定"打印区域"。

（2）其他打印内容

其他打印内容采用默认的选项即可。单击［打印］按钮，打开［打印］对话框，单击［打印预览］按钮，可以进入预览页面。

5. 打印

文件打印设置完成，预览后没有问题就可以打印文档了。

4.3.3　任务实施

在本任务的引入部分，李主任让小王将学生信息打印出来。我们通过前面的学习，已经掌握了打印的基本操作，现在一起来完成该任务。

1. 打开素材，另存文件

打开配套资料中的"素材 \4-3\ 任务 2　美化学生信息登记表 .xlsx"文件，另存到 D 盘"信息处理技术"文件夹下，文件名为"任务 3　学生基本信息（打印稿）.xlsx"。

2. 打印设置

① 单击［页面布局］选项卡中的［纸张方向］下拉按钮，在弹出的下拉菜单中选择［横向］命令。同理，单击［纸张大小］下拉按钮，在弹出的下拉菜单中选择 A4。

② 单击［页面布局］选项卡中的［页边距］按钮，在弹出的下拉菜单中选择［自定义页边距］命令，打开［页面设置］对话框的［页边距］选项卡，设置页边距：上下页边距为 "2 cm"，左页边距为 "3 cm"，右页边距为 "2 cm"；"居中方式" 栏中选中［水平］和［垂直］复选框。单击［确定］按钮回到普通视图下。

微课 4-32
文件另存和
页面设置

③ 单击［视图］选项卡中的［分页视图］按钮，进入分页视图模式，拖动蓝色分页符，将每个班的学生信息放在一页中；打开［页面设置］对话框，在［页面］选项卡中设置［缩放］为 "将整个工作表打印在一页"。

微课 4-33
页眉页脚和
打印

④ 切换到［页眉/页脚］选项卡，自定义页眉：左边位置输入 "数据录入：小王"，右边位置输入 "信息工程学院"，单击［确定］按钮回到［页面设置］对话框。

⑤ 在［页眉/页脚］选项卡下方的 "页脚" 下拉列表中选择预设样式 "第 1 页，共？页"，页脚插入完毕。

⑥ 单击［打印预览］按钮，预览前面的设置结果，如果不合适再重复上面的步骤（3）~ 步骤（6），以调整出最佳的打印效果。

⑦ 保存文件。

3. 打印

如果打印机准备就绪，单击功能区中的［🖶］按钮，或者使用快捷键 Ctrl+P，打开［打印］对话框，设置打印份数为 "3"、页面范围为 "全部页面"，单击［确定］按钮，工作表就打印出来了。

4.3.4　技能训练

训练 1 **对 "入库清单" 进行打印前的设置**

李军制作的入库清单表格，经领导检查无误后，打印出来准备存档。他打印之前的预览效果如图 4-3-7 所示，参考这个效果，制作入库清单的打印稿。

要求：

① 打开配套资料中的 "素材 \4-3\ 美化后的材料入库清单 .xlsx" 文件，另存为 "训练 1 入库清单（打印稿）.xlsx"。

② 删除 A 列（空白列），调整各列宽度。

③ 打印设置：A4 纸纵向打印；四边的页边距均为 2.5 cm，表格在页面上水平居中对齐；无缩放。

④ 制作印章。插入椭圆，格式设置为：宽度 6 cm，高度 5 cm，轮廓粗细为 3 磅，颜色为 "红色"，无填充。插入艺术字，输入 "陕西景御有限责任公司"，字号为 20，字体为宋体；填充效果为 "沙棕色，着色 2"；文本效果：文本填充 "红色"、文本轮廓 "红色"；调整艺术字的大小及位置。插入图形 "五角星"，填充为 "红色"，轮廓为 "红色"。最后再插入一个艺术字，

图 4-3-7 "入库清单"打印预览

输入"西城分区",字体为宋体、字号 20、加粗;文本填充为"红色"、文本轮廓为"红色"。

参照图 4-3-7 调整艺术字、图形等的位置,并把它们进行组合,最后把做好的"印章"调整好位置。

⑤ 保存文件。

训练 2 对"订单信息"进行打印前的设置

小王美化完成"订单信息",领导让他将这些信息打印出来。图 4-3-8 是小王做的样例,参考样例,完成打印前的准备工作。

要求:

① 打开配套资料中的"素材 \4-3\ 训练 2 美化订单信息 .xlsx"文件,另存为"训练 2 订单信息(打印稿).xlsx"。

② 清除 D3:D12 的条件格式,调整各列宽度。

③ 进行打印设置:纵向打印到 A4 纸上,4 个方向的页边距都设为 2.5 cm,页眉边距 1.5 cm。表格"水平居中"对齐。添加页眉:左侧为"经手人:小王",右侧为"制表日期:2022 年 2 月 8 日"。

④ 保存文件。

经手人：小王　　　　　　　　　　　　　　　　　　　制表日期：2022年2月8日

订单信息

序号	订单号	收件人	联系电话	收件地址	送货日期
1	D503650081	陈海英	137░░░101	北京宝安村░░░░路837号3座	2022/02/08
2	D503650082	杜黎明	137░░░234	北京市░░░░路30号	2022/02/08
3	D503650083	兰永辉	137░░░000	北京市░░░░路230号	2022/02/08
4	D503650084	吕才林	139░░░678	上海市░░░░2600号	2022/02/08
5	D503650085	梁田	133░░░356	上海黄浦区建安░░░░座三层328室	2022/02/08
6	D503650086	白乐恩	187░░░458	上海市░░░░558号	2022/02/08
7	D503650087	吴彬	139░░░760	南昌市░░░░8103号	2022/02/08
8	D503650088	李军	130░░░765	广州市░░░░镇30号	2022/02/08
9	D503650089	卢八红	130░░░775	南昌市红░░░░大街208号	2022/02/08
10	D503650090	赵敏	131░░░780	南昌市西░░░░路213号	2022/02/08

图 4-3-8　"订单信息"打印预览

任务 4.4　学生成绩计算

4.4.1　任务引入与分析

　　大学每一个学期结束，授课老师把学生成绩录入到学籍管理系统中，在校学生可以用自己的学号登录学籍管理系统，查询自己入学以来所学的所有课程成绩。

　　在新的学期开始，学院学籍管理员李老师从学籍系统里面导出所有学生的原始成绩，分发给各班班主任，这些成绩将作为后期学生各项评优的重要参考依据。

　　信息管理 20030 班的张老师把本班原始成绩电子表格交给班级助理李明，要求他按照各门课程在人才培养方案中的比重，计算学生的综合成绩，分段统计"前端开发"课程的学生人数。该电子表格中包括期末总评和前端开发 2 个工作表。完成后的计算结果如图 4-4-1 和图 4-4-2 所示。

任务要求

　　① 在"期末成绩"工作表中，根据各门课程在人才培养方案中的比重，使用公式计算每个学生的总评成绩、各科最高分、各科最低分和各科平均分。

　　②"期末成绩"工作表中的平均分、总评成绩保留 2 位小数，所有数据居中对齐。

　　③ 在"前端开发"工作表中，平时成绩与考试成绩的比例为 4∶6，计算综合成绩并保留 1 位小数，按综合成绩排名次，工作表中所有数据居中对齐。

　　④ 分析"前端开发"课程考试成绩，统计不同分数段的学生人数及所占总人数的比例，所有数据居中对齐。

任务分析

　　根据本任务的要求，通过查阅资料，学习、实践练习等方式，熟悉 WPS 表格的数据运

	A	B	C	D	E	F	G	H	I	J	K
1	序号	学号	姓名	管理信息系统	Android软件开发	网站前端设计与开发	计算机组装与维护	平面设计与制作	应用文写作	网络技术	总评成绩
2	1	2021210123	董涵	90	90	86	86	92	85	100	89.50
3	2	2021210124	李俊华	75	75	70	86	68	95	70	75.90
4	3	2021210125	聂臣	60	84	88	70	90	75	100	79.90
5	4	2021210126	张浩宇	80	84	88	68	95	75	70	81.20
6	5	2021210127	刘林东	69	80	82	76	70	95	80	78.30
7	6	2021210128	马雨佳	80	76	76	82	76	95	70	78.70
8	7	2021210129	南柳智	90	88	84	60	46	75	46	75.10
9	8	2021210130	白景天	85	90	89	68	88	65	60	80.90
10	9	2021210131	杨大鹏	65	86	80	88	95	75	90	81.00
11	10	2021210132	赵曼丽	90	80	90	90	90	46	60	80.60
12	11	2021210133	赵德明	60	70	88	88	68	65	70	72.70
13	12	2021210134	潘东阳	70	70	70	86	75	60	60	70.10
14	13	2021210135	孙文彬	70	88	46	68	86	65	70	69.70
15	14	2021210136	李莉	80	84	86	86	92	75	80	83.30
16	15	2021210137	何树坤	85	60	80	60	88	89	80	76.70
17	各科最高分			90	90	90	90	95	95	100	
18	各科最低分			60	60	46	60	46	46	46	
19	各科平均分			76.60	80.33	80.20	77.47	81.27	75.67	73.73	

图 4-4-1 “期末总评”工作表中的成绩计算

	A	B	C	D	E	F	G	H	I	J	K
1	序号	学号	姓名	平时成绩	考试成绩	综合成绩	名次		综合成绩计算比例		
2	1	2021210123	董涵	100	90	94.0	1		平时成绩	考试成绩	
3	2	2021210124	李俊华	70	75	73.0	11		40%	60%	
4	3	2021210125	聂臣	100	60	76.0	8				
5	4	2021210126	张浩宇	70	90	82.0	4				
6	5	2021210127	刘林东	50	69	61.4	14		成绩分析		
7	6	2021210128	马雨佳	70	80	76.0	8		分数段	人数	占比
8	7	2021210129	南柳智	70	90	82.0	4		90分以上（包括90分）	2	13%
9	8	2021210130	白景天	60	85	75.0	10		60分到90分之间	12	80%
10	9	2021210131	杨大鹏	90	95	93.0	2		60分以下	1	7%
11	10	2021210132	赵曼丽	60	90	78.0	7		总人数	15	100%
12	11	2021210133	赵德明	70	60	64.0	13				
13	12	2021210134	潘东阳	60	70	66.0	12				
14	13	2021210135	孙文彬	60	40	48.0	15				
15	14	2021210136	李莉	80	80	80.0	6				
16	15	2021210137	何树坤	80	85	83.0	3				

图 4-4-2 “前端开发”工作表中的课程成绩分析

算规则，会根据需要创建公式；熟悉并掌握基本函数的用法；理解公式中单元格区域和名称的使用，特别是绝对引用和混合引用使用的场合，才能够很好地完成此任务。

4.4.2 任务学习活动

学习活动 1 了解单元格地址引用与单元格名称引用

公式通过引用单元格的地址或名称来使用单元格中的数据，从而实现数据计算功能。

1．单元格地址引用

使用自动填充功能可以填充数据，也可以填充公式。数据填充时可以是复制数据或按序列填充数据，而自动填充的公式则会根据公式中单元格位置及单元格地址引用方式的不同发生相应的变化。

单元格地址引用有绝对引用、相对引用和混合引用 3 种方式。

（1）绝对引用

单元格的绝对引用又称固定地址引用，要在单元格引用地址的列标和行号前加上一个符号"$"，如 $A$1、$C$6。绝对引用的单元格在公式复制或者自动填充时地址不会发生变化。

如图 4-4-3 所示，在 F2 中输入公式"=D2*$I$3+E2*$J$3"，向下填充后，其中的绝对引用 $I$3、$J$3 都没有发生变化。这是因为无论计算哪个学生的成绩，他们的计算比例都是确定的，这个比例存储在 I3 和 J3 单元格中，这里就采用了绝对引用来"锁定"单元格中的数据。

	A	B	C	D	E	F	H	I	J
1	序号	学号	姓名	平时成绩	考试成绩	综合成绩		综合成绩计算比例	
								平时成绩	考试成绩
2	1	2021210123	董涵	100	90	=D2*$I$3+E2*$J$3		0.4	0.6
3	2	2021210124	李俊华	70	75	=D3*$I$3+E3*$J$3			
4	3	2021210125	聂臣	100	60	=D4*$I$3+E4*$J$3			
5	4	2021210126	张浩宇	70	90	=D5*$I$3+E5*$J$3			

图 4-4-3　绝对引用与相对引用在公式自动填充时的变化

微课 4-34
单元格地址
绝对引用

（2）相对引用

单元格的相对引用是默认的单元格引用方式，单元格地址前不加任何符号，如 A1、C6。相对引用的单元格会在复制或自动填充公式时，随着公式单元格所处位置的改变而发生相应改变。

在图 4-4-3 中，F2 中输入的公式"=D2*$I$3+E2*$J$3"，向下填充后，其中引用的 D2 和 E2 在公式向下填充的时候变成了 D3 和 E3、D4 和 E4、D5 和 E5。这种变化正是用户所期望的，因为计算不同学生的总成绩就应该使用他们各自的平时成绩和考试成绩。

微课 4-35
单元格地址
相对引用

（3）混合引用

单元格混合引用就是单元格地址的行地址或列地址前面有符号"$"。例如 $A1、C$6，$A1 是绝对列、相对行的引用，C$6 是相对列、绝对行的引用。公式复制到别的单元格或自动填充时，单元格地址中没有加"$"的部分，地址会跟着发生变化，加了"$"的部分不会发生变化。

例如在单元格 D1 中输入公式"=B$2+$C3"，将 D1 向下填充到 D2，公式就会变成"=B$2+$C4"，将 D1 向右填充到 E1，公式就会变成"=C$2+$C3"。

（4）3 种单元格引用方式之间的转换

在公式中引用单元格，如果输入单元格绝对地址或单元格混合地址时，在行号、列标前输入"$"，需要不断地切换按键，很麻烦，而使用 F4 键可以让单元格的引用在相对引用、绝对引用、混合引用之间顺序切换。

选中公式中的单元格地址或某个单元格区域引用，如果初始时的单元格区域是"A1：

A10"（相对引用），此时按下 F4 键就会变成 "$A$1：$A$10"（绝对引用），第 2 次按下 F4 键就会变成 "A$1：A$10"（行锁定的混合引用），第 3 次按下 F4 键会变成 "$A1：$A10"（列锁定的混合引用），第 4 次按下 F4 键时，又会回到相对引用 "A1：A10"。

（5）不同工作表中的单元格引用

如果在一个工作表的公式中要引用别的工作表中的单元格，需要在该单元格前面加上工作表的名称。例如在工作表 Sheet1 中引用工作表 Sheet2 中的 C3、D4 单元格，公式可以这样写 "=Sheet2！C3+Sheet2！D4"。

2. 单元格名称引用

在 WPS 表格中可为单元格区域起一个名字，以表明那个区域中的数据特性，这个名字就是单元格区域的名称。使用［名称管理器］（在功能区的［公式］选项卡中），可以为单元格区域定义名称，还可以编辑、删除已有名称。

（1）定义名称

方法 1：选择要定义的单元格区域，在名称框输入名字，按 Enter 键即可完成名称定义。如果输入的名称有效，就可在名称框的下拉列表或者［名称管理器］对话框中看到。

方法 2：单击［公式］选项卡下的［名称管理器］按钮，打开［名称管理器］对话框，如图 4-4-4 所示。单击［新建］按钮，打开如图 4-4-5 所示的［新建名称］对话框。输入名称，单击 "引用位置" 后面的 [🔳] 按钮，在表格中拾取对应的单元格区域，单击［确定］按钮后即可完成名称定义。

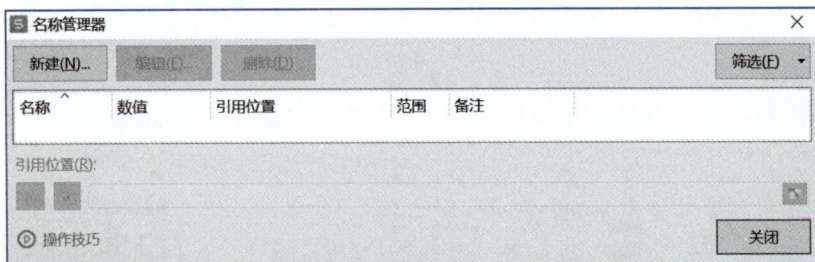

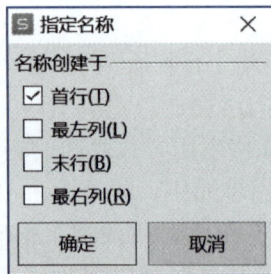

图 4-4-4　［名称管理器］对话框

方法 3：批量定义名称。选择整张表格，单击［公式］选项卡中的［指定］按钮，打开如图 4-4-6 所示的［指定名称］对话框，选中［首行］复选框，单击［确定］按钮后，就会把表格第 1 行的标题自动定义为各列的名称，一次性将学生所有课程标题批量定义名称的结果如图 4-4-7 所示。

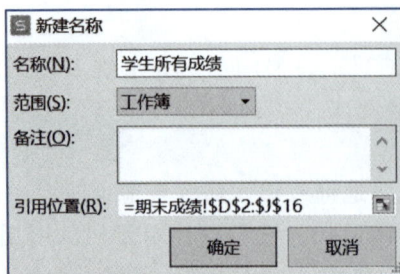

图 4-4-5　［新建名称］对话框　　　　图 4-4-6　［指定名称］对话框

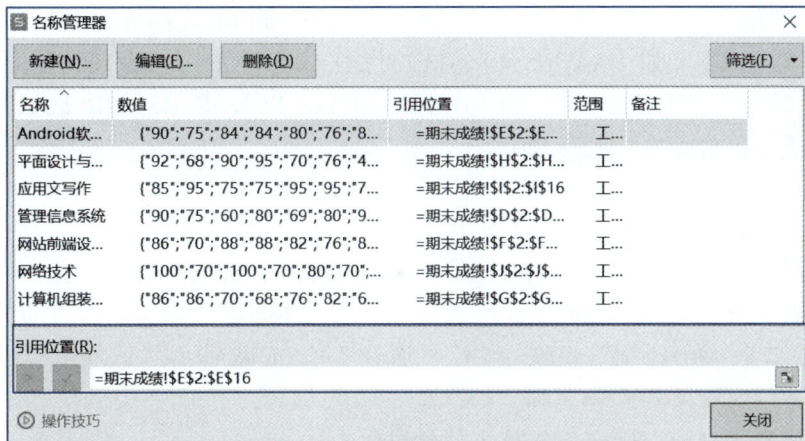

图 4-4-7　批量定义名称的效果

（2）编辑名称

在［名称管理器］对话框中可以查看工作表中所有的名称、引用值和引用的位置，图 4-4-7 就是使用课程名作为名称的名称列表。如果需要修改名称，选择相应名称，单击［编辑］按钮，在下方的"引用位置"中就可以进行重新选取或者直接修改。

（3）删除名称

选中［名称管理器］里面的名称，单击［删除］按钮即可删除选定的名称。

📖 注意：

删除名称须谨慎。删除某个名称，则引用该名称的公式就会报错。

学习活动 2　**了解公式与函数**

1. WPS 表格中的运算与运算符

WPS 表格中的运算有 4 种，分别是算术运算、比较运算、文本连接运算和引用运算。

（1）算术运算

算术运算是在数值类型的数据之间进行的运算，非数值类型的值参与运算会出错。常用的算术运算符有加"+"、减"−"、乘"*"、除"/"、百分运算符"%"以及幂运算"^"。

（2）比较运算

比较运算一般都是在同类型的数据之间进行比较，不同类型的数据比较没有意义。比较运算符有等于"="、大于">"、小于"<"、小于或等于"<="、大于或等于">="、不等于"<>"。比较运算的结果是 TRUE（逻辑真）或 FALSE（逻辑假）。如果比较运算参与算术运算时，系统会把 TRUE 自动识别为数值"1"、FALSE 自动识别为数值"0"。

（3）文本连接运算

文本连接运算就是将多个文本或数值连接在一起生成一个新的文本，文本连接运算符是"&"。如公式"="WPS"&" 表格 ""的运算结果就是"WPS 表格"。

（4）引用运算

顾名思义，引用运算就是引用单元格的运算。引用运算符有：

① 区域运算符“：”，如（A4：B6），代表单元格 A4 到 B6 之间连续区域。

② 联合运算符“，”，如（A4，B5：B8，C3），代表 A4、B5：B8 单元格区域以及 C3 单元格。

③ 交叉运算符“ ”（即空格），如（B7：D10 C6：C11），是 B7：D10 区域和 C6：C11 区域的交叉（重叠）部分，即为 C7：C10。

（5）运算符的优先级

公式计算时，运算符的优先级是不同的。在一个混合运算的公式中，按照优先级从高到低的顺序进行计算，对于相同优先级的运算，按照从左到右的顺序进行计算。

各种运算符的优先级（从高到低）为冒号“：”、空格“ ”、逗号“，”、负号“-”、百分号“%”、乘方“^”、乘号“*”或除号“/”、加号“+”或减号“-”、与号“&”，以及比较运算符“=”“<”“>”“<=”“>=”和“<>”。

如果公式中有小括号，则应该先算小括号里面的。

例如公式“=10+（5>7）*2<5”，先计算“5>7”的结果是 FALSE，再计算“（5>7）*2”就是 FALSE*2，结果是 0，再计算“10+（5>7）*2”，结果是 10，最后计算“10+（5>7）*2<5”即“10<5”，结果是 FALSE。所以公式 =10+（5>7）*2<5 的最终结果是 FALSE。

2. 创建及编辑公式

公式都是以等号（“=”）开始的，后面跟着一个或者多个“操作数”，操作数之间通过“运算符”相连。操作数主要包括常量、单元格引用、名称、函数等。运算符主要包括算术运算符、比较运算符、文本连接运算符和引用运算符。

（1）创建公式

选择单元格，输入公式，按 Enter 键或单击［编辑栏］里面的［√］按钮确认输入，公式创建完成，公式的运算结果会出现在单元格中。3 种类型的公式如图 4-4-8 所示。

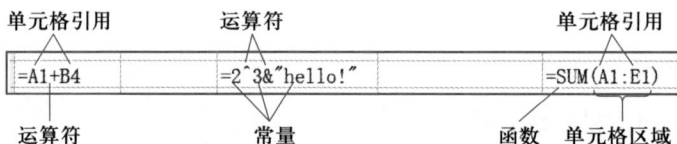

图 4-4-8 WPS 表格中的 3 种类型公式

公式中的单元格地址可以是用户直接输入，也可以通过单击单元格来实现选择输入。

如图 4-4-9 所示，A3、A4 是操作数，D3：D7 中写的是公式（此时是以文本显示的，并不计算），E3：E7 里面就是 D3：D7 中公式的计算结果。

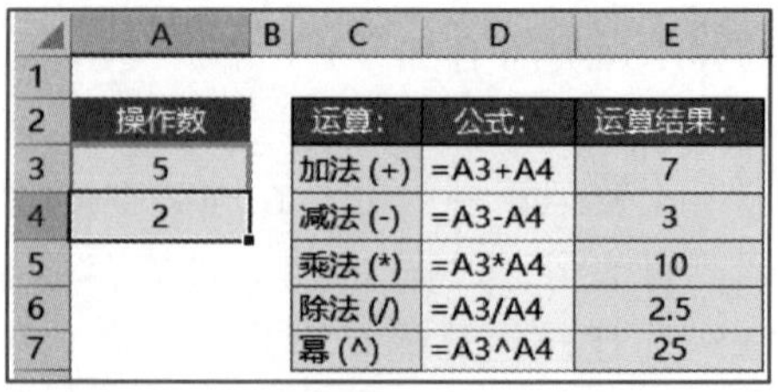

	A	B	C	D	E
1					
2	操作数		运算:	公式:	运算结果:
3	5		加法 (+)	=A3+A4	7
4	2		减法 (-)	=A3-A4	3
5			乘法 (*)	=A3*A4	10
6			除法 (/)	=A3/A4	2.5
7			幂 (^)	=A3^A4	25

图 4-4-9 公式应用（基本运算）

（2）查看和编辑公式

在单元格中输入公式时，［编辑栏］会同步显示公式。

要查看已有的公式，可以选择包含公式的单元格，编辑栏里面可以看到公式。如果要编辑公式，此时可以在［编辑栏］中修改，也可以双击该单元格，在单元格中修改公式。

公式输入完毕，按 Enter 键确认，或单击［编辑栏］中的［√］按钮，单元格中显示运算结果。

要取消正在编辑的公式，按 Esc 键或单击［编辑栏］中的［×］按钮即可。

3. 插入函数

函数是表格中预定义的特殊公式，每个函数能够实现特定的计算功能。函数由函数名、一对小括号及括号里面的参数构成，函数根据参数值进行计算，参数可以有多个，部分函数没有参数。如 SUM（A4：B4）就是一个求和函数，SUM 是函数名，A4：B4 就是函数的参数，该函数的功能就是求 A4：B4 之间所有单元格中数值之和。

WPS 表格中的函数很多，在［公式］选项卡中可以看到函数种类，如图 4-4-10 所示。

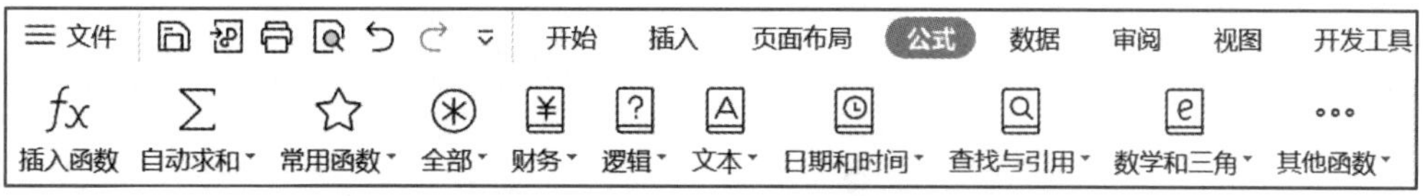

图 4-4-10　［公式］选项卡中的各类函数

（1）在公式中直接输入函数

选择要输入公式的单元格，输入等号"="、函数名，再根据提示输入函数参数或者使用鼠标选择单元格作为参数，如图 4-4-11 所示。公式输入完毕，单击［编辑栏］中的［√］按钮确定输入，就可以在该单元格中看到运算结果。

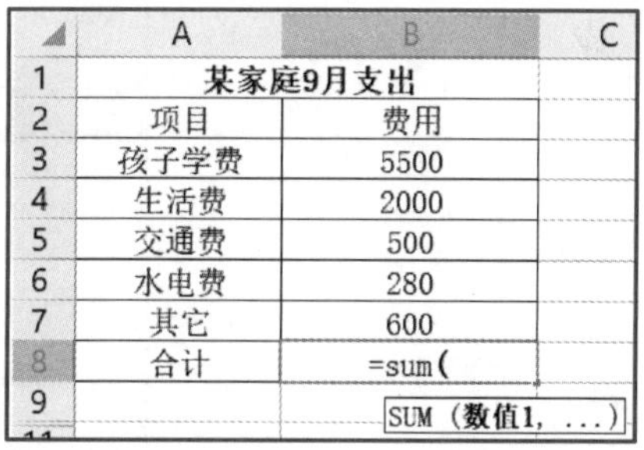

（2）使用［插入函数］对话框插入函数

选中要输入公式的单元格，单击［编辑栏］上的［fx］按钮，或单击［公式］选项卡中的［插入函数］按钮，都可打开［插入函数］对话框，如图 4-4-12 所示。该对话框有［全部函数］和［常用公式］2 个选项卡。

图 4-4-11　根据函数提示输入参数

●［全部函数］选项卡：用户在该选项卡中，选择函数后，对话框底部会显示当前函数的语法格式及功能。在图 4-4-12 中，当前选中的是 SUM 函数，单击［确定］按钮，打开［函数参数］对话框，选择或输入函数参数，参数后面显示参数的值，对话框底部是对当前参数的说明。如图 4-4-13 所示的就是 SUM 函数的参数选择情况，单击［确定］按钮，函数插入完成，同时完成函数计算。

●［常用公式］选项卡：如图 4-4-14 所示，在［常用公式］选项卡中［公式列表］列表框中列举出了一些很实用的公式，可以计算个人年终奖所得税、计算个人所得税、提取身份证年龄、提取身份证生日、提取身份证性别等。

当用户选择了某个公式，在下面输入或选择参数，单击［确定］按钮就可以得到公式的运算结果。图 4-1-14 选择的就是"个人年终奖所得税（2019-01-01 之后）"公式所呈现的状态。

4. 常用函数举例

（1）常用函数

WPS 表格中的函数有几百个，涉及各个行业。这里介绍的常用函数有 SUM、MAX、MIN、AVERAGE、IF、RANK 和 COUNT 系列函数，各函数功能及语法格式见表 4-4-1。

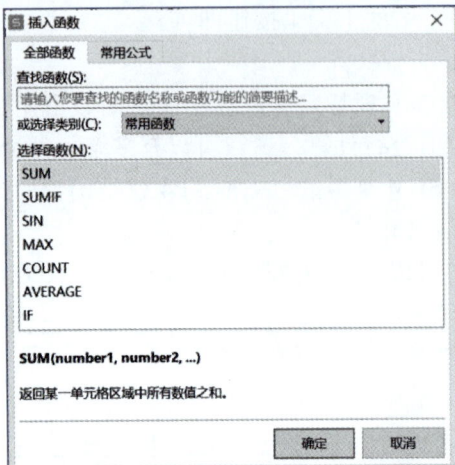

图 4-4-12 ［插入函数］对话框

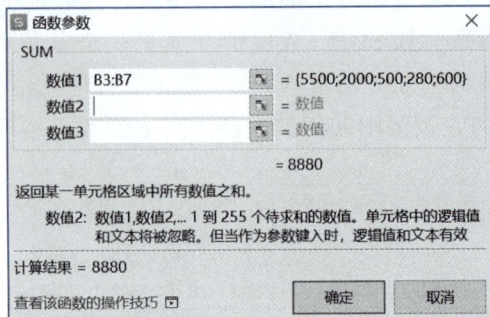

图 4-4-13 SUM 函数参数

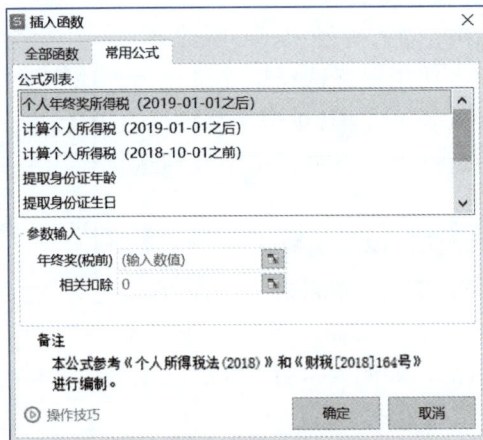

图 4-4-14 ［插入函数］对话框中的［常用公式］选项卡

表 4-4-1 常用函数功能及语法格式

函数名称	功　能	语法格式
SUM	返回某一单元格区域中所有数值之和	SUM（数值 1，数值 2，…）
MAX	返回一组值中的最大值	MAX（数值 1，数值 2，…）
MIN	返回一组值中的最小值	MIN（数值 1，数值 2，…）
AVERAGE	计算参数列表中数值的算术平均值	AVERAGE（数值 1，数值 2，…）
COUNT	统计单元格区域或数组中数值单元格的个数	COUNT（值 1，值 2，…）
COUNTA	返回参数列表中非空值的单元格个数	COUNTA（值 1，值 2，…）
COUNTBLANK	计算指定单元格区域中空白单元格的个数	COUNTBLANK（单元格区域）
COUNTIF	计算区域中满足给定条件的单元格的个数	COUNTIF（单元格区域，条件表格式）
IF	检查是否满足测试条件，如果满足则返回一个值，否则返回另外一个值	IF（逻辑测试条件，条件为真时的取值，［条件为假时的取值］）
RANK	返回一个数字在数字列表中的排位	RANK（数值，数字列表或数值区域，顺序）

大部分函数都有带有参数，参数之间使用"，"隔开。例如公式"=SUM（A1：A4，A7，C2：C6）"，其中有 3 个参数，分别是 A1：A4、A7 及 C2：C6。

函数参数可以直接输入，也可以通过单击选择输入，如图 4-4-15 所示。函数输入完成，在没有确认输入的时候，可以看到函数参数的状态，函数参数的背景色与对应的数据单元格背景色一致。

也有一些函数没有参数，但函数的括号不能少，如 TODAY（）函数。

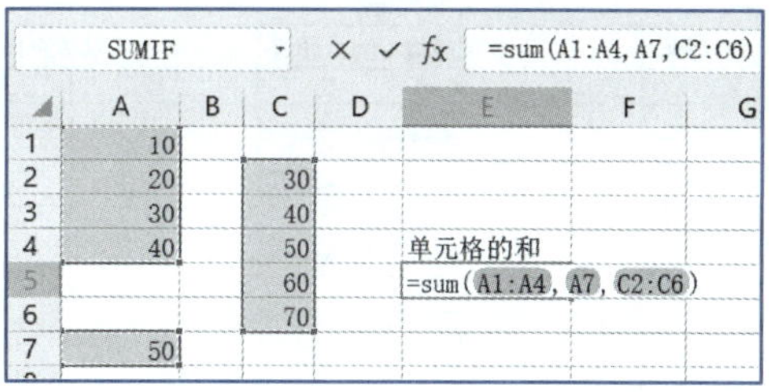

图 4-4-15 函数参数输入

（2）基本函数应用举例

例 4-4-1 以图 4-4-15 中的单元格数据为例，SUM、AVERAGE、MAX、MIN 函数的运算结果见表 4-4-2。

表 4-4-2 基本函数应用举例

公　式	结果	功　　能
=SUM（A1：A4，A7）	150	计算单元格 A1：A4、A7 中数值的总和
=AVERAGE（A1：A4，A7）	30	计算单元格 A1：A4、A7 中数值的算术平均值
=MAX（A1：A4，A7）	50	找出单元格 A1：A4、A7 中数值的最大值
=MIN（A1：A4，A7）	10	找出单元格 A1：A4、A7 中数值的最小值

例 4-4-2 根据考试成绩判断是否通过考试。如果考试成绩大于等于 90 分，则通过考试，显示"是"；否则显示"否"。在 D3 单元格输入公式"=IF（C3>=90，"是"，"否"）"，按 Enter 键后，向下填充公式，结果如图 4-4-16 所示。

例 4-4-3 使用 RANK 函数对学生的成绩排名。如图 4-4-17 所示，D2 单元格中的公式为"=RANK（C2，$C$2：$C$11）"，计算 C2 单元格中的数值在 $C$2：$C$11 区域中的排名。

例 4-4-4 根据练习测试成绩，使用 COUNT 系列函数，分析考试成绩并统计不同分数段的人数，公式及运算结果如图 4-4-18 所示。

关于图 4-4-18 的说明：

图 4-4-18（a）中，COUNT 函数统计的是 C3：C12 中的数值的单元格个数，即有效成绩个数。

图 4-4-18（b）中，COUNTA 函数统计的是 B3：B12 中的非空单元格个数，即总人数。

图 4-4-18（c）中，COUNTIF 函数统计的是：如果 D3：D12 中，数值为"是"的单元格个数，即通过考试的人数。

图 4-4-18（d）中，COUNTBLANK 函数统计的是 C3：C12 中的空单元格的个数，即缺考人数。

5. 其他函数

WPS 函数分为财务函数、逻辑函数、文本函数、日期和时间函数、查找与

微课 4-36
基本函数

微课 4-37
使用 if 函数判断是否通过考试

微课 4-38
使用 rank 函数进行成绩排名

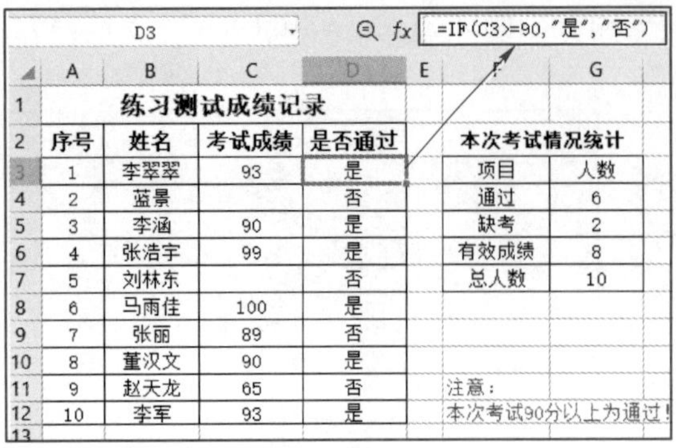

图 4-4-16　IF 函数应用

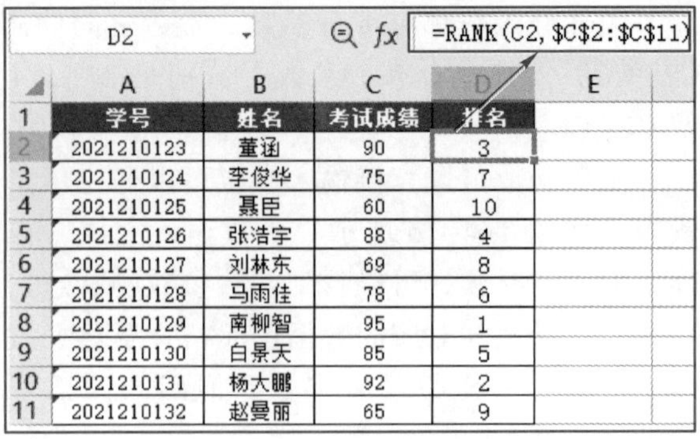

图 4-4-17　RANK 函数应用

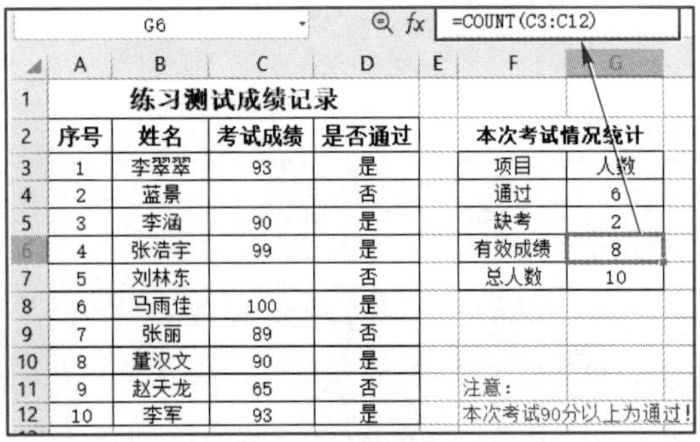

(a) COUNT 函数

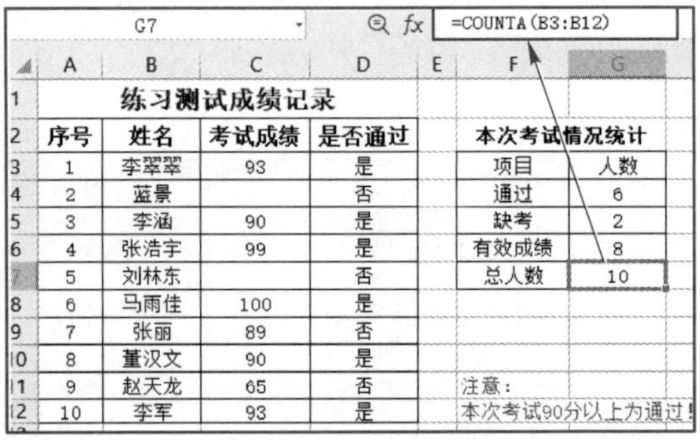

(b) COUNTA 函数

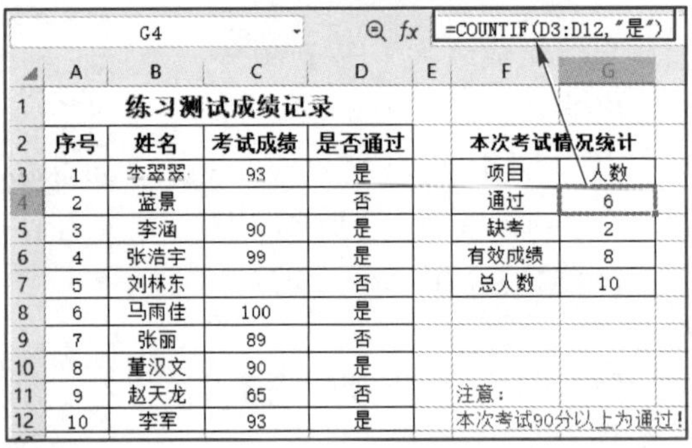

(c) COUNTIF 函数

(d) COUNTBLANK 函数

图 4-4-18　COUNT 系列函数举例

微课 4-39
count 系列
函数

引用、数学和三角函数、统计函数、信息函数、工程函数 9 类函数。每个函数都可以在 [插入函数] 或者 [公式] 选项卡中找到,大家可以根据需要查找资料,学习和使用这些函数。

4.4.3　任务实施

在本任务的任务引入部分,班级助理李明需要在工作表"期末成绩"中,按照各门课程在人才培养方案中的比重,计算学生的综合成绩;在工作表"前端开发"中分段统计"前段开发"课程的学生人数。通过前面的学习,我们已经掌握公式和函数的使用方法,下面一起完成该任务。

1. 打开文件并保存

打开配套资料中的信息管理 20030 班的原始成绩单文件，文件路径为"素材 \4-4\ 学生成绩单（素材）.xlsx"，另存到 D 盘"信息处理技术"文件夹下，文件名为"任务 4　学生成绩单 .xlsx"。

2. 使用公式完成"期末总评"工作表中的计算

① 单击"期末总评"工作表，计算总评成绩。本学期开设的 7 门课程在信息管理专业人才培养方案中的地位不同，所以各门课程在期末总成绩中所占的比例就不同，各科所占比例如图 4-4-19 所示。

单击 K2，输入公式"=D2*$N$3+E2*$N$4+F2*$N$5+G2*$N$6+H2*$N$7+I2*$N$8+J2*$N$9"，按 Enter 键确认输入。拖曳 K2 右下角的填充柄向下进行公式填充，直到 K16 单元格。

选中 K2:K16，设置单元格格式为数值，保留 2 位小数。

② 计算各科最高分。单击 D17 单元格，输入公式"=MAX（D2:D16）"，按 Enter 键确认输入。拖曳 D17 右下角的填充柄向右进行公式填充，直到 J17 单元格。

	总评成绩计算方法	
	课程	在总成绩中的比例
	管理信息系统	20%
	Android软件开发	20%
	网站前端设计与开发	20%
	计算机组装与维护	10%
	平面设计与制作	10%
	应用文写作	10%
	网络技术	10%

图 4-4-19　各科占比

③ 计算各科最低分。单击 D18 单元格，输入公式"=MIN（D2：D16）"，按 Enter 键确认输入。拖动 D18 右下角的填充柄向右进行公式填充，直到 J18 单元格。

④ 计算各科平均分。单击 D19 单元格，输入公式"=AVERAGE（D2：D16）"，按 Enter 键确认输入。拖曳 D19 右下角的填充柄向右进行公式填充，直到 J19 单元格。选中 D19：J19，设置单元格格式为数值，保留 2 位小数。

⑤ 数据居中对齐。选中 K2：K19、D17：J19，单击［居中对齐］按钮让单元格中的数据居中对齐。

⑥ 保存文件。

3. 使用公式完成"前端开发"工作表中数据的计算

① 单击"前端开发"工作表，计算综合成绩。综合成绩中平时成绩与考试成绩的计算比例为 4:6。单击 F2 单元格，输入公式"=D2*$I$3+E2*$J$3"，按 Enter 键确认输入。拖曳 F2 右下角的填充柄控制柄向下进行公式填充，直到 F16 单元格。

选中 F2：F16，设置单元格格式为数值，保留 1 位小数。

② 计算成绩排名。单击 G2 单元格，输入公式"=RANK（F2，$F$2：$F$16）"，按 Enter 键确认输入。拖曳 G2 右下角的填充柄向下进行公式填充，直到 G16 单元格。

③ 数据居中对齐。选中 F2：G16，单击［居中对齐］按钮让单元格中的数据居中对齐。

④ 对总成绩进行分析。

统计 90 分（包括 90 分）以上的人数：单击 J8 单元格，输入公式"=COUNTIF（F2:F16，">=90"）"，按 Enter 键确认输入。

统计 60 分（包括 60 分）到 90 分（不包括 90 分）之间的人数：单击 J9 单元格，输入公式"=COUNTIF（F2：F16，">=60"）-J8"，按 Enter 键确认输入。

统计 60 分以下的人数：单击 J10 单元格，输入公式“=COUNTIF（F2:F16，“<60”）”，按 Enter 键确认输入。

计算参加考试的总人数：单击 J11 单元格，输入公式“=SUM（J8：J10）”，按 Enter 键确认输入。

计算各分数段人数在总人数中的占比：单击 K8 单元格，输入公式“=J8/$J$11”，拖曳单元格 K8 右下角的填充柄向右进行公式填充，直到 K11 单元格。

⑤ 设置各个分数段占比的格式。选中 K8:K11，单击［开始］选项卡中的［百分比格式］按钮，计算结果就以百分比的方式显示。

⑥ 数据居中对齐。选中 J8：K11，单击［居中对齐］按钮让单元格中的数据居中对齐。

⑦ 保存文件。

4.4.4 技能训练

训练 1 员工考勤统计

公司要求员工每天上班打卡，人事处干事小王负责统计当月考勤情况。小王将考勤数据表格交给财务处的丽丽，丽丽根据公司的考勤标准计算员工的考勤工资，最后计入员工工资中。2022 年 3 月份表考勤表如图 4-4-20 所示。

	A	B	C	D	E	F	G	H	I	J	K	L	M	N	O	P	Q	R	S	T	U	V	W	X	Y	Z	AA	AB	AC	AD	AE	AF	AG
1	填写说明:		迟到:		▲		早退:		△		事假:		○		病假:		□		旷工:		×												
2	序号	姓名	1	2	3	4	5	6	7	8	9	10	11	12	13	14	15	16	17	18	19	20	21	22	23	24	25	26	27	28	29	30	31
3			二	三	四	五	六	日	一	二	三	四	五	六	日	一	二	三	四	五	六	日	一	二	三	四	五	六	日	一	二	三	四
4	1	南天	▲																				□	□									
5	2	罗家春														○																	
6	3	谭初萍			□	□														○				▲									
7	4	叶芹								□																							
8	5	詹剑亮		○	▲																												
9	6	蔡丹丹														△															▲		
10	7	刘玉如											○																				
11	8	何寄							□								▲																
12	9	黎婷																															
13	10	肖合伟											▲																				
14	11	彭敏	▲							△														△									
15	12	姚婷																					○										
16	13	曾磊				▲							×							▲													
17	14	刘邦精							□																						△		
18	15	吴建妯																						▲			▲						

3月考勤记录　考勤工资

图 4-4-20　3 月考勤表

要求：

① 打开配套资料中的“素材 \4-4\2022 年 3 月考勤表 .xlsx”文件，另存到 D 盘的“信息处理技术”文件夹下。

② 根据工作表“3 月考勤记录”的内容，使用公式统计员工旷工、事假、病假、迟到的次数，填写到工作表“考勤工资”的 C2：F16 中，如图 4-4-21 所示。

③ 在工作表“考勤工资”中，根据 I1：J6 的考勤标准，在 G2：G16 中使用公式计算每个员工的考勤工资。

序号	姓名	旷工	事假	病假	迟到	考勤工资		事项	金额
1	南天							旷工	-100
2	罗家春							事假	-20
3	谭初萍							病假	0
4	叶芹							迟到	-50
5	詹剑高							全勤	200
6	蔡丹丹								
7	刘玉如								
8	何寄								
9	黎婷								
10	肖合伟								
11	彭敏								
12	姚婷								
13	曾磊								
14	刘邦精								
15	吴建妯								

3月考勤记录　考勤工资

图 4-4-21　3 月考勤工资计算

训练 2　建筑工程部分项目预算

何军是某高职院校工程造价专业的应届毕业生，就业于某建筑公司。作为刚入职的新人，要学习很多东西。老王作为何军的师傅，为了让他尽快熟悉公司业务，给他一个小工程的初步预算表，预算表里面列出了该工程需要的材料、人工等，让何军根据表中数据计算各项合计费用。预算原始表格如图 4-4-22 所示。

建筑工程预算表（部分）

工程名称：

定额编号	定额项目	单位	工程量	基价	合价	人工费(元) 单价	人工费(元) 合价	材料费(元) 单价	材料费(元) 合价	机械费(元) 单价	机械费(元) 合价
	基础工程										
1-124	反铲挖掘机挖土三类土	m3	7928.10	3.46		1.63				1.83	
1-91	夯填土	m3	1595.18	8.11		6.31		0.01		1.79	
1-104	土方运输运输距离 2000m以上2000m	m3	6332.90	13.74		2.88				10.86	
1-105 *8	土方运输运输距离 2000m以上每增500m（单价*8）	m3	6332.90	5.76						5.76	
	混凝土工程										
2-213-2换	电动震动沉桩机打桩孔 混凝土体积1.9m3以内 乙级土混凝土C35抗渗	m3	919.64	355.35		33.45		239.65		82.25	
4-252-2	现浇井桩及灌注桩 低合金钢筋	t	64.85	3335.31		292.31		2991.26		51.74	
4-270-2	现浇直形墙厚度15cm以外 低合金钢筋	t	278.32	3245.48		199.91		2993.96		51.61	
4-275-1	现浇有梁板厚度10cm以外 普通钢筋Φ5mm以上	t	29.97	3146.01		189.27		2890.22		66.52	
4-149	现浇平板模板	m2	48.70	17.77		5.39		10.68		1.70	
4-28-3	现浇有梁板混凝土C30（出屋面）	m3	7.34	241.03		27.83		207.61		5.59	
4-147	现浇有梁板模板	m2	57.02	21.67		6.84		12.77		2.06	
4-275-2	现浇有梁板厚度10cm以外 低合金钢筋	t	1.47	3265.04		189.27		3009.25		66.52	
4-275-1	现浇有梁板厚度10cm以外 普通钢筋Φ5mm以上	t	0.44	3146.01		189.27		2890.22		66.52	
4-12-3	现浇矩形柱混凝土C30	m3	2.30	256.41		46.07		204.67		5.67	
4-128	现浇矩形柱模板	m2	37.63	23.31		8.73		13.13		1.45	
4-32-3	现浇整体楼梯直形 混凝土C30	m2	94.72	55.42		10.26		43.65		1.51	
4-152	现浇楼梯 直形模板	m2	483.47	64.07		22.50		38.95		2.62	
4-279-1	现浇楼梯 普通钢筋Φ5mm以上	t	8.21	3185.89		240.36		2895.81		49.72	
	合计										

图 4-4-22　建筑工程预算表

要求：

① 打开配套资料中的“素材 \4-4\ 建筑预算表 .xlsx”文件，另存到 D 盘的“信息处理技术”文件夹下。

② 使用公式计算单元格区域 F6：F9、H6：H9、J6：J9、L6：L9 中的"合价"。

提示：合价 = 单价 * 工程量，以下相同。

③ 使用公式计算单元格区域 F11：F24、H11：H24、J11：J24、L11：L24 中的"合价"。

④ 使用公式计算单元格 F25、H25、J25、L25 的"合计"费用；每一个合计 = 基础工程中的"合价"+ 混凝土工程的"合价"。

⑤ 给使用公式的单元格添加"黄色"底纹。

任务 4.5　销售数据分析

销售数据分析

PPT

4.5.1　任务引入与分析

"丽妍"品牌专卖店有 3 个销售部门，分别是销售 1 部、销售 2 部、销售 3 部。为了提高员工的积极性，公司每半年就会进行一次业绩评比。今年，销售部经理把上半年各部门的销售数据给文员小丽，让她整理销售数据，并统计分析，为接下来的评比做好准备。

原始销售数据如图 4-5-1 所示。

▲	A	B	C	D	E	F	G	H	I
1	工号	姓名	部门	1月份	2月份	3月份	4月份	5月份	6月份
2	FY013	李雪莹	销售3部	¥8,667.00	¥8,239.00	¥9,416.00	¥10,272.00	¥8,667.00	¥7,704.00
3	FY001	张敏	销售1部	¥7,704.00	¥6,099.00	¥9,844.00	¥10,379.00	¥10,058.00	¥5,457.00
4	FY002	宋子丹	销售2部	¥9,309.00	¥5,564.00	¥9,416.00	¥5,885.00	¥6,741.00	¥7,490.00
5	FY003	黄晓霞	销售1部	¥7,597.00	¥7,169.00	¥9,630.00	¥8,774.00	¥10,379.00	¥7,383.00
6	FY004	刘伟	销售3部	¥8,774.00	¥6,848.00	¥8,132.00	¥9,630.00	¥9,630.00	¥8,453.00
7	FY005	郭建军	销售2部	¥5,564.00	¥8,132.00	¥9,309.00	¥8,667.00	¥10,593.00	¥5,457.00
8	FY006	邓荣芳	销售3部	¥6,420.00	¥5,671.00	¥5,671.00	¥9,737.00	¥10,058.00	¥10,379.00
9	FY007	孙莉	销售1部	¥7,169.00	¥8,346.00	¥10,165.00	¥8,132.00	¥9,844.00	¥6,955.00
10	FY008	黄俊	销售3部	¥7,704.00	¥7,490.00	¥6,527.00	¥6,634.00	¥8,560.00	¥8,881.00
11	FY009	陈子豪	销售3部	¥9,309.00	¥10,165.00	¥5,885.00	¥9,095.00	¥7,490.00	¥8,881.00
12	FY010	蒋科	销售2部	¥9,951.00	¥6,420.00	¥8,988.00	¥9,202.00	¥6,206.00	¥8,239.00
13	FY011	万涛	销售1部	¥6,527.00	¥10,379.00	¥8,239.00	¥10,165.00	¥8,774.00	¥6,527.00
14	FY012	李强	销售3部	¥9,737.00	¥5,457.00	¥6,741.00	¥8,881.00	¥6,848.00	¥7,918.00
15	FY014	赵文峰	销售3部	¥8,774.00	¥5,457.00	¥5,671.00	¥8,667.00	¥10,486.00	¥7,276.00
16	FY015	汪洋	销售1部	¥10,272.00	¥7,490.00	¥6,848.00	¥8,132.00	¥10,058.00	¥8,132.00
17	FY016	王彤彤	销售3部	¥7,062.00	¥10,165.00	¥9,844.00	¥8,667.00	¥10,379.00	¥5,885.00
18	FY017	刘明亮	销售2部	¥6,313.00	¥6,741.00	¥9,523.00	¥9,630.00	¥9,095.00	¥9,309.00
19	FY018	宋懿	销售1部	¥7,597.00	¥8,774.00	¥9,416.00	¥7,918.00	¥9,202.00	¥9,523.00
20	FY019	顾晓华	销售1部	¥5,992.00	¥5,564.00	¥6,313.00	¥6,420.00	¥8,988.00	¥8,667.00
21	FY020	陈芳	销售1部	¥8,881.00	¥5,671.00	¥6,741.00	¥6,527.00	¥6,741.00	¥5,350.00

|< < > >|　上半年销售业绩　＋

图 4-5-1　原始销售数据

任务要求

① 在"上半年销售业绩"工作表添加"销售额"列，并计算出每个人上半年的销售额。

② 给工作表"上半年销售业绩"改名为"上半年销售业绩（原始数据）"。复制 3 份，分别命名为"上半年销售业绩（排序）""上半年销售业绩（筛选）""上半年销售业绩（汇总）"。

③ 在"上半年销售业绩（排序）"工作表中，全部销售人员按照上半年的销售总额从高到低排序，找出上半年销售前三名和倒数三名，给他它们添加底纹以示区分。

④ 在"上半年销售业绩（汇总）"工作表中，统计各部门上半年的销售总额及平均值。

⑤ 在"上半年销售业绩（筛选）"工作表中，筛选出每个部门的销售冠军和总销售冠军，找出销售额低于平均值的人员信息。

任务分析

根据小丽要完成的任务，通过查找资料，学习、实践练习等方式，熟悉并掌握 WPS 表格中工作表的复制、重命名，熟练运用排序、筛选、分类汇总等方法对数据进行简单分析，才能很好地完成任务。

4.5.2　任务学习活动

学习活动 1　数据排序

微课 4-43
数据排序

通常，表格数据的排序、筛选和分类汇总都需要在数据清单中完成。

数据清单是一种包含列标题和多行数据，且同列数据的类型和格式完全相同的数据表，其中不能有合并单元格。图 4-5-1 中的销售数据就是一个数据清单，第 1 行的工号、姓名、部门等列标题又称字段名，每一列就是一个字段，字段中的数据类型相同；第 2 行及其后面的每一行都是称为一条记录。

如果工作表中有多个数据清单，它们之间必须隔开至少一行或者一列，才不会影响后续的数据分析功能。

排序就是按照某些字段（列）的大小排列数据记录，可以是升序、降序或自定义排序，排序依据可以按照单列排序，也可以按照多列进行排序。

1. 根据单列内容排序

单列排序就是按照指定列的内容进行排序。操作方法如下：选择数据清单中的任意单元格，单击功能区中的［开始］选项卡或［数据］选项卡中的［排序］按钮（默认升序），数据清单就会按照所选列升序排序，也可单击［排序］下拉按钮，在弹出的下拉列表中选择［降序］命令，对数据清单进行降序排序。

排序时，默认按照单元格数值排序，实际上，还可以按照单元格的颜色、字体颜色、条件格式图标等排序。

对于不同类型的数据值，默认的排序依据有一些差异。数值、日期是按照数值大小排序。文本类型的数据，默认是按照拼音字母顺序来排序。自定义排序，按照用户指定的序列值进行排序，如"学历"按照指定的序列"博士研究生、硕士研究生、本科、专科、高中、初中、小学、其他"排序。

2. 根据多列内容排序

如果单列排序后的结果还是无法有效地表明数据记录的前后次序，就需要增加排序条件，设定排序规则，以期达到最终的排序目的。

具体操作如下：先选中需要排序的数据清单，单击［开始］选项卡或［数据］选项卡中的［排序］下拉按钮，在弹出的下拉菜单中选择［自定义排序］命令，打开如图 4-5-2 所示的［排序］对话框，图中各项说明如下：

［添加条件］按钮：单击该按钮，添加其他排序条件。

［删除条件］按钮：单击该按钮，会删除当前条件。

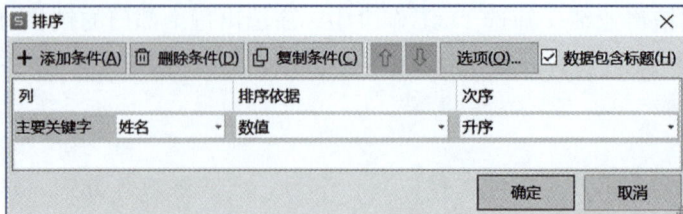

图 4-5-2 ［排序］对话框

［复制条件］按钮：单击该按钮，就会复制当前条件。

［上移］和［下移］按钮：单击这两个按钮，调整当前条件在排序条件中的位次。

［选项］按钮：单击该按钮，打开［排序选项］对话框，其中有 3 个选项，分别是［区分大小写］复选框，选择排序时是否区分大小；排序方向，按行排序或按列排序（默认选中）；排序方式，按拼音排序（默认选中）或笔画排序。

［数据包含标题］复选框：系统会自动检测，所选排序数据是否包含数据标题行。

"列"下面的"主要关键字"是排序的第一要素，在其后下拉列表中选择数据清单中的列。

"排序依据"是指根据什么来排序，有"数值""单元格颜色""字体颜色"及"条件格式图标" 4 个选项。

"次序"指排序时的顺序，有"升序""降序"及"自定义序列" 3 个选项。

排序时需要按照几个字段排序，就添加几个条件。

如图 4-5-3 所示的多列排序，就添加了 3 个排序条件。该排序先按照"部门"的"数值"进行"升序"排序；如果部门相同，再按照"销售额"的"数值"进行"降序"排序；如果部门和销售额都相同，最后按照"工号"的"数值"进行"升序"排序。

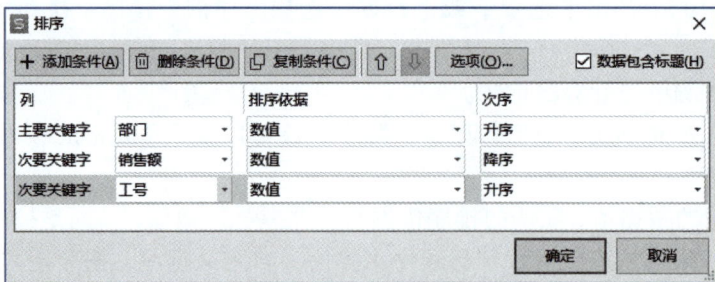

图 4-5-3 ［排序］对话框中的 3 个排序条件

3. 自定义排序

在人员基本信息表中，如果要求按照学历（博士研究生、硕士研究生、本科、专科、高中、初中、小学、其他）排序，基本排序方法无法实现这个排序目标，需要使用自定义排序实现。

操作方法：单击数据清单中的任意单元格，单击［开始］选项卡或［数据］选项卡中的［排序］下拉按钮，在弹出的下拉菜单中选择［自定义排序］命令，打开［排序］对话框。在［排序］对话框中"主要关键字"后的"次序"下拉列表中选择"自定义序列"选项，打开［自定义序列］对话框，在此选择需要的序列（如果排序的自定义序列在［自定义序列］对话框中不存在，则需要在［自定义序列］对话框中添加该序列），单击［确定］按钮返回［排序］对话框，单击［确定］按钮，自定义排序完成。

例 4-5-1　打开配套资料"素材 \4-5\ 员工基础信息 .xlsx"文件，按照"行政部、销售部、运输队、财务部、设计部、人力资源部"的顺序排序。

操作：单击数据清单中的任意单元格，单击［开始］选项卡或［数据］选项卡中的［排序］下拉按钮，在弹出的下拉菜单中选择［自定义排序］命令，打开［排序］对话框。在［排序］对话框中，在"主要关键字"中选择"部门"，"排序依据"下拉列表选择"数值"，"次序"下拉列表中选择"自定义序列"。打开［自定义序列］对话框，选择已经定义好的序列"行政部、销售部、运输队、财务部、人力资源部"，单击［确定］按钮，关闭［自定义序列］对话框，返回到［排序］对话框中，再单击［确定］按钮就完成指定顺序的排序。如图 4-5-4 所示，选择"自定义序列"作为排序依据。

微课 4-44
自定义排序

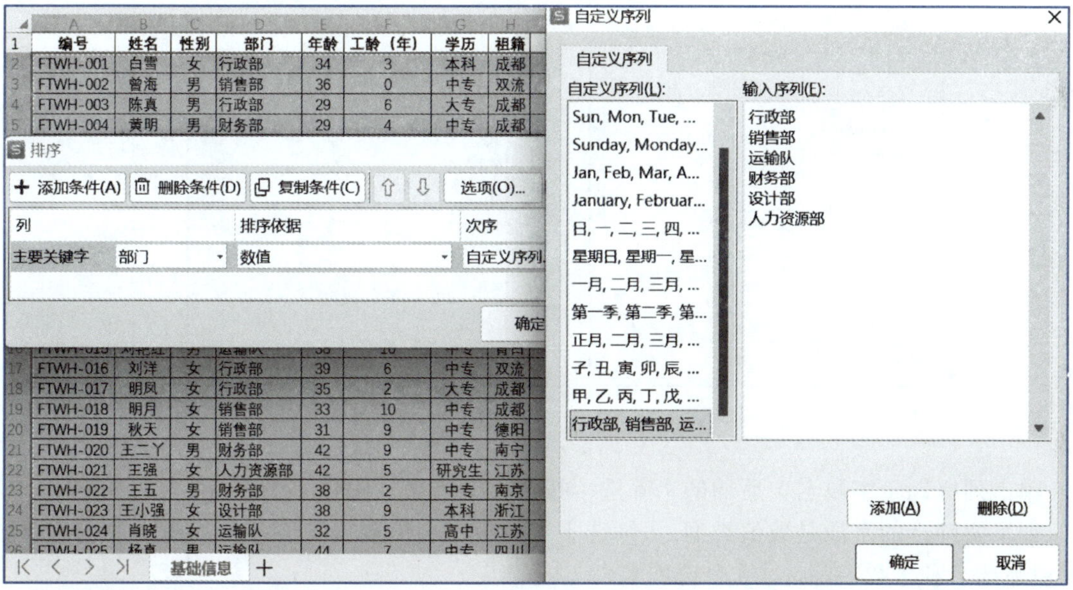

图 4-5-4　选择自定义序列

学习活动 2　数据筛选

数据筛选就是在数据清单中提炼出符合某种条件的数据，不满足条件的数据将被隐藏起来。WPS 表格中的数据筛选分为自动筛选和高级筛选两种。

1. 自动筛选

自动筛选可以快速实现单列筛选或多列筛选，此时参与筛选的多列之间是"并且"的关系。

（1）添加自动筛选

选择数据清单，单击功能区中的［开始］选项卡中的［筛选］按钮，数据清单的字段名后面会出现带绿色三角形的［筛选］按钮，如图 4-5-5 所示。

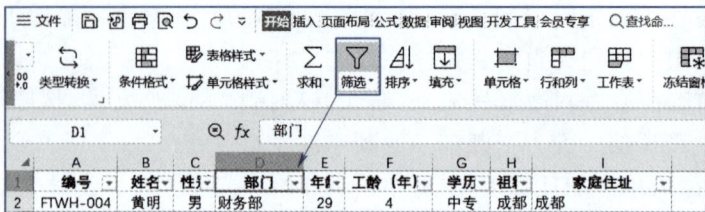

图 4-5-5　添加自动筛选

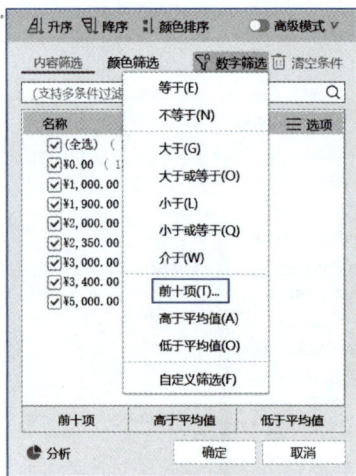

图 4-5-6　数字筛选

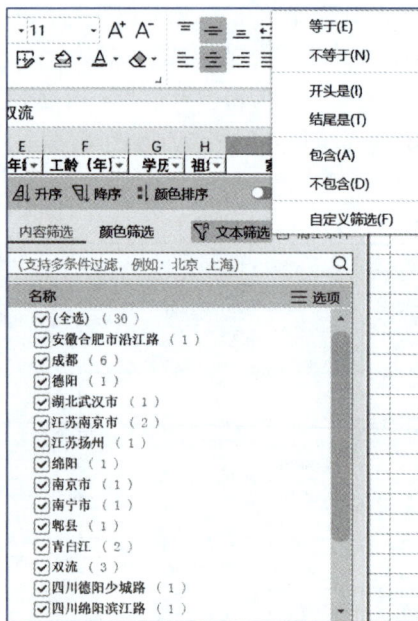

图 4-5-7　文本筛选

单击列标题（字段名）后面的 ［筛选］ 按钮，会弹出 ［筛选］ 子面板。

如果要筛选的字段是数值类型，［筛选］ 子面板中会出现如图 4-5-6 所示的 ［内容筛选］
［颜色筛选］ 和 ［数字筛选］ 3 个选项卡。

如果要筛选的字段是文本类型，［筛选］ 子面板中会出现如图 4-5-7 所示的 ［内容筛选］
［颜色筛选］ 和 ［文本筛选］ 3 个选项卡。

图 4-5-6 和图 4-5-7 中各选项卡及按钮含义如下：

［内容筛选］ 选项卡：该栏目下面会显示数据表中的所有不同值。选中 "名称" 下面的
复选框，单击 ［确定］ 按钮之后，数据表就会显示符合用户选择的信息；取消选中 "名称"
下面的复选框，对应的数据记录隐藏；选中 ［全选］ 复选框，数据全部显示。

［颜色筛选］ 选项卡：根据数据颜色筛选。这里列举了所选数据中的字体颜色，单击某
种颜色就会筛选出具有该字体颜色的数据记录。

［数字筛选］ 选项卡：根据数值单元格的值，设置筛选条件。单击该选项卡，会弹出如
图 4-5-6 所示的下拉子菜单，子菜单中包括 ［等于］［不等于］［大于］ 等命令。

［文本筛选］ 选项卡：根据单元格的文本值设置筛选条件。单击该选项卡，会弹出下拉
子菜单，如图 4-5-7 所示。子菜单包括 ［等于］［不等于］［开头是］ 等命令，选择其中的命令，

可实现精准或者模糊的文本筛选。

筛选数值类型字段时［筛选］面板的［数字筛选］下拉菜单部分选项介绍如下。

［前十项］按钮：在图 4-5-6 中单击［前十项］按钮，会打开如图 4-5-8 所示的［自动筛选前 10 个］对话框。在"显示"栏中可以选择 3 个内容，分别是"最大""最小"、具体数值、"项"或者"百分比"，在这里可以选择最大的"n 项"、最小的"n 项"、最大的"n%"项、最小的"n%"项，单击［确定］按钮后就可以实现筛选。

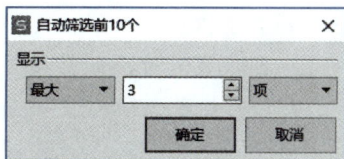

图 4-5-8　自动筛选前 3 个

［高于平均值］按钮：单击该按钮，筛选出当前数值列中高于平均值的记录，其他记录隐藏。

［低于平均值］按钮：单击该按钮，筛选出当前数值列中低于平均值的记录，其他记录隐藏。

> 📖 注意：
>
> 　　［数字筛选］里的筛选是单方向的，如果要实现两个方向或区间内的筛选，就要选择［自定义筛选］命令。

例 4-5-2　打开配套资料"素材 \4-5\ 学生成绩单 .xlsx"文件，使用自动筛选功能，筛选"考试成绩"列在 60 分到 80 分（包括 60，但不包括 80）之间的学生信息。

操作：

① 单击数据清单中任意单元格，单击功能区的［开始］选项卡中的［筛选］按钮，数据清单的字段名后面出现［筛选］按钮。

② 单击"考试成绩"字段后的［筛选］按钮，在弹出的子面板中，在［数字筛选］选项卡下选择［自定义筛选］命令。

③ 在打开的［自定义自动筛选方式］对话框中的设置：在"考试成绩"下拉列表中选"大于或等于"选项，在其后面的文本框中输入"60"，选中［与］单选按钮，在下方的下拉列表中选择"小于"选项，在其后面的文本框中输入"80"。如图 4-5-9 所示，单击［确定］按钮，筛选完成。

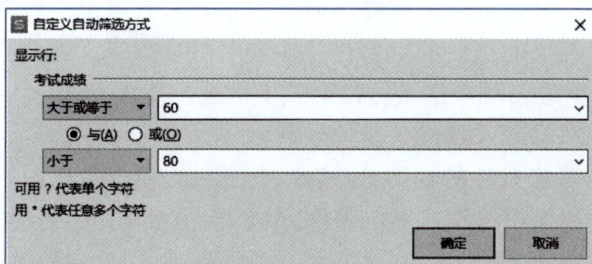

微课 4-46
筛选成绩在
60-80 之间
的学生信息

图 4-5-9　自定义筛选成绩大于等于 60 分且小于 80 分的成绩

注意：

自动筛选时，如果按照多个字段进行筛选，筛选出来的记录必然是同时满足这几个筛选条件的记录，"部门""年龄"就是筛选字段，如图 4-5-10 所示。

	A	B	C	D	E	F	G	H	
1	编号	姓名	性别	部门	年龄	工龄（年）	学历	祖籍	家庭住址
3	FTWH-007	蓝天	女	财务部	34	2	本科	郫县	郫县
4	FTWH-009	李大伟	男	财务部	39	10	中专	双流	双流
5	FTWH-020	王二丫	男	财务部	42	9	中专	南宁	南宁市
6	FTWH-022	王五	男	财务部	38	2	中专	南京	南京市
7	FTWH-027	张二晓	女	财务部	39	6	本科	湖北	湖北武汉市
8	FTWH-028	张伟	男	财务部	32	0	本科	安徽	安徽合肥市沿江路
22	FTWH-001	白雪	女	行政部	34	3	本科	成都	成都
24	FTWH-011	李小明	男	行政部	36	4	中专	员工	员工宿舍
25	FTWH-016	刘洋	女	行政部	39	6	中专	双流	双流
26	FTWH-017	明凤	女	行政部	35	2	大专	成都	成都
27	FTWH-026	张大成	男	行政部	31	4	中专	四川	四川绵阳滨江路

图 4-5-10　筛选"财务部、行政部中年龄在 30 岁以上的员工信息"

（2）取消自动筛选

数据清单处于筛选状态下时，单击［开始］选项卡中的［筛选］按钮即可取消自动筛选。

例 4-5-3　打开配套资料"素材 \4-5\ 员工基础信息 .xlsx"文件，筛选出"财务部"和"行政部"中，年龄在 30 岁以上的员工信息。

操作：

① 单击数据清单中任意单元格，单击功能区的［开始］选项卡中的［筛选］按钮。

② 单击"部门"字段后的［筛选］按钮，在打开的对话框中分别选中"财务部""行政部"复选框后，单击［确定］按钮返回到数据清单。

③ 单击"年龄"字段后的［筛选］按钮，在弹出的下拉子面板中，选择［数字筛选］选项卡下的［大于］命令，在打开的［自定义筛选］对话框中，第 1 个文本框中输入"30"，单击［确定］按钮，筛选完毕。筛选结果如图 4-5-10 所示。

2. 高级筛选

高级筛选功能是自动筛选的升级，可以设置更多更复杂的筛选条件，而且可以将筛选出的结果输出到指定位置。高级筛选需要在工作表区域内单独指定筛选条件。高级筛选的条件区域至少包含两行，第 1 行是列标题，第 2 行是筛选条件，高级筛选后的结果存放位置由用户指定。进行高级筛选要经过两个步骤：第一步是书写筛选条件，第二步是进行高级筛选。

（1）书写筛选条件（条件区域）

书写筛选条件的规则是：条件中用到的字段名在同一行并且连续，在字段名下方的单元格中输入对应条件，多个条件为"与"关系时写在同一行上，为"或"关系时写在不同行上。写这些筛选条件的单元格区域称为条件区域。条件区域与数据清单至少隔开一行或者一列，筛选结果可以显示在源数据区，也可以显示在其他单元格区域。

例 4-5-4　打开配套资料"素材 \4-5\ 员工基础信息 .xlsx"文件，根据下面筛选要求，写条件区域：筛选"部门"是"财务部"，或"学历"为"研究生"

微课 4-47
筛选不同部门年龄在 30 岁以上的员工信息

微课 4-48
高级筛选

微课 4-49
书写高级筛选的条件区域

的员工信息；筛选"工龄（年）"在 6 年以上、"性别"为"男"，或"学历"为"本科"的员工信息。

操作过程如下：

① 在 K1：L1 中输入筛选标题：部门和学历，根据书写条件区域的规则，筛选的两个条件是"或"关系，必须写在对应字段名下方且不同行，所以在 K2 中输入"财务部"，在 L3 中输入"研究生"。

② 在 K6：M6 中输入筛选标题"性别""学历"和"工龄（年）"，据书写条件区域的规则，"工龄"和"性别"必须同时满足，为"并且"关系，写在同一行，但它们与"学历"是"或"关系，应该写在不同行，所以在 K7 中输入"男"，在 L8 中输入"本科"，在 M7 中输入">6"。

写好的筛选条件如图 4-5-11 所示。

图 4-5-11　设置高级筛选的"条件区域"

（2）进行高级筛选

写好筛选条件后，单击数据清单中任意单元格，单击功能区［开始］选项卡中的［筛选］下拉按钮，在弹出的下拉菜单中选择［高级筛选］命令，在打开的［高级筛选］对话框中选择参数，单击［确定］按钮后完成筛选。

下面完成例 4-5-4 中第 1 个问题的高级筛选。如图 4-5-12 所示，在［高级筛选］对话框中，［方式］栏中选中［将筛选结果复制到其他位置］单选按钮，［列表区域］选择数据清单"基础信息！$A$1：I31"，［条件区域］选择数据清单中的"基础信息！$K$1:$L$3"，［复制到］选择"基础信息！$K$10"，单击［确定］按钮，筛选结果就出现在"基础信息"工作表的 K10：S19 单元格区域中。

微课 4-50
高级筛选后续

学习活动 3　分类汇总

分类汇总包含两步操作：第一步是分类，使用排序完成；第二步是汇总，就是根据已经分类的数据值分别进行汇总统计，本学习活动重点介绍汇总部分。

1. 数据分类

按照哪个字段汇总，就先按照该字段进行排序。如果缺少这一步，汇总的结果将会出错。

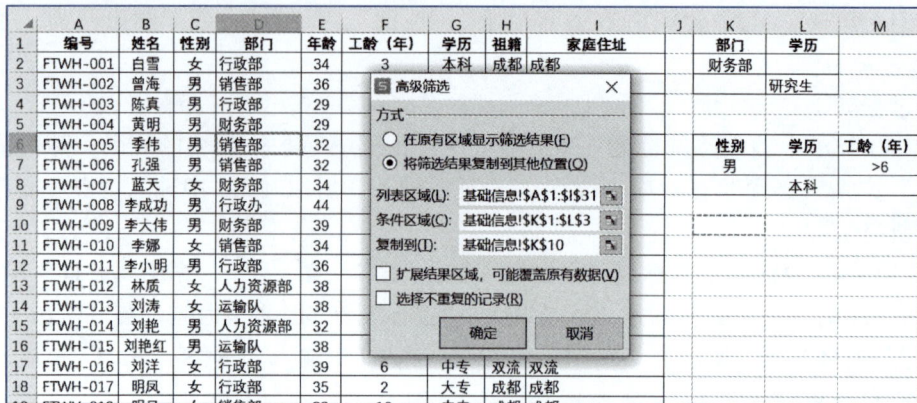

图 4-5-12　［高级筛选］选项设置

2. 数据汇总

选定数据清单内的任意单元格，单击功能区［数据］选项卡中的［分类汇总］按钮，打开［分类汇总］对话框，再根据汇总的项目选择参数即可。

如图 4-5-13 所示，汇总不同部门的人数。［分类汇总］对话框中各个选项含义如下。

［分类字段］选项，是汇总依据，即已排序的字段，从下拉列表中选择。

［汇总方式］选项，是汇总时的算法，从下拉列表中选择求和、计数、平均值等，图 4-5-13 选择的是"计数"。

［选定汇总项］选项，其中选择汇总的项目（字段）。

［替换当前分类汇总］复选框，默认选中，如果该数据清单中已有汇总结果，再次汇总时，新的汇总结果替换当前分类汇总；取消选中该复选框，本次就会在原来汇总的基础上再次进行汇总。

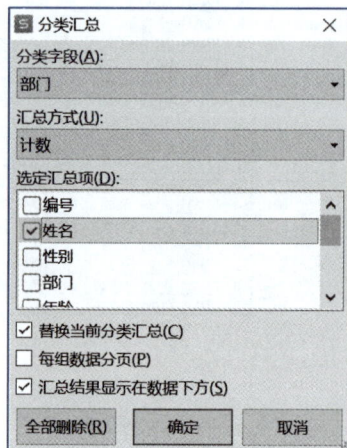

图 4-5-13　分类汇总

［每组数据分页］复选框，将汇总后的信息分页显示，每一组数据放置在一页上。默认分类汇总的结果不分页。

［汇总结果显示在数据下方］复选框，默认选中，分组汇总的结果放置在每组数据的下方，总计结果显示在数据清单最后。

［全部删除］按钮，单击该按钮，删除已有的全部汇总结果。

例 4-5-5　打开配套资料"素材 \4-5\ 员工基础信息 .xlsx"文件，汇总不同部门的人数。

操作：单击数据清单中的"部门"列，升序排序。单击［数据］选项卡中的［分类汇总］按钮，打开［分类汇总］对话框，其中各项按照图 4-5-13 所示设置，单击［确定］按钮，汇总完成。汇总结果如图 4-5-14 所示。

3. 删除分类汇总结果

单击已汇总的数据清单中的任意单元格，打开［分类汇总］对话框，单击［全部删除］按钮就会删除刚才的汇总结果。

1 2 3		A	B	C	D	E	F	G	H	I
	1	编号	姓名	性别	部门	年龄	工龄（年）	学历	祖籍	家庭住址
	2	FTWH-004	黄明	男	财务部	29	4	中专	成都	成都
	3	FTWH-007	蓝天	女	财务部	34	2	本科	郫县	郫县
	4	FTWH-009	李大伟	男	财务部	39	10	中专	双流	双流
	5	FTWH-020	王二丫	男	财务部	42	9	中专	南宁	南宁市
	6	FTWH-022	王五	男	财务部	38	2	中专	南京	南京市
	7	FTWH-027	张二晓	女	财务部	39	6	本科	湖北	湖北武汉市
	8	FTWH-028	张伟	男	财务部	32	0	本科	安徽	安徽合肥市沿江路
	9		7		财务部 计数					7
	10	FTWH-012	林质	女	人力资源部	38	7	本科	员工	员工宿舍
	11	FTWH-014	刘艳	男	人力资源部	32	7	本科	员工	员工宿舍
	12	FTWH-021	王强	女	人力资源部	42	5	研究生	江苏	江苏扬州
	13		3		人力资源部 计数					
	14	FTWH-008	李成功	男	设计部	44	0	研究生	成都	成都
	15	FTWH-023	王小强	女	设计部	38	9	本科	浙江	浙江温州
	16	FTWH-030	赵菲菲	女	设计部	38	1	本科	四川	四川宜宾市万江路
	17		3		设计部 计数					3
	18	FTWH-002	曾海	男	销售部	36	0	中专	双流	双流
	19	FTWH-005	季伟	男	销售部	32	10	中专	绵阳	绵阳
	20	FTWH-006	孔强	男	销售部	32	1	中专	青白	青白江
	21	FTWH-010	李娜	女	销售部	34	2	中专	温江	温江
	22	FTWH-018	明月	女	销售部	33	10	中专	成都	成都
	23	FTWH-019	秋天	女	销售部	31	9	中专	德阳	德阳
	24	FTWH-029	张晓晓	女	销售部	34	0	中专	江苏	江苏南京市
	25		7		销售部 计数					7
	26	FTWH-001	白雪	女	行政部	34	3	本科	成都	成都
	27	FTWH-003	陈真	男	行政部	29	6	大专	成都	成都
	28	FTWH-011	李小明	男	行政部	36	4	本科	员工	员工宿舍
	29	FTWH-016	刘洋	女	行政部	39	6	中专	双流	双流
	30	FTWH-017	明凤	女	行政部	35	2	大专	成都	成都
	31	FTWH-026	张大成	男	行政部	31	4	中专	四川	四川绵阳滨江路
	32		6		行政部 计数					6
	33	FTWH-013	刘涛	女	运输队	38	6	中专	温江	温江
	34	FTWH-015	刘艳红	男	运输队	38	10	中专	青白	青白江
	35	FTWH-024	肖晓	女	运输队	32	5	高中	江苏	江苏南京市
	36	FTWH-025	杨真	男	运输队	44	7	中专	四川	四川德阳少城路
	37		4		运输队 计数					4
	38		30		总计数					30

图 4-5-14　按"部门"汇总人数效果图

4. 分类汇总表的使用

汇总后的数据清单的窗口左侧出现层次按钮（1，2，3）和局部按钮（+，-）。单击层次按钮［1］可以查看总的汇总结果；单击层次按钮［2］可以查看各分组汇总结果；单击层次按钮［3］可以查看各分组汇总的详细信息。单击局部按钮［+］展开某个分组的详细信息，单击［-］按钮折叠某个分组。图 4-5-15 中查看汇总的层次级别为 2，展开的是"人力资源部"3 人的详细信息。

1 2 3		A	B	C	D	E	F	G	H	I
	1	编号	姓名	性别	部门	年龄	工龄（年）	学历	祖籍	家庭住址
	9		7		财务部 计数					7
	10	FTWH-012	林质	女	人力资源部	38	7	本科	员工	员工宿舍
	11	FTWH-014	刘艳	男	人力资源部	32	7	本科	员工	员工宿舍
	12	FTWH-021	王强	女	人力资源部	42	5	研究生	江苏	江苏扬州
	13		3		人力资源部 计数					3
	17		3		设计部 计数					3
	25		7		销售部 计数					7
	32		6		行政部 计数					6
	37		4		运输队 计数					4
	38		30		总计数					30

图 4-5-15　查看"人力资源部"的汇总明细

4.5.3　任务实施

在本任务的任务引入部分，小丽需要对本公司销售部门上半年的销售数据进行分析，汇总销售额、筛选出销售总冠军及各销售部门的部门冠军等。通过前面的学习，我们已经掌握排序、筛选及分类汇总技能，下面一起来完成该任务。

1. 准备数据清单

微课 4-52
数据清单准备－数据分析

① 打开配套资料中的"素材 \4-5\ 销售统计 .xlsx"文件，另存到 D 盘的"信息处理技术"文件夹下，以"任务 5　销售统计分析 .xlsx"为文件名保存。

② 在"上半年销售业绩"工作表中添加"销售额"列，并进行计算。在 J1 单元格输入"销售额"，字体设置为加粗。在 J2 单元格输入公式"=SUM（D2：I2）"，确定后，向下填充公式到 J21 单元格，该列数据"居中"对齐。

③ 设置数据清单格式。选择 A1:J21，添加边框：外框为粗线，内框为细线；最适合行高、最适合列宽。

④ 复制工作表并重命名。将工作表"上半年销售业绩"重命名为"上半年销售业绩（原始数据）"，将该工作表复制 3 次并修改工作表标签，分别改名为"上半年销售业绩（排序）""上半年销售业绩（筛选）""上半年销售业绩（汇总）"。

⑤ 保存文件。

2. 分析数据清单

（1）单击工作表标签"上半年销售业绩（排序）"，完成下面的操作。

微课 4-53
数据排序和数据分析

单击数据清单中 J 列的任意单元格，单击［开始］选项卡中的［排序］下拉按钮，在弹出的下拉菜单中选择［降序］命令，完成按照销售额从高到低的排序。位于前三的记录就是上半年销售前三名，设置底纹为"巧克力黄，着色 2，浅色 80%"；最后面的 3 条记录就是上半年销售额倒数后三名，设置底纹为"浅绿，着色 6，浅色 80%"。

销售第 1 名亦是上半年的销售总冠军。设置第 1 条记录（第 2 行数据）的字体样式为加粗、红色，以示区别。

（2）单击工作表标签"上半年销售业绩（筛选）"，完成下面的操作。

微课 4-54
数据筛选和数据分析

单击数据清单中任意单元格，单击功能区［开始］选项卡中的［筛选］按钮，数据清单进入筛选状态。

微课 4-55
数据分类汇总和数据分析

① 筛选出每个部门的销售冠军。筛选"销售 1 部"的销售冠军。单击"部门"字段后的［筛选］按钮，在弹出的子面板中，取消选中［全选］复选框，选中"销售 1 部"复选框；单击"销售额"字段后的［筛选］按钮，在弹出的子面板中，单击上方的［降序］按钮；复制 A1:J2 到 A25；选择 A24:J24 单元格，单击［合并居中］按钮，输入"销售 1 部 销售冠军"，字体设置为"红色"，参照图 4-5-16 调整第 27 行的行高。

销售 2 部、销售 3 部的销售冠军的筛选方法同上，销售 2 部的冠军数据放到 A28：J30 中，销售 3 部的冠军数据放到 A32：J34 中，如图 4-5-16 所示，调整第 31 行和第 35 行的行高。

24	销售1部 销售冠军								
25	工号	姓名	部门	1月份	2月份	3月份	4月份	5月份	6月份	销售额
26	FY018	宋健	销售1部	¥7,597.00	¥8,774.00	¥9,416.00	¥7,918.00	¥9,202.00	¥9,523.00	¥52,430.00
27										
28	销售2部 销售冠军								
29	工号	姓名	部门	1月份	2月份	3月份	4月份	5月份	6月份	销售额
30	FY017	刘明亮	销售2部	¥6,313.00	¥6,741.00	¥9,523.00	¥9,630.00	¥9,095.00	¥9,309.00	¥50,611.00
31										
32	销售3部销售冠军								
33	工号	姓名	部门	1月份	2月份	3月份	4月份	5月份	6月份	销售额
34	FY013	李雪莹	销售3部	¥8,667.00	¥8,239.00	¥9,416.00	¥10,272.00	¥8,667.00	¥7,704.00	¥52,965.00
35										
36	销售额低于平均值的人员								
37	工号	姓名	部门	1月份	2月份	3月份	4月份	5月份	6月份	销售额
38	FY005	郭建军	销售2部	¥5,564.00	¥8,132.00	¥9,309.00	¥8,667.00	¥10,593.00	¥5,457.00	¥47,722.00
39	FY006	邓荣芳	销售2部	¥6,420.00	¥5,671.00	¥5,671.00	¥9,737.00	¥10,058.00	¥10,379.00	¥47,936.00
40	FY008	黄俊	销售3部	¥7,704.00	¥7,490.00	¥6,527.00	¥6,634.00	¥8,560.00	¥8,881.00	¥45,796.00
41	FY014	赵文峰	销售2部	¥8,774.00	¥5,457.00	¥5,671.00	¥8,667.00	¥10,486.00	¥7,276.00	¥46,331.00
42	FY012	李强	销售3部	¥9,737.00	¥5,457.00	¥6,741.00	¥8,881.00	¥6,848.00	¥7,918.00	¥45,582.00
43	FY002	宋子丹	销售1部	¥9,309.00	¥5,564.00	¥9,416.00	¥5,885.00	¥6,741.00	¥7,490.00	¥44,405.00
44	FY019	顾晓华	销售3部	¥5,992.00	¥5,564.00	¥6,313.00	¥6,420.00	¥8,988.00	¥8,667.00	¥41,944.00
45	FY020	陈芳	销售1部	¥8,881.00	¥5,671.00	¥6,741.00	¥6,527.00	¥6,741.00	¥5,350.00	¥39,911.00

图 4-5-16　各部门销售冠军及销售额低于平均值的人员信息

② 筛选销售额低于平均值的人员信息。取消前面的自动筛选，准备重新筛选。单击数据清单中任意单元格，单击功能区 [开始] 选项卡中的 [筛选] 按钮，数据清单进入筛选状态。单击 "销售额" 后的 [筛选] 按钮，在弹出的子面板中，单击 [低于平均值] 按钮，数据清单中就只剩下了销售额低于平均值的记录。复制这些结果到 A37，选择 A36:J36 单元格，单击 [合并居中] 按钮，输入 "销售额低于平均值的人员"，设置 A36 的字体颜色为 "红色"。最终的筛选结果如图 4-5-16 所示。

（3）单击工作表标签 "上半年销售业绩（汇总）"，完成下面的操作。

汇总各部门上半年的销售总额及平均值。

① 分类（排序）。单击数据清单中的 "部门" 列中的任意的单元格，单击 [开始] 选项卡或 [数据选项卡] 中的 [排序] 下拉按钮，在弹出的下拉列表中选择 [升序] 命令，将数据清单按 "部门" 升序排序。

② 汇总。单击功能区 [数据] 选项卡下的 [分类汇总] 按钮，打开 [分类汇总] 对话框，设置参数：[分类字段] 下拉列表中选择 "部门"，[汇总方式] 下拉列表中选择 "求和"，[选定汇总项] 列表中选择 "销售额"，单击 [确定] 按钮，各部门销售总额汇总完成。

继续汇总，打开 [分类汇总] 对话框，设置参数：[分类字段] 下拉列表中选择 "部门"，[汇总方式] 下拉列表中选择 "平均值"，[选定汇总项] 列表中选择 "销售额"，取消选中 [替换当前分类汇总] 复选项，单击 [确定] 按钮，各部门销售平均值汇总完成。

全部汇总结果如图 4-5-17 所示，这是两次汇总叠加的结果。

3. 保存文件

4.5.4　技能训练

训练 1　员工工资分析

董兰是某小型私营企业的会计，她最主要的工作就是计算员工工资，员工工资由基本工资、岗位工资、提成、效益奖金、生活补贴和考勤扣除这 6 项构成。2022 年 4 月初，总经理让她把 3 月份工资数据按照要求进行分析，员工工资原始数据如图 4-5-18 所示。

图 4-5-17　两次汇总叠加的结果

图 4-5-18　"员工工资表"原始表格（部分）

打开配套资料中的"素材 \4-5\ 员工工资表 .xlsx"，保存到 D 盘"信息处理技术"文件夹下，按照下面的操作要求完成任务。

① 完善"工资表"，计算"实发工资"。

② 复制 3 次工作表"工资表"，并重命名为"排序""筛选""分类汇总"。

③ 在"排序"工作表中先按"实发工资"降序排序，再按照"考勤扣除"降序排序。

④ 在"筛选"工作表中筛选出"销售部"中"实发工资"高于 9000 元的员工信息，保存到本工作表的其他位置。

⑤ 在"分类汇总"工作表中，统计不同职位员工的平均实发工资。

训练 2　面试人员基本信息分析

凌云软件公司准备在西安新开一家分公司，面向社会招募人才。第一天就来了很多人员应聘，杜总让办公室文员王莉整理这些资料，将参加面试的人员信息进行简单分类，从而了解应聘人员的第一手资料。王莉整理好的原始数据如图 4-5-19 所示。

面试人员基本信息登记表

序号	应聘岗位	姓名	身份证号码	性别	毕业院校	学历	专业	籍贯	联系电话
1	会计	刘蕻	54****19810423**3*	女	山东财经学院	硕士	会计学	唐山	1514545****
2	技术总监	艾佳	512***19830925****	男	复旦大学	硕士	软件工程	绵阳	1531122****
3	文员	车德凤	74****19630123**8*	男	陕西师范大学	本科	心理学	青岛	1324578****
4	后勤人员	陈佳龙	36****19820520**1*	男	陕西商业技术学院	专科	计算机应用技术	贵阳	1371512****
5	程序员	陈龙	50****19720303**5*	男	山东财经学院	硕士	软件工程	昆明	1369787****
6	程序员	陈汝	85****19761019**4*	男	西安电子科技大学	本科	软件工程	泸州	1398066****
7	后勤人员	陈小利	513***19771021****	男	西安欧亚学院	本科	计算机工程	贵阳	1531123****

基本信息

图 4-5-19　“面试人员基本信息登记表”原始数据（部分）

把这些面试人员信息简单分类，要求如下。

① 打开教材配套资料下的“素材 \4-5\ 面试人员基本信息 .xlsx”文件，保存到 D 盘“信息处理技术”文件夹下，以“面试人员信息分析 .xlsx”为名保存。

② 将工作表“基本信息”复制 3 份，分别重命名为“排序”“筛选”“分类汇总”。

③ 在“排序”工作表中，按照“博士、硕士、本科、专科”的顺序进行排序。

④ 在“筛选”工作表中，筛选出“籍贯”是“西安”或者“杭州”的应聘人员信息；再筛选出“应聘岗位”是“程序员”的男性信息；把两次筛选的结果复制到本工作表的其他位置。

注意：

筛选结果距离原始数据清单至少一行或者一列。

⑤ 在“分类汇总”工作表中，汇总应聘不同岗位的面试人员人数。

任务 4.6　学生成绩图表展示

学生成绩图表展示

PPT

4.6.1　任务引入与分析

信息 20030 班的班级助理李明根据班主任张老师的要求，按照平时成绩和考试成绩 4 : 6 的比例计算了学生总评成绩，并且对“前端开发”课程的总评成绩进行了分段统计，张老师肯定了他的努力，建议他使用更形象的方式来展示这些结果。

李明经过学习后，决定采用 WPS 表格中的图表来展示分析结果，如图 4-6-1 所示。

任务要求

① 使用三维饼图展示不同分数段的人数及所占比例，与源数据放置在同一个工作表中，图表标题为“不同分数段人数及比例”，标题居中，字体格式为宋体、14 磅、加粗。调整绘图区大小，使图例显示为一行。饼图上显示各分段的人数及所占比例。

② 将所有人的成绩使用簇状柱形图展示，将该图表单独存放为一个工作表，并命名为“学习成绩”。图表标题为“‘前端开发’成绩分析”，标题居中，字体格式为宋体、14 磅、加粗；数值轴坐标最大值设置为 100。

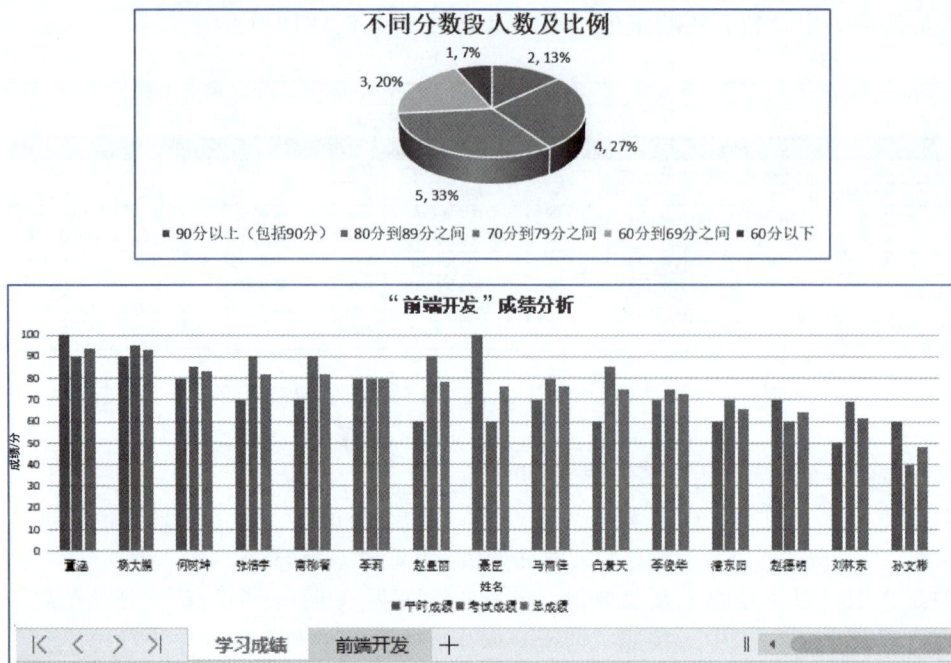

图 4-6-1　使用图表展示成绩分析结果

任务分析

　　根据本任务的要求，通过查阅资料，学习、实践练习等方式，了解 WPS 常用图表类型，熟悉并掌握常用的柱形图、饼图、折线图的创建操作，会编辑图表格式，才能很好地完成本任务。

4.6.2　任务学习活动

学习活动 1　认识 WPS 图表

微课 4-56
WPS 图表简介

　　WPS 表格提供了丰富的图表，让数字得以图形的方式来展示，展示效果更加直观明了。图表形式灵活多样，是数据分析最简单直观的表现形式。

　　WPS 表格中的［图表］对话框，如图 4-6-2 所示，左侧的导航部分列举了最近使用的图表及所有的图表类型，选择任意一种图表类型，右侧就可以看到该图表类型的其他变换图表、预览图及 WPS 的稻壳图表。

　　每一种类型的图表都具有多种组合和变换。在众多的图表类型中，选用那一种图表更好呢？根据数据的不同和使用要求的不同，可以选择不同类型的图表。图表的选择主要与数据的形式有关，其次才会考虑视觉效果。下面介绍 WPS 表格内置的图表类型。

　　● 柱形图，适用于几乎所有场合，由一系列垂直条组成，通常用来比较一段时间中两个或多个项目的相对大小。

　　● 折线图，可以随时间或类别显示趋势，强调随时间的变化幅度。

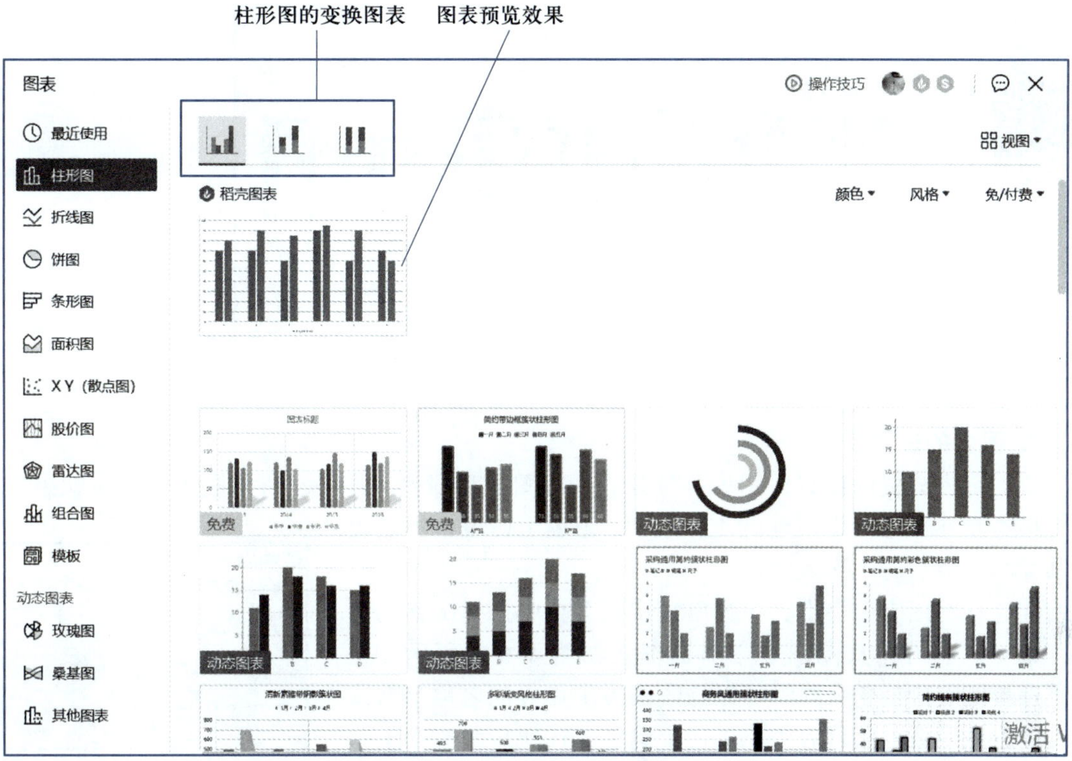

图 4-6-2　WPS 表格中的图表

● 饼图，用于对比几个数据在其形成的总和中所占的比值。整个圆饼代表总和，每一个数用一个扇形代表。

● 条形图，由一系列水平条组成，与柱形图功能相同，是柱形图的横向展示。

● XY（散点图），用于表示一些离散的数据与其集合之间的关系。

● 股价图，是具有 3 个数据序列的折线图，用来显示一段给定时间内，一种股票的最高价、最低价和收盘价。

● 雷达图，显示数据如何按中心点或其他数据变动。每个类别的坐标值从中心点开始向外辐射，同一序列的数据使用同一个线条相连。

● 面积图，显示数量随时间而变化的幅度，引起人们对总体趋势的注意。

● 组合图，是由 2 个以上的数据系列构成且使用 2 种以上的图表类型构成。对有些图表，如果一个数据序列绘制成柱形，而另一个则绘制成折线图或面积图，则该图表看上去效果会更好。如图 4-6-3 所示，平时成绩和考试成绩的图表类型是簇状柱形图，总成绩使用的是折线图。

1. 创建图表

选择要生成图表的数据源，单击［插入］选项卡中的［全部图表］下拉按钮，在弹出的下拉菜单中选择［全部图表］命令，打开如图 4-6-2 所示的［图表］对话框；在左侧图表类型中，选择合适的图表类型，窗口的右侧出现该类图表的多种组合及预设图表，单击其中任意一个图表就把该图表插入工作表了。

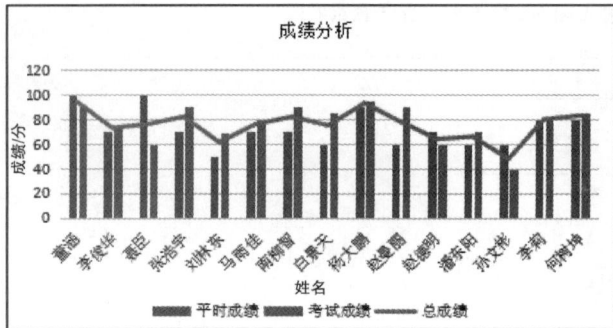

图 4-6-3　组合图表

2. 图表的位置

根据图表放置的位置，图表可分为嵌入式图表和图表工作表。所谓嵌入式图表就是把图表直接绘制在原始数据所在的工作表中；图表工作表是把图表绘制在一个独立的工作表中。

在已有的图表上右击，在弹出的快捷菜单中选择［移动图表］命令，打开［移动图表］对话框，如图 4-6-4 所示，在这里选择图表的位置，同时可以修改图表工作表的名称。默认图表是位于源数据工作表中，单击［确定］按钮后就改变了图表位置。

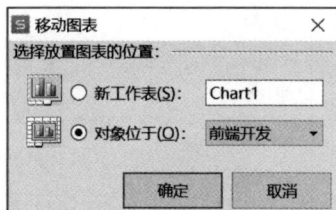

图 4-6-4　［移动图表］对话框

学习活动 2　编辑图表

在 WPS 表格里面插入图表后，默认的图表不够完善，还需要对图表进行编辑才能达到人们的要求。以下介绍组成图表的基本元素以及图表的编辑。

1. 图表的组成

一个完整的图表，包括图表标题、绘图区、图例、数值轴坐标轴、数值轴名称、分类轴坐标轴、分类轴名称、数据标签等。各个图表元素如图 4-6-5 所示。选择图表之后，在图表的右侧会出现一组快捷按钮，单击这些按钮可以快速进行图表设置。

对图表组成元素介绍如下。

图表标题：说明性的文本，一般位于图表顶部居中，可以单独设置样式。

绘图区：在二维图表中，以坐标轴为界并包含所有数据系列的区域。

图例：是图表中数据系列的标识。

数值轴坐标轴：垂直轴，一般显示数值分类的值。

分类轴坐标轴：水平轴，一般显示分类名称。

数值轴名称：数值轴数据的名称。

分类轴名称：分类轴数据的名称。

数据标签：显示在图表的系列上，表示该系列的具体数值。

快捷按钮：提供快速设置图表的途径。

数据系列：是指生成图表的数据源，表现在图表上就是绘图区中的彩色图形，图 4-6-5 中的蓝色"柱子"，表示的就是学生成绩表中的所有学生的平时成绩。

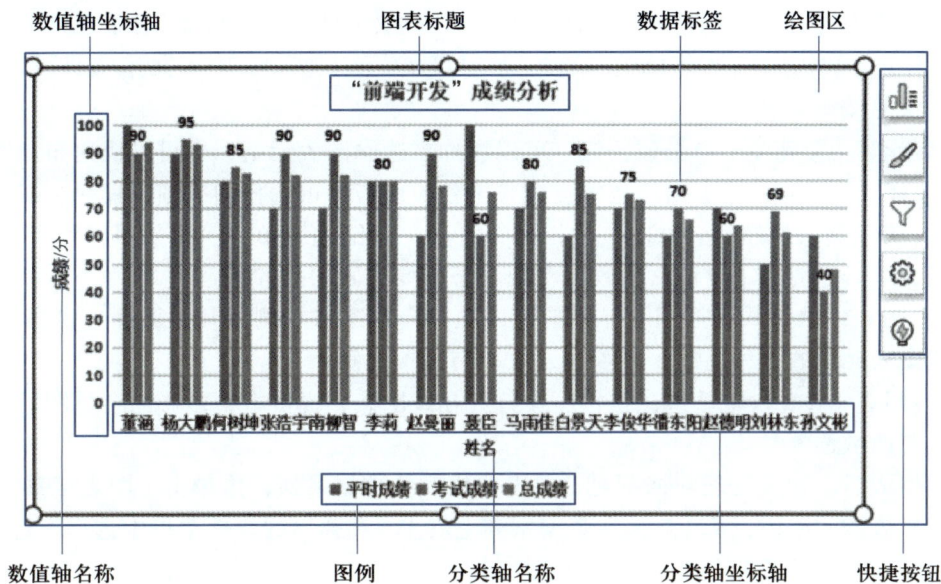

图 4-6-5　图表的组成

> 📖 **注意：**
>
> 　　如果记不住这些图表元素的概念，可以把鼠标放到具体元素上，系统会显示提示信息，表明这个元素的名称。

2. 图表的编辑

　　选择图表后，功能区面板上就多了与图表相关的 3 个工具选项卡，分别是［绘图工具］［文本工具］和［图表工具］选项卡。如图 4-6-6 所示每个选项卡下面都有很多按钮用来设置图表的相关属性。

图 4-6-6　［图表工具］选项卡

（1）选取图表

　　如果是嵌入式图表，单击图表区即可选择图表。如果是图表工作表，须先进入图表工作表，再单击图表区即可选择图表。

（2）移动图表和改变图表大小

　　选中图表后，图表周围会出现小圆圈，这是图表控制柄，拖曳这些控制柄，可以改变图表区域的大小。鼠标放到图表边框上面，当鼠标箭头变成"✛"时，按住鼠标拖曳就可以移动图表了。

（3）删除图表

　　选中图表后，按 Delete 键即可删除图表。

（4）更改图表标题

　　选中"标题"文本框，重新输入即可。同时还可设置标题的字体、颜色、大小等样式。如果

微课 4-58
图表的编辑

图表中没有图表标题,可以在选中图表后单击功能区[图表工具]选项卡中的[添加元素]下拉按钮,在弹出的下拉菜单中选择[图表标题]命令,在其级联菜单中选择图表标题的位置即可。

（5）快捷按钮

[图表元素]按钮：单击该按钮,可以添加或删除图表元素,也可以快速布局图表。

[图表样式]按钮：单击该按钮,会弹出相应面板,可选择图表预设样式和颜色方案。

[图表筛选器]按钮：单击该按钮,会打开一个筛选菜单,可以选择或取消某些图表中的元素,单击[应用]按钮后生效,实现动态改变图表的目的。

[设置图表区域格式]按钮：单击该按钮,会在窗口右侧打开[属性]窗格,在其中可以设置图表元素的各种属性,如填充、效果与文本框等。

[在线图表]按钮：单击该按钮,会打开在线图表,提供丰富多彩的会员图表。

（6）更改数据源

图表生成后,如果发现数据不对,单击要修改的数据系列,再单击[图表工具]选项卡中的[选择数据]按钮,或者直接在数据系列上右击,在弹出的快捷菜单中选择[选择数据]命令,重新选择数据源即可。

单击图表中的数据系列,按 Delete 键可以删除不需要的数据系列。

（7）图表元素属性

双击图表中某个元素,就会在窗口右侧的任务窗格中显示对应的元素[属性]窗格,进而设置图表元素的属性。

设置坐标轴属性,除了设置填充与线条、效果、大小与属性之外,[属性]窗格多了一个[坐标轴选项]选项卡,在该选项卡中可以设置坐标轴选项（最大值、坐标轴类型、位置等）、刻度线标记、标签以及坐标轴上的数字格式。

图 4-6-3 的数值坐标轴最大值是 120（系统设置）,实际上"前端开发"课程成绩最高是 100 分,此时就需要修改坐标的最大值。

方法如下：在数值轴上双击,在任务窗格中打开[坐标轴选项]窗口,在[坐标轴]选项卡中选择"坐标轴选项"→"边界"→"最大值",在其中输入"100",按 Enter 键确认,将坐标轴的最大值改为 100。同样的方法可以修改最小值和刻度等。

如果需要添加数据标签,在数据系列上右击,在弹出的快捷菜单中选择[添加数据标签]命令,就给所选数据添加了数据标签,还可以设置数据标签的字体格式等。

4.6.3　任务实施

在本任务的任务引入部分,李明根据张老师的要求,要使用图表来展示成绩分析的结果。通过前面的学习,我们已经熟悉了图表的基本操作,一起来完成该任务。

1. 创建并编辑柱形图

（1）打开配套资源中的"素材 \4-6\《前端开发》成绩表 .xlsx"文件,另存到 D 盘"信息处理技术"文件夹下,文件名为"任务 6 '前端开发'成绩图表分析 .xlsx"。

微课4-59
使用柱形图
展示学生成
绩

（2）选择 C2:F16,单击功能区[插入]选项卡中的[插入柱形图]下拉按钮,在弹出的下拉列表中选择第 1 个衍生图表"簇状柱形图"。

（3）在图表中单击"图表标题"处,输入"'前端开发'成绩分析",设置字体格式为宋体、字号 16、加粗，并把图表标题移动到图表区的顶部中间位置。

（4）在［数值轴］上双击，打开［属性］窗格，在其中选择［坐标轴选项］→［坐标轴］选项卡下面的"坐标轴选项"，在"边界"的"最大值"中输入"100"，按 Enter 键确认，修改坐标轴最大值完成。

（5）在图表上右击，在弹出的快捷菜单中选择［移动图表］命令，打开［移动图表］对话框，选中［新工作表］单选按钮，在其后的文本框中输入工作表名称"学生成绩"，单击［确定］按钮，就将该图表存为图表工作表了。

（6）调整图表至合适的大小，将所有学生的信息都显示出来。

（7）保存文件。

2. 创建并编辑饼图

（1）选择 H8：I11，单击功能区［插入］选项卡中的［插入饼图或圆环图］下拉按钮，在弹出的下拉列表中选择"三维饼图"选项。

（2）单击图标标题"人数"，修改为"不同分数段人数及比例"，设置字体格式为宋体、字号 14、加粗、居中显示。

（3）右击图表区中的"饼图"图标，在弹出的快捷菜单中选择［添加数据标签］命令，为图表添加数据标签。在窗口右侧的［属性］窗格中，选择［标签选项］→［标签］选项卡，单击"标签选项"，在其中选中"值"和"百分比"复选框，在"标签位置"中选中"数据标签外"单选按钮。

微课 4-60
使用饼图展
示分析结果

（4）拖动图表的控制柄，调整大小并放置到合适的位置。

（5）保存文件。

4.6.4 技能训练

训练 1 员工工资图表展示

新年第一个月工资发到大家手上的时候，同事们发现工资的差别很大，要求公司公布工资的具体构成。经理李明觉得工资透明也很好，通过榜样效应，激发员工们的工作热情。李明就让小丽将本月工资制作成图表，让大家看清楚每个人的工资差异在哪里。小丽做好的图表样表如图 4-6-7 所示。

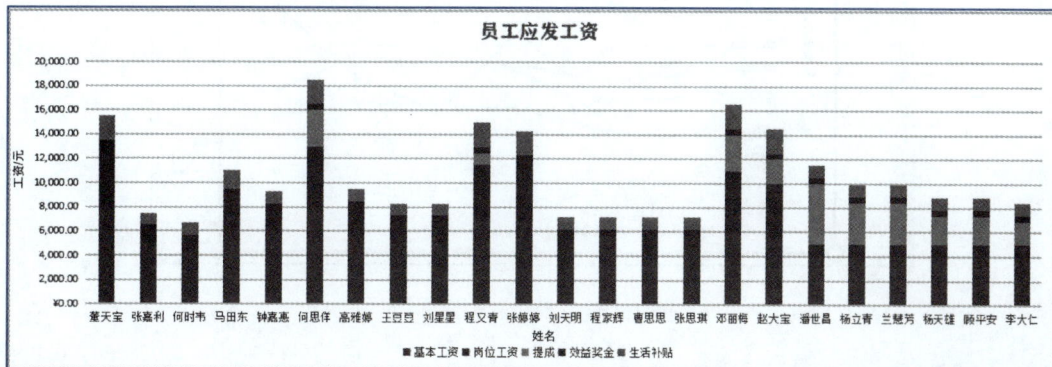

图 4-6-7 "工资构成分析"图表

操作要求：

① 打开配套资料中的"素材 \4-6\ 员工工资表 .xlsx"文件，保存到 D 盘的"信息处理技术"文件夹下。

② 根据员工工资表中的姓名、基本工资、岗位工资、提成、效益奖金、生活补贴，制作图表，图表使用"堆积柱形图"。参照图 4-6-7，设置图表格式：图表标题为"员工应发工资"，字体格式设置为宋体、字号 16、加粗、蓝色、居中对齐。

③ 将图表单独放置，新图表工作表的名字命名为"工资构成分析"。

④ 保存文件。

训练 2　**销售数据跟踪展示**

某公司销售家电部门有 5 名员工，2021 年上半年的销售业绩很是喜人。为了让大家看到他们的努力，调动其他员工的工作热情，经理让办公室的小王把他们的销售数据制作成图表，给其他员工做一个小的经验分享报告，希望在公司内部形成一个"你追我赶"的良好氛围。

小王制作的销售数据跟踪图如图 4-6-8 所示。请大家参照该图，按照要求完成任务。

① 打开配套资料中的"素材 \4-6\2021 年上半年销售数据 .xlsx"文件，保存到 D 盘的"信息处理技术"文件夹下。

② 根据工作表"Sheet1"中的姓名和 6 个月销售数据制作图表，图表使用"折线图"类型中的衍生图表"带数据标记的折线图"。参照图 4-6-8，设置图表格式：图表标题为"销售数据跟踪图"，字体格式设置为宋体、字号 14、加粗、居中对齐。

③ 将图表放置在源数据的下方，参照图 4-6-8 调整图表的大小。

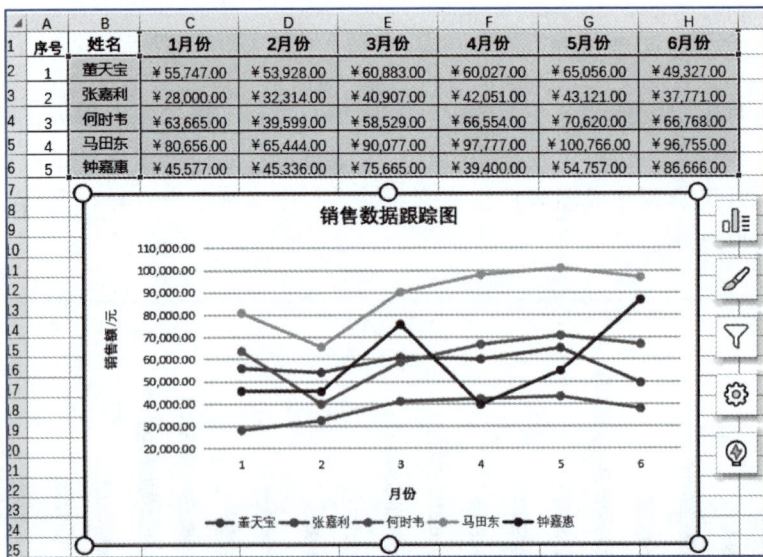

图 4-6-8　销售数据跟踪图

④ 保存文件。

任务 4.7　企业支出管理

4.7.1　任务引入与分析

　　小王把公司第一季度的日常支出清单提交给总经理签字确认时，总经理看着长长的明细单，让小王把费用清单重新整理一下，确切地标明这些支出都花在哪些方面，把分析结果以图表的方式递交上来。

　　小王使用数据透视表和数据透视图分析公司第一季度的支出情况，不但能够看到每个月不同部门的支出费用，而且还可以动态查看具体的明细。制作出来的效果如图 4-7-1 所示。

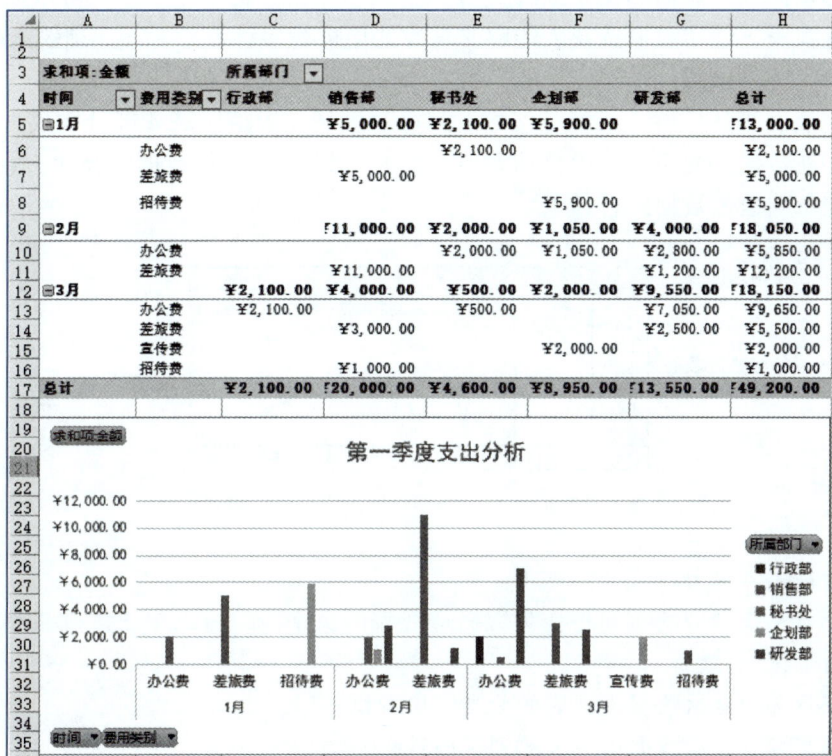

图 4-7-1　使用数据透视表、图分析公司第一季度的支出情况

任务要求

　　① 插入数据透视图到新的工作表中，修改新工作表的标签为"消费分析"，并把"消费分析"工作表移动到"日常费用"工作表的后边。

　　② "消费分析"工作表中，把数据透视图放在 A19:H35 中。图表所有元素的字体格式为：黑体、10 磅。添加图表标题"企业支出消费分析"，设置标题格式为黑体、字号 12、红色。

　　③ 设置数据透视表格式。选中 A3:H17，设置字体格式为宋体、字号 10、选择 C3:H17，设置数据类型为"货币"格式。适当调整各列宽度。

任务分析

根据小王需要完成的任务要求，需要查阅相关资料，通过学习、实践练习等方式，熟悉并掌握数据透视表、数据透视图的创建、编辑、计算、数据更新等操作，才能很好地完成此任务。

4.7.2   任务学习活动

学习活动 1 **认识数据透视表**

数据透视表（Pivot Table）是一种交互式的表，可以进行如求和、计数、计算总体占比等计算，这些计算结果与数据在数据透视表中的排列有关。每一次改变版面布局时，数据透视表都会立即按照新的版面布局重新计算数据。如果原始数据发生更改，可以通过手动刷新来更新数据透视表。使用数据透视表能够非常方便地进行多种汇总，而无须输入任何公式。

1. 数据透视表的结构

数据透视表由筛选区域、行标签区域、列标签区域、数值区域 4 部分构成，如图 4-7-2 所示。系统会在数据透视表的最后自动添加"总计"列（保存每行数据的合计），自动添加"总计"行（存储每列数值数据的合计）。

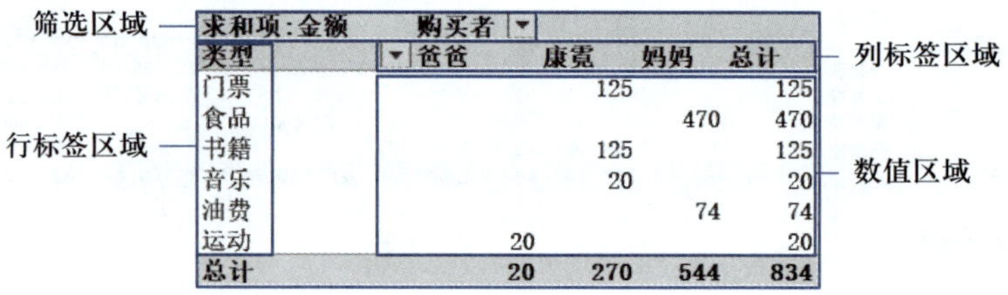

图 4-7-2   数据透视表结构

对数据透视表 4 部分构成介绍如下。

- **筛选区域**：该区域的按钮将作为数据透视表的页字段，可以单击该按钮对数据透视表中的数据进行筛选。
- **行标签区域**：显示数据透视表的分类字段数据。
- **列标签区域**：显示数据透视表的列字段数据。
- **数值区域**：该区域显示数据透视表中的"值"字段，其中的数据可以进行很多的汇总计算，并且可以设置"值"的显示方式。

2. 创建数据透视表

（1）打开电子表格文件

选中数据清单中的任意单元格，再单击［插入］选项卡中的［数据透视表］按钮，打开［创建数据透视表］对话框，如图 4-7-3 所示，对话框中主要选项含义如下。

［请选择要分析的数据］：默认选中第 1 个选项［请选择单元格区域］。这里的单元格区域就是要生成报表的数据区域，如果已经选择了数据清单中的某个单元格，系统就会自动选择分析区域，否则就需要用户单击文本框后的［折叠］按钮 来选择数据分析区域。

［请选择放置数据透视表的位置］：默认选项是［新工作表］。通常数据透视表都比较大，

建议放在新的工作表中。选中[现有工作表]单选按钮,在下方的文本框中输入或选择单元格,就可以把新建的数据透视表放置在现有工作表中的指定位置。

单击[确定]按钮,在指定的位置就会出现"数据透视表"区域占位符,如图 4-7-4 所示。

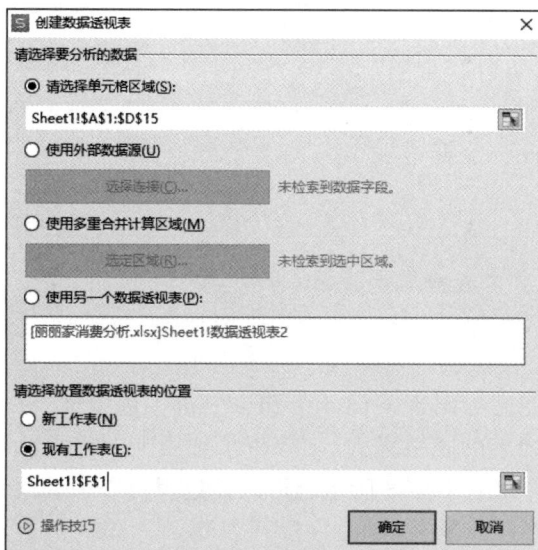

图 4-7-3　创建数据透视表

图 4-7-4　"数据透视表"区域

（2）选择"数据透视表"

在窗口右侧的[数据透视表]任务窗格的[字段列表]列表框中,选择字段及字段在"数据透视表区域"的位置,如图 4-7-5 所示。至此,数据透视表创建成功。

例 4-7-1　创建"家庭消费分析"数据透视表,原始数据如图 4-7-6 所示。

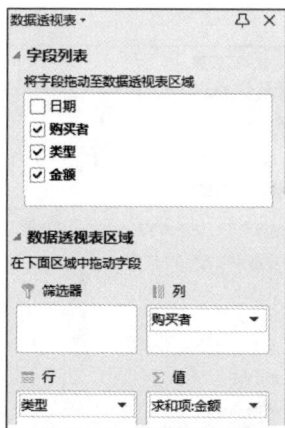

图 4-7-5　选择字段

图 4-7-6　家庭消费明细表

微课 4-61
创建数据透视表

操作:

① 新建 WPS 表格文件,在工作表"Sheet1"中输入如图 4-7-6 所示的数据。

② 单击［插入］选项卡中的［数据透视表］按钮，打开［创建数据透视表］对话框，按照如图 4-7-3 所示进行选择，单击［确定］按钮后，在单元格 F1 的位置出现新"数据透视表"区域，如图 4-7-4 所示。

③ 在窗口右侧的［数据透视表］任务窗格中，在［字段列表］列表框中，选中"购买者""类型""金额"等字段，并调整字段在［数据透视表区域］栏中的位置，如图 4-7-5 所示。至此，"家庭消费分析"数据透视表创建成功，如图 4-7-7 所示。

求和项:金额	购买者			
类型	爸爸	画面	妈妈	总计
话费	168	78	38	284
家庭聚餐			600	600
汽车加油	750			750
书籍		225		225
水果食品			925	925
物业费	900			900
娱乐		388		388
运动	200			200
总计	2018	691	1563	4272

图 4-7-7　"家庭消费分析"数据透视表

📖 注意：

添加字段的先后顺序和位置不同，所生成的数据透视表的样式也不同。

3. 编辑数据透视表

选择数据透视表，功能区中出现［设计］和［分析］选项卡。在［设计］选项卡中可以设置数据透视表的表格样式。［分析］选项卡中都是针对数据透视表操作的一些命令按钮，如图 4-7-8 所示，可以在这里可以手动刷新数据透视表、清除数据透视表的内容、显示/隐藏字段列表等。

微课 4-62
编辑数据透视表

图 4-7-8　［分析］选项卡

（1）修改列标签

如果数据透视表中的列标签名称不符合客户的要求，双击列标签名称就可修改列标签。

（2）筛选数据

单击数据透视表上方［筛选区域］里面的［筛选］按钮，在弹出的子面板中选中或取消选项，实现数据透视表中的数据筛选。

（3）数值区域的计算

在值字段上右击，在弹出快捷菜单中选择［值字段设置］命令，或者单击图 4-7-5 中"值"区域中所选汇总项右侧的下拉按钮，在弹出的下拉列表中选择［值字段设置］命令,都可以打开如图 4-7-9 所示的［值字段设置］对话框。在这里可以改变汇总方式及值显示的方式。

（4）更新数据透视表

数据透视表的数值不会自动更新，当数据透视表所使用的数据源发生变化，需要选中数据透视

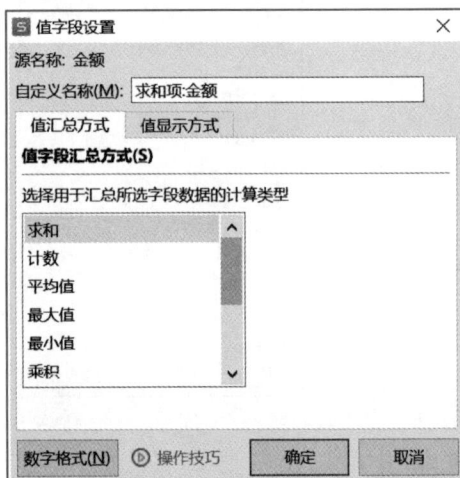

图 4-7-9　［值字段设置］对话框

表，单击功能区［分析］选项卡中的［刷新］按钮，就可以更新数据透视表数据。也可以单击［刷新］下拉按钮，在弹出的下拉菜单中选择［全部刷新］命令，会更新工作簿中的所有数据透视表。

（5）删除数据透视表

选中整个数据透视表，按 Delete 键就可以删除。单击［分析］选项卡中的［清除］按钮能够清除数据透视表中的数据，保留数据透视表占位符。

> **注意：**
> 如果表格中有"日期"字段，系统会在"数据透视表"窗口自动添加"月""季度""年"等字段，这时用户就可以按照"月""年"等分析数据。反之，如果数据透视表中显示的是具体日期数据，而用户想要按照"月"分析时，可以在"日期"列名称上右击，在弹出的快捷菜单中选择［组合］命令，在打开的［组合］对话框中选择统计的时间段（步长）。

（6）设置数据透视表中的单元格格式

选中数据透视表中的单元格，设置单元格格式，也可以使用［设计］选项卡中的［数据透视表预设样式］子面板中的预设样式来改变表格外观。

> **注意：**
> 如果插入数据透视表后，右侧没有出现［数据透视表］任务窗格，请单击［分析］选项卡中的［字段列表］按钮来显示。

学习活动 2　认识数据透视图

对数据透视分析，不仅要从不同的角度观察数据，还需要将抽象数据图形化。数据透视图就是数据分析结果的图形表达，它在一定程度上是对数据透视表的一种补充，可提高分析结果的易读性。

1. 创建数据透视图

创建数据透视图有两种途径，分别是在数据源上直接创建和在数据透视表基础上创建。

（1）在数据源上直接创建数据透视图

打开配套资料中的"素材\4-7\员工工资表.xlsx"文件，选择数据清单。然后单击功能区［插入］选项卡中的［数据透视图］按钮，打开［创建数据透视图］对话框，选择"源数据区域"及保存"数据透视图的位置"，单击［确定］按钮。则会打开如图 4-7-10 所示的数据透视图"图表 1"占位符，同时也会插入数据透视表。

在［数据透视图］任务窗格，按照如图 4-7-11 所示选择字段，按图 4-7-12中的"数据透视表区域"中所示，将"所属部门"和"职位"放在"行"中，"实发工资"放在"值"区域中，得到的数据透视表和数据透视图如图 4-7-12 所示。

（2）在数据透视表基础上创建数据透视图

先创建数据透视表，再单击数据透视表中任意单元格，然后单击［插入］选项卡中的［数据透视图］按钮，打开［图表］对话框，选择合适的图表即可创建一个数据透视图。

微课 4-63
创建数据透
视图

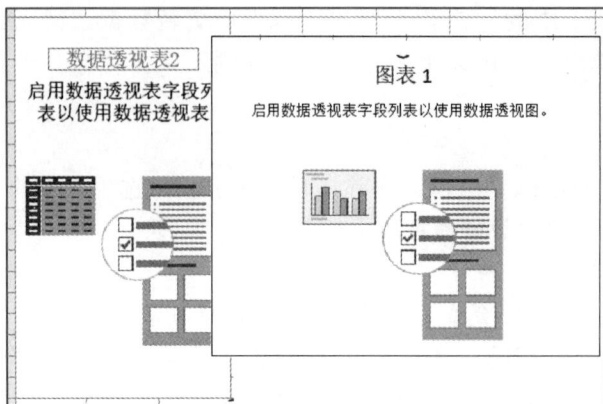

图 4-7-10　新建的数据透视图"图表 1"　　　　图 4-7-11　选择字段

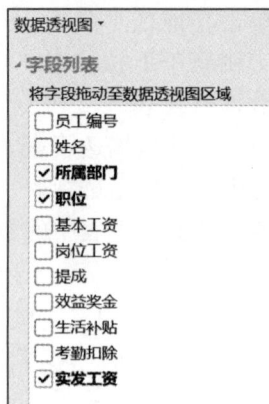

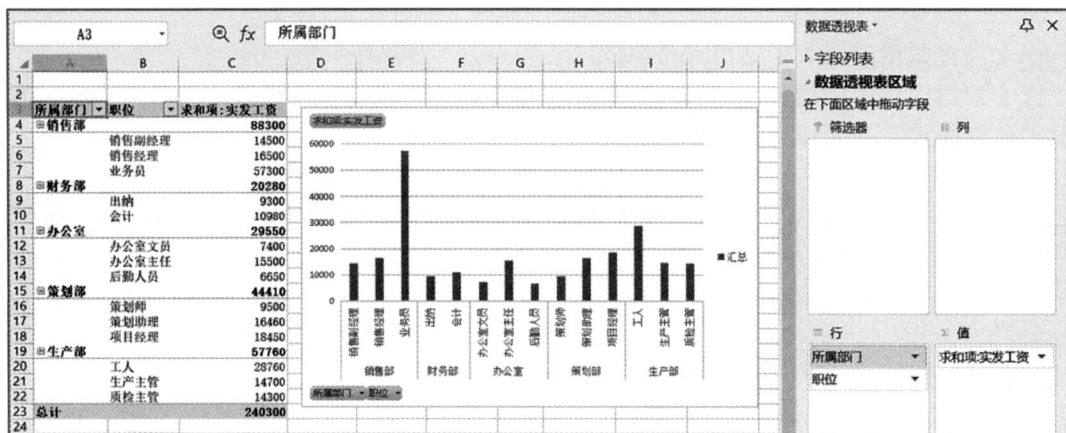

图 4-7-12　数据透视图与数据透视表

2. 编辑数据透视图

（1）编辑图表格式

微课 4-64
数据透视表
图的编辑

　　选中数据透视图,功能区中会出现［分析］［绘图工具］［文本工具］和［图表工具］4 个选项卡。使用这些选项卡中的按钮,可以编辑数据透视图的显示效果。

　　［分析］选项卡中可修改图表名称、插入切片器、更改数据源、移动图表等。

　　［绘图工具］选项卡中的工具主要用于编辑图表中的形状、轮廓、填充、对齐等。

　　［文本工具］选项卡中提供了编辑图表中的文本样式。

　　［图表工具］选项卡可以快速布局、更改图表颜色、样式等。

　　可以为数据透视图添加/删除图表元素,设置图表元素样式的方法与静态图表元素格式设置方法相同。

（2）动态查看数据透视图的结果

　　数据透视图中,如果带有黑色三角形的灰色按钮,单击这些按钮会弹出"筛选"子面板,在其中选中或取消选择项目，可以动态查看数据透视图中的结果。

例如，单击图 4-7-13 中的图例"所属部门"和分类按钮"费用类别"，都可以动态查看不同部门或者不同类别的办公费用。

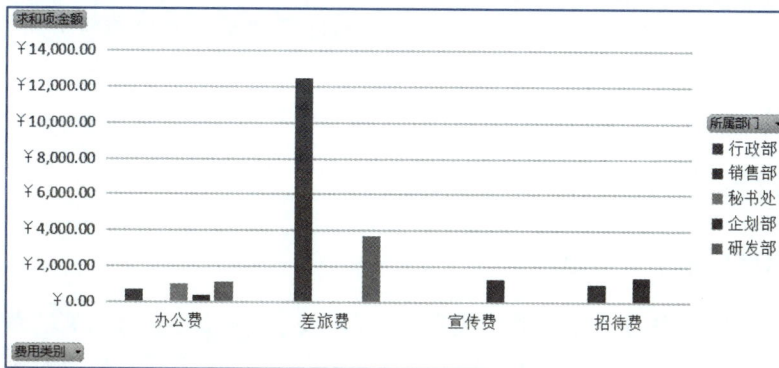

图 4-7-13　"日常支出"数据透视图

4.7.3　任务实施

在本任务的引入部分，小王需要使用数据透视表和数据透视图分析公司第一季度的支出情况。通过前面的学习和实践，我们现在掌握了数据透视图、数据透视表的基本操作，下面一起完成该任务。

1. 打开文件并另存

打开配套资料中的"素材 \4-7\ 企业日常费用（素材）.xlsx"文件，另存到 D 盘"信息处理技术"文件夹下，命名为"任务 7　企业日常费用分析 .xlsx"。

2. 插入数据透视图

采用直接插入数据透视图的方式，同时插入数据透视表和数据透视图。

① 单击数据清单中的任意单元格，单击功能区［插入］选项卡中的［数据透视图］按钮，在打开的［创建数据透视图］对话框下方，［请选择放置数据透视表位置］栏中选中［新工作表］单选按钮，单击［确定］按钮，就进入新的工作表 Sheet1 中。

② 在右侧的［数据透视图］任务窗格中，选中"时间""所属部门""费用类型"和"金额"等字段，设置图表的元素位置，如图 4-7-14 所示，完成数据透视表和数据透视图的创建。

③ 修改"Sheet1"名称为"消费分析"，并把"消费分析"工作表移动到"日常费用"工作表的后面。

3. 编辑数据透视表及数据透视图

（1）将"时间"字段按月分析，在"时间"列字段上，右击，在弹出的快捷菜单中选择［组合］命令，在弹出的［组合］

微课 4-65

插入数据透视图、数据透视表

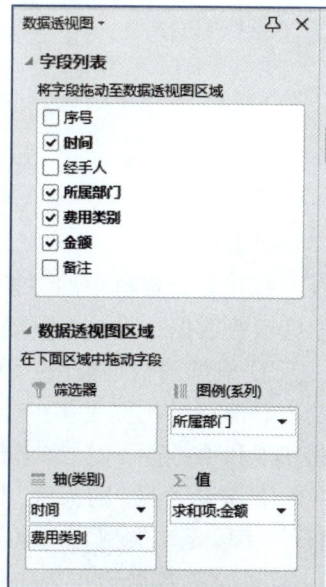

图 4-7-14　设置字段

对话框中选择［步长］为"月"，单击［确定］按钮。

（2）设置数据透视表格式。选中 A3：H17，设置字体格式为宋体、字号 10。选择 C3：H17，设置数据类型为"货币"类型。适当调整各列宽度。

（3）设置数据透视图格式。调整数据透视图的大小，把图表放在 A19：H35 中。选择整个图表，设置字体格式为黑体、字号 10。添加图表标题"企业支出消费分析"，设置标题格式为黑体、字号 12、红色。

4. 保存文件

4.7.4　技能训练

训练 1　**家庭日常消费分析**

微课 4-66
编辑数据透视表、数据透视图

　　某高中的退休职工付大妈把 1 月、2 月自家发生的几笔消费记录下来，让在大专院校上学的女儿小康帮她分析一下家里的消费结构以及家人各自的消费情况。

　　小康拿到母亲给她的记录，按照下面的要求使用数据透视表分析了一下，得到一些结论：总花费 834 元，主要是花在了食品上，占总消费的 56.35%，分析结果如图 4-7-15 所示。

▲	A	B	C	D	E	F	G	H
1	日期	购买者	类型	金额		类型 ▼	求和项:金额	求和项:金额2
2	1月1日	妈妈	油费	¥74		门票	¥125	14.99%
3	1月15日	妈妈	食品	¥235		食品	¥470	56.35%
4	1月17日	爸爸	运动	¥20		书籍	¥125	14.99%
5	1月21日	康霓	书籍	¥125		音乐	¥20	2.40%
6	2月2日	妈妈	食品	¥235		油费	¥74	8.87%
7	2月20日	康霓	音乐	¥20		运动	¥20	2.40%
8	2月25日	康霓	门票	¥125		总计	¥834	100.00%
9								
10	求和项:金额	购买者 ▼						
11	类型 ▼	爸爸	康霓	妈妈	总计			
12	门票		¥125		¥125			
13	食品			¥470	¥470			
14	书籍		¥125		¥125			
15	音乐		¥20		¥20			
16	油费			¥74	¥74			
17	运动	¥20			¥20			
18	总计	¥20	¥270	¥544	¥834			

图 4-7-15　使用数据透视表分析家庭日常消费

要求：

打开配套资料中的"素材 \4-7\ 家庭日常消费 .xlsx"文件，要求使用数据透视表，分析家庭消费数据，将 2 个数据透视表与原始数据放在一张工作表中。

① 根据消费"类型"和"金额"来分析：家里的花费使用在哪些方面，家人各自的消费及占总消费的比例是多少。数据透视表中："行"字段是"类型"，"值"是"求和项：金额"和"求和项：金额 2"，"求和项：金额 2"列显示的是占比，数据透视表放在 F1：H8 中。

② 分析不同"购买者"和消费"类型"所花费的金额。数据透视表："列"字段是"购买者"，"行"字段是"类型"，"值"是"求和项：金额"，数据透视表放在 A10：E18 中。

③ 设置数据透视表中数据类型。B12：E18、G2：G8 单元格区域设置为"货币"类型，小数位数为 0。

训练 2　某淘宝网店 1 月份销售数据分析

某淘宝网店主要销售电子产品，为了更好地掌握商品的销售状况，店长让丽丽把 1 月份的销售数据统计制作成图表的形式，最好能在这个图表中查看每种商品的销售数量、销售额、利润。丽丽使用数据透视表、数据透视图分析 1 月份的销售结果，如图 4-7-16 所示。

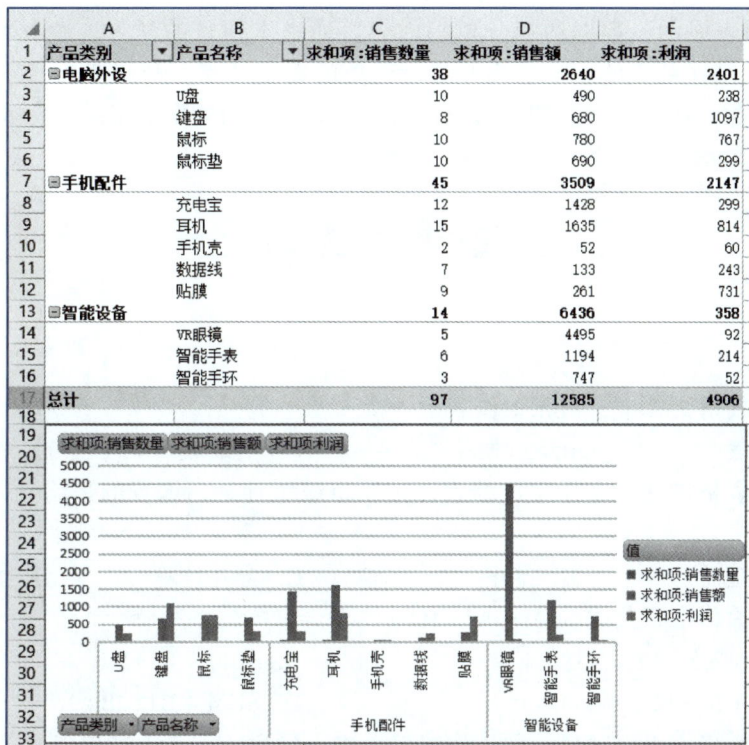

图 4-7-16　1 月销售数据分析

打开配套资料中的"素材 \4-7\ 销售明细 .xlsx"文件，另存到 D 盘的"信息处理技术"文件夹下，文件名为"销售数据分析 .Xlsx"。

要求：

① 选中工作表"销售明细"中的数据清单，插入数据透视图、数据透视表到新工作表，新工作表命名为"数据分析"，把该工作表移动到原始数据工作表"销售明细"的后面。

② 数据透视图使用柱形图表，字段选择"产品类别""产品名称""销售数量""销售额"和"利润"。

③［数据透视图区域］中"轴（类别）"中是"产品类别""产品名称"，"值"选择"销售数量""销售额"和"利润"，计算方式都是"求和"。

④ 单击左下角的［产品类别］按钮，查看不同类别的销售数量、销售额和利润。

项 目 总 结

　　WPS 表格是 WPS Office 办公组件之一，主要用来制作电子表格、完成数据计算，进行数据分析和预测，制作可视化图表展示数据，在国内使用范围广泛。本项目主要介绍 WPS 表格文档的新建与保存，数据输入与格式设置，数据基本计算，数据清单的排序、筛选和分类汇总，数据图表展示，数据透视分析等内容。通过本项目的学习，读者可以熟练地使用 WPS 表格软件，制作精美的电子表格并进行简单的表格计算，利用 WPS 表格强大的分析功能筛选和汇总数据，还可以通过图表形象的展示数据，使用数据透视图、表多角度分析数据，极大地提高办公效率。

思 考 与 练 习

选择题

1. 在 WPS 表格文件中，每张工作表是一个（　　　）。
　　A. 一维表　　　　　B. 二维表　　　　　C. 三维表　　　　　D. 树表

2. 用 WPS 表格创建一个学生成绩表，按照班级统计某门课程的平均分，使用的方式是（　　　）。
　　A. 分类汇总　　　　B. 排序　　　　　　C. 合并计算　　　　D. 数据筛选

3. 在 WPS 表格中，公式 SUM（A1：B4）等价于（　　　）。
　　A. SUM（A1：B2，A3：B4）　　　　　　B. SUM（B1+B4）
　　C. SUM（B1+B2，B3+B4）　　　　　　D. SUM（B1，B4）

4. 在 WPS 表格主界面窗口（即工作窗口）中不包含（　　　）选项卡。
　　A. 插入　　　　　　B. 输出　　　　　　C. 开始　　　　　　D. 数据

5. 在 WPS 表格中，表示逻辑值为真的标识符为（　　　）。
　　A. N　　　　　　　B. Y　　　　　　　C. FALSE　　　　　D. TRUE

6. 若在 WPS 表格的一个工作表中的 D3 和 E3 单元格中输入了 8 月和 9 月，则选择这两个单元格并向右拖曳填充柄经过 F3 和 G3 后松开，F3 和 G3 中显示的内容为（　　　）。
　　A. 10 月和 10 月　　B. 10 月和 11 月　　C. 8 月和 9 月　　　D. 9 月和 9 月

7. 在 WPS 表格中，以下表示工作表"数据表"上的 B2 到 G8 的单元格区域为（　　　）。
　　A. 数据表 #B2：G8　　　　　　　　　　B. 数据表 &B2：G8
　　C. 数据表! B2：G8　　　　　　　　　　D. 数据表：B2：G8

8. 在 WPS 表格的工作表中，假定 C3：C8 区域内的每个单元格中都保存着一个数值，则函数 =COUNT（C3：C8）的值为（　　　）。
　　A. 4　　　　　　　B. 5　　　　　　　C. 6　　　　　　　D. 8

9. 在 WPS 表格工作表的单元格中，如果想输入数字字符串 070615（学号），则应输入（　　　）。
　　A. 00070615　　　B. "070615"　　　C. 0706150　　　　D. '070615

10. 假定单元格 D3 中保存的公式为 "=B\$3+C\$3"，若把它复制到 E4 中，则 E4 中保存的公式为（　　）。

　　A. =B3+C3　　　　　B. =C\$3+D\$3　　　　C. =B4+C4　　　　D. =B&4+C&4

11. 在 WPS 表格中，［设置单元格格式］对话框中，不存在的选项卡为（　　）。

　　A. 数字　　　　　　B. 对齐　　　　　　C. 字体　　　　　　D. 货币

12. 在 WPS 表格中，输入数值型数据后，其默认的显示方式是（　　）。

　　A. 居中　　　　　　B. 左对齐　　　　　C. 右对齐　　　　　D. 随机

13. 对数据表进行排序时，在［排序］对话框中能够指定的排序关键字个数限制为（　　）。

　　A. 1 个　　　　　　B. 2 个　　　　　　C. 3 个　　　　　　D. 任意

14. 在 WPS 表格的高级筛选中，条件区域中写在同一行的条件是（　　）。

　　A. 或关系　　　　　B. 与关系　　　　　C. 非关系　　　　　D. 异或关系

15. 在 WPS 表格中，单元格的引用，不包括（　　）。

　　A. 相对引用　　　　B. 绝对引用　　　　C. 混合引用　　　　D. 直接引用

16. （　　）表示 WPS 表格一个单元格的绝对地址。

　　A. D4　　　　　　　B. \$D4　　　　　　C. \$D\$4　　　　　　D. @D@4

17. 下列属于 WPS 表格中单元格地址相对引用的是（　　）。

　　A. \$D\$4　　　　　　B. D4　　　　　　　C. D\$4　　　　　　D. \$D4

18. 在 WPS 表格工作簿中，有关移动和复制工作表的说法，正确的是（　　）。

　　A. 工作表只能在所在工作簿内移动，不能复制

　　B. 工作表只能在所在工作簿内复制，不能移动

　　C. 工作表可以移动到其他工作簿内，不能复制到其他工作簿内

　　D. 工作表可以移动到其他工作簿内，也可以复制到其他工作簿内

19. 在 WPS 表格中，计算工作表中 B1：B6 数值的平均数，使用的函数是（　　）。

　　A. SUM（B1：B6）　　　　　　　　　B. MIN（B1：B6）

　　C. AVERAGE（B1：B6）　　　　　　 D. COUNT（B1：B6）

20. 根据特定数据源生成的，可以动态改变其版面布局的交互式汇总表格是（　　）。

　　A. 数据透视表　　　　　　　　　　　B. 数据的筛选

　　C. 数据的排序　　　　　　　　　　　D. 数据的分类汇总

项目 **5**

WPS 演示文稿制作

学习目标

WPS 演示是 WPS Office 的一个组件，用于设计制作专家报告、教师授课、产品演示、广告宣传的电子演示文稿，制作的演示文稿可以通过计算机屏幕或投影仪播放。本项目围绕演示文稿的制作、幻灯片美化、元素动画设计、演示文稿放映设置、演示文稿输出为 PDF 或图片等内容，介绍使用 WPS 制作文案精彩、格式整齐、配图美观的演示文稿的基本方法和操作技巧。

【知识目标】

✓ 了解演示文稿的应用场景，熟悉相关工具的功能、操作界面和制作流程；
✓ 理解幻灯片的设计及布局原则；
✓ 掌握 WPS 演示文稿启动与退出、界面功能、演示文稿的创建方法、演示文稿的编辑方法；
✓ 掌握 WPS 演示文稿美化的基本操作，包括文字设计、图片插入、艺术字插入与使用；
✓ 掌握幻灯片母版、备注母版的编辑及应用方法；
✓ 掌握 WPS 演示文稿的放映类型和发布方法。

【技能目标】

✓ 能完成演示文稿的创建、打开、保存、退出等基本操作；
✓ 能完成幻灯片的创建、复制、删除、移动等基本操作；
✓ 能在幻灯片中插入各类对象，如文本框、图形、图片、表格、音频、视频等对象；
✓ 能为幻灯片插入切换动画、对象动画及超链接、动作按钮；
✓ 能使用排练计时放映演示文稿；
✓ 能将演示文稿导出为不同格式的文件。

【素质目标】

✓ 培养积极思考、勇于探索的精神和能力；
✓ 培养语言表达和组织能力；
✓ 培养细致认真、精益求精的精神和品质。

【课前预习】

请通过查找资料，与同学朋友等交流讨论，课前完成下面的几个问题。

1. 你以前使用过演示文稿吗？如使用过，你知道这个软件都能用来展示什么内容？
2. 你知道还有哪些制作演示文稿的软件？
3. 演示文稿主要用在哪些方面？

学习任务 5.1　制作"互联网＋"项目推介的演示文稿

> 制作"互联网＋"项目推介的演示文稿
>
> PPT

5.1.1　任务引入与分析

　　一年一度的"互联网＋"大赛即将开始，学校要求同学们积极参与，以团队的形式申报项目。

　　食品检测专业的朱明同学组织了一个团队，他们采用问卷调查后发现：快餐已占据中国餐饮市场份额超过45%，其中，炒米饭是南北老少皆喜爱的快餐，市场上炒米饭多为蛋炒、肉炒两种，口味单一而且品质参差不齐。他们选择炒米饭这个创意项目，结合专业特点研制出20余种口味的炒米饭以及标准化制作工艺，准备使用这个项目参加本次"互联网＋"大赛，他们给项目起名为"香香炒米店"，现在根据要求，需要制作项目推介演示文稿——"香香炒米店市场推广策划"，制作效果如图5-1-1所示。

任务要求

　　① 演示文稿从企业背景、行业痛点、产品分析、产品宣传和扩张方式、数据分析、结语等几个方面设计演示文稿的内容，共包括9张幻灯片。

　　② 幻灯片1和幻灯片9使用图片做背景，幻灯片版式是"标题"版式，分别在"标题"占位符和"副标题"占位符中输入如图5-1-1所示中的文本，并调整占位符的位置。

　　③ 其他幻灯片(第2张～第8张)使用纯色做背景，幻灯片版式采用"标题和内容"版式，在"标题"占位符中输入每页幻灯片的标题，并参照图5-1-1调整各"标题"占位符的位置。

　　④ 幻灯片2中使用艺术字做标题，图片做装饰，在"内容"占位符中输入目录文本。

　　⑤ 幻灯片3、幻灯片5、幻灯片6、幻灯片8中，插入自选图形做左侧标题部分的背景和Logo，右侧放置内容。在幻灯片3、幻灯片5右侧的"内容"占位符中输入文本内容、设置格式并按图5-1-1调整位置。幻灯片6的右侧插入智能图形－交替流，并输入对应的文本。幻灯片8的右侧使用自选图形和文本框制作"白板"。

图 5-1-1　"互联网 +"项目"香香炒米店市场推广策划"演示文稿

⑥ 幻灯片 4 中使用自选图形制作两个半圆的效果,插入图片做文字的补充说明。

⑦ 幻灯片 7 中使用表格展示数据。

任务分析

根据朱明要完成的任务,通过查阅资料,学习、实践练习等方式,熟悉并掌握在 WPS 演示软件中,演示文稿文件的新建、保存等操作,会将文本、图片、表格、图形合理组织在一起,展现幻灯片内容,会设置幻灯片放映方式等内容,才能很好地完成本任务。

5.1.2　任务学习活动

学习活动 1　认识 WPS 演示文稿的功能界面

1. 进入 WPS 演示文稿的编辑环境

运行"WPS Office",在[首页]标签中单击主导航中的[新建]按钮,切换到[新建]窗口,单击该窗口左侧的[新建演示]按钮,选择[新建空白演示]选项或者在操作系统中打开任意演示文稿都可以进入 WPS 演示编辑环境。

2. WPS 演示文稿的界面

WPS 演示文稿的界面主要由标签栏、文件菜单、功能区、幻灯片 / 大纲窗格、任务窗格、编辑区、备注区及状态栏构成,如图 5-1-2 所示。

(1)标签栏

标签栏位于界面最上方,显示[首页]标签、当前打开的文件名称、新建

微课 5-1
WPS 演示
文稿的界面
介绍

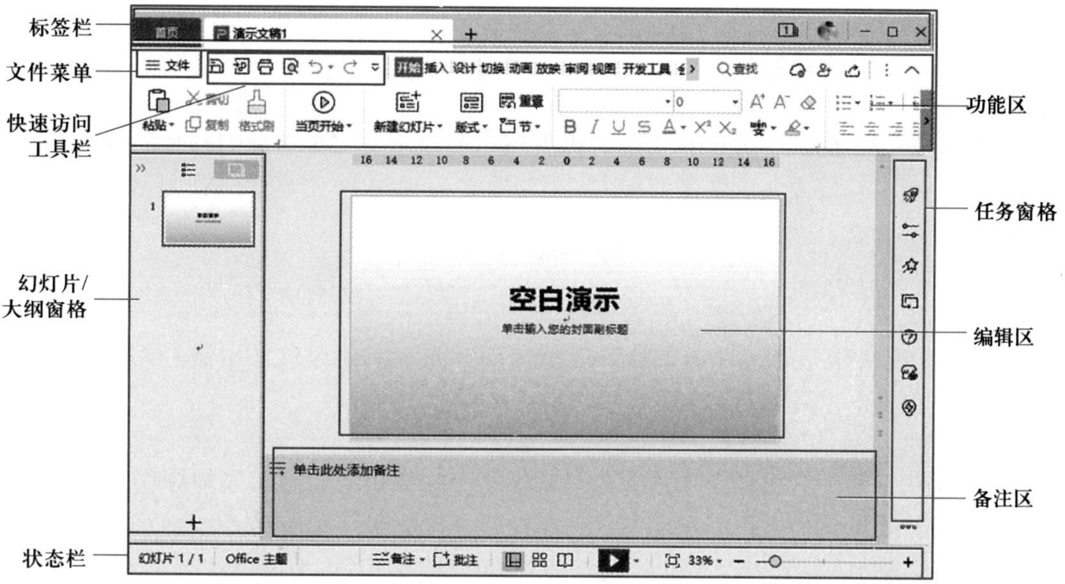

图 5-1-2 WPS 演示文稿的界面

按钮[+]及[最小化][最大化/还原][关闭]等按钮。图 5-1-2 中显示的[首页]标签和"演示文稿 1"标题,在标签栏单击文件名可快速切换到当前打开的文件。

(2)文件菜单

文件菜单位于标签栏左下方,里面是关于演示文稿文件的相关操作命令,可以在这里打开文件、保存文件等。

(3)快速访问工具栏

快速访问工具栏提供了操作演示文稿常用的操作按钮如保存、打印等。

(4)功能区

功能区包括 10 个选项卡和一个[搜索框]。选项卡分别是[开始][插入][设计][切换][动画][放映][审阅][视图][开发工具][会员专享]。这些选项卡中包含了 WPS 演示中各种命令按钮,鼠标移动至按钮上方时就会出现该按钮的功能提示。在[搜索框]可以搜索 WPS 演示的命令或模板。

(5)幻灯片/大纲窗格

[幻灯片/大纲窗格]位于功能区的下方、编辑窗口的左边,在此处可以查看所有幻灯片的缩略图,辅助进行幻灯片的基本操作。

(6)任务窗格

任务窗格位于界面右侧,通常靠边显示为侧边栏,其中包括快捷、样式和格式、对象属性、动画窗格、幻灯片切换、帮助中心、稻壳资源和稻壳智能特性等按钮,单击这些按钮会在任务窗格中打开对应的编辑窗口。

(7)编辑区

编辑区显示当前幻灯片,在该区域中可以进行幻灯片编辑,如图 5-1-2 所示。单击幻灯片上的"空白演示"和"单击输入您的封面副标题"区域就可根据提示输入幻灯片的内容。

（8）备注区

备注区用于输入、编辑和显示幻灯片的解释、说明等备注信息。

（9）状态栏

状态栏位于窗口的最下方，在里面可以看到当前演示文稿中当前幻灯片的页码 / 总页数和视图切换按钮：[隐藏或显示备注面板] [批注] [普通视图] [幻灯片浏览] [阅读视图] [从当前幻灯片开始播放] [缩放比例] 等。

3. WPS 演示中的几个概念

（1）演示文稿

使用 WPS 演示建立的文件通常称为演示文稿，演示文稿通过显示器 / 投影仪播放，向观众展示演讲内容。

（2）幻灯片

演示文稿中的每一"页"称为一张幻灯片。演示文稿可以有很多张幻灯片，每张幻灯片有默认的编号，在默认情况下，演示文稿按照幻灯片的编号顺序播放。

（3）幻灯片版式

幻灯片版式是 WPS 演示软件中的一种内置的幻灯片排版格式，版式上通过占位符表示可以放置的内容和位置。通过应用幻灯片版式，可快速布局幻灯片上的文字、图片、表格等元素。

更改幻灯片版式：选择幻灯片，单击 [开始] 选项卡中的 [版式] 下拉按钮，弹出的下拉子面板如图 5-1-3 所示，单击某个版式，当前幻灯片内容就会按照这个版式布局；还可以在幻灯片上右击，在弹出的快捷菜单中选择 [版式] 命令，在其级联子菜单中选择相应版式，就修改了当前幻灯片的版式。

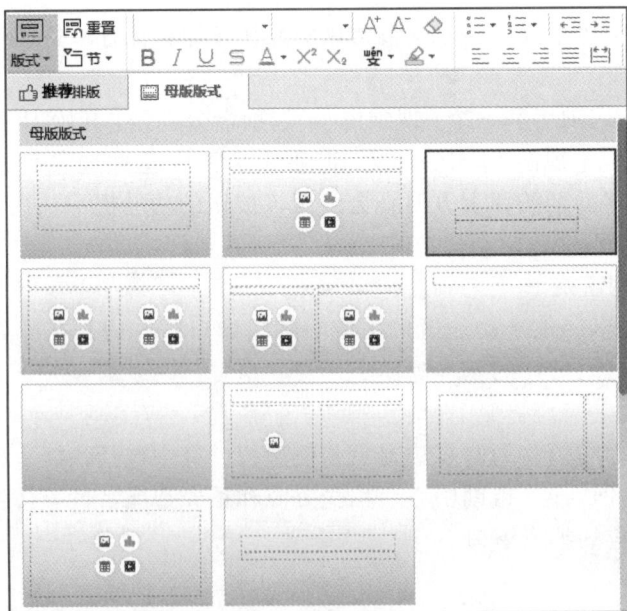

图 5-1-3 幻灯片内置版式

（4）占位符

占位符是幻灯片版式中的内置对象，通常会以虚线框的形式显示，里面有内容提示。WPS 默认提供文本占位符、内容占位符（含图片、表格、图表、媒体）、图片占位符 3 种类型。

新建演示文稿的第 1 张幻灯片，默认版式是"标题"版式，有 2 个占位符：标题占位符上显示"空白演示"，副标题占位符上显示"单击输入您的封面副标题"，单击它们可以输入内容。

（5）模板

模板是一个文件，也是一种设计方案（颜色、字体等），其中所包含的结构和工具构成了已完成文件的样式和页面布局等元素，还包括某些特定用途的内容，如销售演示文稿、商业计划等。WPS 演示中提供了各种各样的模板，每个模板都会包含整个演示文稿的幻灯片效果。使用模板，可以快速、高效地创建演示文稿。

4. WPS 演示文稿的 4 种视图

演示文稿视图有 4 种，分别是普通视图、幻灯片浏览视图、备注页视图和阅读视图，单击［视图］选项卡可以看到这 4 种视图按钮，如图 5-1-4 所示。

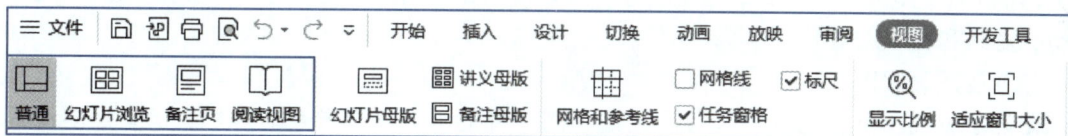

图 5-1-4　［视图］选项卡

（1）普通视图

普通视图是默认的视图模式，如图 5-1-5 所示。普通视图主要分为左侧的［大纲 / 幻灯片］窗格和右侧的幻灯片编辑区 2 个部分。

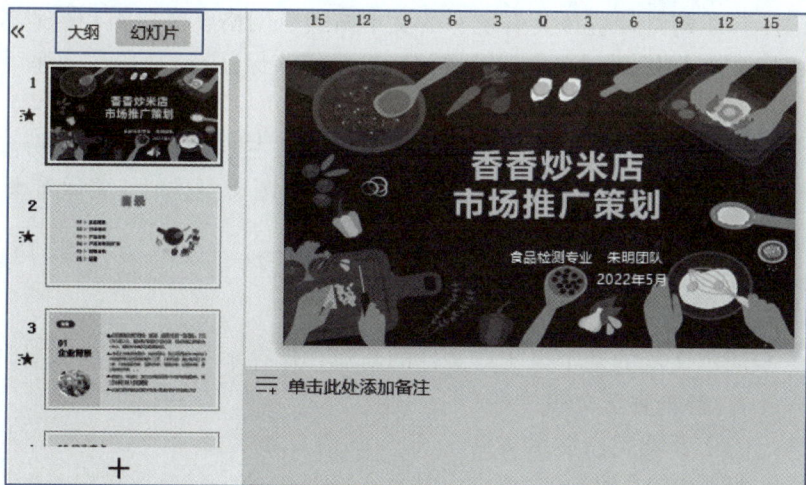

微课 5-2
演示文稿的
四种视图

图 5-1-5　普通视图

［大纲 / 幻灯片］窗格可以在幻灯片缩略图模式和大纲模式中切换。默认使用幻灯片缩

略图模式，如图 5-1-5 所示。此时上下拖曳幻灯片缩略图可调整幻灯片的位置，缩略图中当前幻灯片带有橙色边框，同时在右侧编辑区显示该幻灯片，可以在此输入或编辑幻灯片内容。

在［大纲/幻灯片］窗格中单击［大纲］按钮，进入大纲模式，如图 5-1-6 所示。大纲模式下［大纲/幻灯片］窗格仅显示幻灯片占位符中文本内容，其他内容不可见。

图 5-1-6　大纲模式

（2）幻灯片浏览视图

在幻灯片浏览视图中，所有幻灯片都以缩略图方式显示，幻灯片下边显示幻灯片编号和当前幻灯片放映的时长，图 5-1-1 就是在幻灯片浏览视图下的截图。

在幻灯片浏览视图中，可以浏览演示文稿的整体效果，单击窗口右下角的［显示比例］滑块，调整缩略图的显示比例，拖曳幻灯片可以调整幻灯片的顺序，还可以在这里插入、删除、移动、复制和隐藏幻灯片。

（3）备注页视图

在备注页视图下，幻灯片和备注页位于同一页上，页面上方是幻灯片，下方是演讲者备注，可以在此备注区域输入幻灯片备注。

（4）阅读视图

在阅读视图模式下，功能区、菜单等全部隐藏，只显示标签栏和状态栏。此时演示文稿是浏览者自行放映的模式，按 Esc 键可以恢复为普通视图。

5. 演示文稿设计和布局的基本原则

演示文稿设计和布局要遵循一些基本原则，具体介绍如下。

① 统一原则：一组幻灯片应该具有统一的文本格式、网格、页边距和色彩等。

② 均衡原则：在布局标题、文本和图像的时候，应该保证布局均衡，页面留有合适的空白，幻灯片不能填充太满。

③ 强调原则：通过色彩、结构的分布来强调要表达的主题，不能主次不分、层次不明。

④ 结合原则：演示文稿中的图片和文字放在一起进行图文混排时，要注意大小比例合适、位置恰当、图文内容互补。

学习活动 2　了解演示文稿的基本操作

演示文稿的基本操作有文件的新建、保存、打开、输出、退出等。

1. 新建演示文稿

（1）新建空白演示文稿

打开 WPS Office，单击［首页］标签中的［新建］按钮或标签栏中的标签新建按钮［＋］，在弹出的［新建］窗口中，选择［新建演示］命令，单击［新建空白演示］模板，就可以新建一个新的空白演示文稿文件。

（2）以其他方式新建演示文稿

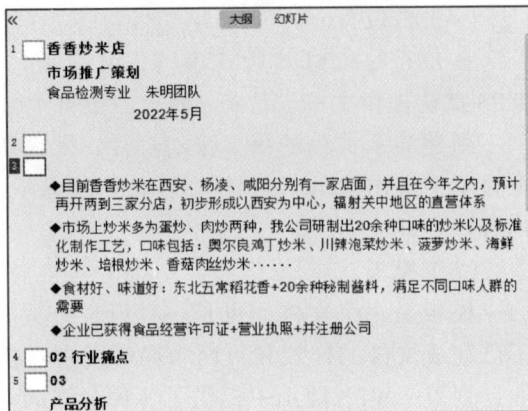

微课 5-3
WPS 演示文稿的新建、保存、打开与输出

单击［新建］窗口的其他模板，可以创建基于这些模板的演示文稿，还可以以下载的模板或演示文稿为基础创建演示文稿。

2. 保存演示文稿

选择［文件］菜单中的［保存］命令，或单击快速访问工具栏中的［保存］按钮，也可按快捷键 Ctrl+S，用这些方式都可以保存演示文稿。当演示文稿第 1 次被保存时，会打开［另存文件］对话框，保存、另存文件的方法同 WPS 文字相同。WPS 演示建立的文件原本的扩展名是 dps。为保证文件的兼容性，在保存文件时默认文件类型是 pptx。

3. 打开演示文稿

方法 1：双击计算机中已有的演示文稿文件，会打开 WPS 演示环境，进入幻灯片的编辑状态。

方法 2：在 WPS 的［首页］标签中，双击［文档］按钮后面的文件名称，可打开曾经编辑的文件；选中多个演示文稿文件，单击文件列表上方的［打开］按钮，可同时打开多个演示文稿文件。如图 5-1-7 所示，选中了 2 个演示文稿文件，单击［打开］按钮，可以打开这两个文件。

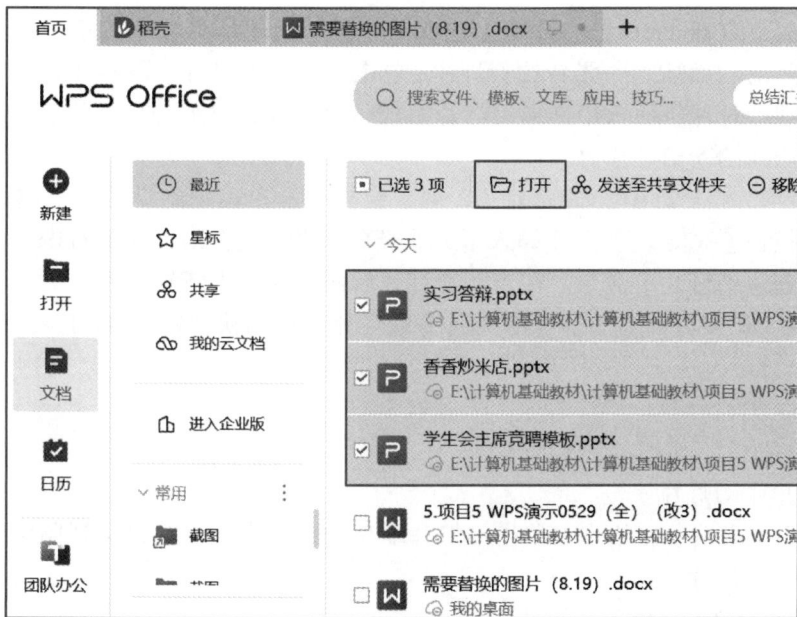

图 5-1-7　打开多个历史文件

方法 3：在 WPS 演示环境下，选择［文件］菜单中的［打开］命令，或按快捷键 Ctrl+O，在［打开文件］对话框中选择相应目录下的演示文稿文件，再单击［打开］按钮，可以打开所选演示文稿文件。

4. 输出演示文稿

（1）输出为 PDF 文件

在 WPS 演示环境下，在菜单栏中选择［文件］→［输出为 PDF］命令，打开［输出为 PDF］对话框。选择输出文件、输出范围（幻灯片页码范围）、输出选项、保存位置等，单击［开始输出］按钮，将 WPS 演示文稿输出为 PDF 格式的文件。

（2）输出为图片文件

在 WPS 演示环境下，在菜单栏中选择［文件］→［输出为图片］命令，打开［输出为图片］对话框。设置输出方式、水印设置、输出页数、输出尺寸、位置等信息，单击［输出］按钮，将演示文稿输出为图片文件。

（3）另存其他格式的文件

在将演示文稿另存时，在［文件另存］对话框中，单击［文件类型］右侧的下拉按钮，在弹出的下拉列表中选择需要的文件类型，单击［保存］按钮，可以将演示文稿保存为其他格式的文件。

5. 关闭演示文稿

关闭演示文稿的方法同 WPS 文字、WPS 表格类似。

学习活动 3　**了解幻灯片的基本操作**

演示文稿由若干张幻灯片组成，一个演示文稿至少有一张幻灯片。

1. 新建幻灯片

微课 5-4
新建幻灯片

方法 1：单击［开始］选项卡中的［新建幻灯片］按钮，就会在当前幻灯片的后面插入一张新的幻灯片；单击［新建幻灯片］下拉按钮，在弹出的［新建幻灯片］面板中选择幻灯片版式，就可以在当前幻灯片的后面添加一个选定版式的新幻灯片。

方法 2：在［幻灯片/大纲］窗格中，单击［幻灯片］缩略图下方的新建按钮［+］，就在后面插入了一张新幻灯片；或在幻灯片上右击，在弹出的快捷菜单中选择［新建幻灯片］命令，在当前幻灯片后面添加一张新幻灯片。

方法 3：在［幻灯片/大纲］窗格中选中幻灯片，使用快捷键 Ctrl+M，在当前幻灯片后面添加一张新幻灯片。

2. 选择幻灯片

在编辑幻灯片前，先要选中幻灯片。

（1）选择单张幻灯片

在［幻灯片/大纲］窗格中，单击幻灯片缩略图，或在幻灯片浏览视图中，单击幻灯片都可选中相应的幻灯片。

（2）选择多张幻灯片

微课 5-5
选择幻灯片

在［幻灯片/大纲］窗格或在幻灯片浏览视图中，可以选择多张幻灯片，操作如下：单击选择一张幻灯片，按住 Shift 键的同时再单击另一张幻灯片，就选中了这两张幻灯片中间连续的多张幻灯片；按住 Ctrl 键时，单击连续或不连续的多张幻灯片，即可选中这些幻灯片。

3. 移动幻灯片

微课 5-6
移动幻灯片

方法 1：在幻灯片浏览视图或［幻灯片］缩略图中，使用鼠标拖曳幻灯片到新的目标位置，放开鼠标就可移动幻灯片。

方法 2：选中幻灯片，单击［开始］选项卡中的［剪切］按钮或按快捷键 Ctrl+X，选择移动目的位置，单击［粘贴］按钮或按快捷键 Ctrl+V，可以实现幻灯片的移动。

方法 3：选中幻灯片，单击鼠标右键，在弹出的快捷菜单中选择［剪切］命令，选择目的位置后，使用快捷菜单中的［粘贴］命令，也能够实现幻灯片的移动。

4. 复制幻灯片

方法 1：按住 Ctrl 键的同时，拖曳幻灯片到目标位置，释放鼠标和 Ctrl 键就可复制幻灯片。

方法 2：选择要复制的幻灯片，单击［开始］选项卡中的［复制］按钮或按快捷键 Ctrl+C，选择目的位置，单击［粘贴］按钮或按快捷键 Ctrl+V 后，即可复制该幻灯片。

方法 3：在幻灯片缩略图中，在幻灯片上右击，在弹出的快捷菜单中选择［复制幻灯片］命令，会直接在原幻灯片后复制出一张幻灯片。

5. 删除幻灯片

在［幻灯片／大纲］窗格选中要删除的幻灯片，右击，在弹出的快捷菜单中选择［删除幻灯片］命令，或直接按键盘上 Delete 键，就可删除所选幻灯片。

6. 隐藏幻灯片

选中幻灯片，右击，在弹出的快捷菜单中选择［隐藏幻灯片］命令，即可隐藏所选幻灯片。如果要取消幻灯片的隐藏，在隐藏的幻灯片上右击，在弹出的快捷菜单中选择［隐藏幻灯片］命令即可。隐藏幻灯片的编号上面会有斜线，隐藏幻灯片只是在放映时隐藏，其他视图方式下都可见。

7. 插入幻灯片中的内容

幻灯片中可以插入很多元素，［插入］选项卡中列举了可以插入的元素类型，如图 5-1-8 所示。这些元素插入后，用户可以调整它们的位置并设置其格式。

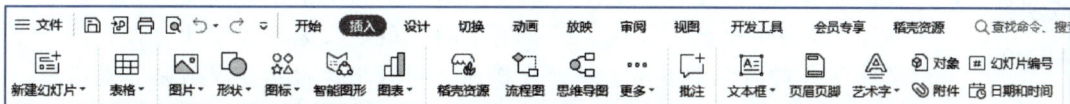

微课 5-7
复制幻灯片

微课 5-8
删除幻灯片
和撤销操作

微课 5-9
隐藏幻灯片
与取消隐藏

图 5-1-8　［插入］选项卡

（1）插入文本

幻灯片中的文本分为占位符中的文本、文本框中的文本、智能图形中的文本。

单击文本占位符，直接输入文本即可。文本框与智能图形中文本的编辑方法与 WPS 文字相同。选择文本、设置文本格式的方法也与 WPS 文字相同。

（2）插入图形、图片、表格、艺术字

单击［插入］选项卡中的相应按钮，可以插入图形、图片、表格、艺术字等，它们的格式设置方法都与 WPS 文字相同。

（3）插入其他元素

在幻灯片中还可以插入思维导图和流程图。WPS 为会员提供了很多美观、实用的思维导图、流程图模板。单击［插入］选项卡中的［更多］按钮，在弹出的下拉菜单中有［截图］［条形码］［二维码］和［化学绘图］等多个命令，使用这些命令，可在幻灯片中插入对应的内容。

学习活动 4   **幻灯片放映与设置**

展示演示文稿内容的过程称为放映。用户可以根据演示需要选择不同放映类型。[放映]选项卡中列举了与放映演示文稿有关的功能按钮，如图 5-1-9 所示。

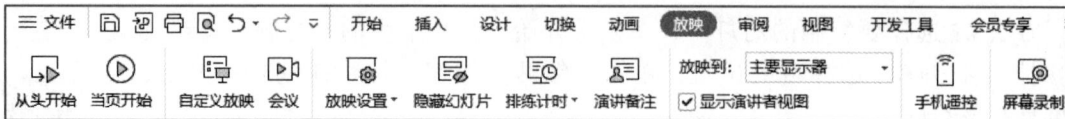

图 5-1-9 [放映]选项卡

1. 幻灯片放映

演示文稿放映时可以选择放映的开始位置，包括从头开始、当页开始、自定义放映。

（1）从头开始放映

打开演示文稿后，在[放映]选项卡中单击[从头开始]按钮（或按 F5 键），就会从第 1 张幻灯片开始放映演示文稿。

（2）当前页开始放映

如果想从指定幻灯片开始放映演示文稿，选定该幻灯片，然后在[放映]选项卡中，单击[当页开始]按钮，或按 Shift+F5 快捷键，此时就从当前幻灯片开始放映演示文稿。另外，双击幻灯片缩略图，也可从当前页开始放映。

（3）自定义放映

用户可以根据需要设置放映哪些幻灯片。

微课 5-10
自定义放映
幻灯片

例 5-1-1   要求放映演示文稿中的第 3 张～第 7 张幻灯片。

操作方法：单击[放映]选项卡中的[自定义放映]按钮，在打开的[自定义放映]对话框中单击[新建]按钮，打开[定义自定义放映]对话框，如图 5-1-10 所示。在[幻灯片放映名称]文本框中输入放映名称"主要内容"，在[在演示文稿中的幻灯片]列表框中选择"3.01 企业背景"，然后单击[添加]按钮，此时该幻灯片被添加到[在自定义放映中的幻灯片]列表框中。以同样的方法添加第 4 张～第 7 张幻灯片到右边的列表框中，形成新的播放列表，结果如图 5-1-10 所示。单击[确定]按钮，返回[自定义放映]对话框，如图 5-1-11 所示，选中[自定义放映]列表框中的"主要内容"，单击[放映]按钮，就开始按用户设置放映演示文稿。

2. 放映设置

单击[放映]选项卡中的[放映设置]按钮，打开如图 5-1-12 所示的[设置放映方式]对话框。在其中可以设置放映类型、放映幻灯片、放映选项和换片方式等。

（1）放映类型

①"演讲者放映（全屏幕）"类型：作为默认的放映类型，此类型将以全屏幕放映演示文稿，在演示文稿放映过程中，演讲者具有控制权，可手动切换幻灯片和动画效果，也可以将演示文稿暂停。按 Esc 键可结束放映。

②"展台自动循环放映（全屏幕）"类型：在这种放映方式下，演示文稿按照用户之前排练的效果，自动全屏循环放映演示文稿。按 Esc 键可结束放映。

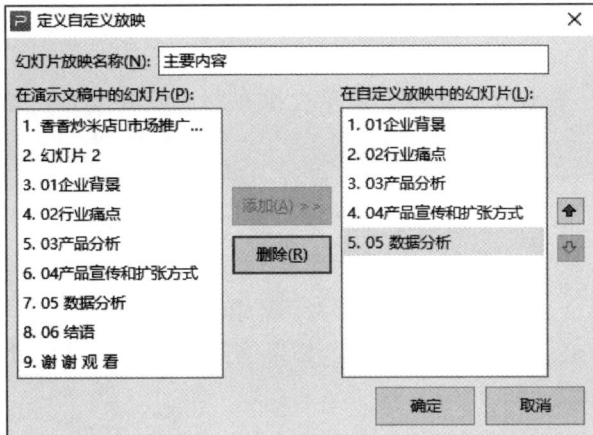

图 5-1-10　［定义自定义放映］对话框

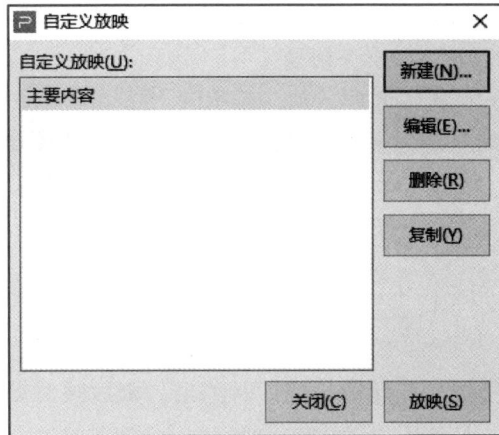

图 5-1-11　［自定义放映］对话框

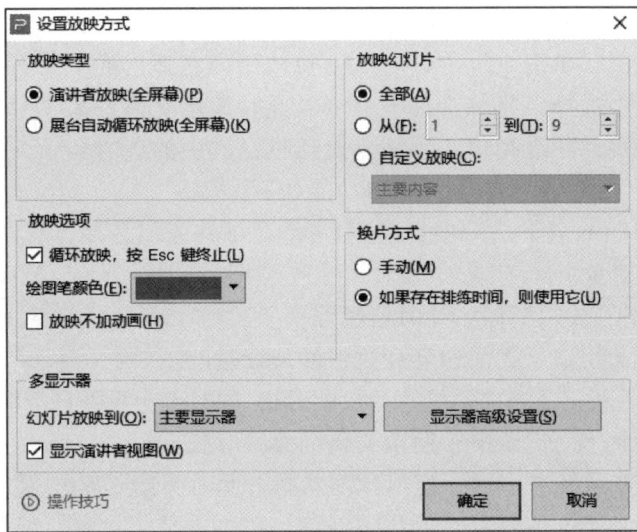

图 5-1-12　［设置放映方式］对话框

两种放映类型共同之处：都是全屏幕放映演示文稿；不同之处："演讲者放映（全屏幕）"模式由演讲者控制演示文稿的放映进度，一般是做演讲的时候使用；"展台自动循环放映（全屏幕）"模式则是根据之前的排练，自动循环放映演示文稿，这种方式特别适合需要反复放映的场合。

（2）放映幻灯片

①"全部"选项：默认选项，放映从第 1 张幻灯片到最后一张幻灯片之间的所有幻灯片。

②"从"文本框"到"文本框：指定放映从第几张到第几张幻灯片。

③"自定义放映"选项：选择之前的自定义放映，单击［确定］按钮后，放映时就按之前定义好的幻灯片进行放映。

例 5-1-2　如果想从第 3 张幻灯片开始，放映到第 5 张时结束，在［放映幻灯片］栏中设置"从(F): 3 到(T): 5"，在文本框中输入"3"和"5"，单击［确定］按钮后，放映本演示文稿时，就从第 3 张幻灯片开始放映到第 5 张结束。

（3）放映选项

①"循环放映，按 ESC 键终止"复选框：选中该复选框，演示文稿在用户没有按 Esc 键或提前终止演示文稿放映时，自动循环放映。

②"绘图笔颜色"下拉选项：选择幻灯片放映时的画笔颜色，默认是红色。

③"放映不加动画"复选框：选中该复选框，放映演示文稿时会忽略其中的动画。

（4）换片方式

①"手动切片"选项：默认选项，在演示文稿放映时，由演讲者手动控制播放过程。

②"如果存在排练计时，则使用它"选项：选中该单选项后，如果演示文稿之前进行过排练，并保留排练计时结果，则放映时就按照之前的排练放映演示文稿。

3. 排练计时

排练计时是对演示文稿放映的排练，系统记录放映每张幻灯片的时间和演示文稿放映总时间，排练过的演示文稿可以实现自动放映。

设置排练计时，打开需要放映的文件，在［放映］选项卡中，单击［排练计时］下拉按钮，在弹出的下拉列表中选择［排练全部］命令，此时演示文稿进入排练模式，同时弹出［预演］对话框，其中的计时器开始计时，如图 5-1-13 所示，图中各按钮功能如下：

图 5-1-13　［预演］对话框

①［下一项］按钮：播放下一个项目，项目可能是下一张幻灯片，也可能是下一个动画对象。

②［暂停键］按钮：放映暂停，计时器暂停。

③幻灯片放映时间：记录当前幻灯片放映的持续时间。

④［重复］按钮：重新记录当前幻灯片的放映时长，同时也会重新计算演示文稿放映总时长。

⑤幻灯片放映总时长：记录整个演示文稿的放映时长。

演示文稿预演完毕或按 Esc 键，退出预演状态，此时弹出［WPS 演示］提示框，提示幻灯片总放映时间，问是否保留幻灯片的排练时间。单击［是］按钮，保存本次预演的排练计时结果，并进入幻灯片浏览视图，每张幻灯片的下方会显示该幻灯片的放映时间；单击［否］按钮，则不会保存本次的预演计时，回到普通视图。

4. 幻灯片放映技巧

①快速放映：直接按 F5 键，开始放映幻灯片。

②快速停止放映：除了按 Esc 键外，还可以按键盘上的"-"键，快速停止放映。

③任意进到第 n 张幻灯片：在放映中如果想回到或进到第 n 张幻灯片，只要按数字 n 和 Enter 键，就可以实现；还可以在屏幕上右击，在弹出的快捷菜单中选择［定位］命令，再从其级联菜单中选择对应幻灯片即可。

④放映过程中在幻灯片上书写：在幻灯片的放映过程中，有可能要在幻灯片上做一些标注或注解，例如在重点字词下面画线或圈选某些文字，这时可以使用墨迹画笔，在幻灯片放映的同时，在上面做标记。

使用墨迹画笔的方法：在幻灯片放映窗口中右击，在弹出的快捷菜单中选择［墨迹画笔］命令，在其级联子菜单中选择［圆珠笔］［水彩笔］或［荧光笔］中的任意一个命令，鼠标就变成笔的形状，此时就可以使用鼠标在幻灯片上做标记。用画笔完成所需标记之后，按Esc 键退出绘图状态。

演示文稿放映结束，系统会弹出消息框，提示"是否保留墨迹注释？"，如果单击［保留］按钮，则刚才在幻灯片上的标记墨迹都会保留在幻灯片上；如果单击［放弃］按钮则不保留刚才在幻灯片上所画的标记墨迹。

5.1.3　任务实施

在本任务的任务引入部分中，朱明团队需要制作"香香炒米店市场推广策划"项目的推介演示文稿。演示文稿从企业背景、行业痛点、产品分析、产品宣传和扩张方式、数据分析、结语等多个方面进行介绍，该演示文稿包括 9 张幻灯片。通过前面的学习，我们掌握了 WPS演示文稿及幻灯片的基本操作，一起来完成该任务。

1. 制作前的准备

根据调研结果，准备演示文稿中用到的图片、文本等素材，将这些素材存放在配套资料中"案例及素材 \ 素材"文件夹中。

2. 制作演示文稿

（1）新建演示文稿文件

启动 WPS 演示，新建空白文档，将该演示文稿以"香香炒米店 .pptx"为名保存到 D 盘"信息处理技术"文件夹下。

（2）添加幻灯片并设置演示文稿整体风格

在第 1 张幻灯片后创建空白幻灯片，此时共有 2 张幻灯片。单击［设计］选项卡中的［背景］下拉按钮，在弹出的下拉列表中选择［背景］命令，在窗口右侧打开［属性］任务窗格，选中［纯色填充］单选按钮，单击［颜色］栏右侧的下拉按钮，在弹出的下拉列表中选择［更多颜色］命令，在打开的［颜色］对话框［自定义］选项卡中自定义颜色为：颜色模式"RGB"，红色"240"，绿色"238"，蓝色"217"。单击［确定］按钮回到［属性］任务窗格，单击下面的［全部应用］按钮，所有的幻灯片具有同样的背景色。

微课 5-12
新建 WPS 演示文稿并设置幻灯片背景

（3）制作"封面"幻灯片

选择第 1 张幻灯片，设置背景为图片，图片文件选择素材文件夹下的"背景 1.png"，默认版式是"标题"版式。单击幻灯片上"空白演示"占位符，输入文本"香香炒米店市场推广策划"，字体格式设为微软雅黑、字号 60、加粗、白色。在副标题占位符，输入"食品检测专业 朱明团队 2022 年 5 月"，字体格式设为微软雅黑、字号 24、白色。调整占位符的位置可参考图 5-1-1。

微课 5-13
制作演示文稿封面

（4）制作"目录"幻灯片

选择第 2 张幻灯片，删除其中的"标题"占位符。

单击［插入］选项卡中的［艺术字］按钮，在弹出的下拉子面板中，选择第 1 行第 3 列预设样式，输入文字"目录"。选择艺术字"目录"，在［文本工具］选项卡中，单击［文本效果］下拉按钮，在弹出的下拉菜单中选择［阴影］命令，在弹出的级联子菜单中选择"外部"下的第 1 个阴影样式"右下斜偏移"。

微课 5-14
制作目录页面

在内容占位符中插入素材中的图片"平底锅 .png"，调整各元素的位置，如图 5-1-14 所示。

　　插入横排文本框，在文本框中输入图 5-1-14 中左侧目录中的文本，并设置文本格式为微软雅黑（标题）、字号 24、加粗、1.5 倍行距；中间的三角形使用标准色中的"橙色"。

　　（5）制作"01 企业背景"幻灯片

　　插入新幻灯片，版式为"标题和内容"。在"标题"占位符中输入"01 企业背景"，字体格式为微软雅黑、字号 48、黑色、加粗。在"内容"占位符中输入图 5-1-15 右侧的大段文本，设置文本格式为微软雅黑、字号 20、黑色。参照图 5-1-15 调整幻灯片中各元素的大小和位置。

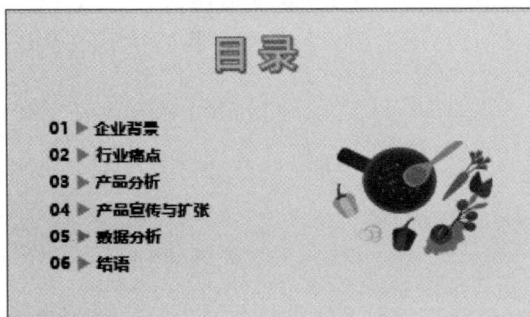

图 5-1-14　"目录"页面

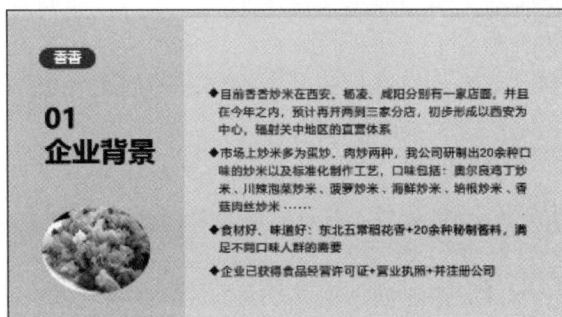

图 5-1-15　"企业背景"页面

　　单击［插入］选项卡中的［形状］下拉按钮，在弹出的下拉列表中选择"矩形"命令，在幻灯片中按住左键拖，画出一个矩形，调整大小，放到幻灯片的左边，高度与幻灯片一样，宽度 10.81 cm、无边框；填充自定义颜色为：颜色模式"RGB"，红色"232"，绿色"229"，蓝色"196"，将该矩形置于底层。

　　插入素材中的图片"炒米饭 .png"。

　　插入圆角矩形，调整圆角大小，输入 Logo 文本"香香"，字体格式设为微软雅黑、字号 24、白色、加粗。设置自选图形的填充颜色为"橙色，着色 4，深色 50%"，无边框。

　　参照图 5-1-15 调整幻灯片中各元素的大小和位置。

　　（6）制作"02 行业痛点"幻灯片

　　插入新幻灯片，版式为"标题和内容"。在"标题"占位符输入文字"02 行业痛点"，字体格式为微软雅黑、字号 48、加粗。

　　插入素材文件夹中的图片"美味炒米 .png"和"肚子疼 .png"，参照图 5-1-16 调整图片大小及位置。

　　插入 2 个横排文本框，分别输入文字"市场上炒米多为蛋炒、肉炒两种"和"小作坊、路边摊不卫生、不健康"，两个文本框中的文字格式为微软雅黑、字号 24、黑色。

　　插入椭圆形状，调整大小为：高 12.78 cm，宽 12.78 cm，填充自定义颜色为：颜色模式"RGB"，红色"210"，绿色"189"，蓝色"70"。插入直线形状，设置格式：线宽度为 8 磅，长度 12.78 cm，颜色：颜色模式"RGB"，红色"240"，绿色"238"，蓝色"217"。将直线放到圆形中间，同时将二者组合，形成 2 个半圆的效果。

　　插入 2 个横排文本框，分别输入文字"口味单一"和"品质参差不齐"，两个文本框中的文字格式为微软雅黑、字号 44、白色。

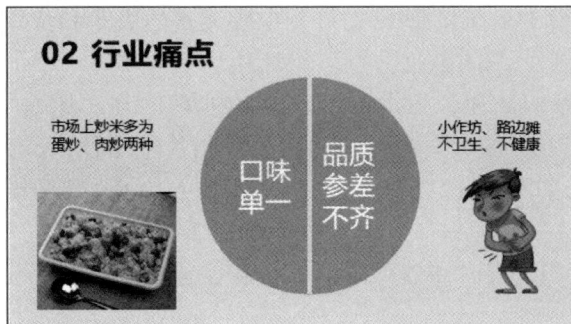

图 5-1-16　"行业痛点"页面

参照图 5-1-16，调整幻灯片中各元素的大小和位置。

（7）制作"03 产品分析"幻灯片

复制幻灯片"01 企业背景"，将其移动为第 5 张幻灯片，修改标题内容，将"01 企业背景"改为"03 产品分析"。

删除右边"内容"占位符里面的文本，输入文字"市场定位 健康、实惠 口感多样供选择"；选择"市场定位"，设置文本格式为微软雅黑、字号 28、加粗；选择"健康、实惠 口感多样供选择"，设置字体格式为微软雅黑、字号 20、加粗，调整文本行间距为 1.5 倍。

复制"市场定位 健康、实惠口感多样供选择"文本框，修改里面的文本为"目标消费群 12~50 岁人群 追求健康、新鲜的环保人群"。

参照图 5-1-17，调整幻灯片中各元素的大小和位置。

（8）制作"04 产品宣传和扩张方式"幻灯片

复制幻灯片"03 产品分析"，修改标题内容，将"03 产品分析"改为"04 产品宣传和扩张方式"，调整标题占位符的大小，让里面的文字按如图 5-1-18 所示排列。

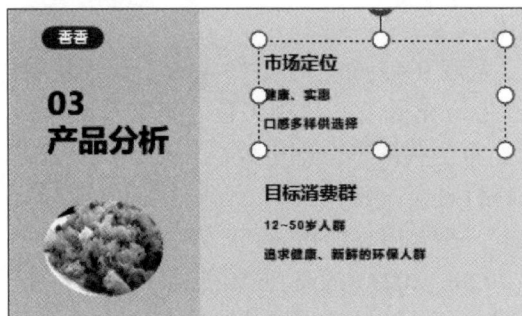

图 5-1-17　"产品分析"页面

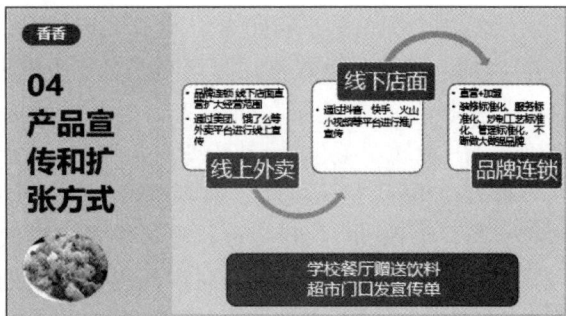

图 5-1-18　"产品宣传和扩张方式"页面

删除右侧的文本框占位符。单击［插入］选项卡中的［智能图形］按钮，在打开的［智能图形］对话框中选择［流程］选项卡，选择"交替流"图形，在对应的位置输入文本。

插入圆角矩形，输入文本"学校餐厅赠送饮料 超市门口发宣传单"将文本分为两行显示，设置字体格式为微软雅黑、字号 24、加粗、白色。

参照图 5-1-18，调整幻灯片中各元素的大小和位置。

（9）制作"05 数据分析"幻灯片

插入新幻灯片，版式为"标题和内容"。在"标题"占位符中输入"05 数据分析"。在"内容"占位符中，插入图片"图片 1.png"，再插入一个 10 行 4 列的表格，如图 5-1-19 所示，输入表格内容。在[表格样式]选项卡中，选择"预设样式"为"中色系"下的"中度样式 2- 强调 1"。

参照图 5-1-19，调整幻灯片中各元素的大小和位置。

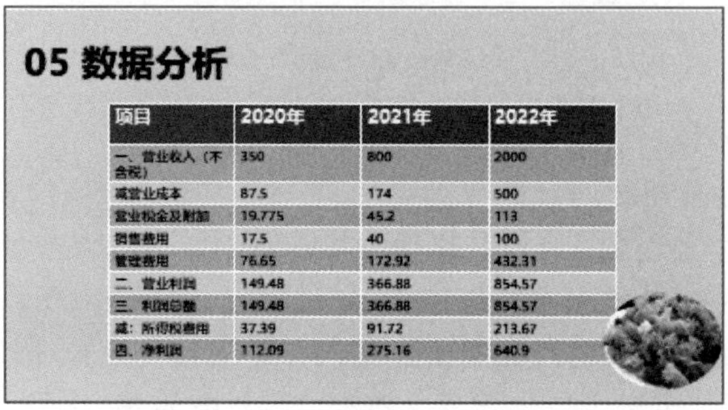

图 5-1-19　"数据分析"页面

（10）制作"06 结语"幻灯片

复制幻灯片"01 企业背景"，将复制后的幻灯片移动为第 8 张幻灯片，修改标题内容，将"01 企业背景"改为"06 结语"。

制作"白板"：

① 插入圆角矩形，格式设置为高度 0.44 cm、宽度 13.5 cm、无轮廓、填充"灰色，文本 1，浅色 50%"。复制该圆角矩形，移动到下面，这两个圆角矩形是"白板"的上下边框。

② 插入矩形，设置格式为宽度 12 cm、高度 9 cm、轮廓为"灰色，文本 1，浅色 50%"，填充自定义颜色：颜色模式"RGB"，红色"240"，绿色"238"，蓝色"217"，将这个矩形和前面的 2 个圆角矩形行组合，形成"白板"的主体。

③ 插入矩形，设置格式为填充黑色、边框黑色、宽度 0.45 cm、高度 15.4 cm、置于底层，这是"白板"的主支架。插入 2 个矩形，设置格式为填充黑色、边框黑色、宽度 0.45 cm、高度 4 cm，旋转调整位置，其为"白板"的两侧支架。将这些图形全部组合在一起，置于底层。

插入文本框，输入文本"创业期：2019—2020，战略：直营 + 特许经营，收入：店面营业额"，将文字换行如图 5-1-20 所示，设置格式为微软雅黑、字号 15、加粗。

复制上面的文本框，输入对应的内容"初创期：2020—2021，战略：复制连锁 + 打造品牌，收入：加盟费、店面直营费"，参照图 5-1-20 将文字换行；设置字体格式为微软雅黑、字号 19、颜色为"矢车菊兰，着色 2，深色 50%"。

复制"创业期"文本框，修改其文本为"成长期：2021—2022，战略：打造陕西炒米饭第一品牌，收入：加盟店股份、管理费用"，参照图 5-1-20 将文字换行；设置字体颜色为"中宝石碧绿，着色 3，深色 50%"。

参照图 5-1-20，调整幻灯片中各元素的大小和位置。

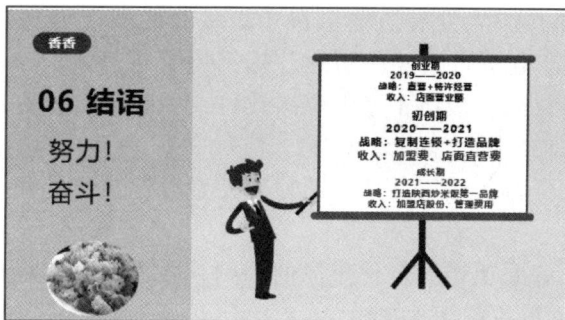

图 5-1-20　"结语"页面

微课 5-20
制作"结语"页面

（11）制作"感谢"幻灯片

复制"封面"幻灯片，将标题内容改为"谢谢观看"，将副标题文本改为"香香炒米愿你吃的每一份炒米——都能感觉到健康与爱！"，参照图 5-1-21，调整两个标题的位置。

图 5-1-21　"感谢"页面

微课 5-21
制作"感谢"页面

3. 设置放映

对演示文稿使用［排练计时］功能进行预演，保留排练计时结果。在演示文稿放映的时候选择使用［排练计时］功能。单击［放映］选项卡中的［从头开始］按钮播放该演示文稿。

4. 保存文件

5.1.4　技能训练

训练 1　制作一个"学党史 强信念 跟党走"的演示文稿

信息工程学院在本学期为入党积极分子组织了一期以"学党史 强信念 跟党走"为主题的党课培训。培训结束后，老师让优秀学员代表李明在党课结业典礼上进行交流汇报。为了更好地展示汇报内容，在了解汇报现场具备展示演示文稿的情况后，李明决定通过 WPS 演示进行汇报，现在他需要制作一份汇报演示文稿。

要求：

微课 5-22
设置幻灯片的放映

① 演示文稿从中国共产党发展历史、奋斗历程、典型人物与典型事迹、行为准则等方面，全面展示中国共产党艰苦奋斗的历程，提出当下年轻人应该践行的行为准则。

② 第 1 张幻灯片为封面，最后 1 张为感谢致辞，中间为内容幻灯片，该演示文稿不得少于 7 张幻灯片。

③ 查阅并收集相关资料，使用文字、图片等元素表达自己的观点，不要使用大篇幅的文字。

④ 制作幻灯片时一定要遵循幻灯片布局的原则，合理布局幻灯片页面，使用多种元素制作一个图文并茂、生动形象的演示文稿。

训练 2　制作一个"疫情防控下的个人保护"的演示文稿

疫情期间，为了更好保护广大群众的生命安全，提高人们的防护意识。社区负责人让疫情防护宣传员王梅制作一个 WPS 演示文稿，用于向社区居民宣传如何做好个人防护。

要求：

① 演示文稿从戴口罩、常通风、重消毒、讲卫生、定距离（保持 1 米线）、增营养、常运动（养成健康的生活方式）、少流动、不聚集、疫苗接种等方面，介绍个人防护的措施。倡议大家"争做自己健康防护的第一责任人"。

② 第 1 张幻灯片为封面，最后 1 张为感谢致辞，中间为内容幻灯片，该演示文稿不得少于 10 张幻灯片。

③ 查阅并收集相关资料，使用文字、图片等元素展现宣传内容，不建议使用大篇幅的文字。

④ 制作幻灯片时一定要遵循幻灯片布局的原则，合理组织汇报内容，做一个图文并茂、生动形象的演示文稿。

学习任务 5.2　制作竞选学生会主席演示文稿

> 制作竞选学生会主席演示文稿
> PPT

5.2.1　任务引入与分析

信息工程学院的学生会又到了换届选举的时间，本次换届选举采用竞选的形式选出学生会主席，要求竞选人通过 WPS 演示文稿展示个人情况，包括自我介绍、学习情况、竞选优势和工作计划。评委将通过竞选者现场展示和答辩综合打分，最后，经过综合评议选出学生会主席。

李明是信息工程学院大数据技术专业二年级学生，根据自身日常学习和在学生会参加活动的情况，决定竞选学生会主席一职，李明现在需要制作一个竞选演示文稿，其设计效果如图 5-2-1 所示。

任务要求

① 根据提供的资料演示文稿模板，创建竞选演示文稿，删除不需要的幻灯片。

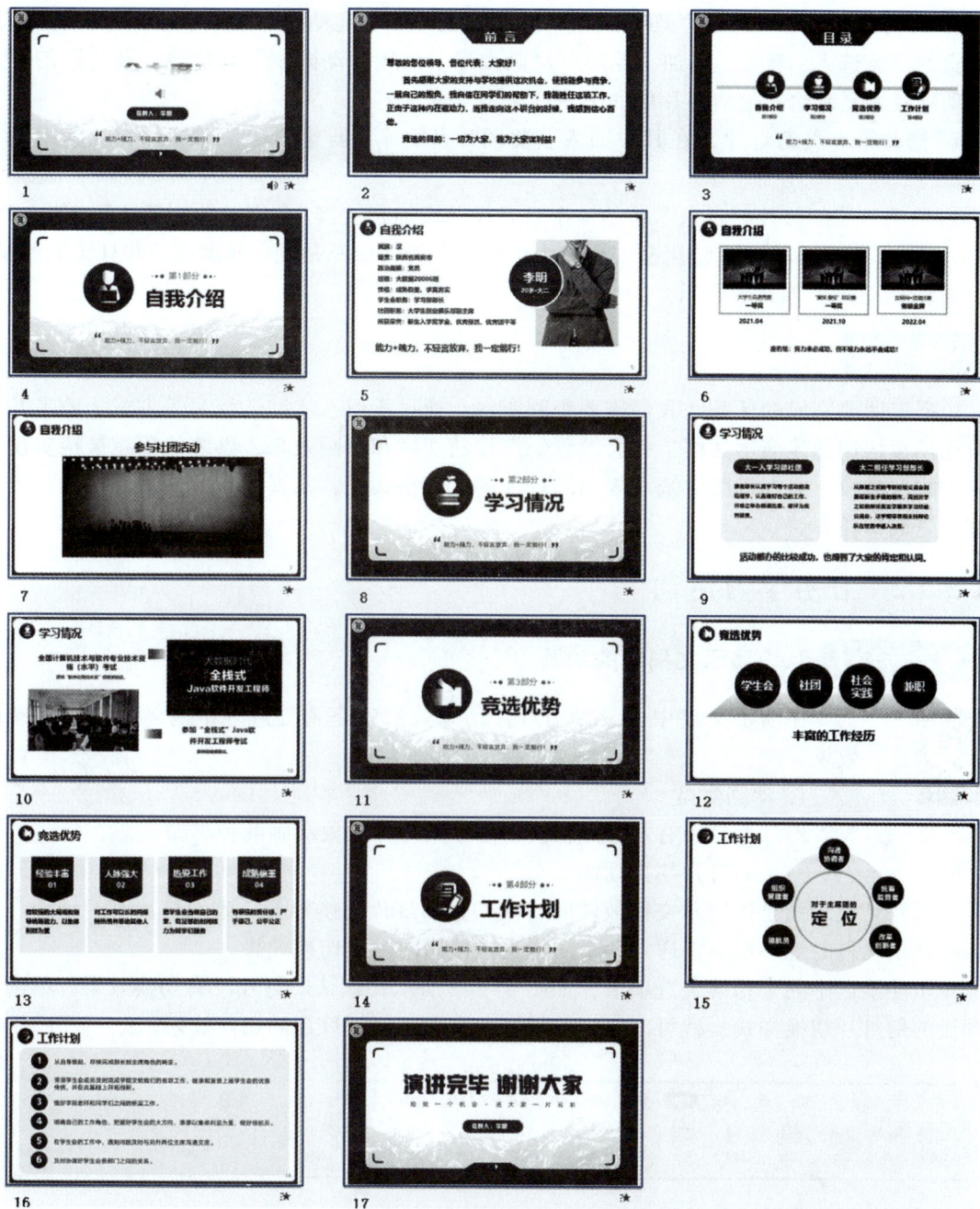

图 5-2-1　"竞选学生会主席"演示文稿完成效果图

② 演示文稿需要从自我介绍、学习情况、竞选优势和工作计划 4 个方面设计演示文稿内容，演示文稿共包括 17 张幻灯片。

③ 在幻灯片的母版上修改所有的字体格式为微软雅黑、加粗、文字阴影，文字大小采用模板中默认的字号即可；添加 Logo。

④ 插入"前言"幻灯片，录入文本，设置"轮子"动画效果。

⑤ 为幻灯片添加"溶解"切换效果，封面标题添加智能动画"轰然下落"，为封面和最后一页的"竞选人：李明"添加"菱形"动画效果。使用"动画刷"功能将"前言"幻灯片中的动画效果复制给其他幻灯片中的图片或文本等。

⑥ 修改第 6 页幻灯片，在其中插入获奖图片及文本；创建第 7 张幻灯片，在其中插入视频。

⑦ 给第 3 张幻灯片"目录"中的 4 个目录标题添加超链接，分别跳转到第 4 页、第 8 页、第 11 页和第 14 页，修改超链接文本样式为访问前和访问后都是同一种颜色，并且无下画线。

⑧ 给幻灯片添加背景音乐。

任务分析

根据李明要完成的任务，我们需要查阅资料，通过学习、实践、练习等方式，熟悉并掌握应用模板快速创建演示文稿，并会设置幻灯片的切换和动画效果，熟练使用超链接实现幻灯片的跳转播放，会在母版中统一规划幻灯片的文字格式等，掌握了这些知识和技能，才能很好地完成本任务。

5.2.2　任务学习活动

学习活动 1　认识演示文稿中的动画

微课 5-23
认识动画

在演示文稿中，设置幻灯片动画效果就是为幻灯片中的各对象添加动画效果。

1. 动画类型

幻灯片动画有幻灯片切换动画和幻灯片对象动画两种类型。

（1）幻灯片切换动画

幻灯片切换动画是指演示文稿放映时，从一张幻灯片切换到下一张幻灯片时的动画。为了保持演示文稿的统一风格，通常一个演示文稿使用同一种切换效果。

单击功能区中的［切换］选项卡，如图 5-2-2 所示，默认幻灯片没有切换效果，单击一种预设的幻灯片切换样式，就可以在当前幻灯片中预览到幻灯片的切换效果。

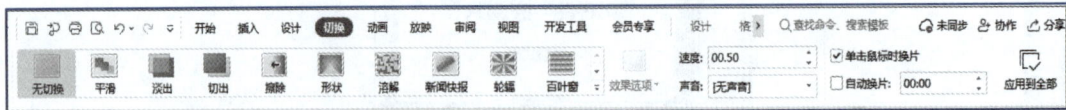

图 5-2-2　幻灯片［切换］选项卡

选择了一种幻灯片的切换效果后，可设置切换的效果、切换的声音、切换时幻灯片的换片方式、自动换片时间等，单击［应用到全部］按钮，就能将设置好的效果应用到整个演示文稿中。

（2）幻灯片对象动画

幻灯片对象动画是指给幻灯片中的各对象设置动画效果。对象指的是幻灯片里面的元素，无论是占位符、图片、形状、文本框、视频等，都统称为"对象"。对象动画主要分为进入动画、强调动画、退出动画、动作路径动画、绘制自定义路径动画和智能动画等。

① 进入动画：是指对象从幻灯片显示范围之外，进入到幻灯片内部的动画效果。

② 强调动画：是指对象本身已显示在幻灯片之中，然后对其进行突出显示，从而起到强调作用。

③ 退出动画：是指对象本身已显示在幻灯片之中，然后以指定的动画效果离开幻灯片。

④ 动作路径动画：是指对象按系统预设的路径进行移动的动画。

⑤ 绘制自定义路径动画：指对象按照用户绘制的路径移动的动画，这个路径是用户拖曳对象在幻灯片上形成的路径轨迹。

⑥ 智能动画：是指 WPS 演示提供的一种对多种内容设置的动画效果，例如对图片这类内容设置动画效果，选中图片后单击［动画］选项卡中的［智能动画］下拉按钮，选择轮播后即可在单个页面中滚动展示多张图片。借助 WPS 演示的智能动画功能，可以非常方便地为演示文稿中的内容添加动画效果，也可以根据实际需求对每个动画效果单独调整。

2. 插入和编辑对象动画

（1）创建动画

① 使用动画列表创建动画。选择对象，选择［动画］选项卡，如图 5-2-3 所示，在［动画］列表中选择一个动画，就为该对象设置了动画效果。

图 5-2-3　［动画］选项卡

② 使用［智能动画］按钮创建动画。选择对象，单击［动画］选项卡中的［智能动画］下拉按钮，在弹出的下拉面板中选择一种动画效果即可。

例 5-2-1　为"香香炒米店 .pptx"演示文稿中的第 1 张幻灯片的标题文本框"香香炒米店市场推广策划"添加智能动画。

操作方法：选中标题文本框，单击［动画］选项卡中的［智能动画］下拉按钮，在弹出的下拉面板中选择"轰然下落"效果。

③ 在［动画窗格］中为对象添加更多的动画效果。选中对象，单击［动画］选项卡中的［动画窗格］按钮，在弹出的窗口中单击［添加效果］下拉按钮，在弹出的下拉子面板中选择需要的动画效果，如图 5-2-4 所示，刚添加的动画效果在幻灯片中即时播放。单击［动画窗格］任务窗格下方的［播放］按钮，可以查看所选对象的动画效果；单击［幻灯片播放］按钮，可以随时查看当前幻灯片中所有对象的动画效果。

（2）编辑动画

选择一个动画对象，在［动画窗格］任务窗格中会显示当前动画的具体信息，如动画名称、开始、方向和速度。单击这些选项后面的下拉按钮，在弹出的下拉列表选择不同的选项，动画效果也会变化。如图 5-2-5 所示，所选中的对象当前动画效果是"飞入"，对象"自底部"飞入，"单击时"开始，速度"非常快（0.5 秒）"。

微课 5-24
对象动画的
创建、编辑
和删除

微课 5-25
为对象添加
智能动画

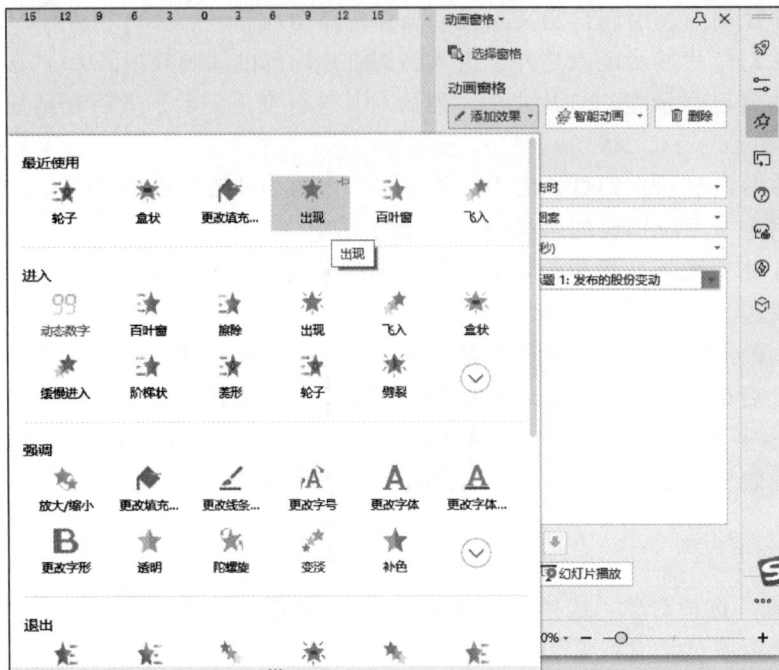

图 5-2-4 添加动画

图 5-2-5 编辑动画

可为同一个对象添加多个动画效果：选中已有动画效果的对象，单击［添加效果］下拉按钮，在弹出的下拉面板中选择所需动画。幻灯片中的动画对象的左上方会出现一个阿拉伯数字，表示动画的播放顺序。

在［动画窗格］任务窗格的下方，可以看到当前幻灯片中的所有动画条目，拖曳它们可以调整动画播放次序，也可以双击某一条动画，详细设置更多效果。

（3）删除动画

选中已有动画的对象，单击［动画窗格］中的［删除］按钮即可删除当前选中的动画效果，此时删除的是动画效果而不是对象；也可以单击［动画］选项卡中的［删除动画］下拉按钮，在弹出的下拉菜单中选择不同的命令来删除动画，如图 5-2-6 所示。

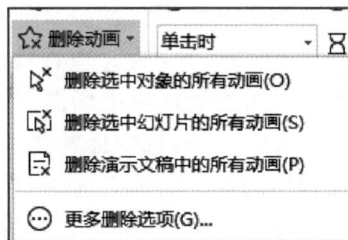

图 5-2-6 ［删除动画］下拉菜单

3. 动画刷

为了保持 WPS 演示文稿风格的一致性，多张幻灯片中可能需要应用相同的动画效果，使用动画刷功能可复制动画效果。

例 5-2-2 幻灯片中一个图片对象"图片 1.png"使用的是"百叶窗"动画，想要将该图片动画效果快速应用到"图片 2.png"，如何操作？

操作方法：首先选中"图片 1.png"，单击［动画刷］按钮，此时鼠标的光标变成一个箭头带刷子的模样，然后单击"图片 2.png"，就将第 1 张图片的动画效果应用到第 2 张图片上。

单击一次［动画刷］按钮时，只能复制一次动画效果。若想将动画效果应用至多个对象，只需双击［动画刷］按钮，再逐个单击其他对象，就能将复制的动画效果应用至后面的其他对象。当动画效果复制完成后，再次单击［动画刷］按钮或按 Esc 键，可取消动画复制功能。

4. 演示文稿中添加动画的基本原则

在 WPS 演示中为对象添加动画时，需要掌握 3 个基本原则：

① 重复原则。在一个页面内，动画效果不能太多，一般不要超过两个。过多不同的动画效果，不仅会让页面显得杂乱，还会分散观众的注意力。

② 强调原则。如果一页幻灯片内容较多，要突出强调某一点，可以单独对这个元素添加动画，其他页面保持静止，达到强调的效果。

③ 顺序原则。在添加动画时，让内容根据逻辑顺序出现，并列关系的对象动画同时播放，层级关系的对象动画按照从左到右的顺序或从上到下的顺序播放。

学习活动 2　认识演示文稿中的媒体元素

在幻灯片中除了可以插入文本框、图形、图片等元素，还可以插入音频、视频，用来丰富幻灯片的表现力，插入超链接和动作按钮可以改变演示文稿的放映顺序。

1. 音频

在演示文稿中可以添加音乐、旁白或声音片段等音频。

单击［插入］选项卡中的［音频］下拉按钮，弹出下拉菜单，其中包含：嵌入音频、链接到音频、嵌入背景音乐、链接背景音乐 4 个选项，如图 5-2-7 所示。

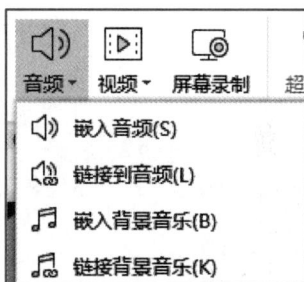

图 5-2-7　［音频］下拉菜单

在幻灯片中插入音频后，幻灯片中会出现一个"喇叭"图标和播放控制器，可以预览音频。这样的音频在幻灯片放映时，"喇叭"图标依然存在，放映到有音频的幻灯片时播放声音，切换幻灯片后，声音停止播放。

在幻灯片中嵌入背景音乐，系统自动将音乐放到第 1 张幻灯片中，幻灯片上也会出现"喇叭"图标和播放控制器，但在放映时不会出现"喇叭"图形，音乐默认设置为自动播放、跨幻灯片播放、循环播放直至停止等。背景音乐在演示文稿放映时自动开始播放，即使切换到其他幻灯片，音乐也会继续播放，一直循环直至幻灯片放映结束。

微课 5-26
插入音频

图 5-2-8 是选中音频后显示的上下文选项卡。在这里可以播放音频，设置音频音量、开始时间和效果等。单击［设为背景音乐］按钮，可以将音频设为背景音乐。

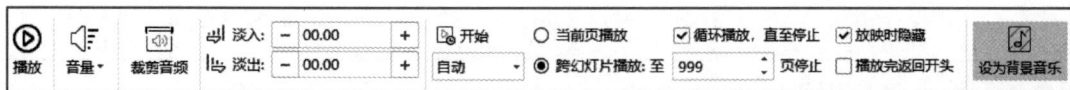

图 5-2-8　［音频工具］选项卡

2. 视频

单击［插入］选项卡中的［视频］下拉按钮，弹出［视频］下拉菜单，如图 5-2-9 所示。

例 5-2-3　在"香香炒米店推广策划"演示文稿中，插入一个炒米饭的视频。

微课 5-27
插入视频

操作过程如下：选择幻灯片，单击［插入］选项卡中的［视频］下拉按钮，在弹出的下拉菜单中选择［嵌入视频］命令，打开［插入视频］窗口，选择素材文件夹下的"炒米饭.mp4"，单击［打开］按钮，就将视频嵌入到了幻灯片中，如图 5-2-10 所示。拖曳视频周围的圆圈控制柄可以调整视频的大小，单击视频中的［播放］按钮可以预览视频，也可以使用［视频工具］选项卡中的按钮编辑视频。

图 5-2-9　［视频］下拉菜单　　　　　　图 5-2-10　插入的视频

微课 5-28
在幻灯片中
插入视频

微课 5-29
超链接与动
作设置

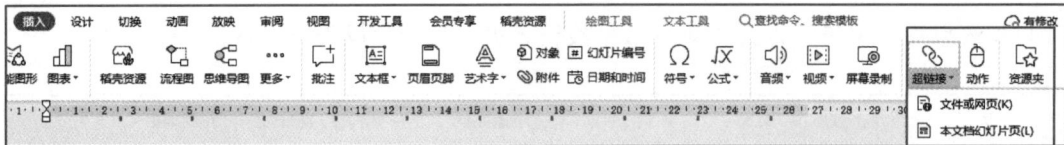

3. 嵌入媒体文件和链接媒体文件的区别

嵌入的媒体文件与演示文稿融为一体，演示文稿体积会增大；而链接的媒体文件与演示文稿是两个独立的文件，在演示文稿中保存引用链接，链接媒体文件，演示文稿体积不会增加。如果移动带链接媒体文件的演示文稿，需要连同媒体文件一起移动，否则，引用的媒体文件将会失效。

4. 超链接与动作设置

幻灯片放映默认是按照幻灯片的先后顺序进行；如果需要改变放映顺序，可以通过超链接和动作按钮来实现。

单击［插入］选项卡中的［超链接］下拉按钮，能够为图片、文本等添加可以跳转到其他地方的超链接。单击［动作］按钮，可以为鼠标单击对象或者鼠标滑过对象的动作，添加超链接，实现用户与幻灯片之间的互动，如图 5-2-11 所示。

图 5-2-11　［插入］选项卡中的［超链接］和［动作］按钮

（1）超链接设置

超链接可以实现演示文稿与其他原有文件或网页之间、演示文稿内部幻灯片之间、演示文稿与电子邮件之间的跳转访问。

① 设置超链接。选定文本、图片等对象，单击［插入］选项卡中的［超链接］按钮，打开［插

入超链接］对话框，如图 5-2-12 所示，在［链接到：］列表框中有 4 个选项，分别是原有文件或网页、本文档中的位置、电子邮件地址和链接附件，选择一种链接类型，在对话框中间的列表框中选择链接目标，最后单击［确定］按钮，超链接创建完成。在演示文稿放映时，单击超链接对象，就可以跳转到对应的目的地。

例 5-2-4　给"竞选学生会主席 .pptx"文件中的目录文本"自我介绍"设置超链接，幻灯片放映时，当单击"自我介绍"，自动跳到第 4 张幻灯片播放。

操作方法：打开文件，进入目录页，选中文本"自我介绍"，单击［插入］选项卡中的［超链接］按钮，打开［插入超链接］对话框，如图 5-2-12 所示，在［链接到］列表框中选择"本文档中的位置"，在［请选择文档中的位置］列表中选择"4.幻灯片 4"，单击［确定］按钮，超链接设置完成。

微课 5-30
为文本添加超链接

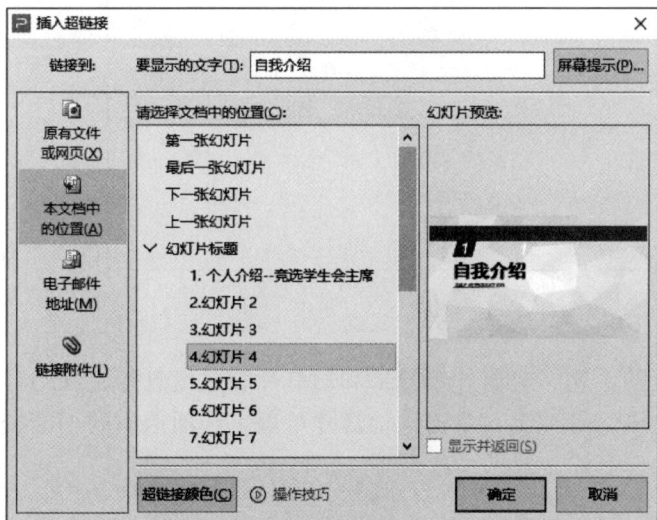

② 编辑超链接。选择已设置超链接的对象，在其上右击，在弹出的快捷菜单中选择［超链接］→［编辑超链接］命令，打开［编辑超链接］对话框，可以修改超链接的目的地等，单击［确定］按钮，即可完成超链接的修改。

③ 删除超链接。选择设置了超链接的对象，在其上右击，在弹出的快捷菜单中选择［超链接］→［取消超链接］命令，即可删除所选对象的超链接。

（2）动作设置

对象动作设置是指在幻灯片播放过程中，响应鼠标动作（鼠标单击或鼠标移过）的操作。

设置对象动作的步骤如下：在普通视图下，在幻灯片中选定要设置动作的文本、图片等对象，单击［插入］选项卡中的［动作］按钮，打开［动作设置］对话框，如图 5-2-13 所示，该对话框有［鼠标单击］和［鼠标移过］2 个选项卡，在不同的选项卡中设置鼠标相应动作的操作选项。

图 5-2-12　［插入超链接］对话框　　　　　　　图 5-2-13　［动作设置］对话框

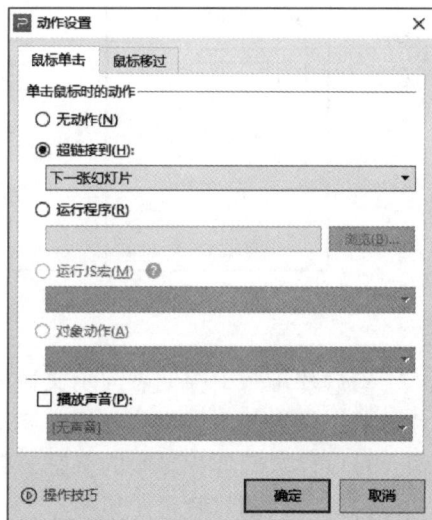

通常只设置"鼠标单击"的动作，在对话框中选中［超链接到］单选按钮，在其下拉列表中选择超链接的目的地，单击［确定］按钮，就给鼠标单击动作设置了超链接。图 5-2-13 中，为"鼠标单击"设置的是超链接到"下一张幻灯片"。

学习活动 3　认识幻灯片母版

微课 5-31
幻灯片的母版介绍

　　幻灯片母版是存储演示文稿模板信息的地方，修改幻灯片母版，可以统一修改幻灯片的外观。演示文稿中有幻灯片母版、讲义母版和备注母版 3 种母版。
　　1. 幻灯片母版
　　单击［视图］选项卡中的［幻灯片母版］按钮，进入母版编辑视图，如图 5-2-14 所示，左侧窗格显示的是幻灯片母版，第 1 张幻灯片是顶层幻灯片，是"主母版"，后面的幻灯片母版是不同版式的幻灯片母版，简称"版式母版"。

不同版式的幻灯片母版

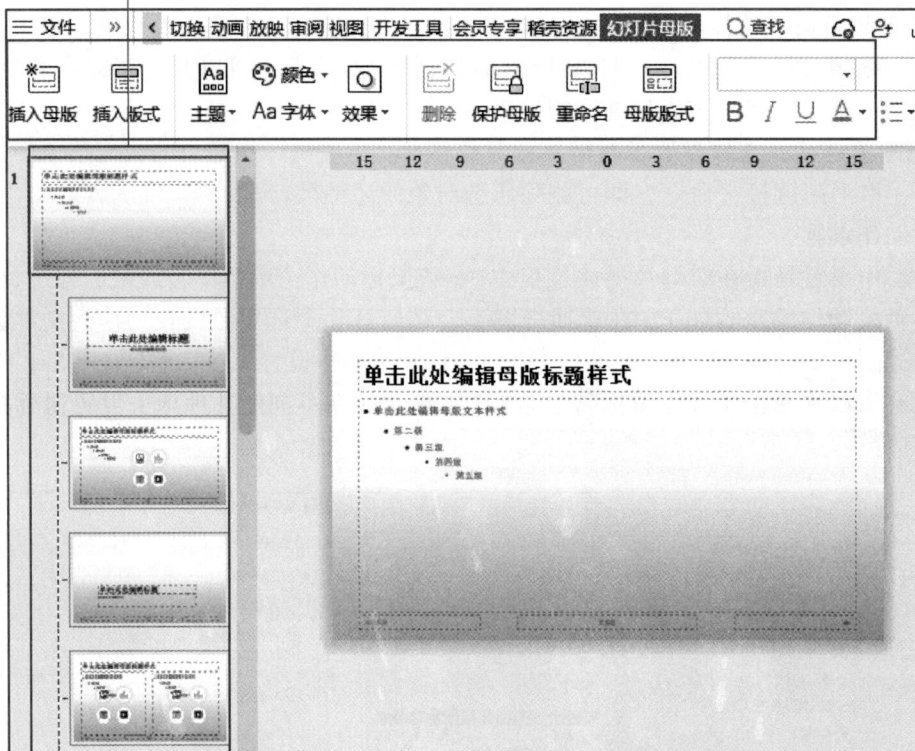

图 5-2-14　幻灯片母版视图

　　幻灯片母版中存储着演示文稿模板的主题、对象外观效果和幻灯片版式信息等，在幻灯片母版中设置的内容都将应用在演示文稿幻灯片上。单击［幻灯片母版］选项卡中的相应按钮，可以设置幻灯片母版的主题、颜色、字体、效果、背景等。
　　（1）修改幻灯片母版风格
　　① 主题。主题是用来匹配演示文稿中所有幻灯片外观的一种样式，如让幻灯片具有统一的背景效果、统一的修饰元素和统一的文字格式等。默认创建的演示文稿采用的是空白页，当应用了主题后，无论新建什么版式的幻灯片都会保持统一的风格。单击［幻灯片母版］选项卡中的［主题］下拉按钮，在弹出的下拉列表中可以为演示文稿选择一种主题效果。
　　② 颜色。单击［幻灯片母版］选项卡中的［颜色］下拉按钮，弹出的下拉面板中有很

多颜色样式，每一种颜色样式就是一套幻灯片中各对象的颜色组合，选择这些颜色样式就会改变当前主题的整体颜色。

③字体。单击［幻灯片母版］选项卡中的［字体］下拉按钮，弹出的下拉面板中有很多字体样式，选择这些字体样式就会改变当前主题字体。

④效果。单击［幻灯片母版］选项卡中的［效果］下拉按钮，弹出的下拉面板中有很多效果样式，选择这些效果就会应用于当前主题中的对象上。

⑤背景。为幻灯片母版设置背景后，单击［幻灯片母版］选项卡中的［背景］按钮，打开［对象属性］任务窗格，在这里可以设置幻灯片背景。为当前幻灯片母版设置好背景后，单击任务窗格下方的［全部应用］按钮，设置的背景会自动应用到所有幻灯片。单击［幻灯片母版］选项卡中的［另存背景］按钮，能够将设置的当前幻灯片母版的背景保存为图片。

（2）修改幻灯片母版中的内容

在［幻灯片母版］视图中，在左侧窗格中选择第 1 张幻灯片（主母版），可以逐个设置占位符的字体、大小、颜色、行距等样式，也可以删除和添加其他元素，如添加 Logo，添加的元素将会出现在所有使用该母版的幻灯片中。

如果修改的是版式母版中的对象样式，则在演示文稿中，使用了该版式的幻灯片中的对象样式会自动应用。例如，在版式为"标题和内容"的母版幻灯片中，设置标题占位符中文本的格式为"黑体，红色，字号 30"，则演示文稿中所有应用了版式为"标题和内容"的幻灯片，它们的标题文本格式都将是"黑体，红色，字号 30"。

（3）退出幻灯片母版视图

单击［幻灯片母版］选项卡中的［关闭］按钮，或单击［视图］选项卡中的其他视图方式，都可以退出幻灯片母版视图。

2. 备注母版

制作演示文稿时，通常把需要展示给观众的内容放在幻灯片里，不需要展示的内容写在备注里。如果需要把备注打印出来，使用备注母版功能可快连设置。

单击［视图］选项卡中的［备注母版］按钮，进入"备注母版"编辑模式，如图 5-2-15 所示，左上角是"页眉区"，左下角是"页脚区"，右上角显示"系统当前日期"，右下角显示"页码"，中间上半部显示幻灯片（不可编辑），下半部是编辑备注格式的区域。

在备注母版中可以编辑幻灯片备注格式，修改备注页方向、幻灯片大小，定义和编辑页眉页脚，添加或删除页码和日期。

单击［备注母版］选项卡中的［关闭］按钮，或单击［视图］选项卡中的其他视图方式，都可以关闭备注母版视图，并返回普通视图。

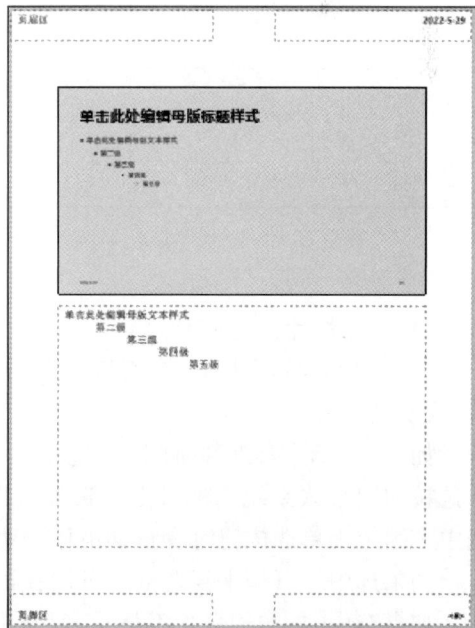

图 5-2-15　备注母版

3. 讲义母版

讲义相当于教师的备课本，使用讲义母版可以设置将多张幻灯片进行排版和打印在一张纸上。讲义母版用于打印演示文稿，其设置大多和打印页面有关。

单击［视图］选项卡中的［讲义母版］按钮，进入讲义母版编辑视图，如图 5-2-16 所示，中间是幻灯片占位符（不可编辑），四角分别为页眉、页脚、日期、页码编辑区。在讲义母版中可以设置讲义方向、幻灯片大小及每页呈现的幻灯片数量。

学习活动 4 **演示文稿后期制作**

演示文稿制作完毕，还可以在固定位置添加页码以及版权信息等，也可以将演示文稿以其他方式输出。

微课 5-32
设置页眉和
页脚

1. 设置页眉页脚

如果需要在幻灯片中插入编号、日期和时间等内容，单击［插入］选项卡中的［页眉页脚］按钮、［幻灯片编号］按钮或［日期和时间］按钮，都会打开［页眉和页脚］对话框，如图 5-2-17 所示，该对话框有［幻灯片］和［备注和讲义］2 个选项卡。

图 5-2-16   讲义母版   图 5-2-17   "页眉和页脚"对话框

（1）［幻灯片］选项卡

［幻灯片］选项卡下，［幻灯片包含内容］栏有［日期和时间］［幻灯片编号］［页脚］3 个复选框。

如果选中了［日期和时间］复选框，［自动更新］和［固定］单选按钮可用；选中［自动更新］单选按钮时插入系统当前日期，选择日期格式，后续在打开演示文稿时日期自动更新显示；选中［固定］单选按钮时，日期由用户输入，任何时候打开该演示文稿，日期不变。

如果选中［页脚］复选框，可以在该选项下的文本框中输入页脚内容。

如果选中［标题幻灯片不显示］复选框，则标题幻灯片将不会显示这里设置的页眉和页脚。

单击［全部应用］按钮，可以将这些页眉页脚的设置应用于演示文稿中的所有幻灯片。

单击［应用］按钮，可以将这些页眉页脚的设置应用于当前幻灯片。

单击［取消］按钮，将放弃对页眉页脚的设置。

（2）［备注和讲义］选项卡

［备注和讲义］选项卡下，［页面包含内容］栏中有［日期和时间］［页眉］［页码］和［页脚］4 个复选框，用户要在幻灯片上显示哪些内容，选中对应复选框即可。

［备注和讲义］选项卡中的"日期和时间"功能设置与［幻灯片］选项卡中相同，［全部应用］按钮、［应用］按钮和［取消］按钮的作用与［幻灯片］选项卡中相应按钮功能相似，只不过在［备注和讲义］选项卡中应用的对象是备注和讲义。

> 📖 注意：
>
> 在［备注和讲义］选项卡中设置页眉和页脚，只有在备注母版和讲义母版中才能预览。

2. 打印演示文稿

单击快速访问工具栏中的［打印］按钮，或在［文件］菜单中选择［打印］命令，打开［打印］对话框。在［打印］对话框中设置打印机、打印范围、份数等相关信息，单击［确定］按钮就可以打印了。

3. 打包演示文稿

演示文稿制作完成后，可以将其打包成文件夹或压缩包。例如，在［文件］菜单中选择［文件打包］中的［将演示文稿打包成文件夹］命令，打开［演示文件打包］对话框，如图 5-2-18 所示。输入打包文件夹名称、选择打包后的文件夹保存位置，单击［确定］按钮就能够将演示文稿及相关的媒体文件复制到指定的文件夹中。如果选中了［同时打包成一个压缩文件］复选框，还会将演示文稿文件及相关的媒体文件复制到指定的压缩文件中。

微课 5-33
打印演示文稿

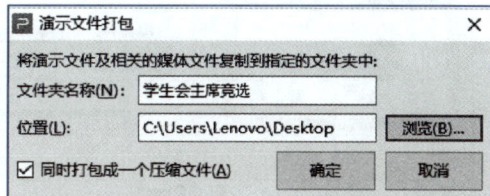

图 5-2-18　演示文件打包

在［文件］菜单中选择［文件打包］中的［将演示文稿打包成压缩文件］命令，打开［演示文件打包］对话框，输入压缩文件名、选择压缩包的保存位置，单击［确定］按钮就能够将演示文稿文件及相关的媒体文件复制到指定的压缩文件中。

如果演示文稿中使用的音频、视频文件在插入时是链接方式，那么文件打包时会将演示文稿中用到的这些媒体文件一同打包到相同的文件夹下。

5.2.3　任务实施

在本任务中的任务引入部分，李明参加学生会主席竞选，需要制作竞选演示文稿，从"自我介绍、学习情况、竞选优势和工作计划"5 个方面来介绍自己的竞选观点。通过前面的学习，让我们一起来完成该任务。

1. 制作演示文稿之前的准备

制作前准备关于竞选人李明的文本、图片等资料，文本、图片、音乐等放在配套资料的"案例及素材\素材"文件夹下，文本素材的文件名是"个人介绍.docx"，用到的模板放在"案例及素材\模板"文件夹下。

2．制作演示文稿

（1）创建并保存演示文稿

打开配套资料中"案例及素材\模板"文件夹下面的"学生会主席竞选模板 .pptx"文件，另存到 D 盘"信息处理技术"文件夹下，文件名为"李明的竞选报告 .pptx"，该演示文稿有 23 张幻灯片。

（2）删除演示文稿多余的幻灯片

进入幻灯片浏览视图，调整缩放比例，显示所有幻灯片，按 Ctrl 键的同时，鼠标单击选中编号为 5、9~13、19、21、23 幻灯片，按 Delete 键，删除这些幻灯片，留下 14 张幻灯片，保存文件，剩下的 14 张幻灯片的效果如图 5-2-19 所示。

微课 5-34
根据模板创
建演示文稿
并删除多余
的幻灯片

（3）设置母版样式

单击［视图］选项卡中的［幻灯片母版］按钮，进入母版编辑视图。

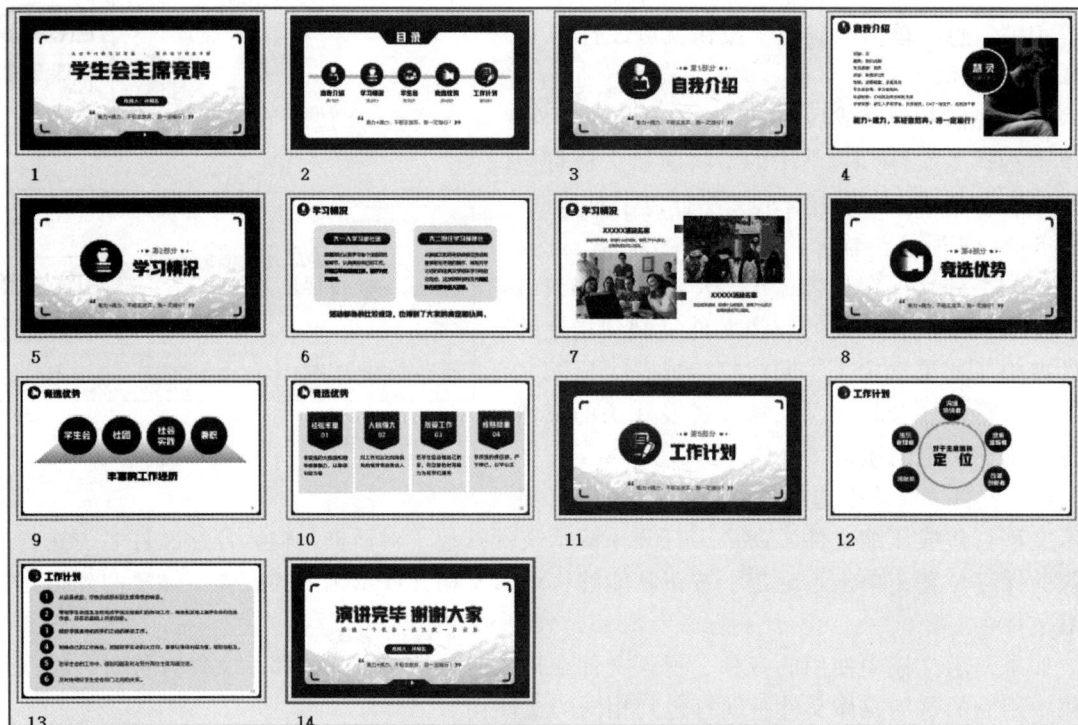

图 5-2-19　从模板中选择需要用到的幻灯片

① 选择第 1 张幻灯片母版，单击"标题"占位符，设置字体格式为微软雅黑、字号 44、加粗、文字阴影。单击"内容"占位符，设置字体格式为微软雅黑。插入"素材"文件夹中的图片"logo.gif"，将其放到左上角，调整宽、高都为 1.8 cm，叠放次序为"置于顶层"。

② 单击第 3 张母版幻灯片，如图 5-2-20 所示。单击选中白色圆角矩形，设置其叠放次序为"置于底层"；单击"标题"占位符，设置字体格式为微软雅黑、白色、居中对齐。单击"内容"占位符，设置行距为 1.5 倍。

第3张母版幻灯片

微课 5-35
设置幻灯片
的母板

图 5-2-20　编辑第 3 张母版幻灯片

（4）修改第 1 张和最后 1 张幻灯片

① 删除第 1 张幻灯片中最上面的文本框,在竞选人这里输入文字"李明",给"竞选人：李明"这个组合图形添加"菱形"动画,方向"向外","鼠标单击时"运行。

插入素材中的背景音乐"片头音乐 .mp3"。选择标题,添加智能动画"轰然下落"。

② 在最后一张幻灯片上的"竞选人"处也输入"李明",使用动画刷为"竞选人：李明"组合图形复制第 1 张幻灯片上的"菱形"动画。

微课 5-36
修改第一张
和最后一张
幻灯片

（5）制作"前言"页面

在第 1 张幻灯片后面,创建新幻灯片,该幻灯片的版式为"标题和内容"。在"标题"占位符输入"前言",在"内容"占位符中输入前言文本,这些文本在"素材 \ 个人介绍 .docx"中,这 3 段文字的字号为 26。单击"内容"占位符,设置"轮子"动画效果。

微课 5-37
制作前言页
面

（6）制作"目录"页面

① 使用鼠标拖曳选择"自我介绍"和它上面的图形等进行组合,如图 5-2-21所示。用同样的方法将"学习情况""竞选优势""工作计划"文本框与图形进行组合。删除中间的"学生会"及其对应的图形。将"竞选优势"下面的文本"第 4 部分"改为"第 3 部分",将"工作计划"下面的文本"第 5 部分"改为"第 4 部分"。调整"自我介绍""学习情况""竞选优势""工作计划"的位置,使之在水平方向上平均分布。

微课 5-38
制作目录页
面

② 选择文本"自我介绍""学习情况""竞选优势""工作计划",设置其字体格式为微软雅黑、加粗、文字阴影。添加超链接："自我介绍"链接到第 4 张幻灯片,"学习情况"链接到第 6 张幻灯片,"竞选优势"链接到第 9 张幻灯片,"工作计划"链接到第 12 张幻灯片。选中"自我介绍",右击,在弹出的快捷菜单中选择［超链接］→［超链接颜色］

图 5-2-21　将图形与文本框进行组合

命令，在打开的［超链接颜色］对话框中，设置超链接颜色和已访问超链接颜色为"黑色文本 1，浅色 15%"，链接无下画线，单击［应用到全部］按钮，将这些超链接格式应用到演示文稿中所有的超链接对象。

"目录"页的最终效果，如图 5-2-22 所示。

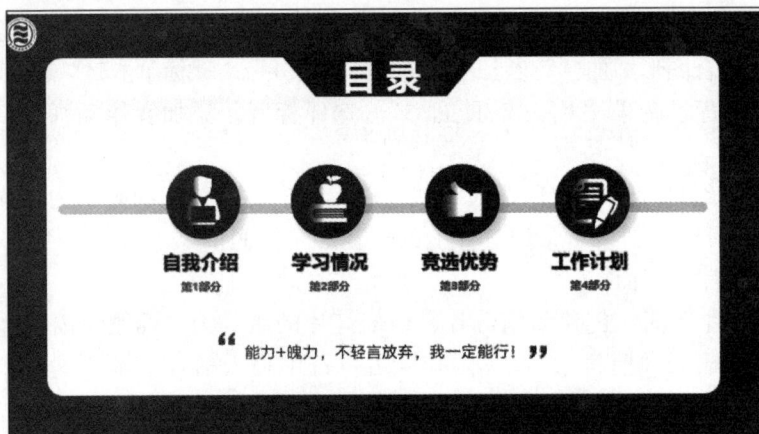

图 5-2-22　目录页修改完成的效果

（7）制作第 4 张～第 7 张幻灯片

① 使用动画刷复制"前言"页面中"文本"占位符的"轮子"动画，应用到第 4 张幻灯片的文本"自我介绍"和其前面的组合图形上。

② 修改第 5 张幻灯片上的个人基本信息，效果如图 5-2-23 所示，文字样式设为微软雅黑、加粗、文字阴影。

③ 复制第 5 张幻灯片，保留幻灯片上面"自我介绍"及其前面的组合图形，删除下面的所有内容。插入矩形，设置其格式为宽 8.3 cm，高 8 cm，边框颜色为"白色，背景 1，深色 25%"；插入素材中的图片"夕阳 .png"，设置其格式为宽 7.5 cm，高 4.7 cm；插入横排文本框，无边框、无填充，里面文本居中对齐，输入"大学生英语竞赛一等奖"，设置"大学生英语竞赛"

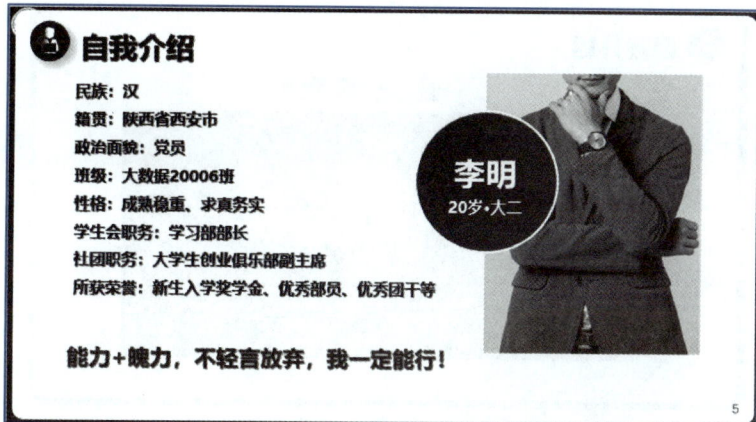

图 5-2-23　自我介绍 – 基本信息

字体格式为微软雅黑、16 磅、深红、设置"一等奖"字体格式为微软雅黑、20 磅、深红、加粗、文字阴影。选中这里的矩形、图片、文本框进行组合。将这个组合对象复制 2 次，修改其中的文本内容。在每个组合对象下面插入一个文本框，输入获奖的时间，设置字体格式为微软雅黑、字号 20、深红、加粗、文字阴影、文本框无边框、无填充。参照图 5-2-24 调整位置。

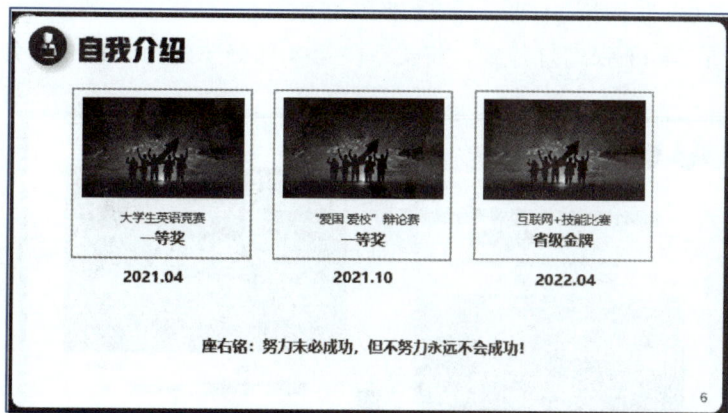

图 5-2-24　自我介绍 – 获取奖励

最后插入一个文本框，输入文本"座右铭:努力未必成功，但不努力永远不会成功!"，设置文本格式为微软雅黑、字号 20、深红、加粗、文字阴影。参照图 5-2-24 调整文本框的位置。

④ 复制第 6 张幻灯片，保留左上角的"自我介绍"及其前面的组合图形，删除下面的所有内容。添加横排文本框，输入"参与社团活动"，设置字体格式为微软雅黑、字号 36、加粗、文字阴影、黑色;插入视频"大学生活动 .mp4"，参照图 5-2-25 调整各对象的大小及位置。

图 5-2-25　自我介绍 – 社团活动

（8）制作第 8 张～第 10 张幻灯片

① 使用动画刷复制"前言"页面中"文本"占位符的"轮子"动画，应用到第 8 张幻灯片的文本"学习情况"及其该文本前面的组合图形上。

② 设置第 9 张幻灯片的文字格式为微软雅黑、加粗、文字阴影。

③ 参照图 5-2-26，替换第 10 张幻灯片中的图片和文本，并调整各元素的大小及位置，图片和文本资料都在配套资料的"素材"文件夹下。

（9）制作第 11 张～第 13 张幻灯片

在第 11 张幻灯片中，将文本"第 4 部分"改为"第 3 部分"。

图 5-2-26　学习情况 – 资格证书

在第 12 张和第 13 张幻灯片中，修改文本格式为微软雅黑、加粗、文字阴影。用动画刷复制前面的"轮子"动画效果到这两张幻灯片的对象上。

（10）制作第 14 张～第 16 张幻灯片

在第 14 张幻灯片中，将文本"第 5 部分"改为"第 4 部分"。

在第 15 张幻灯片中，使用原有幻灯片中的内容，修改文本格式为微软雅黑、加粗、文字阴影。

用动画刷复制前面的"轮子"动画效果到第 14 张～第 16 张幻灯片的对象上。

（11）给幻灯片添加"溶解"切换效果

单击第 1 张幻灯片,在［切换］选项卡中选择"溶解"效果,再单击［切换］选项卡中的［应用到全部］按钮,将"溶解"切换效果应用于所有的幻灯片。

（12）查漏补缺

从头放映该演示文稿,检查有无遗漏的地方。如果有不合适的,请按照前面的步骤进行编辑。也可以为对象定义自己喜欢的动画,但不要在演示文稿中使用太多类型的动画。

3. 保存文件

5.2.4 技能训练

训练 制作一个宣传"预防电信网络诈骗"的演示文稿

近年来电信网络诈骗犯罪屡禁不止,不少在校大学生被蛊惑上当受骗。为了预防同学们受骗上当、提高自我防范意识,班主任准备召开主题班会,向同学们宣传电信网络诈骗的危害及预防措施,让班长收集资料,制作演示文稿。

要求:

① 演示文稿从"什么是电信网络诈骗""常见的电信网络诈骗手段及案例""如何预防电信网络诈骗"3 个方面,介绍电信网络诈骗的危害及预防措施。

② 第 1 张幻灯片为封面,最后一张为感谢致辞,中间为内容幻灯片,该演示文稿不得少于 8 张幻灯片。

③ 查阅并收集相关资料,使用文字、图片、视频等元素展现宣传内容,不要使用大篇幅的文字。适当添加动画和切换效果,丰富展示效果。

④ 制作幻灯片时一定要遵循幻灯片布局的原则,合理布局图片、文本、视频等,制作一个图文并茂、生动形象的演示文稿。

项 目 总 结

WPS 演示是 WPS Office 的一个程序组件,主要功能是设计和制作演示文稿,广泛用于教育教学、产品演示、广告宣传、专家讲座等方面。本项目主要介绍 WPS 演示文稿的制作、幻灯片美化、动画设计、演示文稿放映设置、演示文稿输出等内容。通过本项目的学习,读者可以熟练地操作和使用 WPS 演示软件,制作文案精彩、格式整齐、配图美观的演示文稿,提高工作效率。

思 考 与 练 习

选择题

1. 演示文稿和幻灯片的关系是（　　）。

  A. 同一概念　　　　　　　　　　　　　　B. 相互包含

微课 5-44
制作工作计划的幻灯片

微课 5-45
给演示文稿添加"溶解"切换效果并保存文件

　　C. 演示文稿中包含幻灯片　　　　　　　　D. 幻灯片中包含演示文稿

2. 制作幻灯片时，主要通过（　　）编辑幻灯片。

　　A. 状态栏　　　　　　B. 编辑区　　　　　　C. 任务窗格　　　　D. 备注区

3. 按（　　）键的同时滚动鼠标的滚轮，会跳转幻灯片的显示比例。

　　A. Esc　　　　　　　B. Shift　　　　　　　C. Ctrl　　　　　　D. Alt

4. 超链接在（　　）会实现跳转功能。

　　A. 幻灯片视图中　　　　　　　　　　　　　B. 大纲视图中

　　C. 幻灯片浏览视图　　　　　　　　　　　　D. 幻灯片放映时

5. 演示文稿中，如果有几张幻灯片暂时不想让观众观看，最好（　　）。

　　A. 删除这些幻灯片　　　　　　　　　　　　B. 设置这些幻灯片的显示时间为 0

　　C. 隐藏幻灯片　　　　　　　　　　　　　　D. 新建一个不含这些幻灯片的演示文稿

6. 演示文稿中，默认的视图是（　　）。

　　A. 大纲视图　　　　　B. 阅读视图　　　　　C. 普通视图　　　　D. 页面视图

7. 幻灯片中占位符的作用是（　　）。

　　A. 表示文本长度　　　　　　　　　　　　　B. 限制插入对象数量

　　C. 表示图形大小　　　　　　　　　　　　　D. 为文本、图形预留位置

8. 演示文稿中，"自定义动画"的添加效果有（　　）。

　　A. 进入、退出　　　　　　　　　　　　　　B. 进入、强调、退出

　　C. 进入、强调、退出、动作路径　　　　　　D. 进入、退出、动作路径

9. 演示文稿中，添加页眉和页脚应单击（　　）选项卡。

　　A. 开始　　　　　　　B. 插入　　　　　　　C. 设计　　　　　　D. 审阅

10. （　　）不是演示文稿可以导出的文件格式。

　　A. PDF　　　　　　　B. JPG　　　　　　　C. PPTX　　　　　　D. DOCX

11. 关于演示文稿自定义动画功能，以下说法错误的是（　　）。

　　A. 图片、声音、文本都可以设置动画　　　B. 动画设置后，顺序不可以改变

　　C. 可以将对象设置成播放后隐藏　　　　　D. 可配置声音

12. 在幻灯片中使用母版的目的是（　　）。

　　A. 使演示文稿的风格一致

　　B. 通过编辑美化现有的模板

　　C. 通过标题母版控制标题幻灯片的格式和位置

　　D. 以上均是

13. 在幻灯片中插入声音文件，主要通过（　　）实现。

　　A. 插入 / 音频　　　B. 插入 / 对象　　　　C. 插入 / 视频号　　D. 插入 / 超链接

14. 在演示文稿中能添加的对象是（　　）。

　　A. 图表　　　　　　　B. 音频和视频　　　　C. 文本　　　　　　D. 以上都对

15. 在幻灯片浏览视图中，不能完成的操作是（　　）。

　　A. 调整幻灯片位置　　　　　　　　　　　　B. 删除幻灯片

　　C. 编辑幻灯片内容　　　　　　　　　　　　D. 复制幻灯片

项目 6

Internet 与信息检索

学 习 目 标

Internet 是世界上规模最大的网络，通过该网络可以共享和传播各种信息资源。随着科技的快速发展，新技术、新产业、新模式、新业态等不断出现，学会使用 Internet 并进行所需信息的查找已成为现代信息社会的一项基本技能要求。本项目将主要讲解 Internet、浏览器、搜索引擎、信息检索等相关知识及使用方法。

【知识目标】

✓ 了解 Internet 的基础知识；
✓ 掌握常用浏览器的设置及使用方法；
✓ 了解信息检索的概念及检索技术；
✓ 了解常用搜索引擎及搜索技巧；
✓ 掌握数字信息资源的检索方法。

【技能目标】

✓ 能够正确使用 Internet 浏览器；
✓ 能够正确使用搜索引擎快速查找所需信息；
✓ 能够正确使用专业数字资源平台检索所需资源。

【素质目标】

✓ 培养自我学习以及获取信息的能力；
✓ 培养积极思考、勇于探索的精神；
✓ 培养科学严谨、实事求是的工作态度。

【课前预习】

请同学们通过查找资料，与同学朋友等交流讨论，课前完成下面几个问题。

1. 借助 Internet 人们可以做哪些事情？
2. 你在上网时经常使用哪些浏览器？
3. 你在信息查询时经常使用哪些搜索引擎？
4. 如何在网络上检索自己所需要的文献资源？

任务 6.1   了解 Internet 及使用浏览器

了解 Internet 及
使用浏览器

PPT

6.1.1   任务引入与分析

任务 1

张华是某职业技术学院计算机应用技术专业的一名学生。本学期，开设了一门"Python语言程序设计"课程。为了充分调动学生学习积极性，提高课程学习的参与度，提升教学效果，授课老师决定采用线上线下混合式教学模式开展课程教学。每节课之前，授课老师会在教学平台发布相应的课前学习任务，要求学生在网上查阅相关资料自主学习，完成课前学习任务。授课老师向同学们推荐了中国大学慕课网，建议同学们去该课程网站寻找相关资源进行学习，并在课上讲述自己学习情况。张华目前还不太清楚如何使用中国大学慕课网进行学习，于是向他的高年级同专业的老乡张飞请教。

任务 2

李明是某职业技术学院旅游与管理专业的一名学生，非常喜欢浏览各大旅游网站，并且在各大旅游网站都注册了账号。在访问这些网站时，李明每次都需要输入网址、登录账号和密码，李明觉得非常麻烦。李明发现同宿舍的宋涛每次登录网站时非常迅速，既没有输入网址，也没有输入登录账号和密码。李明决定向宋涛请教如何快速登录网站。

任务分析

根据张华和李明要完成的任务，我们需要通过查阅资料、学习、实践练习等方式，熟悉并掌握 Internet 相关基础知识、浏览器的使用及设置等方法才能很好地完成此次任务。

6.1.2   任务学习活动

学习活动 1   **了解 Internet 基础知识**

Internet 即因特网，也称为国际互联网。人们经常说的"上网"就是指访问 Internet。无论是家用个人计算机、智能手机、平板电脑还是一个公司的服务器、工作站都可以连接到Internet。连接在 Internet 上的所有计算机以及各种智能设备需要共同遵守 TCP/IP 才能实现信息资源的共享和传输。Internet 应用非常广泛，可以浏览新闻、下载文件、收发电子邮件、交友聊天、影音娱乐、网上购物等。Internet 已经成为人们工作、学习及生活的一部分。

1. Internet 的起源和发展

Internet 起源于 1969 年的一个军事领域高级研究计划 ARPANet，最初目的是将各地不同的计算机连接起来，组成一个军事指挥系统。这个系统由一个个分散的指挥点计算机构成。当某个指挥点的计算机及网络被破坏时，其他点的计算机及网络仍然可以正常工作。ARPANet 网络就是 Internet 的雏形，为 Internet 的发展奠定了基础。

伴随着世界 Internet 技术的发展，我国的 Internet 大致经历了三阶段。

第一阶段：1987—1993 年为研究试验阶段。在此期间，我国部分科研部门和高等院校开始研究 Internet 技术。这个阶段的网络应用仅限于小范围电子邮件服务。

第二阶段：1994—1996 年为起步阶段。我国于 1994 年 4 月 20 日实现了与 Internet 的全功能连接，开始真正步入 Internet 时代。

第三阶段：1997 年至今是快速发展阶段。我国 Internet 用户数 1997 年以后基本保持每半年翻一番的增长速度。

2. IP 地址

为了有效、准确识别 Internet 上的每一台计算机及智能设备，这些计算机及智能设备必须拥有 IP 地址。IP 地址就是给每个连接在 Internet 上的计算机及智能设备分配的一个世界范围内唯一的编号。如果把"计算机及智能设备"比作"电话"，那么"IP 地址"就相当于"电话号码"。

为了方便用户的理解和记忆，IPv4 版本的 IP 地址通常采用点分十进制标记法，即将 4 个字节的二进制数转换成 4 个十进制数值，中间通过"."来连接，如 10.102.4.232 就表示一个 IPv4 版本的 IP 地址。

全球 IP 地址是由互联网数字分配机构（IANA）负责分配和管理。IPv4 版本中 IP 地址数量大约为 43 亿个。随着全球计算机及智能设备数量的不断增加，IPv4 版本的 IP 地址数量已经远远不能满足要求。IPv6 版本协议中的 IP 地址位数由 32 位扩展到 128 位，IP 地址数量高达 3.4×10^{38}，足以满足 Internet 未来数十年的 IP 地址数量需求。IPv6 未来将逐渐取代 IPv4。

3. 域名

直接使用 IP 地址可以识别和访问 Internet 中的计算机及智能设备，但是 IP 地址是一长串数字，对于用户来说不便于记忆，因而设计了域名这一字符型的地址。每一个域名都与一个特定 IP 地址相对应。域名由字母、数字、符号组成，是 Internet 的重要标识。

几乎所有 Internet 地址如网址、E-mail 地址都要用到域名。一个公司如果希望在网络上建立自己的主页，就必须取得一个域名。

域名采用分级管理模式，常见的域名格式为主机名、三级名、二级域名、顶级域名。

例如，在 www.sina.com.cn 中，cn 表示顶级域名，com 表示二级域名，sina 表示三级域名，www 表示主机名。

4. Internet 的接入

常见的 Internet 接入方式有拨号接入、专线接入、ISDN 接入以及卫星、无线接入等。接入 Internet 的服务由 Internet 服务提供商来完成。

中国目前主要的 Internet 服务提供商有中国电信、中国移动、中国联通等。Internet 服务提供商会依据用户需求以及网络硬件环境提供不同的接入方式。对于家庭用户来说，Internet 服务提供商一般会提供各种宽带业务供用户选择。例如中国电信目前可为家庭用户提供可达 1000Mbit/s 带宽的接入业务。对于企业、学校等计算机数量较多的用户来说，一般会以专线形式接入 Internet，然后组建企业或校内局域网，最终实现所有计算机接入 Internet。

学习活动 2　浏览器的使用

浏览器是用于浏览网页的一种软件。用户通过浏览器可浏览文字、图像、声音、视频等各种信息资源。

当前浏览器的种类众多，常用的有 Microsoft Edge 浏览器、IE 浏览器、QQ 浏览器、搜狗浏览器、360 浏览器等。下面以 360 浏览器 13.1.5360.0 版本为例介绍浏览器的使用及设置。

微课 6-1
浏览器主界面介绍

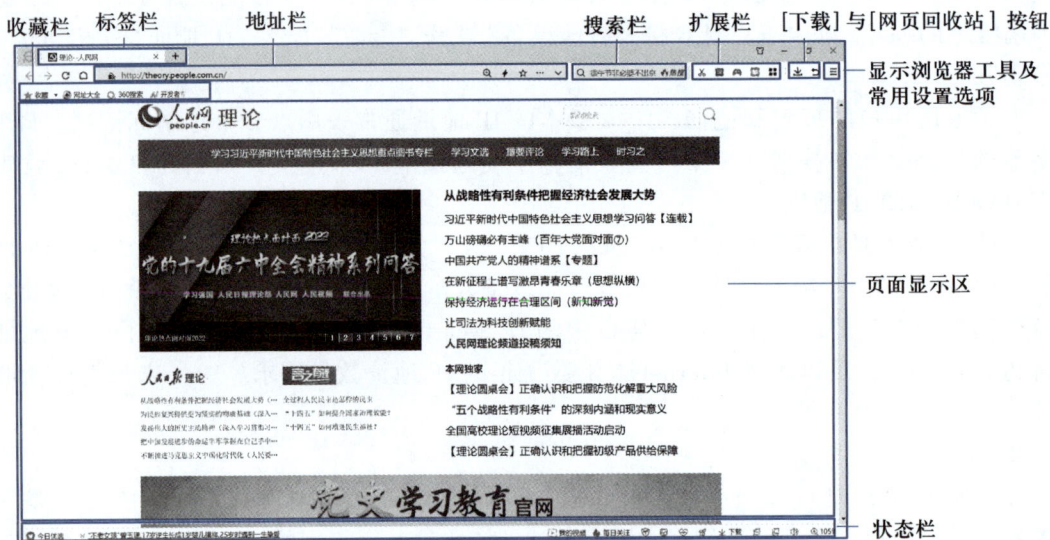

1. 浏览器主界面

360 浏览器界面主要由标签栏、地址栏、状态栏、搜索栏、扩展栏、收藏栏、[下载] 与 [网页回收站] 按钮、工具及浏览器设置选项、页面显示区等几部分组成，如图 6-1-1 所示。

图 6-1-1　360 浏览器界面

浏览器窗口各部分功能如下。

- 标签栏：显示当前已经打开的网页标签，支持同时打开多个网页标签。
- 地址栏：访问网站时输入网站地址。
- 收藏栏：显示已收藏的网站名称。
- 状态栏：显示页面声音、显示比例等状态。
- 搜索栏：输入关键词可搜索信息。
- 扩展栏：提供网页截图工具、页面翻译工具、阅读模式设置、扩展程序等。
- 下载与网页回收站按钮：提供页面下载工具、显示之前访问过的网页。

- 工具及浏览器设置选项：提供浏览器工具以及浏览器常用设置选项。
- 页面显示区：显示网页内容。

2. 浏览器的使用及设置

打开 360 浏览器，在地址栏输入网址并按 Enter 键，便可以打开网站首页。单击［显示浏览器工具及常用设置选项］按钮，如图 6-1-2 所示，可对浏览器进行相关操作，具体功能如下。

图 6-1-2　浏览器工具及常用设置选项

［打开新的窗口］：打开一个新的网页窗口。

［打开新的无痕窗口］：使用无痕模式打开窗口。

［收藏夹］：实现网址的收藏、收藏夹的整理、收藏夹的导入 / 导出、收藏夹的备份和还原等。

［历史记录］：显示已经访问过的网站。

［保存（网页、截图、打印）］：实现保存网页、保存网页为截图或打印网页等。

［下载］：打开浏览器下载内容。

［恢复关闭网页］：打开之前访问过而且已经被关闭的网页。

［网页缩放］：调整网页缩放比例，可选 50%、75%、100%、125%、200% 等。

［全屏］：打开或关闭网页全屏浏览模式。

［日间 / 夜间模式］：改变浏览器背景颜色，进行日间或夜间模式切换。

［省电模式］：关闭或开启省电模式。

［字体大小］：改变浏览器字体大小。

［浏览器声音］：打开或关闭浏览器页面声音。

［切换浏览器模式］：切换多标签模式与 IE 多窗口模式。

［更多工具］：实现清除上网痕迹、自动刷新、网页查找、广告拦截、Internet 选项设置等。

［设置］：实现基本设置、界面设置、标签设置、优化加速、鼠标手势、快捷键、高级设置、实验室、安全设置、广告过滤等。

［帮助和反馈］：提供官网、论坛、问题反馈、浏览器版本等信息。

［已是默认浏览器］：表示当前浏览器已经被设置为默认浏览器。

> 📖 注意：
>
> 菜单或按钮选项为灰色时，表示当前状态下，该选项或按钮功能不可用。

3. 网址收藏和主页设置

（1）网址的收藏

对于经常访问的网站，可以使用浏览器收藏夹功能收藏该网站的网址，具体操作方法如下：单击［浏览器工具及常用设置选项］按钮，在弹出的下拉列表中选择［收藏夹］→［添加到收藏夹］命令，在打开的［添加收藏］对话框中选择保存路径，单击［添加］按钮便可实现网址收藏，如图 6-1-3 所示。

微课 6-2
网址收藏和
主页设置

收藏的CCTV网站

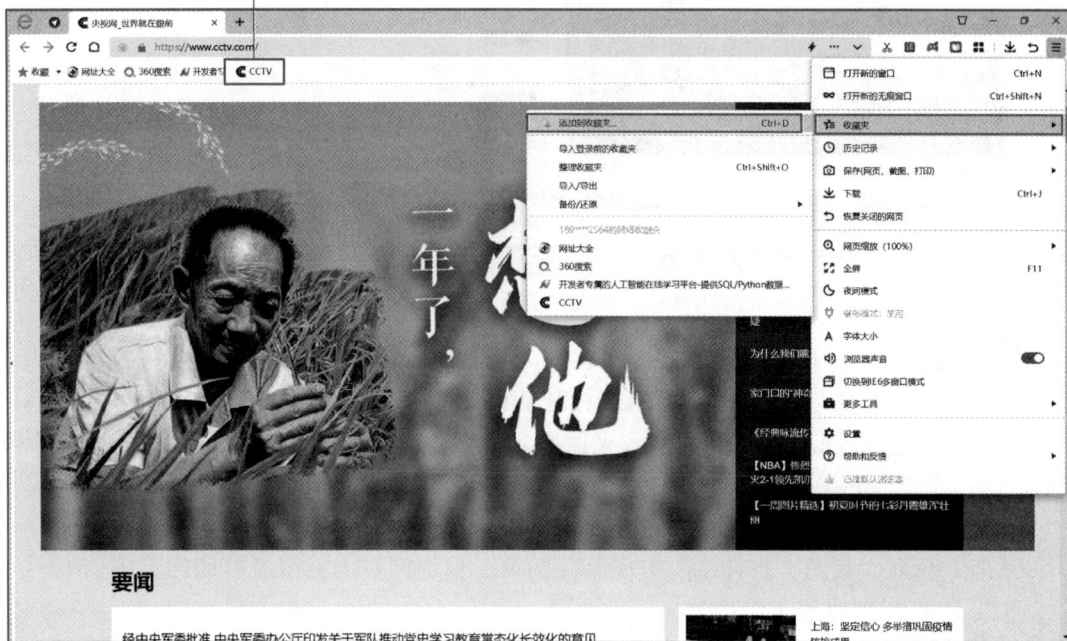

图 6-1-3 网址的收藏

（2）保存登录账号和密码

360 浏览器可保存网站登录账号与密码，从而实现一键登录，具体操作流程如下。

单击［扩展程序］按钮，在弹出的下拉列表中选择［登录管家］命令，在弹出的下拉面板中单击［设置］按钮，在打开的窗口中单击［添加网站］按钮，打开［添加网站］对话框，在其中输入网站名称、网址、账号、密码，单击［确定］按钮，如图 6-1-4 所示。

> 📖 注意：
>
> 为了账号安全，建议只在个人计算机上保存登录账号和密码。在公共场所计算机上网时建议不要进行此操作。

（3）设置浏览器主页

对于经常访问的网站，可在浏览器中将其设置为主页，打开浏览器时默认打开该主页。例如，公司的员工会将自己公司的网站设置为首页，学校的教师会将学校网站设置为首页。一般用户为了方便，通常也会将网址导航设置为浏览器的主页，如 360 导航等。360 浏览器设置主页具体步骤如下。

单击［显示浏览器工具及常用设置选项］按钮，在弹出的下拉列表中选择［设置］命令，在打开的网页窗口左侧选择［基本设置］，在窗口右侧［启动时打开］栏单击［修改主页］按钮，在打开的［主页设置］对话框中输入主页地址，单击［确定］按钮，如图 6-1-5 所示。

图 6-1-4　保存网站用户名和密码

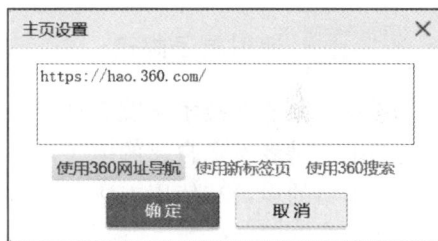

图 6-1-5　为浏览器设置主页

6.1.3　任务实施

在本任务的引入部分，张华根据授课老师的要求需要登录中国大学慕课网进行相关课程学习，李明要收藏携程网等网站并保存登录账号、密码最终实现快速登录网站。通过前面的学习，已经掌握了 Internet 相关知识和浏览器的基本使用与设置方法，我们一起来完成该任务。

任务 1　实施过程

① 打开 360 浏览器，在浏览器地址栏输入网址，登录中国大学慕课网。

② 在中国大学慕课网通过手机号注册一个学习账号。

③ 搜索"Python 语言程序设计"相关课程，在搜索到的多门课程之中选择适合自己的一门课程进行学习。

④ 进入所选择的"Python 语言程序设计"课程页面，开始学习该课程。

任务 2　实施过程

① 打开 360 浏览器，在浏览器地址栏输入网址，登录携程网。

② 单击［显示浏览器工具及常用设置选项］按钮，在弹出的下拉列表中选择［收藏夹］→［添加到收藏夹］命令，在打开的对话框中选择要保存的路径，单击［确定］按钮。

微课 6-3
使用中国大学慕课网学习"Python语言程序设计"课程

微课 6-4
收藏网址并保存登录账号和密码

③ 单击［扩展程序］按钮，在弹出的下拉列表中选择［登录管家］命令，在弹出的下拉面板中单击［设置］按钮，在打开的窗口中单击［添加网站］按钮，在打开的对话框中输入携程网网站名称、网址、登录账号和密码，单击［确定］按钮。

> 📖 **注意：**
>
> 在网吧等公共场所或使用公用电脑上网时，不建议保存登录账号和密码。

6.1.4 技能训练

训练 1 **选择在线课程学习平台**

目前在线课程学习平台非常多，常用的有智慧树、学银在线、学堂在线、智慧职教等。请同学们选择其中一个平台，注册账号，并结合自己所学专业以及本学期所开设的课程，选择一门专业课程开展学习。要求收藏该课程网站网址并在浏览器中保存登录账号和密码，实现快速登录。

训练 2 **使用电子邮箱**

李飞是某职业技术学院会计专业的大三学生，最近正在通过各大招聘网站找工作。招聘公司要求应聘者发送自己的电子简历到指定邮箱。李飞目前还没有电子邮箱，他决定上网搜索电子邮箱的申请和使用方法，给自己注册一个邮箱，并发送简历到应聘公司。

任务 6.2   信 息 检 索

信息检索 PPT

6.2.1 任务引入与分析

任务 1

王凯是某职业技术学院生物技术专业的一名大一学生。今年的中国大学生"互联网+"创新创业大赛已经开始。为了锻炼和提升自己，王凯决定参加今年的比赛。经过前期的调研和分析，王凯选择了一个食品保鲜创意项目参赛。根据比赛要求，他需要撰写项目计划书和制作汇报演示文稿，但王凯目前对项目计划书的撰写要点和关键要素还不是很清楚。他现在向自己的项目指导老师请教如何上网查找资料、撰写项目计划书，以及制作汇报演示文稿。

任务 2

李丽是某职业技术学院计算机应用技术专业的一名大二学生。最近，专业课老师布置了一个任务：撰写一篇计算机网络安全方面的综述论文。李丽不知道怎么写，也不知道如何去查资料。李丽从授课老师那里了解到中国知网是一个非常好的数字资源平台，她决定使用中国知网查询所需资料。

任务分析

根据王凯和李丽要完成的任务，我们需要通过查阅资料、学习以及实践练习等方式，熟悉并掌握各种搜索引擎的使用方法、各种信息检索工具以及检索方法，才能很好地完成该任务。

6.2.2 任务学习活动

学习活动 1 **了解信息检索基本知识**

信息检索是人们在信息社会必须掌握的一项技能。掌握信息检索的方法和技能，可以快速、准确地找到需要的资源。

1. 信息检索

信息检索是指将信息按一定的方式组织和存储起来，并根据用户的需要，按照一定的策略找出符合用户需要的信息的过程。信息检索的目的是准确、及时、全面地获取所需信息。

2. 计算机检索技术

（1）布尔逻辑检索

布尔逻辑检索是利用布尔运算符把检索词连接在一起，组成一个逻辑检索式，从而找出所需要信息的方法。

布尔逻辑检索通常利用逻辑"与"（and）、逻辑"或"（or）和逻辑"非"（not）3 个布尔运算符，其具体含义见表 6-2-1。

表 6-2-1 布尔运算符含义

布尔运算符	含 义
逻辑"与"（and）（+）	对检索词加以限定，缩小检索范围，增强检索的专指度和特指性
逻辑"或"（or）（|）	扩大检索范围，增加检索的泛指性，避免文献的漏检
逻辑"非"（not）（-）	排除部分检索项，缩小检索范围，增强检索的正确性

例如：

"计算机 and 病毒"表示检索结果既含有"计算机"又含有"病毒"。

"计算机 or 主机"表示检索结果包含"计算机"或"主机"。

"计算机 not 网络"表示检索结果包含"计算机"但不包含"网络"。

（2）位置检索

位置检索也叫全文检索或邻近检索，是指利用一些特殊的位置算符来表达检索词顺序和相对位置的检索方式。常用的位置算符有 W、nW、N、nN、S、F 等，其具体含义见表 6-2-2。

表 6-2-2 位置算符含义

位置算符	含 义
A（W）B	A、B 两词必须紧密相连，顺序不能变，允许有空格或标点符号
A（nW）B	A、B 两词之间最多相隔 n 个词语，前后顺序不能变
A（N）B	A、B 两词必须紧密相连，顺序可以变化，允许之间有空格或标点符号
A（nN）B	A、B 两词之间最多相隔 n 个词语，前后顺序可以变化
A（S）B	A、B 两词只要在同一个句子或同一个子字段中出现即可
A（F）B	A、B 两词只要在同一个子字段中出现即可

例如，"communication（W）satellite"会检索出只含有 communication satellite 词组的记录；laser（1W）printer 系统可检索出 laser printer、laser color printer 和 laser and printer 等词组记录。

> 📖 **注意：**
>
> 位置算符通常只应用于英文数据库中。

（3）截词检索

截词检索指使用截词符号代表检索词的某一部分而进行检索。常用的截词符号有"？""*"等。"*"代表任意一个或多个字符；"？"代表一个字符。

例如，"comput*"会检索出 computer、computers、computing 等词。"wom?n"会检索出 woman、women 等词语。

（4）字段限定检索

字段限定检索是指限定检索词在数据库记录中的一个或几个字段范围内查找的一种检索方法。常用的检索字段有标题、摘要、关键词、作者、作者单位及参考文献等。

学习活动 2　了解搜索引擎

1. 搜索引擎的概念

搜索引擎是指根据一定的策略，运用特定的计算机程序从互联网上采集信息，在对信息进行处理后，为用户提供检索服务，将检索的相关信息展示给用户的系统。网上的信息浩瀚万千，而且毫无秩序，所有信息像汪洋大海上的一个个小岛，搜索引擎为用户绘制一幅一目了然的信息地图，供用户随时查阅。

2. 常用搜索引擎

常用的搜索引擎有百度、360、搜狗等。

百度搜索提供了以网络搜索为主的功能性搜索，以贴吧为主的社区搜索，针对各区域、行业所需的垂直搜索等，全面覆盖了中文网络世界的大部分搜索需求。百度搜索服务主要包括百度新闻搜索、百度地图、百度贴吧、百度视频、百度图片、百度文库、百度知道等服务。

360 搜索是目前应用较为广泛的一款搜索引擎。360 搜索包括新闻、网页、问答、视频、图片、音乐、地图、百科、良医、购物、软件、手机等应用。

搜狗搜索是互动式中文搜索引擎，所提供的主要服务包括网页、图片、视频、问问、学术、地图等。

3. 搜索引擎使用技巧

微课 6-5
搜索引擎的
使用技巧

使用搜索引擎时，输入关键字，单击［搜索］按钮，页面将会显示搜索结果，这是最简单的搜索方式。但是，简单搜索结果不精确，可能包含许多无用信息。当人们无法从简单搜索中获取准确信息时，可以使用搜索引擎的高级搜索功能。高级搜索能给搜索引擎系统提供更多的提示信息，从而得到更为精确的结果。高级搜索主要包含以下几种搜索方式。

（1）使用双引号搜索

搜索引擎基于关键词进行全文搜索时会对输入的关键词默认进行分词处理。使用双引号搜索则不会对搜索关键词做分词处理。

例如，在搜索栏中输入"学生大赛"，就可以查找包含"学生大赛"内容的网页，而且"学

生大赛"不会被拆分搜索，如图 6-2-1 所示。

图 6-2-1　使用双引号搜索

（2）使用 site 搜索

使用 site 搜索可以在特定的网站中搜索需要的内容。

例如，在搜索栏中输入"PHP site：blog.csdn.net"，则会在 blog.csdn.net 这个网站中查找与 PHP 相关的网页，如图 6-2-2 所示。

图 6-2-2　使用 site 搜索

（3）使用 intitle 搜索

使用 intitle 搜索可以搜索到结果标题中包含搜索关键词的网页。

例如，在搜索栏中输入"intitle:疫情"，那么搜索结果只会显示在网页标题中包含"疫情"这个词的网页，如图 6-2-3 所示。

图 6-2-3　使用 intitle 搜索

（4）使用 filetype 文件格式搜索

使用 filetype 搜索可以搜索某种特定格式的文件，如 DOC、PPT、PDF 等格式。

例如，在浏览器的搜索栏中输入"网络安全 filetype：pdf"，可以搜索到网络安全方面的 PDF 格式文档资料，如图 6-2-4 所示。

图 6-2-4　使用 filetype 搜索

（5）使用书名号搜索

使用书名号搜索可以搜索到相关书籍的名称。

例如，在搜索栏中输入"《C 语言程序设计》"，将会搜索出与 C 语言程序设计有关的书籍名称。

学习活动 3 数字信息资源检索

中国知网数据库（CNKI）、中文科技期刊数据库（简称"维普"）、万方数据库（简称"万方"）是我国三大权威数据库。下面以中国知网为例，介绍数字信息资源的检索。

1. 中国知网

中国知网是中国规模庞大的学术论文数据库和学术电子资源集成商，收录了大量正式出版的中文学术资源。中国知网可检索期刊论文、硕士 / 博士学位论文、会议、报纸、年鉴、图书、专利等文献资源。

2. 中国知网检索方法

（1）快速检索

进入中国知网检索页面后，单击搜索框的下拉按钮，在弹出的下拉菜单中可以选择主题、关键词、篇名、作者等检索字段，根据选择的字段在检索框中输入相应的检索词即为快速检索。在进行快速检索时，可根据需要通过选中相应复选框来选择学术期刊、学位论文、会议、报纸、年鉴、专利、标准、成果等不同的检索数据库，如图 6-2-5 所示。

微课 6-6
中国知网检索方法

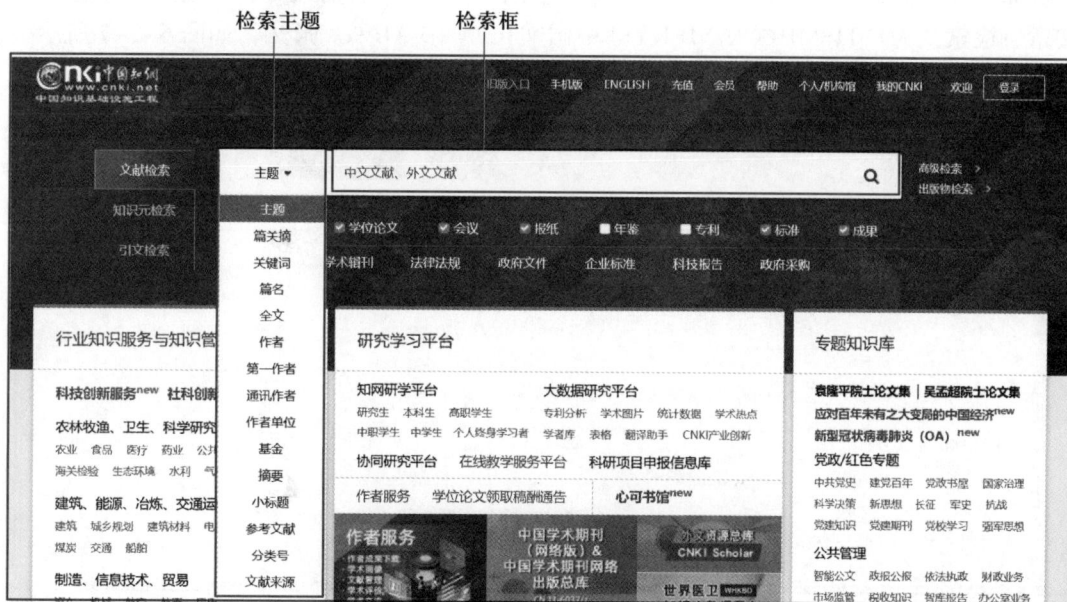

图 6-2-5 中国知网快速检索

（2）高级检索

高级检索增加了检索条件，通过限定主题、关键词、篇名、作者、文献来源等检索内容字段外，还可以设置文献发表的时间范围、更新日期等。

例如，要检索 2017 年以后篇名中含有"系统"、张姓作者发表在《电子科技大学学报》上的所有文章，检索方法如图 6-2-6 所示。

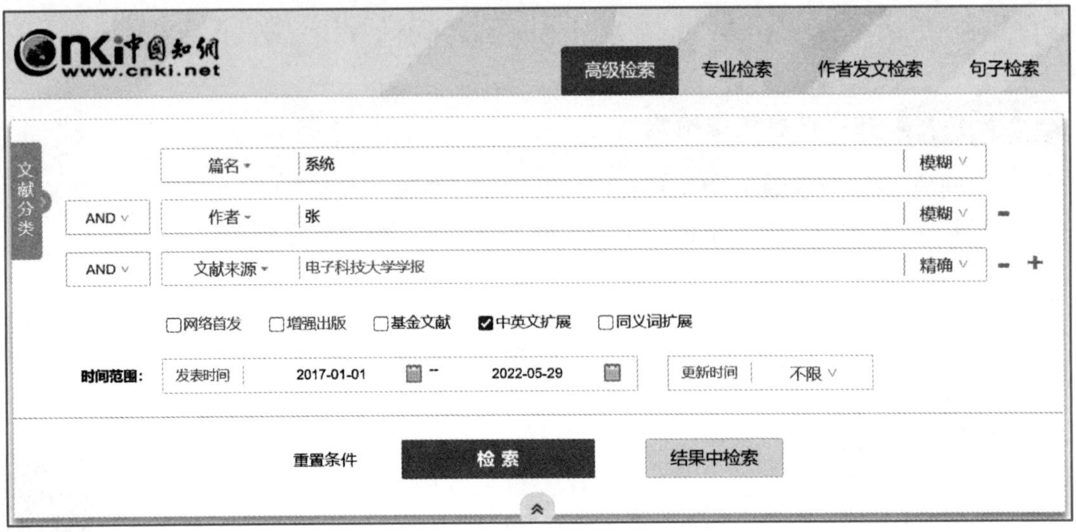

图 6-2-6   高级检索

（3）专业检索

专业检索需要用户编写检索式。

例如，要检索 2019 年以后标题中含有"中国"、关键词含有"中国文化"、张姓作者写的文章，检索式为"TI=' 中国 'AND KY=' 中国文化 'AND AU % ' 张 '"，如图 6-2-7 所示。

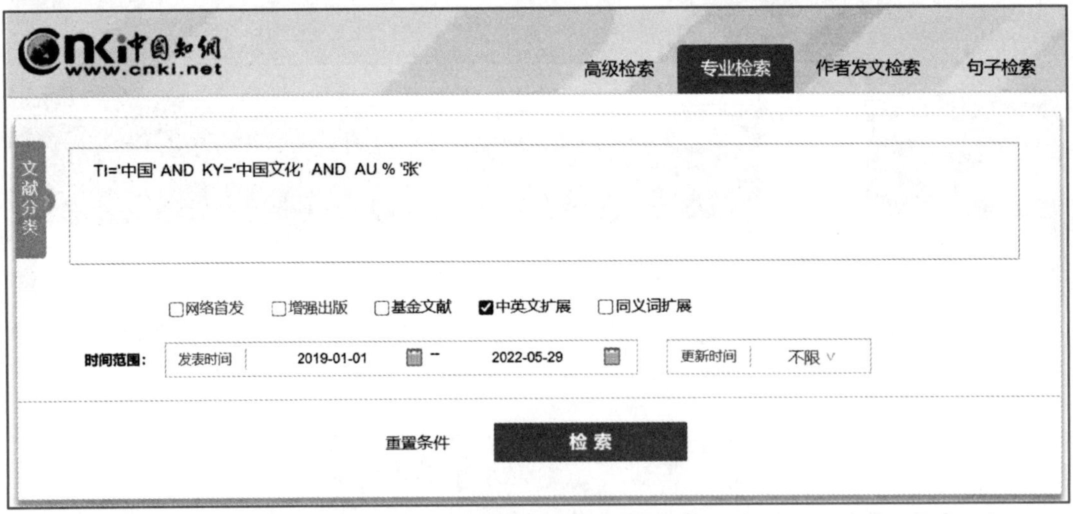

图 6-2-7   专业检索

（4）作者发文检索

作者发文检索是指专门通过作者姓名、单位等信息，查找作者发表的文献及被引用和下载情况。作者发文检索相对比较简单，只需要在相应检索框中输入作者姓名、作者单位等信息即可实现检索。

例如，要检索 2021 年 9 月至 2022 年 5 月间清华大学作者张力发表的所有文章，具体检索方法如图 6-2-8 所示。

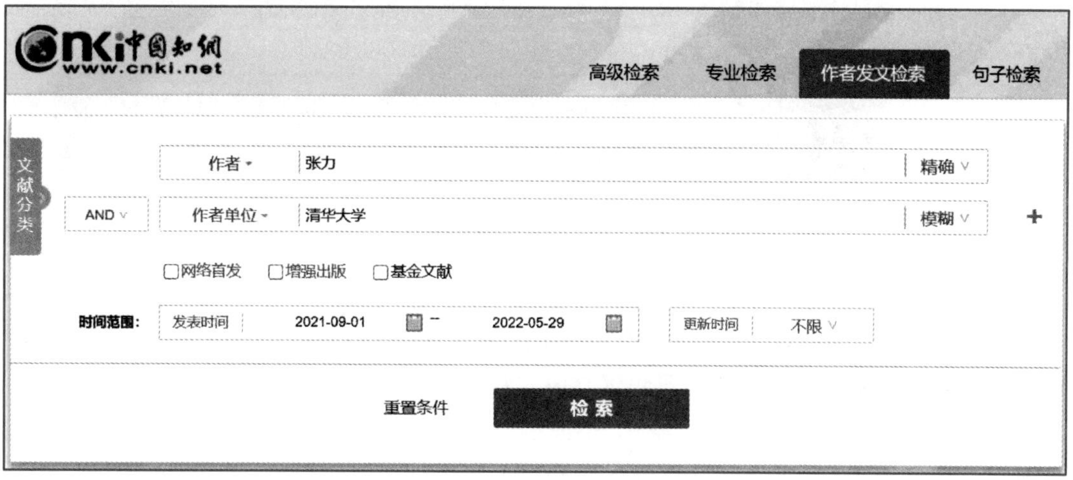

图 6-2-8　作者发文检索

（5）句子检索

句子检索通过输入两个检索词，查找同时包含这两个词的句子。句子检索是知网独特的一种检索方式，可以用于区分高度相似的文章。

例如，要检索在全文中同一句话中含有"人才培养"和"模式创新"、同一段话中含有"教育"和"教学改革"的文章，检索方法如图 6-2-9 所示。

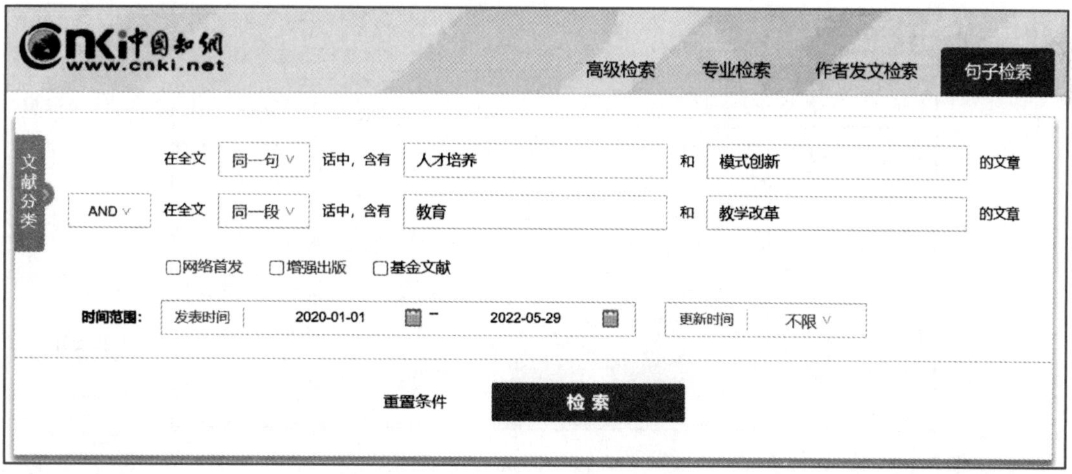

图 6-2-9　句子检索

3. 中国知网检索类型

中国知网提供了文献检索、知识元检索、引文检索 3 种检索类型供用户进行信息检索，如图 6-2-10 所示。

文献检索用于检索相关学术期刊、学位论文、会议、报纸、专利等文献资料。

图 6-2-10   中国知网检索类型

知识元检索包含了知识元概念库检索和知识元方法库检索。

引文检索是指对文章的参考文献进行的检索。使用引文检索可以检索到和研究内容相关文章的引用文献名称，也可以检索到和研究内容相关文章的被引用情况。

4. 中国知网检索结果

（1）结果显示

微课 6-7
中国知网检索结果

在检索框中输入检索词，选择检索类型，单击［检索］按钮，便可检索出所需要的文献资源，如图 6-2-11 所示。检索结果页面包含检索文章名称、作者、来源、发表时间等信息。可通过单击相应排序按钮按照相关度、发表时间、被引用次数、下载次数对检索结果进行排序，也可再次选择检索主要主题与次要主题，进行二次检索。

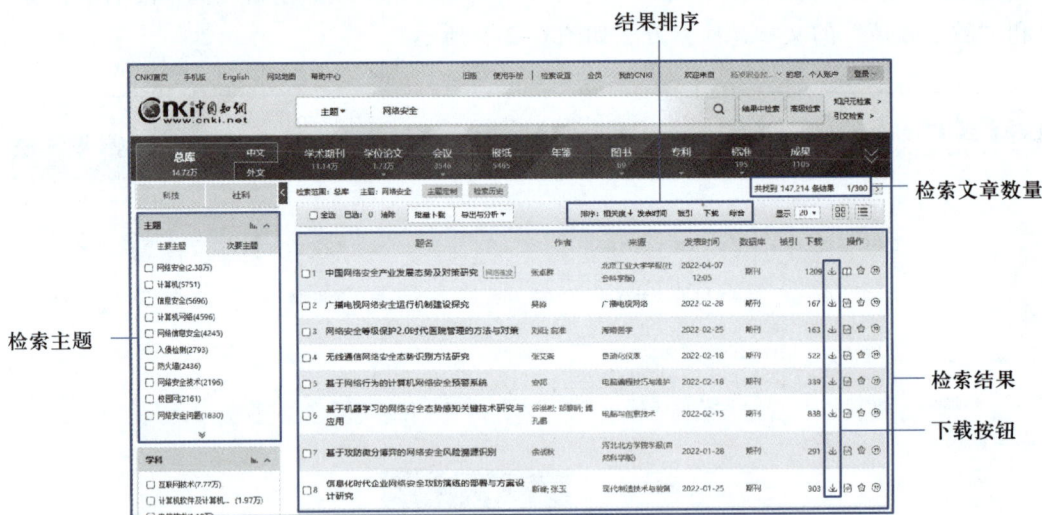

图 6-2-11   检索结果显示

（2）文章的阅读与下载

在检索结果页面，单击要浏览或下载的文章，进入文章界面，可以看到文章目录、标题、作者姓名、单位、文章摘要、关键词、基金资助、分类号、相关文献等信息。可以选择在线阅读文章，也可以选择下载阅读。知网支持手机阅读、网页在线阅读，也支持 PDF 和 CAJ 下载阅读。下载阅读时，计算机需要下载安装 CAJ 或 PDF 阅读软件，如图 6-2-12 和图 6-2-13 所示。

图 6-2-12　检索文章相关信息

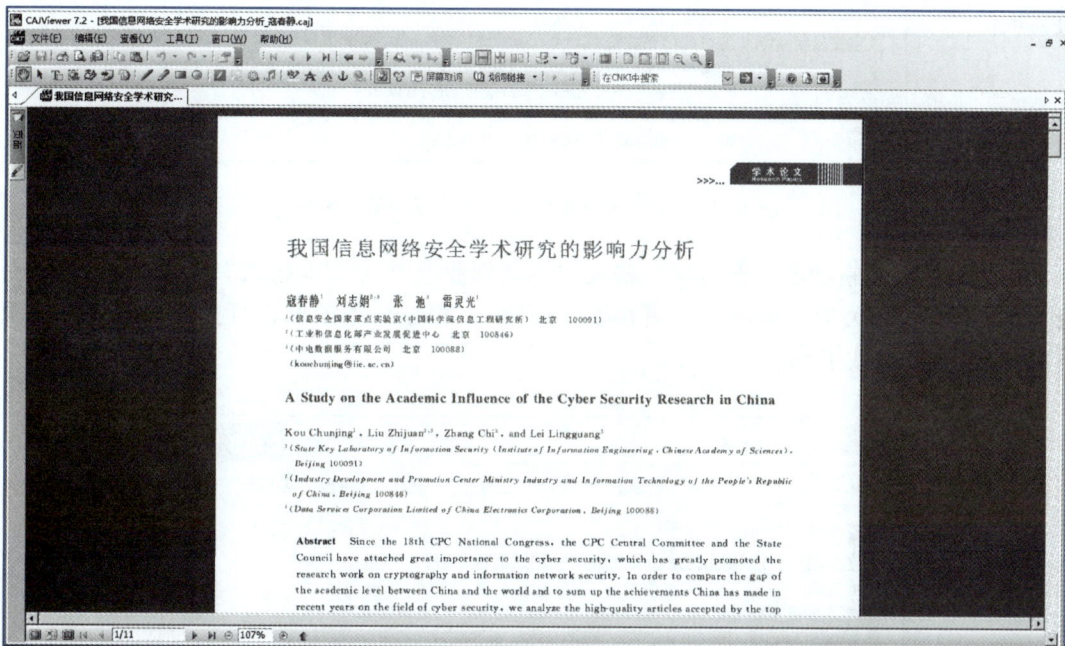

图 6-2-13　使用 CAJ 阅读软件阅读文章

6.2.3　任务实施

在任务引入部分，王凯向自己的项目指导老师请教如何查找资料，撰写项目计划书以及制作汇报演示文稿，李丽要使用中国知网查找自己撰写网络安全综述文章所需的资料。通过前面的学习，已经掌握了搜索引擎的使用技巧以及数字信息资源的检索方法，我们一起来完成这两项任务。

任务 1 **实施过程**

1. 打开浏览器，在地址栏输入网址并按 Enter 键，打开百度搜索引擎。

2. 使用高级搜索功能，在搜索栏中输入"创新创业项目计划书 filetype：doc"，页面会显示有关创新创业项目计划书 DOC 格式的文档资料，如图 6-2-14 所示。根据任务需求，可在搜索的文档资源列表中选择有用的文档阅读或下载。

微课 6-8
通过百度搜索引擎搜索创新创业项目计划书资料

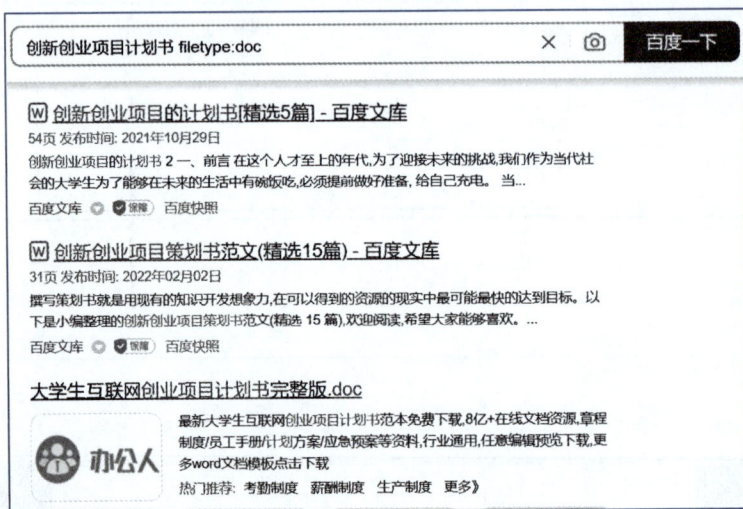

图 6-2-14   搜索创新创业项目计划书参考资料

3. 使用高级搜索功能，在搜索栏输入"创新创业项目 + 商业模式"，页面会显示创新创业项目商业模式相关信息资源，如图 6-2-15 所示。根据任务需求，可在搜索的信息资源中选择有用信息阅读或下载。

图 6-2-15   搜索商业模式参考资料

4. 使用高级搜索功能，在搜索栏输入"创新创业项目 + 路演 filetype：ppt"，页面会显示有关创新创业项目路演 PPT 格式的文档资料。根据任务需求，可在搜索的文档资源列表中选择有用的文档阅读或下载。

任务 2 实施过程

1. 打开浏览器，在地址栏中输入网址并按 Enter 键，打开中国知网。

2. 在中国知网检索框输入"网络安全 综述"等关键词，单击［检索］按钮，页面将会以列表的形式显示检索结果，如图 6-2-16 所示。

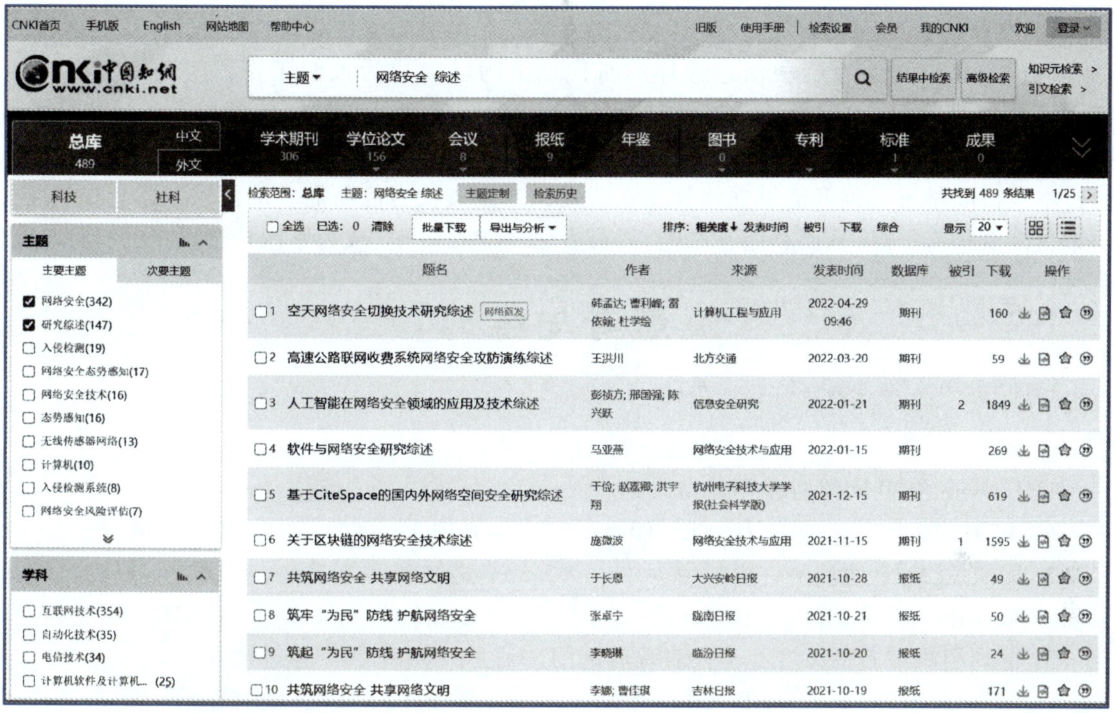

图 6-2-16 文章检索

3. 根据需要完成的综述论文要求，查找符合要求的资料，可以在线阅读，也可以下载保存后阅读。

6.2.4 技能训练

训练 1 在线选购电子血压计

马东是某职业技术学院的一名老师，最近，他的母亲有时会出现头晕、头痛、眼花、失眠等情况，他带母亲去医院进行了检查。医生说母亲血压有些高，要注意休息、适当运动、合理膳食、控制情绪，随时关注血压的变化。回来后，为了使母亲能够随时测量血压，他决定给母亲买一台电子血压计，但是他对如何选购电子血压计，电子血压计有哪些品牌，具有哪些功能，价格是多少都不太清楚，他决定上网搜索相关信息，为

微课 6-9
通过中国知网检索网络安全方面的综述资料

母亲购买一台合适的电子血压计。

训练 2   专业数字资源平台应用

王军是某职业技术学院药品生产与管理专业的一名学生。在职业生涯课程中，授课老师为了让大家更好地了解中药发展状况，给大家布置了一项任务：完成一篇中药行业发展的综述文章，从而对中药行业有一个准确的了解。王军决定在专业数字资源平台上查询与中药技术相关的文献资料作为参考。

项 目 总 结

在这个科技飞速发展和信息爆炸的时代，上网已经成为人们工作、生活中的一部分，使用互联网，人们可以查阅资料、浏览新闻、学习、购物、实时通信等。本项目主要介绍 Internet 基础知识、浏览器的设置及使用、搜索引擎的使用、数字信息资源的检索等内容。通过本项目的学习，读者能够熟练使用互联网，快速查找自己所需要的信息，学会在数字资源平台检索所需资源，从而利用互联网，提高办公和学习效率，成为紧跟社会发展的时代新人。

思 考 与 练 习

一、单选题

1. Internet 访问网络时使用的协议是（　　）。
   A. HTTP　　　　　　B. TCP/IP　　　　　　C. FTP　　　　　　D. UDP

2. IPv4 版本 IP 地址由一组长度为（　　）的二进制数字组成。
   A. 8 位　　　　　　B. 16 位　　　　　　C. 32 位　　　　　　D. 20 位

3. 下列组织域名中（　　）代表政府部门。
   A. com　　　　　　B. edu　　　　　　C. net　　　　　　D. gov

4. 当启动浏览器时自动打开一个网页，这个网页称为（　　）。
   A. 主页　　　　　　B. 网站　　　　　　C. 首页　　　　　　D. 站点

5. 在搜索引擎中搜索《信息技术》相关书籍可采用（　　）搜索方式。
   A. 双引号搜索　　　B. site 搜索　　　　C. intitle 搜索　　　D. 书名号搜索

6. 排除部分检索项时可使用（　　）。
   A. 逻辑与检索　　　B. 逻辑或检索　　　C. 逻辑非检索　　　D. 截词检索

7. 中国知网不能检索（　　）。
   A. 教材　　　　　　B. 会议　　　　　　C. 期刊　　　　　　D. 专利

8. 搜索含有 "date bank" 的 PDF 文件，正确的检索式是（　　）。
   A. "date bank" filetype: pdf　　　　　　B. Date and bank and pdf
   C. Date bank　　　　　　　　　　　　　D. Date bank and pdf

9. 中国知网的网址是（　　）。
   A. www.cnki.net　　　　　　　　　　　B. www.cnki.com

    C．www.cnki.com.cn   D．www.cnki.cn

10．通过作者姓名、单位等信息查找作者发表的文献及被引用和下载情况的检索是（　　）。

    A．简单检索   B．高级检索   C．作者发文检索   D．专业检索

二、判断题

1．在 Internet 中两台计算机的 IP 地址可以相同。   （　　）

2．使用快捷键 F12 可打开或关闭网页全屏浏览模式。   （　　）

3．布尔逻辑检索包括逻辑与、逻辑或、逻辑非 3 种。   （　　）

4．中国知网检索包含文献检索、知识元检索和引文检索。   （　　）

5．中国知网不支持在线阅读。   （　　）

项目 7

新一代信息技术概述及
信息素养与社会责任

学 习 目 标

新一代信息技术是以人工智能、量子信息、移动通信、物联网、区块链等为代表的新兴技术。它既是信息技术的纵向升级，也是信息技术之间及其与相关产业的横向融合。信息素养与社会责任是指在信息技术领域，通过对信息行业相关知识的了解，内化形成的职业素养和行为自律能力。信息素养与社会责任对个人在各自行业内的发展起着重要作用。

【知识目标】

✓ 理解新一代信息技术及其主要代表技术的基本概念；
✓ 了解新一代信息技术各主要代表技术的技术特点和典型应用；
✓ 了解新一代信息技术与制造业等产业的融合发展方式；
✓ 了解信息素养的基本概念及主要要素；
✓ 了解信息技术发展史及知名企业的兴衰变化过程；
✓ 了解信息安全及自主可控的要求；
✓ 了解相关法律法规与职业行为自律的要求；
✓ 了解个人在不同行业内发展的共性途径和工作方法。

【技能目标】

✓ 能够学习和使用新一代信息技术；
✓ 能够使用信息安全常用的软硬件工具；
✓ 能够有效辨别虚假信息并熟悉常用的防范措施。

【素质目标】

✔ 培养查阅资料、独立思考、自主学习的能力；
✔ 培养具备良好的职业素养；
✔ 培养认真的工作态度和自律能力；
✔ 树立正确的职业理念。

【课前预习】

请同学们通过查找资料，与同学、朋友等交流讨论，完成下面的几个问题。

1. 在你所学专业领域内，新一代信息技术有哪些典型应用？
2. 在信息技术领域，你了解哪些较为典型的知名企业兴衰发展过程？
3. 利用信息技术，出现的新型诈骗方式有哪些，如何进行有效防范？
4. 良好的信息素养和社会责任主要表现在哪些方面？

任务 7.1　了解新一代信息技术发展与应用

> 了解新一代信息技术发展与应用
>
> PPT

7.1.1　任务引入与分析

任务 1　人工智能技术应用

疫情防控期间，学校大门进出人员的管理是非常重要的工作。为了做好这方面的管理工作，某职业技术学院在大门口安装了人脸识别系统，所有人员进入校园前，先进行人脸识别，只有识别成功后，通道打开，才能进入校园；否则，不能进入校园。无人驾驶汽车是目前热议的一个领域，但真正的无人驾驶汽车还没有出现。

通过查阅资料，你能说一说无人驾驶汽车或人脸识别的工作原理吗？

任务 2　物联网技术应用

随着信息技术的发展，人们已经慢慢习惯了互联网时代的生活，如通过互联网浏览新闻、查阅资料、结交朋友等。在新一代信息技术的快速发展中，物联网技术快速发展，也正在改变着人们的生活。你能想象在物联网时代人们的生活是怎样的吗？

当你离开家后，智能物联网管家会自动切断家用电器如电视机、空调、洗衣机等的电源，帮助人们节约能源，消除用电隐患，同时，智能物联网管家还会开启智能安防监控系统，时刻监控家里的一切动向，保护财产安全和老人、小孩的生命安全。

当你来到单位以后，单位的智能物联网系统会自动识别你的身份，给你自动打开办公室的门，启动办公电脑，自动推送一天的工作行程和安排。

当你下班回到家后，智能物联网管家会识别你的身份，自动为你打开家门，开启照明系统；当温度低于一定值时，自动打开供暖设备；当需要洗澡的时候，自动为你放好温度适中的洗澡水。当你需要听音乐或看电视时，只需要用语音表达，系统会自动为你播放音乐或打开电视机。请结合你的专业，通过查找资料，谈谈物联网在你所学专业中都有哪些应用。

任务分析

随着科学与技术的进步和发展，新一代信息技术蓬勃发展，逐渐渗透并应用到人们生产、生活的很多方面，如无人驾驶、人脸识别、智能物联网等。根据上面要完成的任务，我们需要通过查阅资料、交流学习等方式，了解信息技术的发展，掌握与自己生活、学习及以后工作相关的新一代信息技术的工作原理和使用方法，才能很好地完成任务。

7.1.2 任务学习活动

学习活动 1 了解新一代信息技术的基本概念

1. 信息

信息，指音讯、消息、通信系统传输和处理的对象，泛指人类社会传播的一切内容。人通过获得、识别自然界和社会的不同信息来区别不同事物，得以认识和改造世界，在一切通信和控制系统中，信息是一种普遍联系的形式。

2. 数据

数据是指对客观事件进行记录并可以鉴别的符号，是对客观事物的性质、状态以及相互关系等进行记载的物理符号或这些物理符号的组合，它是可识别、抽象的符号。

信息与数据既有联系，又有区别。数据是信息的表现形式和载体，可以是符号、文字、数字、语音、图像、视频等，而信息是数据的内涵，是加载于数据之上的，对数据作具有含义的解释。数据是信息的表现形式，信息是数据有意义的表示。数据本身没有意义，数据只有对实体行为产生影响时才成为信息。

例如，某人的身高是 175 cm，单纯的 175 这个数据并没有任何意义，仅仅是个数字，但这个数据经过处理加工，与身高这个特定的对象关联以后，便具有了意义，这便是信息。可以说，数据是原材料，信息是产品，信息是数据的含义，是人类可以直接理解的内容。

3. 信息技术

信息技术（Information Technology，IT）是用于管理和处理信息所采用的各种技术的总称，以电子计算机和现代通信技术为主要手段，实现信息的获取、加工、传递和利用等功能的技术总和。

4. 新一代信息技术

新一代信息技术涵盖技术多、应用范围广，与传统行业结合的空间大，在经济发展和产业结构调整中的带动作用将远远超出本行业的范畴。本书介绍的新一代信息技术分为 7 个方面，分别是云计算、大数据、5G 移动通信技术、人工智能、工业互联网、物联网、区块链等。

学习活动 2 了解新一代信息技术的主要代表技术及其特点

1. 云计算

云计算（Cloud Computing）是对并行计算、网格计算、分布式计算技术的发展与运用，是通过网络"云"将巨大的数据计算处理程序分解成无数个小程序，然后通过由多部服务器组成的系统进行处理和分析这些小程序得到结果并返回给用户。通过云计算，可以在很短的时间内（几秒钟）完成对数以万计的数据的处理，从而达到强大的网络服务。

云计算突出体现高灵活性、可扩展性和高性价比等，与传统的网络应用模式相比，其具有显著优势与特点，主要表现在规模非常庞大、应用虚拟化技术、动态可扩展、按需部署、灵活性高、可靠性高、性价比高等。

2. 大数据

大数据（Big Data）指的是所涉及的资料量规模巨大到无法通过目前主流软件工具，在合理时间内达到撷取、管理、处理并整理成为帮助决策的资讯。有研究机构这样定义大数据：大数据是需要新处理模式才能具有更强的决策力、洞察发现力和流程优化能力来适应海量、高增长率和多样化的信息资产。也有研究所这样定义：一种规模大到在获取、存储、管理、分析方面大大超出了传统数据库软件工具能力范围的数据集合，具有海量的数据规模、快速的数据流转、多样的数据类型和价值密度低四大特征。

还有专业机构归纳出大数据的4V特点包括Volume（大量）、Velocity（高速）、Variety（多样）、Value（低价值密度）。

3. 5G 移动通信技术

第五代移动通信技术（5th Generation Mobile Communication Technology，5G）是具有高速率、低时延和大连接特点的新一代宽带移动通信技术，是实现人、机、物互联及支撑经济社会数字化、网络化、智能化转型的关键网络基础设施。其主要特点表现在高速度、低延时、泛在网、低功耗、万物互联等。

移动通信已历经1G、2G、3G、4G的发展，每一次技术进步，都极大地促进了产业升级和经济社会发展。

从1G到2G，实现了模拟通信到数字通信的过渡，移动通信走进了千家万户。

从2G到3G、4G，实现了语音业务到数据业务的转变，传输速率成百倍提升，促进了移动互联网应用的普及和繁荣。

5G通信网络，不仅要解决人与人通信，为用户提供增强现实、虚拟现实、超高清（3D）视频等更加身临其境的极致业务体验，更要解决人与物、物与物的通信问题，满足移动医疗、车联网、智能家居、工业控制、环境监测等物联网应用需求。

4. 人工智能

人工智能（Artificial Intelligence，AI）是研究、开发用于模拟、延伸和扩展人的智能的理论、方法、技术及应用系统的一门新的技术科学。

人工智能是计算机科学的一个分支，其研究领域主要包括机器人、语言识别、图像识别、自然语言处理和专家系统等。其技术领域包括人脸识别技术、语音识别技术、基于用户兴趣的智能算法推荐技术等。

5. 工业互联网

工业互联网（Industrial Internet）是新一代信息通信技术与工业经济深度融合的新型基础设施、应用模式和工业生态，通过对人、机、物、系统等的全面连接，构建起覆盖全产业链的全新制造和服务体系，为工业乃至产业数字化、网络化、智能化发展提供实现途径。

工业互联网不是互联网在工业上的简单应用，其具有更为丰富的内涵和外延。它以网络为基础、平台为中枢、数据为要素、安全为保障，既是工业数字化、网络化、智能化转型的基础设施，也是互联网、大数据、人工智能与实体经济深度融合的应用模式，同时也是一种新业态、新产业，将重塑企业形态、供应链和产业链。

6. 物联网

物联网（Internet of Things，IoT）是通过传感器、射频识别技术、全球定位系统、红外感应器、激光扫描器等各种装置与技术，实时采集需要监控、连接、互动的物体或过程，采集其声、光、热、电、力学、化学、生物、位置等各种需要的信息，通过各类可能的网络接入，实现物与物、物与人的泛在连接，实现对物品和过程的智能化感知、识别和管理。

物联网可以理解为万物相连的互联网，是在互联网基础上延伸和扩展的网络，是将各种信息传感设备与网络结合起来而形成的一个巨大网络，实现任何时间、任何地点，人、机、物的互联互通。

7. 区块链

区块链是一个分布式的共享账本和数据库，具有去中心化、不可篡改、全程留痕、可以追溯、集体维护、公开透明等特点。这些特点保证了区块链的"诚实"与"透明"，为区块链创造信任奠定基础。区块链能够解决信息不对称问题，实现多个主体之间的协作信任与一致行动，使其具有丰富的应用场景。

学习活动 3   **了解新一代信息技术主要代表技术的典型应用**

数字化、网络化、智能化是新一轮科技革命的突出特征，也是新一代信息技术的核心。数字化为社会信息化奠定基础，其发展趋势是社会的全面数据化。其中，数字化强调对数据的收集、聚合、分析与应用；网络化为信息传播提供物理载体，其发展趋势是信息物理系统（Cyber-Physical System，CPS）的广泛采用；智能化体现信息应用的层次与水平，其发展趋势是新一代人工智能。目前，新一代人工智能的热潮已经来临。

1. 人工智能技术典型应用

人工智能已经逐渐走进人们的生活，并应用于各个领域，它不仅给许多行业带来了巨大的经济效益，也为人们的生活带来了许多便利。

（1）无人驾驶汽车

无人驾驶汽车是智能汽车的一种，主要依靠车内以计算机系统为主的智能驾驶控制器来实现无人驾驶。无人驾驶中涉及的技术包含多个方面，如计算机视觉、自动控制技术等。

（2）人脸识别

人脸识别也称人像识别、面部识别，是基于人的脸部特征信息进行身份识别的一种生物识别技术。人脸识别涉及的技术主要包括计算机视觉、图像处理等。目前，人脸识别技术已广泛应用于多个领域，如金融、司法、公安、边检、航天、电力、教育、医疗等。

（3）机器翻译

机器翻译是计算语言学的一个分支，是利用计算机将一种自然语言转换为另一种自然语言的过程，其用到的技术主要是神经机器翻译技术，该技术当前在很多语言上的表现已经超过人类。例如人们在阅读英文文献时，可以方便地通过有道翻译等网站将英文转换为中文，免去了查字典的麻烦，提高了学习和工作的效率。

（4）声纹识别

声纹识别是一种生物识别技术，也称为说话人识别，包括说话人辨认和说话人确认。其工作原理为，系统采集说话人的声纹信息并将其录入数据库，当说话人再次说话时，系统会采集这段声纹信息并自动与数据库中已有的声纹信息作对比，从而识别出说话人的身份，可广泛应用于金融、安防、智能家居等领域，应用场景丰富。

（5）智能客服机器人

智能客服机器人是一种利用机器模拟人类行为的机器，它能够实现语音识别和自然语义理解，具有业务推理、话术应答等能力。智能客服机器人广泛应用于商业服务与营销场景，为客户解决问题提供决策依据。

（6）个性化推荐

个性化推荐是一种基于聚类与协同过滤技术的人工智能应用。它建立在海量数据挖掘的基础上，通过分析用户的历史行为建立推荐模型，主动给用户提供匹配他们的需求与兴趣的信息，如商品推荐、新闻推荐等。

（7）图像搜索

图像搜索分为基于文本的和基于内容的两类搜索方式。传统的图像搜索只识别图像本身的颜色、纹理等要素，基于深度学习的图像搜索还会计入人脸、姿态、地理位置和字符等语义特征，针对海量数据进行多维度的分析与匹配。

2. 物联网的典型应用

自 2009 年 8 月"感知中国"的口号提出以来，物联网随着其不断地发展成熟，已经应用到了人们生产、生活的方方面面。

（1）智慧建筑

当前的智慧建筑主要体现在用电照明、消防监测以及楼宇控制等。对设备进行感知、传输并远程监控，不仅能够节约能源，同时也能减少楼宇的运维人员。

（2）智能家居

智能家居指的是使用不同的方法和设备来提高人们的生活质量，使家庭变得更舒适、安全和高效。物联网应用于智能家居领域，能够对家居类产品的位置、状态、变化进行监测，分析其变化特征，同时根据人的需要，在一定的程度上进行反馈。

（3）智慧交通

智慧交通利用信息技术将人、车和路紧密地结合起来，改善交通运输环境、保障交通安全以及提高资源利用率，包括智能公交车、共享单车、车联网、充电桩监测、智能红绿灯以及智慧停车等领域。

（4）智能安防

传统安防对人员的依赖性比较大，非常耗费人力，而智能安防能够通过设备实现智能判断，其核心部分在于智能安防系统。该系统能对拍摄的图像进行传输与存储，并对其分析与处理。一个完整的智能安防系统主要包括门禁、报警和监控三大部分。

（5）智慧农业

智慧农业指的是利用物联网、人工智能、大数据等现代信息技术与农业进行深度融合，实现农业生产全过程的信息感知、精准管理和智能控制的一种全新的农业生产方式，可实现农业可视化诊断、远程控制以及灾害预警等功能。

（6）智慧物流

智慧物流是以物联网、大数据、人工智能等信息技术为支撑，在物流的运输、仓储、配送等各个环节实现系统感知、全面分析及处理等功能，目前其应用主要表现在仓储、运输监测及快递终端等 3 个方面。

（7）智能制造

制造领域的市场体量巨大，是物联网的一个重要应用领域，主要体现在数字化以及智能化的工厂改造方面，包括工厂机械设备监控和工厂的环境监控。

3. 大数据典型应用

在大数据席卷全球的趋势下，数据受到越来越大的重视，从国家到企业，各个层面都认可数据的价值，在各个行业领域中，大数据技术的应用越来越广泛。

（1）医疗行业

医疗行业有着很多的病案、病理报告、治疗方案，随着大量数据的积累和有效管理，凭借数据管理平台人们能够收集病案和医治计划方案，针对患者的病症特征，形成有效的治疗方案。

（2）生物科技行业

在生物科技行业的基因分析方面，使用数据管理平台能够将本身和植物体基因分析的结果开展记录和储存，运用创建应用场景云计算技术的遗传基因数据库查询，这将加速本身遗传基因和其他微生物的遗传基因的科学研究进程。

（3）金融行业

金融行业对大数据的应用有着广阔的空间，在大数据营销方面，根据顾客的消费习惯性、所在位置、消费时间开展强烈推荐。在风险防控方面，根据顾客的消费和现金流量出示资信评级或股权融资。

（4）零售行业

零售业大数据的应用主要有两方面，一方面是零售业能够掌握顾客消费爱好和发展趋势，开展货品的大数据营销，减少营销推广成本费；另一方面是根据顾客选购商品，为顾客推介其可能选购的其他商品，以提升销售总额。

（5）电商行业

电商行业对大量统计数据的运用有着广阔空间，包含分析潮流趋势、消费趋势、地区消费特性、顾客消费习惯、各种各样消费者行为的相关性、消费市场、危害消费的关键要素等。

4. 云计算典型应用

云计算的灵活性、可靠性、可扩展性等特点，使其在各行各业的应用越来越广泛。

（1）存储云

存储云，又称云存储，是在云计算技术上发展起来的一种新的存储技术，是一个以数据存储和管理为核心的云计算系统。用户可以将本地的资源上传至云端上，可以在任何地方接入互联网来获取云上的资源。

（2）医疗云

医疗云是在云计算、移动技术、多媒体、现代通信、大数据以及物联网等新技术基础上，结合医疗技术，使用"云计算"来创建医疗健康服务云平台，实现医疗资源的共享和医疗范围的扩大，现在医院的预约挂号、电子病历、医保等都是云计算与医疗领域结合的产物。

（3）金融云

金融云是利用云计算的模型，将信息、金融和服务等功能分散到由庞大分支机构构成的互联网"云"中，旨在为银行、保险和基金等金融机构提供互联网处理和运行服务，同时共享互联网资源，从而解决现有问题并且达到高效、低成本的目标。由于金融与云计算的结合，现在只需要在手机上简单操作，就可以完成很多业务，如移动支付、贷款、购买保险等。

（4）教育云

教育云，实质上是教育信息化的一种发展，它可以将所需要的任何教育资源虚拟化，然后将其相关资源放在教育云中，向老师、学生提供一个方便快捷的操作使用平台。现在流行的慕课就是教育云的一种应用形式。

5. 区块链典型应用

区块链作为一种底层协议或技术方案可以有效地解决信任问题，实现价值的自由传递，在数字货币、金融资产的交易结算、数字政务、存证防伪数据服务等领域具有广阔前景。

（1）数字货币

相比实体货币，数字货币具有易携带、易存储、低流通成本、使用便利、易于防伪和管理、打破地域限制，能更好整合等特点。数字货币技术依托的底层技术正是区块链技术。

（2）金融资产交易结算

在支付结算方面，在区块链分布式账本体系下，市场多个参与者共同维护并实时同步一份"总账"，短短几分钟内就可以完成现在两三天才能完成的支付、清算、结算任务，降低了跨行、跨境交易的复杂性和成本。同时，区块链的底层加密技术保证了参与者无法篡改账本，确保交易记录透明安全，监管部门方便地追踪链上交易，快速定位高风险资金流向。

（3）数字政务

区块链可以让数据跑起来，大大精简办事流程。区块链的分布式技术可以让政府部门集中到一个链上，所有办事流程交付给智能合约，办事人只要在一个部门通过身份认证以及电子签章，智能合约就可以自动处理并流转，顺序完成后续所有审批和签章。

（4）存证防伪

在知识产权领域，通过区块链技术的数字签名和链上存证可以对文字、图片、音频、视频等进行确权，通过智能合约创建执行交易，让创作者重掌定价权，实时保全数据形成证据链，同时覆盖确权、交易和维权三大场景。在防伪溯源领域，通过供应链跟踪区块链技术被广泛应用于食品医药、农产品、奢侈品等各领域。

（5）数据服务

未来互联网、人工智能、物联网都将产生海量数据，现有中心化数据存储将面临巨大挑战，基于区块链技术的边缘存储（计算）有望成为未来解决方案。另外，区块链对数据的不可篡改和可追溯机制保证了数据的真实性和高质量，这成为大数据、深度学习、人工智能等一切数据应用的基础。

学习活动 4　了解新一代信息技术与制造业等产业的融合发展方式

当前，全球制造业正经历深刻变革，主要发达国家纷纷把数字化转型作为巩固制造业地位的战略选择。我国政府高度重视制造业数字化转型，多次在报告中提出要把推动制造业高质量发展作为构建现代化经济体系的重要一环。新一代信息技术与制造业等产业的融合发展方式主要表现在以下几个方面。

1. 新一代信息技术与制造业深度融合是推动制造业转型升级的重要引擎

实现我国经济发展方式转变，加速制造业转型升级，必须牢牢把握信息化数字化带来的千载难逢的历史机遇，将融合发展作为推动我国制造业质量变革、效率变革、动力变革的战略重点。新一代信息技术与制造业相互渗透、深度融合，加快推动制造业生产方式和企业形态重构，促使制造业降低生产成本、提高生产效率、提升核心竞争力。

2. 新一代信息技术与制造业深度融合是激发数字经济新动能的重要举措

新一代信息技术与制造业融合发展已经进入创新突破、深入渗透、扩散应用的加速发展期。融合发展充分释放了新一代信息技术的创新引领作用，以信息流带动技术流、资金流、人才流，引发生产组织模式、商业运行逻辑、价值创造机制深刻变革，不断催生新技术、新产品、新业态、新模式，拓展制造业发展新空间，为发展壮大数字经济持续注入新动能。

3. 新一代信息技术与制造业深度融合是抢占全球新一轮产业竞争制高点的必然选择

当前，全球经济衰退风险加大，经济全球化面临很多困难，新一代信息技术与制造业融合发展成为世界各国化解危机、调整产业结构、构建竞争新优势的重要举措。融合发展有利于加快高端工业软件、工业智能化、关键设备等核心技术突破；融合发展有利于推进数字供应链建设，为供应链各类主体、要素和环节赋能赋智，有效提升柔性生产与快速转产能力；融合发展有利于我国制造业向形态更高级、分工更优化、结构更合理方向发展。

4. 新一代信息技术与制造业融合发展是实现经济高质量发展的必由之路

当前，全球新一轮科技革命和产业变革与我国制造业转型升级形成历史性交汇，充分把握新一代信息技术与制造业融合发展趋势和机遇，才能促进我国制造业迈向全球价值链中高端。我国经济已由高速增长阶段转向高质量发展阶段，正处在转变发展方式、优化经济结构、转换增长动力的关键期。制造业是实体经济的主体，深入发展以智能制造为方向的制造业，构建以数据为核心驱动要素的新型工业体系，改善产业结构，增强转型动力，提高资源配置效率和全要素生产率，从根本上改变内生动力和企业形态，推动制造业沿着数字化、网络化、智能化方向升级发展，实现我国经济高质量发展。

5. 新一代信息技术与制造业融合发展是培育经济发展新动能的必然选择

5G、人工智能、大数据、工业互联网等是新一代信息技术科技创新中最活跃、最快速、渗透性最强的领域，其通过与制造业的深入融合应用，可以改变传统制造业的生产方式，引发产业的技术革新和模式变革。一方面，新一代信息技术通过与制造业的融合发展，促进产业跨专业、跨领域、跨环节的多维度、深层次合作，以集成创新为引领实现融合领域新技术的系统性突破。另一方面，通过驱动数据为核心要素，充分发挥其潜能，在生产方式、组织管理、商业模式等方面推动产业模式转变。

6. 工业互联网平台建设是推动制造业转型升级，向智能化转型的重要方面

从 2012 年首次提出"工业互联网"这一概念，到连续三年被写入政府工作报告，工业互联网建设成为制造业转型升级、发展智能制造的重要方面，主要表现在国家高度重视工业互联网平台的基础性、战略性作用，充分认识平台建设的迫切性、复杂性和长期性，构筑基于平台的制造业新生态；推动工业互联网平台关键技术突破，围绕工业互联网平台的共性技术要素，突破传感器、生产装备、控制系统和中间软件技术，提升数据集成和计算分析能力；注重构建工业互联网平台生态体系，鼓励跨界企业强强联合、优势互补，推动产业链资源整合与优化配置。

7. 新一代信息技术与制造业融合发展的主要特征

（1）以云计算、大数据、物联网、人工智能、5G等新一代信息技术作为支撑融合发展的核心基础，推动实现人与人、人与设备、设备与设备之间无死角的全面互联互通。

（2）数据资源成为核心生产要素，在新一代信息技术的支撑下，数据成为继土地、劳动力、资本、技术之后的新生产要素，投入到未来的生产经营活动及产业活动中。

（3）平台化的生态体系持续演进完善，随着融合发展的不断深化，数据要素逐渐进入生产经营活动，市场产品与服务的供需模式逐步由纯粹的垂直一体化向开源式的平台化转变，基于平台的生态系统和价值网络蓬勃发展，劳动者的积极性和创造性得到充分激发。

（4）制造业生产方式和企业形态持续变革，生产方式从单点生产、流水线生产、自动化生产向网络化生产不断演进，企业组织形态向扁平化、自组织、无边界方面转变。

7.1.3　任务实施

在任务引入部分介绍了人工智能技术应用和物联网技术应用，接下来了解这些技术在相关领域的应用情况。

任务 1 实施

无人驾驶汽车是一种智能汽车，它是通过传感器来感知车辆的周围环境，并根据感知所获得的数据（如道路、车辆位置、障碍物等）信息，通过计算中心处理后，由决策执行模块控制车辆，使其安全可靠地行驶。

实现无人驾驶，控制是关键。无人驾驶汽车主要通过线控技术来实现自动化控制，而线控技术最难的一部分便是制动系统。汽车界流传着这样一句话："让车动起来不难，停下来难。"

针对无人驾驶汽车自动化的程度一般可以分为6个级别，按照汽车自动化程度从低到高的顺序分别为Level 0~Level 5，共6个级别。

● Level 0：无任何自动化驾驶功能，行驶过程完全依靠人类司机控制汽车，包括汽车起动、行驶过程中的各种环境状况的观察、各种操作决策等。简单来说，需要人类控制驾驶的汽车都属于这个级别。

● Level 1：单一功能自动化，行驶过程中将部分控制权交给机器管理，但是司机仍然需要把控整体，如自适应巡航、应急刹车辅助、车道保持等。司机手脚不能同时脱离控制系统。

● Level 2：部分自动化，行驶过程中司机和汽车共享汽车控制权，在某些预设环境下司机能够完全脱离控制系统，但司机需要随时待命，且需要在短时间内接管汽车。

● Level 3：有条件自动化，在有限情况下实现自动行驶。例如在高速公路上机器完全负责整个汽车的操控，司机可以完全脱离控制系统，需要随时待命，但有足够的预警时间。

● Level 4：高度自动化，在特定道路限定下行驶过程中无须司机介入。司机仅需要设置好起点和终点即可，剩下的交由汽车自行控制。

● Level 5：完全自动化，在任何环境中行驶都无须司机介入。司机仅需要设置好起点和终点即可，剩下的交由汽车自行控制。

任务 2 **实施**

1. 物联网技术在建筑领域的应用

现场监控：现场监控分为两方面，主要是对人员和机器的定位跟踪。

机器控制：物联网可以使建筑机械更加有效和自主。物联网传感器可以引导这些机械以更高的精度和更少的人力投入运行。

施工安全：可穿戴技术正越来越多地应用于建筑业，以实现广泛的利益，其最大的收益来自工人追踪和安全方面。

车队管理：物联网设备可以准确显示车辆位置以及行进速度。拥有准确的速度和位置信息有助于防止延迟，并且可以使用物联网数据将时间表中的任何变化传达给客户。

项目管理：物联网设备可以通过现场监控技术来监控车辆、设备、材料利用率，从而有助于降低成本。

2. 物联网技术在农业领域的应用

物联网在农业领域的应用有：农业资源监测和利用，实现区域农业的统筹规划和资源监测；农业生态环境监测，不断感知生态环境变化；农业生产精细管理；农产品安全溯源；农业物联网云服务，在云存储、云计算和云分析等方面建立平台化服务等。

3. 物联网技术在智慧交通领域的应用

智能交通指的是将先进的信息技术、数据传输技术及计算机处理技术等有效地集成到交通运输管理体系中，使人、车和路能够紧密配合，改善交通运输环境以提高资源利用率等。物联网技术在智慧交通领域的应用主要体现在智能公交车、共享自行车、车联网、充电桩、智能红绿灯、汽车电子标识、智慧停车、高速无感收费等。

4. 物联网技术在智慧物流领域的应用

在智慧物流体系中，物联网技术通过感知技术自动采集物流信息，同时借助移动互联技术随时把采集的物流信息通过网络传输到数据中心，使物流各环节的信息采集与实时共享，以及管理者对物流各环节运作进行实时调整与动态管控成为可能。物联网技术在智慧物流领域的应用主要体现在产品的智能可追溯网络系统、物流过程的可视化网络系统、智慧物流中心等方面。

5. 物联网技术在智能制造领域的应用

物联网技术赋能制造业，实现工厂的数字化和智能化改造。制造领域的市场体量巨大，是物联网的一个重要应用领域，主要体现在数字化及智能化的工厂改造上，包括工厂机械设备监控和工厂的环境监控、企业的数字化和智能化改造等方面。

6. 物联网技术在智能零售领域的应用

行业内将零售按照距离分为了远场零售、中场零售、近场零售 3 种不同的形式，三者分别以电商、商场 / 超市和便利店 / 自动售货机为代表。智能零售通过将传统的售货机和便利店进行数字化升级、改造，打造无人零售模式。通过数据分析，并充分运用门店内的客流和活动，为用户提供更好的服务，为商家提供更高的经营效率。

7. 物联网技术在畜牧业领域的应用

物联网技术在畜牧业领域的应用能够有效提高管理水平和生产效率，提高产品质量，主要应用方面体现在环境数据监测、生长环境视频监控、饲养物智能电子耳标、智能决策管理系统、储料塔智能管理等方面。

7.1.4　技能训练

训练 1　新一代信息技术在所处行业的典型应用

新一代信息技术是以人工智能、量子信息、移动通信、物联网、区块链、大数据、云计算等为代表的新兴技术，它正在全球引发新一轮的科技革命，正在改变人们的生产、生活方式，使得生产效率更高，生活更便捷，在水利行业、建筑领域、交通测绘、装备制造、智慧农业、生物技术、育种技术、石油化工、节能环保、疾病诊断、物流领域、文化旅游等领域都有着广泛的应用。

请结合自身所学专业，通过查阅资料的形式，了解并写出新一代信息技术在所学专业领域的应用典型案例。

训练 2　新一代信息技术未来影响我们的工作、生活方式

随着信息技术的发展，人们的工作方式和生活方式也在悄然发生着变化，足不出户可知天下事，出门在外照样能办公、网上学习、网上购物、网上看病、网上会议、网上办公、网上谈生意等成为人们一种新型的生活和工作方式。购物消费，不用带现金，第三方支付工具可以实现安全、快速的支付，可以做到，不用带现金，游遍全国。网上银行可以实现单位对单位、单位对个人资金的快速转账支付，不用到银行排队等待。身份信息联网，可以实现一张身份证走遍全国。随着移动网络的部署，使语音、视频通信可以做到时时、处处都能进行。

请同学们查阅资料，设想随着新一代信息技术的发展，人们的工作和生活在哪些方面还将得到改变。

训练 3　预测未来

在 1943 年有专家预言："我认为全球市场只需要 5 台电脑。"微软公司曾在 1981 年预言："个人电脑的内存需要将不会超过 637 KB，因此 640 KB 对任何人来说都应该足够了。"在 2004 年的世界经济论坛上，有专家曾很有信心地表示"两年以后，垃圾邮件的问题会得到解决。"不过，直到今天，垃圾邮件依然是一个无法消除的问题。

今天人们知道，这些预言都失败了，预言者们不会想到计算机会变得更小、计算速度更快、价格更便宜、操作更简单而且有更多的功能，可以干很多事情。

预测未来非常困难，而且预测科技发明会给人们的生活带来什么变化更难。假如你是一个预言家，请预言一下，未来科技的发展如何改变人们的生产、生活和学习，以及会带来哪些问题。

任务 7.2　培养良好的信息素养与社会责任

培养良好的信息素养与社会责任

PPT

7.2.1　任务引入与分析

任务 1　收到诈骗短信如何处置

小王是某职业院校的学生，近期手机上收到一条短信，内容为"你好，为了回馈广大消费者，我们进行了抽奖活动，恭喜你获奖，得到了价值 ×× 钱的笔记本计算机一部，领奖请点击链接。"

小张是某公司的一名职员，近期手机上收到一条短信，内容为"贵用户银行卡刚刚在×× 刷卡消费 ×× 元，已授权通过，授权码 1658。如有疑问请拨打 ×××× 查询。"

小李是某职业院校的教师，近期手机上收到一条短信，内容为"您的家人因事故住进了医院，情况紧急，现正在抢救，请转 ×× 万元手术住院费进入某账户。"

小张收到一条短信称其在某银行有 1 万元到 10 万元的放款额度，短信中包含一个网址。小张点击链接，下载了一个 App，注册并申请了 7 万元贷款额度。第二天收到短信称申请已通过审批，让他进入 App 联系在线客服提现。客服说提现需要交 5% 的"手续费"，小张通过转账缴纳"手续费"后，客服又称需要再转账一次，以确认是本人操作，小张再次转账后才发现被骗。

骗子利用客户的贷款需求，诱骗客户一步步进入圈套，他们在放款之前常用各种借口要求转账，如"银行卡信息有误""账户解冻费""保证金""风险等级降低费"等，在客户转账之后，就消失得无影无踪。

请问：你是否收到过类似的短信？如果接收到类似的信息，你如何处理？另外，你还接收到另外什么形式的诈骗短信？

任务 2　保障信息安全，有哪些防止信息泄露的措施

你是否经常接到电信诈骗、广告推销等骚扰电话？你是不是收到过钓鱼短信和邮件？以上大部分都是信息泄露造成的，据不完全统计，国内个人信息泄露数已知的已经达到 55.3亿条，平均每人就有 4 条相关的个人信息泄露。我们应该怎么做来防止自己的个人信息泄露呢？请你指出信息泄露的防范措施有哪些。

任务分析

随着通信技术的进步和发展，人们相互之间的沟通变得非常便捷，通过移动网络，人们可以实时通信、视频聊天、在线娱乐、在线支付等，同时，便捷的方式也带来了一些问题，如诈骗短信、非法贷款、个人信息泄露等。

同学们通过查阅资料，交流讨论，了解诈骗、信息泄露等信息安全存在问题的方式和途径，同时，了解防止信息泄露，保障信息安全的途径和措施，才能很好地完成上面的任务。

7.2.2　任务学习活动

学习活动 1　了解信息素养基础

1. 信息技术发展史

信息作为一种社会资源，一直以来都在被人类所使用，只是使用的能力和程度高低不同。语言、文字、印刷术、烽火台、指南针等作为古代信息传播的手段，都曾发挥过重要的作用。信息技术的发展经历了一个漫长的时期，一般将信息技术的发展过程划分为 5 个阶段。

第 1 次是语言的产生和使用，语言成为人类进行思想交流和信息传播不可缺少的工具。

第 2 次是文字的出现和使用，使人类对信息的保存和传播取得重大突破，较大地超越了时间和地域的局限。

第 3 次是印刷术的发明和使用，使书籍、报刊成为重要的信息储存和传播的媒体。

第 4 次是电报、电话、广播、电视的发明和普及应用，使人类进入利用电磁波传播信息的时代，进一步突破了时间和空间的限制。

第 5 次信息技术革命始于 20 世纪 60 年代，其标志是电子计算机的普及应用及计算机与现代通信技术的有机结合，将人类社会推进到了数字化的信息时代。

2. 信息素养的概念

信息素养（Information Literacy）是指人们所具有的对信息进行识别、加工、利用、创新、管理的知识、能力与情意等各方面基本品质的总和，主要表现为信息意识、信息能力、信息道德三个方面。其中信息能力，尤其是信息处理创新能力是信息素养的核心，信息处理创新能力就是能够有效地、高效地获取信息，精确地、创造性地使用信息，熟练地、批判地评价信息，进行研究性的学习和创新实践活动。

信息素养是一个人的基本素养，它是传统个体基本素养的延续和拓展，它要求个体必须拥有各种信息技能，能够达到独立自学及终身学习的水平，能够对检索到的信息进行评估及处理并以此做出决策。

3. 信息素养的内涵

从信息素养基本概念和大学生教育的主要特点分析，信息素养内涵应包括如下几个方面。

① 信息素养是指把被动信息获取式教育观念转变为主动信息探究式教育观念的一种个人能力，信息素养的提升有利于整合教育方式，从而全方位地促进受教育者能力的发展。

② 信息素养既是个体查找、检索、分析信息的信息认识能力，也是个体整合、利用、处理、创造信息的信息使用能力。

③ 信息认识能力体现为信息意识，信息使用能力体现为信息能力，因此信息意识和信息能力是信息素养的两个方面。

4. 信息素养的特点

信息素养包含文化层面（知识方面）、信息意识（意识方面）和信息技能（技术方面）3 个层次，具体表现为 8 个方面的能力。

① 运用信息工具：能够熟练使用各种信息工具，特别是网络传播工具。

② 获取信息：能够根据自己的学习目标有效地收集各种学习资料和信息，能够熟练地运用阅读、访问、讨论、参观、实验、检索等获取信息的方法。

　　③ 处理信息：能够对收集的信息进行归纳、分类、存储记忆、鉴别、遴选、分析综合、抽象概括和表达等。

　　④ 生成信息：在信息收集的基础上，能够准确地概述、综合、履行和表达所需要的信息，使之简洁明了，通俗流畅并且富有个性特色。

　　⑤ 创造信息：在多种收集信息的交互作用的基础上，迸发创造思维的火花，产生新信息的生长点，从而创造新信息，达到收集信息的终极目的。

　　⑥ 发挥信息的效益：善于运用接收的信息解决问题，让信息发挥最大的社会和经济效益。

　　⑦ 信息协作：使信息和信息工具作为跨越时空的、"零距离"的交往和合作中介，使之成为延伸人们的高效手段，同外界建立多种和谐的合作关系。

　　⑧ 信息免疫：浩瀚的信息资源往往良莠不齐，需要人们有正确的人生观、价值观、甄别能力以及自控、自律和自我调节能力，才能够自觉抵御和消除垃圾信息及有害信息的干扰和侵蚀，并且拥有完善合乎时代的信息伦理素养。

学习活动 2　了解信息安全

　　随着信息技术的发展，人们的生活方式显得越来越方便、快捷、高效，但其背后也伴有诸多信息安全隐患。例如，诈骗电话、大学生"裸贷"问题、推销信息等均对个人信息安全造成影响。不法分子通过各类软件或者程序来盗取个人信息，并利用信息来获利，严重影响了公民生命、财产安全。

1. 信息安全的内容与需求

　　信息系统安全一般应包括计算机单机安全、计算机网络安全和信息安全 3 个主要方面。

　　① 计算机单机安全，主要是指在计算机单机环境下，硬件系统和软件系统不受意外或恶意的破坏和损坏，得到物理上的保护。

　　② 计算机网络安全，是指在计算机网络系统环境下的安全问题，主要涵盖两个方面：一是信息系统自身即内部网络的安全问题；二是信息系统与外部网络连接情况下的安全问题。

　　③ 信息安全，是指信息在传输、处理和存储的过程中，没有被非法或恶意的窃取、篡改和破坏。

　　信息安全是信息系统安全的核心问题，计算机单机安全和网络安全的实现都是为了确保信息在传输、处理和存储全过程的安全可靠。

　　计算机单机安全和网络安全是确保信息安全的重要条件和保证，信息安全贯穿于计算机单机安全和网络安全的所有环节。计算机单机安全、网络安全和信息安全三者之间是紧密联系、不能割裂的。

2. 信息安全威胁的手段

　　信息安全是一个不容忽视的国家安全战略，任何国家的政府、相关部门及各行各业都非常重视这个问题，各国的网络是全球网络的一部分，任何一点的信息安全事故都可能威胁到本国或他国的信息安全，威胁网络信息安全的因素有很多，具体表现方式有以下几种。

　　① 假冒。某个未经授权的实体（人或系统）提示某一防线的守卫者，使其相信它是一个合法的实体，从而取得了此合法用户的权利和特权。假冒通常与某些别的主动攻击形式一起使用，特别是消息的重放与篡改，黑客大多采用假冒攻击。

　　② 旁路控制。除了给用户提供正常的服务外，还将传输的信息发送给其他用户。旁路

非常容易造成信息的泄密，如攻击者通过各种手段利用原本应保密但又暴露出来的一些系统"特征"渗入系统内部。

③ 特洛伊木马。特洛伊木马通常是一段程序，它除了提供正常的功能外还提供了用户所不希望具有的额外功能，这些额外功能往往是有害的。例如一个外表上具有合法功能的应用程序，如文本编辑，它还暗藏其他目的，就是将用户的文件复制到一个隐藏的秘密文件中，这种应用程序称为特洛伊木马。此后，植入特洛伊木马的那个入侵者就可以阅读到该用户的文件。

④ 蠕虫。无须计算机使用者干预即可运行的独立程序，它通过不停地获得网络中存在漏洞的计算机上的部分或全部控制权来进行传播。

⑤ 陷门。指一些程序设计内部人员为了特殊的目的，在所编制的程序中潜伏代码或保留漏洞。在某个系统或某个文件中设置"机关"，当输入特定的数据时，便允许违反安全策略。例如，一个登录处理子系统允许处理一个特定的用户识别号，以绕过通常的口令检查。

⑥ 黑客攻击。黑客攻击是指涉及阻挠计算机系统正常运行或利用、借助和通过计算机系统进行犯罪的行为。

⑦ 拒绝服务攻击。一种破坏性攻击，最普遍的拒绝服务攻击是"电子邮件炸弹"。

⑧ 泄露机密信息。系统内部人员泄露机密或外部人员通过非法手段截获机密信息。

3. 信息安全的防范措施

对于普通大众来说，信息安全的防范重点是个人信息和数据信息的保护，下面是一些基本的防范措施。

① 网上注册时不要填写个人隐私信息。互联网时代用户数和用户信息量已然和企业的盈利关联起来了，企业希望尽可能多地获取用户信息，但是很多企业在用户数据保护上存在缺陷，时常会有用户信息泄露事件发生。对于普通用户而言，无法干预企业采取数据安全保护的措施，只能从自身着手，尽可能少地暴露自己的隐私信息。

② 尽量远离社交平台涉及的互动类活动。现在很多社交平台会有一些填写个人信息即可生成有趣内容并可以和朋友分享的活动，看似有趣的表面，实质上却以游戏的手段获取了大量的个人隐私信息。遇到那些奔着个人隐私信息去的"趣味"活动，建议不要参与。

③ 安装病毒防护软件。不管是计算机还是智能手机，都可能成为信息泄露的高发地带，往往由于无意间点击一个链接、下载一个文件，就被不法分子成功地攻破，因此安装防病毒软件进行病毒防护和病毒查杀成为信息设备使用时的必要手段。

④ 不要连接未知 Wi-Fi。现在公共场所常常会有些免费 Wi-Fi，有些是为了提供便利而专门设置的，但不能忽视的是不法分子也会在公共场所设置钓鱼 Wi-Fi，一旦连接到钓鱼 Wi-Fi，人们的设备就会被他们反扫描，如果在使用过程中输入账号密码等信息，就会被对方获得。

⑤ 警惕手机诈骗。警惕手机短信里的手机账户异常、银行账户异常、银行系统升级等信息，有可能是骗子利用伪基站发送的诈骗信息。遇到这种短信不要理会，应该联系官方工作人员，询问情况。

⑥ 妥善处理好涉及个人信息的单据。在快递单上会有人们的手机、地址等信息，一些消费小票上也包含部分姓名、银行卡号、消费记录等信息，对于要废弃的单据，需要进行妥善处置。

⑦ 关注网络安全相关新闻。关注网络安全相关新闻，看到有网站发生信息泄露，及时修改自己的密码；看到他人受骗的遭遇，对照检查自己，同样的遭遇是否发生在自己身上。

学习活动 3　了解社会责任

社会责任是指在信息社会中，个体在文化修养、道德规范和行为自律等方面应尽的责任。理解信息社会特征，自觉遵循信息社会规范，在数字化学习与创新过程中形成对人与世界的多元理解力，负责、有效地参与到社会共同体中，成为数字化时代的合格公民。

对信息社会责任的内涵可以从信息社会责任意识、信息社会责任能力、信息社会责任行为、信息社会责任制度、信息社会责任文化几方面来理解。

1. 信息社会责任意识

了解信息社会责任的内涵，能自觉履行个人信息活动中的职责，具有把责任转化到行动中去的心理特征。在信息社会责任意识中特别强调信息安全意识，即个体在信息社会活动中可能对信息本身或信息所处介质造成损害的外在条件的一种戒备和警觉的心理状态。通过探究相关案例可以有效培养这种意识。例如，结合生活中的"电信诈骗"等真实问题，反思自身在信息社会责任意识方面是否存在不足。

2. 信息社会责任能力

在履行责任过程中需要具备的技能或达到的效率，信息社会责任能力的发展需要一定的信息社会学课程知识作为基础，它是在不断解决实际问题的过程中形成的。例如，在学习信息系统安全的内容时，讨论计算机中病毒的表现并分析其成因。

了解病毒工作原理，并学习使用杀毒软件，了解杀毒软件工作原理，提出计算机病毒防护措施。例如，安装杀毒软件，定期更新并进行全盘病毒扫描；及时更新操作系统和应用软件；不随意打开陌生邮件与可疑链接。

从系统安全过渡到个人信息安全核查与防护，进行自身信息安全核查。例如，登录密码向别人透露过吗？密码是否过于简单？是否定期更新密码？

3. 信息社会责任行为

受思想支配而表现的外在行动，可以通过亲身体验的方式形成正确的信息社会责任行为。例如，参观学校中的信息系统，了解学校是如何建设信息系统的，这些信息系统起到了什么作用，平时是如何运行、维护和管理的，在此过程中，能更好地理解信息安全的重要性，从而形成自觉负责任的行为。还可以通过观看教学短片的方式，理解现实与虚拟身份的差别，自觉维护个人和他人的合法权益。

4. 信息社会责任制度

要求群体共同遵守的办事规程或行动准则，信息社会中的法律法规、人与人交往的伦理道德准则，涉及网络礼仪、交往中的尊重原则，"己所不欲勿施于人"的原则，这些都可以理解为信息社会责任制度。

5. 信息社会责任文化

信息社会成员以责任为核心价值观，信息社会责任文化部分主要讨论技术发展给社会带来的影响以及对待技术快速发展的态度，对技术发展问题可以通过讨论去探究和理解技术发展对社会发展的影响。

7.2.3　任务实施

任务 1　实施

收到诈骗短信应该如何处置？

① 不轻信。不要轻信不明来源的电话和短信，有问题可直接拨打银行客服电话咨询核实。

② 不回复。不明短信不回复，不明链接不点击，更不可在未知网站输入密码、短信验证码等重要信息。

③ 不转账。对于要求提供银行卡账号、密码、验证码、支付宝信息、网络账号等涉及个人金融隐私的内容要提高警惕，切勿上当受骗。银行、正规贷款公司不会在贷款人没有申请的情况下授予贷款额度，贷款之前也不会要求借款人支付"手续费"等费用。

任务 2　实施

保障信息安全，防止信息泄露的措施有哪些？

① 不该写的不写。不要填写要求留下详细信息的调查问卷；不参加留下联系方式就送小礼品的活动，很多信息就是人们自己泄露给别人的，所以一定要注意。

② 不该丢的不丢。不要乱丢快递盒、快递单据、水电费单据、车票机票等，这些单据有个人的详细信息，丢掉前一定要涂掉二维码和电话等关键信息。

③ 不该留的不留。打印资料、复印身份证或户口本等具有个人重要信息的资料，一定不要留在打印店里，计算机中的文档和打印失败的纸张，一定要带走。

④ 不该说的不说。在日常交际和网络聊天中，在不知道对方信息的情况下，不要透露太多的个人信息，因为你永远不知道对面是什么人。

⑤ 安装杀毒软件。及时更新病毒库，定期杀毒。

⑥ 下载官方软件。下载软件等一定要去官方网站，或者去官方的软件商店，如果不能辨别是否为官方网站，建议在软件商店下载。

⑦ 不要随意注册不明网站的账号，不要随意连接不明来源的 Wi-Fi。

⑧ 旧的电子设备，如旧手机、旧电脑、旧 U 盘等，不要随意丢弃。

随着信息技术的飞速发展，个人信息也越来越容易泄露，一个不经意的行为都可能造成个人信息的泄露，与其处理泄露信息后的各种麻烦，不如现在开始从小事做起，保护好自己的个人信息安全。

7.2.4　技能训练

训练 1　规划大学生活，编写职业规划书

大学阶段是人生发展的重要时期，是世界观、人生观、价值观形成的关键时期。从古到今，一代代仁人志士在青年时期就树立了远大的理想信念，并为之努力奋斗。

苏轼在《晁错论》中写到"古之立大事者，不惟有超世之才，亦必有坚忍不拔之志"。意思是说，自古以来能够成就伟大功绩的人，不仅仅要有超凡出众的才能，也一定要有坚忍不拔的意志。"为中华之崛起而读书"是周恩来在少年时代立下的宏伟志向，表现了为国家和民族而奋斗终生的责任感和使命感。茅以升在 11 岁那年看到文德桥被压塌的悲惨情景，就立下了大志，要为人们建造一座结实的桥，为了实现愿望，他刻苦学习，考上了桥梁建筑专业，后来实现了自小的理想，建造了著名的钱塘江大桥、武汉长江大桥，为国家做出了重大贡献。袁隆平是我国著名的育种专家，是"杂交水稻之父"。他说，"我一生最大的愿望就是让人类摆脱饥荒，让天下人都吃饱饭。一粒粮食可以救一个国家，也可以绊倒一个国家。饭碗要牢牢掌握在我们中国人自己手上。我们搞农业的，一定要为保障国家粮食安全，尽我们的努力。"

历史和现实都告诉我们，青年一代有理想、有本领、有担当，国家就有前途，民族就有希望，只有树立远大的理想，才能不局限于眼前，最终抵达成功的彼岸。

请同学们想想如何规划自己的大学生活，如何培养自己的知识、技能、信息素养和社会责任感，写一个简单的职业规划书。

训练 2 了解企业文化

企业文化是指一个企业在生产经营的过程中，逐步形成的一种具有企业特色的价值观念，它是一种企业精神，也是一种经营准则。每个企业，都有自己的发展过程。所有企业的发展过程都是有差异的，企业在这个过程中，往往都会形成自己的企业文化。企业是树，文化是根，先进的企业文化可以激励一代代企业人，开拓创新，始终使企业走在行业的前列。

查阅行业内知名企业的企业文化，领会其精神内涵，想想在大学期间如何培养自己的职业素养和社会责任感。

项 目 总 结

新一代信息技术是以云计算、大数据、5G 移动通信技术、人工智能、工业互联网、物联网、区块链等为代表的新兴技术。它既是信息技术的纵向升级，也是信息技术之间及其与相关产业的横向融合。本项目主要介绍新一代信息技术的基本概念、主要代表技术及其特点和典型应用；新一代信息技术与制造业等产业的融合发展方式；信息素养、信息安全、社会责任等。通过本项目的学习，读者可对新一代信息技术的基本概念、技术特点、典型应用、技术融合等方面有全面的认识和了解，提升利用信息技术解决实际问题的能力，同时，通过学习信息素养、信息技术发展史、信息安全、社会责任等内容，可有效识别虚假信息，了解相关法律法规与职业行为自律的要求，提升职业素养和行业自律行为，规划好自身的职业发展方向。

思 考 与 练 习

一、判断题

1. 安装杀毒软件可以完全防范计算机受病毒的攻击。   （   ）

2. 云计算是对并行计算、网格计算、分布式计算技术的发展与运用。   （   ）

3. 区块链的特点有很多，其中包括只有个别人可以参与。   （   ）

4. 5G 具有高速率、低时延和大连接的特点。   （   ）

5. 人脸识别是基于人的脸部特征信息进行身份识别的一种生物识别技术。　　　（　　）

6. 一个完整的智能安防系统主要包括门禁、报警和监控三大部分。　　　（　　）

7. 数字货币技术依托的底层技术是区块链技术。　　　（　　）

8. 当收到内容为"您的家人因事故住进了医院，情况紧急，现正在抢救，请转 × × 万元手术费进入某账户。"的短信时，应该立刻向指定账号转账。　　　（　　）

9. 通常去打字复印部复印身份证时，复印的纸张有问题，就直接丢到垃圾桶里。

（　　）

10. 不用的废旧手机可以直接丢弃掉。　　　（　　）

二、填空题

1. 物联网是一个万物相连的互联网，可以实现任何时间、任何地点，_____、_____、_____的互联互通。

2. 我国自主研发的_____与美国的 GPS、俄罗斯的格洛纳斯、欧洲的伽利略并称为全球四大卫星导航定位系统。

3. 信息素养包括_____、_____和_____3 个层面。

4. 信息系统安全一般应包括_____、_____和_____3 个主要方面。

5. 信息社会责任的内涵可以从_____、_____、_____、_____、_____几个方面来理解。

三、简答题

1. 作为新时代的大学生，在校期间如何培养自身的信息素养和社会责任感？

2. 展望新一代信息技术的发展趋势，特别是对你所处行业会带来哪些方面的改变。

项目 8

信息技术拓展

学 习 目 标

　　随着信息技术的快速发展，信息安全、大数据、人工智能、云计算、5G 以及物联网已经成为推动经济和社会发展的主要动力，同时，也为人们的生产、生活带来翻天覆地的变化。了解和掌握新一代信息技术的发展背景、概念、关键技术以及行业应用就显得非常重要。

【知识目标】

- ✓ 了解信息安全的基本概念、相关技术及相关软硬件的功能；
- ✓ 了解大数据的基本概念、应用场景及相关技术；
- ✓ 了解人工智能的概念及其典型应用和发展趋势；
- ✓ 了解云计算的基本概念、部署模式、技术架构及关键技术；
- ✓ 了解现代通信技术的概念、相关技术及 5G 的特点、应用场景和关键技术；
- ✓ 了解物联网的基础知识、应用领域、体系结构和关键技术。

【技能目标】

- ✓ 能够识别常见的网络欺诈行为，能够使用信息安全常用的软硬件工具；
- ✓ 熟悉大数据可视化工具及其基本使用方法；
- ✓ 熟悉人工智能技术应用的常用开发平台、框架和工具；
- ✓ 熟悉主流云产品及解决方案；
- ✓ 能够有效辨别虚假信息并熟悉常用的防范措施。

【素质目标】

- ✓ 培养查阅资料，独立思考，自主学习的能力；
- ✓ 培养创新意识和能力；
- ✓ 培养认真的工作态度和自律能力；

✓ 培养良好的自我防范意识和能力。

【课前预习】

请同学们通过查找资料，与同学、朋友等交流讨论，完成下面的几个问题。

1. 你比较熟悉哪方面的信息新技术？
2. 在你所学专业领域内，信息技术有哪些典型应用？
3. 你了解出现的新型诈骗方式有哪些，如何进行有效防范？
4. 展望信息技术未来将如何影响人们的工作和学习。

任务 8.1　了解信息安全

了解信息安全

PPT

学习活动 1　信息安全概述

当今世界，信息技术日新月异，对国家的政治、经济、军事、社会、教育、文化等领域的发展产生了深远的影响。信息技术在带给人们便利的同时，伴随着各种网络安全风险和威胁，也给人们的生活造成重大影响。

1. 信息安全概念与要素

（1）信息安全的概念

信息安全目前没有统一的定义，国际标准化组织（ISO）给出的定义为：为数据处理系统建立和采取的技术以及管理上的安全保护。信息安全的目的就是保护计算机硬件、软件、数据不因偶然和恶意的原因而遭到破坏、更改和泄露。

（2）信息安全的基本要素

信息安全的基本要素包含保密性、完整性、可用性、可控性和不可否认性 5 个方面。

① 保密性是指对网络信息资源的访问权限进行限制，确保非授权用户不能访问。

② 完整性是指未授权用户不能修改信息或信息系统，使信息保持原始的状态，保证其真实性。

③ 可用性是指信息系统必须能够正常工作，合法授权用户能够及时获取网络信息或服务。

④ 可控性是指信息系统对信息的传播及内容可控，能及时监管各种损害信息安全的行为。

⑤ 不可否认性是指在网络环境中，信息交换的双方不能否认或抵赖其在信息交换过程中已经发生的各种行为。

2. 信息安全威胁与防御

常见的信息安全威胁主要包括信息泄露、信息窃取、信息篡改、非授权访问、拒绝合法访问、假冒、计算机木马病毒等。这些安全威胁主要来源于钓鱼网站、黑客攻击、系统漏洞以及人员安全意识薄弱等各方面因素。

针对这些信息安全威胁，一方面可采用加密、认证、访问控制、防火墙、病毒防治等技术手段来维护信息安全；另一方面，用户应该不断提高信息安全意识，不随便安装来源不明的软件，不随便点击来路不明的网站链接，不随便透漏个人信息，不轻易相信各种中奖信息等。

3. 信息安全等级保护

我国《信息安全等级保护管理办法》规定，信息系统的安全保护等级分为五级，一至五级等级逐级增高。

第一级，信息系统受到破坏后，会对公民、法人和其他组织的合法权益造成损害，但不损害国家安全、社会秩序和公共利益。

第二级，信息系统受到破坏后，会对公民、法人和其他组织的合法权益产生严重损害，或者对社会秩序和公共利益造成损害，但不损害国家安全。

第三级，信息系统受到破坏后，会对社会秩序和公共利益造成严重损害，或者对国家安全造成损害。

第四级，信息系统受到破坏后，会对社会秩序和公共利益造成特别严重损害，或者对国家安全造成严重损害。

第五级，信息系统受到破坏后，会对国家安全造成特别严重损害。

学习活动 2 **网络安全概述**

网络安全是指网络系统的硬件、软件及其系统中的数据受到保护，不因偶然或者恶意原因而遭受到破坏、更改或泄露，系统应连续可靠地运行。

1. 常用网络安全设备

常用的网络安全设备有防火墙、入侵检测系统、入侵防御系统等。

（1）防火墙

防火墙（Firewall）是目前应用最广泛的网络安全设备。防火墙是借助软件、硬件和控制策略，在内部网络和外部网络边界处建立一个保护屏障，通过监测、限制跨越防火墙的数据流，有效监控内部网络和外部网络之间的所有网络活动，防止外部网络的用户以非法手段入侵内部网络，非法访问内部网络资源，从而实现对内部网络的安全保护。防火墙一般部署在企业内部网络的出口位置。

（2）入侵检测系统

入侵检测系统（Intrusion Detection System，IDS）是一种在不影响网络性能的前提下，对网络传输进行实时监视，当发现可疑传输时发出警报或采取主动反应措施的一种网络安全系统。入侵检测系统被认为是防火墙之后的第二道安全防线，一般以旁路接入的方式部署在具有重要业务资源或内部网络安全性、保密性较高的网络出口处。

（3）入侵防御系统

入侵防御系统（Intrusion Prevention System，IPS）是集入侵检测和防火墙于一体的网络安全系统，不但能检测入侵行为的发生，还能够针对可疑行为进行响应，及时中断、调整或隔离入侵行为。入侵防御系统一般会串联部署在网络边界处、重要的服务器集群前端或内网的接入层。

2. Windows 安全中心与 Windows 防火墙

Windows 安全中心是 Windows 操作系统的一个安全综合控制面板。Windows 安全中心提供了内置安全选项，通过相应设置可提高计算机安全等级，保护计算机免受恶意软件攻击，如图 8-1-1 所示。

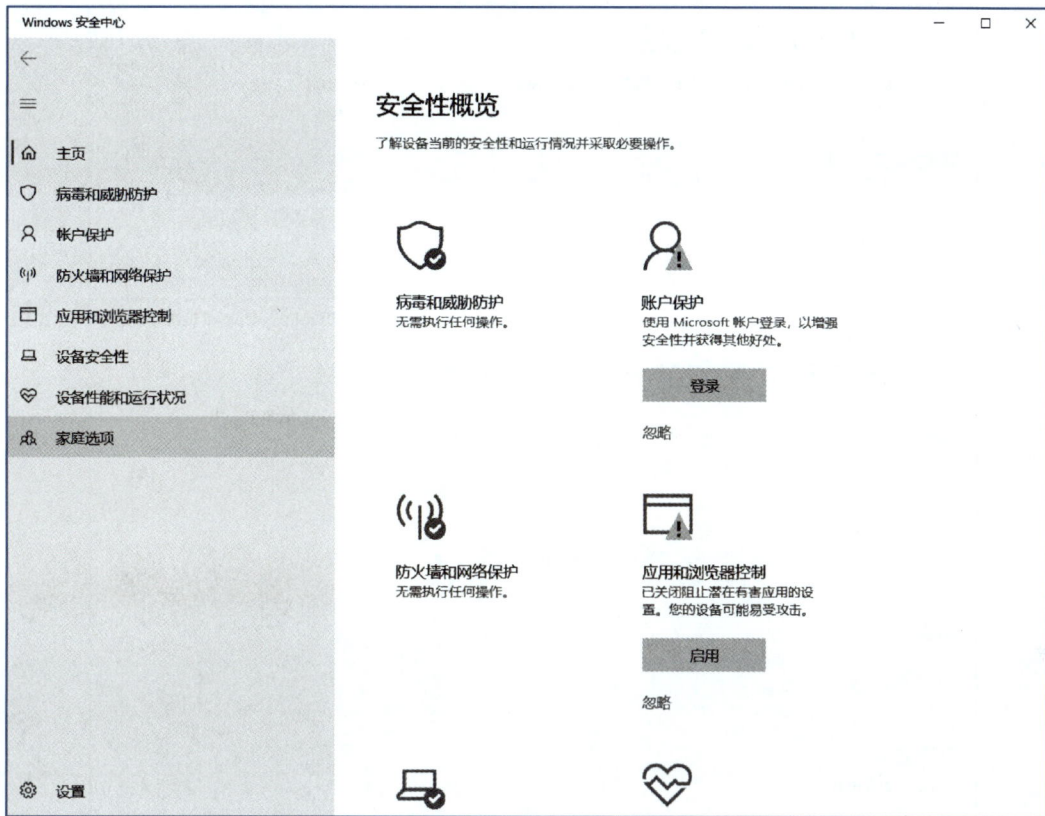

图 8-1-1　Windows 安全中心

Windows 防火墙是 Windows 操作系统自带的软件防火墙，用于保护用户的系统及设备安全。Windows 防火墙可通过 Windows 安全中心的"防火墙和网络保护"选项进行相关设置。

3. Windows 防病毒软件

Windows 防病毒软件在 Windows 10、Windows 11 以及 Windows Server 的多个版本中提供。Windows 防病毒软件内置于 Windows 系统中，结合了机器学习、大数据分析、深度威胁抵御技术等来保护设备安全。

Windows 防病毒软件具备扫描功能，提供了完全扫描、自定义扫描和脱机扫描 3 种扫描方式。系统自带的 Windows 防病毒软件可以在［"病毒和威胁防护"设置］窗口下进行设置，如图 8-1-2 所示。该窗口提供了实时保护、云提供的保护、自动提交样本以及篡改防护等安全功能设置，用户可根据需要开启或关闭相应功能。

学习活动 3　认识第三方杀毒软件

1. 杀毒软件定义

杀毒软件是用来清除计算机病毒、恶意软件、木马程序等威胁的第三方安全工具软件。一般的杀毒软件都集成了病毒检测和清除、自动实时升级病毒库、主动防御、数据恢复等功能。随着各种恶意软件的泛滥和蔓延，杀毒软件功能也变得越来越强大，可以保护用户免遭浏览器劫持、勒索软件、后门程序、木马、蠕虫、欺诈工具、垃圾广告和间谍软件等威胁。

图 8-1-2   "病毒和威胁防护"设置

2. 主流的杀毒软件

国内外的杀软件种类非常多，主要有《卡巴斯基》(*Kaspersky*)、《诺顿》(*Norton*)、《赛门铁克》《360 安全卫士》《腾讯电脑管家》《迈克菲》(*McAfee*)、《超级巡警》《火绒安全》等。这些杀毒软件都可供个人或企业用户选择，用户在选择杀毒软件时可综合考虑软件杀毒效果及速度、操作界面、系统资源占用等因素。

3. 杀毒软件的使用常识

安装了杀毒软件的计算机并不能保证绝对安全。随着新型病毒的不断出现，一些病毒不一定都能够被杀毒软件完全清除，因为杀毒软件是基于病毒库进行杀毒的。一般情况下需要及时更新升级杀毒软件和病毒库，定期进行病毒扫描才能更好地保护计算机不受病毒侵害。

任务 8.2   了解大数据

了解大数据
PPT

学习活动 1 认识大数据技术

信息技术在各行各业中的应用规模不断扩大，其产生的数据急速增长，动辄数百太字节（TB）甚至数百拍字节（PB）的数据规模已经远远超出了传统计算技术和信息系统的处理能力，从而促进了大数据技术的产生与快速发展。

1. 大数据背景

20 世纪末，一些商业智能工具和商业数据库存储技术开始被应用。2011 年，专业研究机构发布的相关报告中提出了大数据（Big Data）概念。2012 年，大数据概念开始风靡全球。

2013 年，大数据技术被定义为 12 种新兴技术的基石。2015 年，我国印发《促进大数据发展行动纲要》，系统部署我国大数据发展工作。

2. 大数据产业发展现状

大数据产业是以数据为核心资源，将产生的数据经过采集、存储、处理、分析、应用及展示，最终实现数据的价值。据预测，2023 年中国大数据产业市场规模将达到 1 万亿元，2026 年市场规模将超过 1.5 万亿元。

3. 大数据应用场景

大数据主要应用在电商、传媒、金融、交通、电信、安防、医疗等领域。例如，在交通领域，可以根据司机位置大数据，准确判断道路拥堵状态，进而给出最佳的出行路线；在安防领域，通过对大量犯罪细节的数据分析、总结，可以得出犯罪特征，进而开展犯罪预防、天网监控等活动。

4. 大数据的发展趋势

（1）大数据与实体经济深度整合。
（2）大数据与云计算、人工智能、物联网、区块链等技术深度融合，协同发展。
（3）大数据成为战略资源，对国家各方面的发展有着越来越重要的作用。
（4）大数据安全将得到更大的关注。
（5）围绕大数据催生更多的新岗位。

学习活动 2　**了解大数据技术概况**

1. 大数据的特点

数据体量巨大（Volume）：大数据相较于传统数据最大的区别就是海量的数据规模，这种规模大到"在获取、存储、管理、分析方面大大超出了传统数据库软件工具能力范围的数据集合"。

数据类型多样（Variety）：随着传感器、智能设备以及社交协作技术的飞速发展，数据也变得更加复杂，不仅包含传统的关系数据，还包含来自网页、互联网日志文件、搜索引擎、社交媒体论坛、电子邮件、文档、主动和被动系统的传感器数据等原始、半结构化和非结构化数据。

数据产生和处理速度快（Velocity）：数据产生得快，有的数据是爆发式产生，短时期有大量数据到达；有的数据是涓涓细流式产生，但是由于用户众多，短时间内产生的数据量依然非常庞大；数据处理得快，有些数据和新闻一样具有时效性，很多数据产生几秒之后就失去意义了，因此必须及时处理。

数据价值密度低（Value）：大数据虽然拥有海量的信息，但是真正可用的数据可能只有很小一部分，大数据需要在海量数据中挖掘有用信息。

2. 大数据的基本架构

大数据技术生态圈分为两大阵营，分别是开源阵营和商业、半商业阵营。

开源阵营的代表主要有 Apache 基金会的 Hadoop、Spark、Flink、HBase、Hive、Kafka 等。其中，Hadoop 是最为广泛使用的开源大数据应用平台，其基本框架如图 8-2-1 所示。

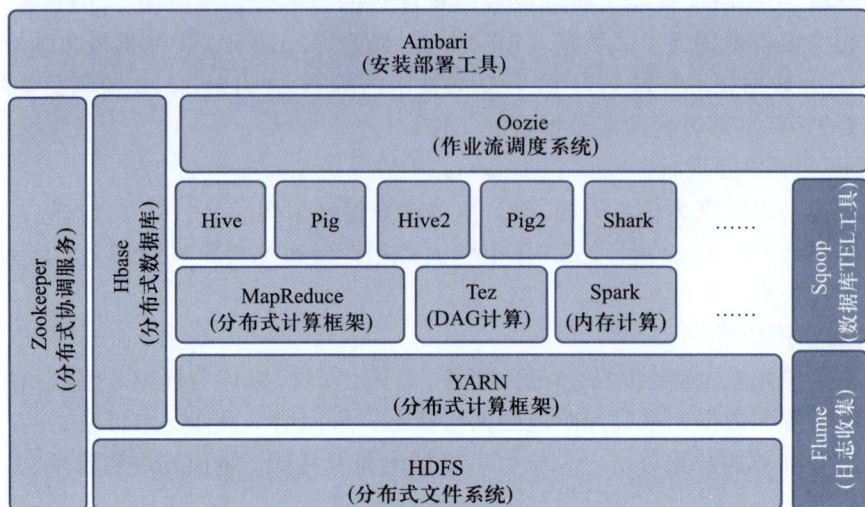

图 8-2-1　Hadoop 大数据平台基本架构

商业和半商业阵营的主要代表有国际商用机器公司、微软公司、阿里巴巴公司、华为公司等。

学习活动 3　认识大数据关键技术

根据大数据的处理过程，大数据技术可分为大数据采集、大数据预处理、大数据存储及管理、大数据处理、大数据分析及挖掘、大数据分析、大数据可视化等。

1. 大数据采集

大数据采集技术是指通过 RFID、传感器、社交网络交互及移动互联网等方式获得各种类型的海量数据。

2. 大数据预处理

大数据预处理技术主要是指完成对已接收数据的辨析、抽取、清洗、填补、平滑、合并、规格化及检查一致性等操作。

3. 大数据存储及管理

大数据存储与管理是指用存储器把采集到的数据存储起来，建立相应的数据库，并进行管理和调用，重点解决复杂结构化、半结构化和非结构化大数据管理与处理的技术。

4. 大数据处理

大数据处理主要采用分布式处理技术。目前，主要的大数据处理计算模型有 MapReduce 分布式计算框架、基于内存的分布式计算系统（Spark）、分布式流计算系统（Flink、Storm 等）。

5. 大数据挖掘

大数据处理的核心就是对大数据进行挖掘，只有通过分析才能获取很多智能、深入、有价值的信息。数据挖掘就是从大量的、不完全的、有噪声的、模糊的、随机的实际应用数据中，提取隐含在其中的，人们事先不知道的，但又是潜在有用的信息和知识的过程。

6. 大数据分析技术

大数据分析主要包括两个方面：一是对已有数据信息进行分析的分布式统计的分析技术；二是对未知数据信息进行分析的分布式挖掘及深度学习技术。主要的大数据分析方法包括关联分析、聚类分析、分类及深度学习。

7. 大数据可视化

大数据可视化是指将数据分析结果以图表甚至动态图的形式直观地展现给用户，从而减少用户的阅读和思考时间，以便很好地做出决策。

> **学习活动 4**　**了解大数据安全**

数据安全是整个大数据时代的核心，政务、个人隐私、商业机密甚至国家重要数据一旦被篡改或者泄露，轻则对业务运行产生影响，重则直接影响社会安全、国家稳定发展。随着各国对大数据安全认识的不断深入，越来越多的国家制定了大数据安全相关的法律和法规来推动大数据的应用和大数据安全。

1. 大数据安全威胁

（1）病毒威胁

大数据背景下，人们依托计算机处理数据、存储数据的行为越来越频繁，一旦计算机系统受到病毒干扰，病毒就会肆意侵害计算机系统，使得存储在计算机系统中的大数据混乱、丢失，从而造成严重的后果。

（2）木马威胁

由于大数据规模大，大数据更加容易成为网络攻击的对象。许多不法分子利用计算机网络投放木马，用户稍有不慎就会中招。木马程序会盗取计算机系统中重要的数据信息，严重时还会扰乱计算机系统的正常运行。

（3）数据被窃取与篡改

有些企业为了商业竞争或利益，可能会采取一些非法手段来窃取同行计算机系统中重要的数据，从而给他人造成巨大损失，扰乱社会秩序。例如，2013 年国内某大型保险企业 80 万客户的个人保单信息被泄露，引起了社会的高度关注。

（4）数据传输安全

人们利用网络进行数据传输时，一些黑客可能会利用网络技术进行数据窃取，用户在面对多元化的信息网络时，由于安全意识薄弱等原因，很容易步入黑客设下的圈套，造成一些机密数据的泄露。

（5）大数据信息泄露风险

在对大数据进行数据采集和信息挖掘的时候，如果不重视用户隐私数据的安全问题，可能会造成大数据平台的信息泄露风险。

2. 大数据防护方法

大数据防护的基本方法有加强顶层设计，加强重要数据基础设施保护，建立大数据分类分级安全保护机制，明确安全责任制，明确大数据管理者和运营者的法律责任与义务，加强监督管理和风险评估，加强信息安全宣传，提升广大网民网络安全意识和防护技能，推动形成全社会重视数据安全的良好氛围等各种措施。

3. 大数据安全技术

大数据安全技术的基础是传统的网络和信息安全技术，主要有数据备份、数据加密、访问控制、身份认证、入侵检测等。

任务 8.3　了解人工智能

了解人工智能

PPT

学习活动 1　人工智能概述

1. 人工智能的概念

人工智能（Artificial Intelligence，AI）是指由人制造出来的机器所表现出来的智能，通常人工智能是通过计算机程序来呈现智能。人工智能从诞生以来，理论和技术日益成熟，应用领域也不断扩大。可以设想，未来人工智能带来的科技产品将会是人类智慧的"容器"。

有专著将已有的人工智能分为了像人一样思考的系统、像人一样行动的系统、理性思考的系统和理性行动的系统 4 类。

2. 人工智能发展简史

人工智能的诞生：1956 年夏季，一批有远见卓识的年轻科学家在一起聚会，共同研究和探讨用机器模拟智能的一系列有关问题，并首次提出了"人工智能"这一术语。这标志着"人工智能"的正式诞生。

人工智能的黄金时代：1966—1972 年，美国斯坦福研究所研制出机器人 Shakey。这是世界上首台采用人工智能的移动机器人。

人工智能的低谷：20 世纪 70—80 年代，由于计算机有限的内存和处理速度使得人工智能的发展遭遇了瓶颈。

人工智能的繁荣期：1981 年，人工智能计算机出现，欧美多个国家纷纷向该领域的研究提供大量资金支持。

人工智能真正的春天：1993 年至今是人工智能真正的春天。1997 年，计算机深蓝战胜国际象棋世界冠军。2016 年 3 月 15 日，人工智能机器人 AlphaGo 战胜围棋世界冠军，这一次人机对弈让人工智能正式被世人所熟知，整个人工智能市场也像被引燃了导火线，开始了新一轮爆发。

学习活动 2　了解人工智能应用领域

随着智能家电、可穿戴设备、智能机器人等产物的出现和普及，人工智能技术已经进入到生活的各个领域。

1. 计算机视觉

计算机视觉是使用计算机及相关设备对生物视觉的一种模拟，通过对采集的图片或视频进行处理以获得相应场景的三维信息。计算机视觉有着广泛的应用，例如，在医疗领域，医疗成像分析被用来提高疾病的预测、诊断和治疗效果；在商业领域，人脸识别被支付软件或者网上自助服务用来识别身份；在安防及监控领域，计算机视觉也被用于人员面部识别与检测。

2. 自然语言处理

简单来说，自然语言处理（NLP）就是开发能够理解人类语言的应用程序或服务，如语音识别、语音翻译等。自然语言处理将多种技术进行了融合，让计算机对自然语言的形、音、义等信息进行处理，即对字、词、句、篇章的输入、输出、识别、分析、理解、生成等进行操作和加工，实现人机对话，如图 8-3-1 所示。

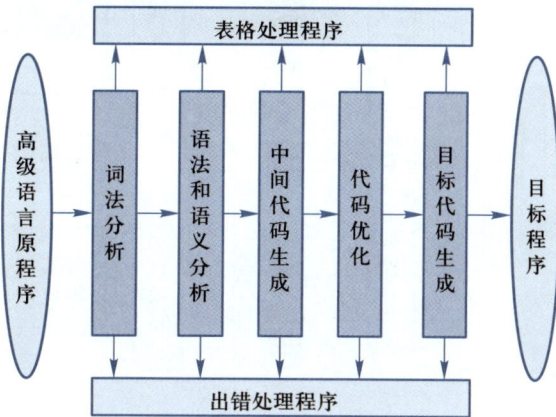

图 8-3-1　自然语言处理

3. 智能机器人

智能机器人在生活中随处可见，如扫地机器人、陪伴机器人等。这些机器人不管是跟人语音聊天，还是自主定位导航行走、安防监控都离不开人工智能技术的支持。

4. 深度学习

深度学习作为人工智能的一个应用领域，它模仿人脑的机制来解释数据。深度学习的最终目标是让机器能够像人一样具有分析学习能力，能够识别文字、图像和声音等数据。深度学习是一个复杂的机器学习算法，例如前面提到的 AlphaGo 通过一次又一次的学习、更新算法，最终在人机大战中打败围棋大师；百度的机器人"小度"多次参加最强大脑的"人机大战"并取得胜利，也是深度学习的结果。

5. 大数据分析

在机器学习、控制系统和仿真模拟等应用领域，需要通过对数据的分析与总结发现大量数据的内在规律，从而推动人工智能技术的进一步发展。人工智能要做到更加拟人化、智能化，就需要有效利用大数据分析技术，从而使得人工智能对数据的获取和分析更加快速、及时，提升人工智能的智慧化水平。

学习活动 3　**了解人工智能核心技术**

1. 机器学习

机器学习专门研究计算机怎样模拟或实现人类的学习行为，以获取新的知识或技能，重新组织已有的知识结构使之不断改善自身的性能。机器学习是人工智能的核心，是使计算机具备智能的根本途径。机器学习的流程如图 8-3-2 所示。

2. 人工神经网络

（1）人工神经网络概述

人工神经网络是由大量处理单元互连组成的非线性、自适应信息处理系统。它是在现代

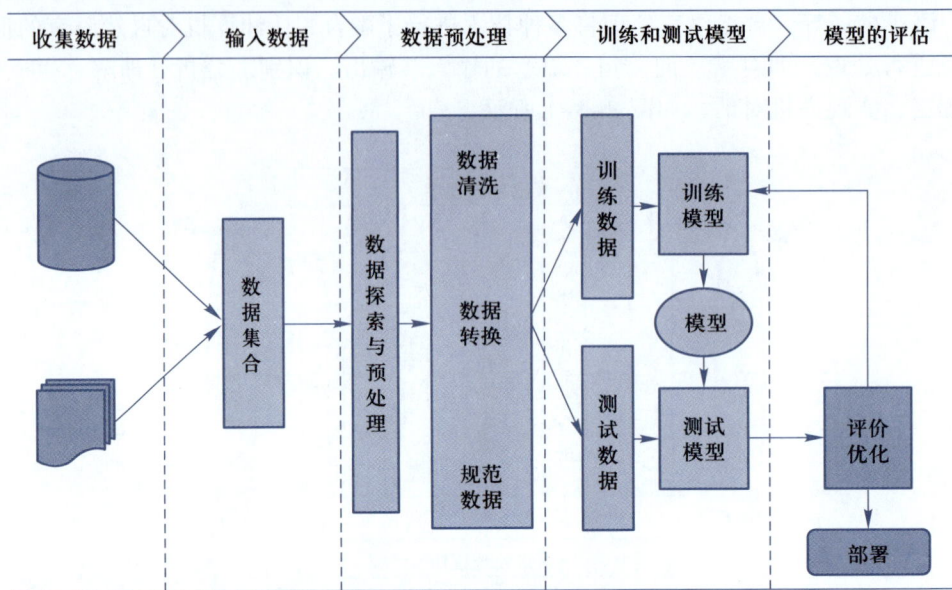

图 8-3-2　机器学习流程

神经科学研究成果的基础上提出的，试图通过模拟大脑神经网络处理、记忆信息的方式进行信息处理。人工神经网络具有以下特点。

①非线性：人脑的思维是非线性的，故神经网络模拟人的思维也应是非线性的。

②具有自学习功能：自学习功能对于预测有特别重要的意义。

③具有高速寻找优化解的能力：发挥计算机的高速运算能力，可能很快找到优化解。

④可学习和自适应不知道或不确定的系统。

（2）人工神经网络算法

人工神经网络的许多算法已在智能信息处理系统中获得广泛采用，如图 8-3-3 所示为神经网络 BP 算法，尤为突出的算法是 ART 网络、LVQ 网络、Kohonen 网络、Hopfield 网络。

学习活动 4　了解常用开发框架和 AI 库

人工智能的实现离不开开发框架和 AI 库。以下介绍十大高质量人工智能开发框架和 AI 库。

1. TensorFlow

TensorFlow 是人工智能领域最常用的框架，是一个使用数据流图进行数值计算的开源软件。该框架允许在任何 CPU 或 GPU 上进行计算，无论是台式计算机、服务器还是移动设备都支持。该框架使用 C++ 和 Python 作为编程语言，简单易学。

2. CNTK

CNTK 是一款开源深度学习工具包，是一个提高模块化和维护分离计算网络，提供学习算法和模型描述的库，可以同时利用多台服务器，速度比 TensorFlow 快，主要使用 C++ 作为编程语言。

3. Theano

Theano 是一个强大的 Python 库。该库使用 GPU 来执行数据密集型计算，操作效率很高，

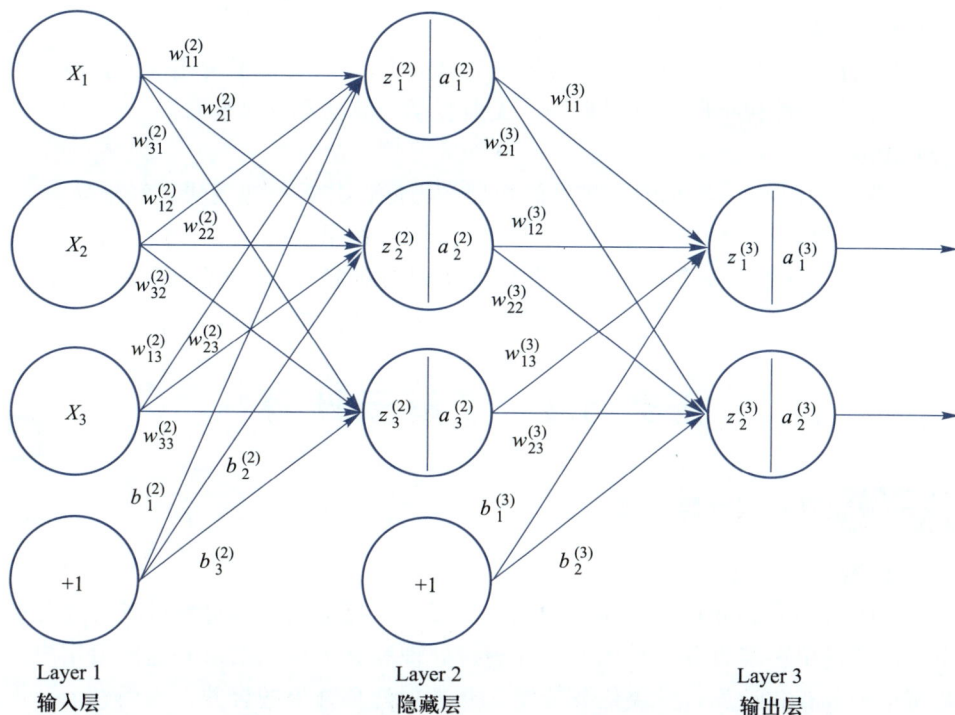

图 8-3-3　神经网络 BP 算法

常被用于为大规模的计算密集型操作提供动力。

4. Caffe

Caffe 是一个强大的深度学习框架，主要采用 C++ 作为编程语言，深度学习速度非常快，借助 Caffe，可以非常轻松地构建用于图像分类的卷积神经网络。

5. Keras

Keras 是一个用 Python 编写的开源的神经网络库，与 TensorFlow、CNTK 和 Theano 不同，它是作为一个接口，提供高层次的抽象，让神经网络的配置变得简单。

6. Torch

Torch 是一个用于科学计算和数值操作的开源机器学习库，主要采用 C 语言作为编程语言，它是基于 Lua 的库，通过提供大量的算法，更易于深入学习研究，提高了效率和速度。它有一个强大的 n 维数组，有助于切片和索引之类的操作。除此之外，还提供了线性代数程序和神经网络模型。

7. Accord.NET

Accord.NET 框架是一个 .NET 机器学习框架，主要使用 C# 作为编程语言，该框架可以有效地处理数值优化、人工神经网络和可视化，除此之外，Accord.NET 对计算机视觉和信号处理功能非常强大，同时也使算法的实现变得简单。

8. Spark MLlib

Spark MLlib 是一个可扩展的机器学习库，可采用 Java、Scala、Python、R 作为编程语言，可以轻松插入到 Hadoop 工作流程中，提供了机器学习算法，如分类、回归和聚类等，在处理大型数据时非常快速。

9. Sci-kit Learn

Sci-kit Learn 是一个非常强大的机器学习 Python 库，主要用于构建模型，对于统计建模技术非常有效，其特性包括监督学习算法、无监督学习算法和交叉验证。

10. MLPack

MLPack 是一个用 C++ 实现的可扩展的机器学习库，其运行速度快，轻松易学。

国内人工智能平台主要有百度 AI 开放平台、腾讯 AI 开放平台、华为云 AI 平台 ModelArts、阿里云视觉智能开放平台、字节跳动火山引擎 AI 开放平台、海康威视 AI 开放平台等。

任务 8.4　了解云计算

了解云计算

PPT

学习活动 1　认识云计算技术

1. 云计算概述与特点

云计算（Cloud Computing）是指通过网络"云"将巨大的数据计算处理程序分解成无数个小程序，再通过由多部服务器组成的系统进行处理和分析得到结果并返回给用户。云计算早期就是简单的分布式计算，解决任务分发，并进行计算结果的合并，因而，云计算又被称为网格计算。通过这项技术，可以在很短的时间内（几秒钟）完成对数以万计的数据的处理，从而实现强大的网络服务。

云计算突出体现高灵活性、可扩展性和高性价比等，与传统的网络应用模式相比，具有虚拟化、动态可扩展、灵活性高等特点。

2. 云计算服务模式

SaaS（Software as a Service）：软件即服务，是一种通过 Internet 提供软件的模式，用户无须购买软件，而是向提供商租用基于 Web 的软件来管理企业经营活动。

PaaS（Platform as a Service）：平台即服务，是指将软件研发的平台作为一种服务，以 SaaS 的模式提交给用户。

IaaS（Infrastructure as a Service）：基础设施即服务，即把由多台服务器组成的"云端"基础设施，作为计量服务提供给客户。它将内存、I/O 设备、存储和计算能力整合成一个虚拟的资源池为整个业界提供所需要的存储资源和虚拟化服务器等服务。

3. 云计算的部署模式

云计算三大部署模式为公有云、私有云以及混合云。

公有云是指为外部客户提供服务的云，它所有的服务是供他人使用，而不是自己用。目前，典型的公有云有微软公司的 Windows Azure Platform 和国内的阿里云、华为云、腾讯云等。

私有云是指企业自己使用的云，它的所有服务不是供他人使用，而是只供自己内部人员或分支机构使用。私有云的部署比较适合于有众多分支机构的大型企业或政府部门。

混合云是指供自己和客户共同使用的云，它所提供的服务既可以供他人使用，也可以供自己使用，相比较而言，混合云的部署方式对提供者的要求较高。

4. 云计算的主要应用行业和典型场景

（1）存储云

存储云又称云存储，是在云计算技术上发展起来的一种新的存储技术。云存储是一个以数据存储和管理为核心的云计算系统。用户可以将本地的资源上传至云端，可以在任何地方连入互联网来获取云上的资源。很多大型网络公司均有云存储的服务。在国内，百度云和微云则是市场占有量最大的存储云。存储云向用户提供了存储容器服务、备份服务、归档服务和记录管理服务等，大大方便了使用者对资源的管理。

（2）医疗云

医疗云是指在云计算、移动技术、多媒体、5G 通信、大数据及物联网等新技术基础上，结合医疗技术，使用"云计算"来创建医疗健康服务云平台，实现了医疗资源的共享和医疗范围的扩大。医疗云可以提高医疗机构的效率，方便居民就医。医院的预约挂号、电子病历、医保报销等都是云计算与医疗领域结合的产物。医疗云还具有数据安全、信息共享、动态扩展、布局全国的优势。

（3）金融云

金融云是指利用云计算的能力，将信息、金融和服务等功能分散到由庞大的分支机构构成的互联网"云"中，旨在为银行、保险和基金等金融机构提供互联网处理和运行服务，同时共享互联网资源，从而解决现有问题并且达到高效、低成本的目标。因为金融与云计算的结合，现在只需要在手机上简单操作，就可以完成银行存款、购买保险和基金买卖等业务。

（4）教育云

教育云可以将所需要的任何教育硬件资源虚拟化，然后将其传入互联网中，以向教育机构和学生、教师提供一个方便快捷的平台。现在流行的慕课就是教育云的一种应用。

学习活动 2　了解云计算关键技术

1. 虚拟化技术

虚拟化技术是指计算元件在虚拟的基础上而不是真实的基础上运行。虚拟化技术可以扩大硬件的容量，简化软件的重新配置过程，减少软件虚拟机相关开销和支持更广泛的操作系统。通过虚拟化技术可实现软件应用与底层硬件相隔离，包括将单个资源划分成多个虚拟资源的裂分模式以及将多个资源整合成一个虚拟资源的聚合模式。

2. 数据存储技术

云计算系统由大量服务器组成，同时为大量用户服务，因此云计算系统采用分布式存储的方式存储数据，用冗余存储的方式保证数据的可靠性。冗余的方式通过任务分解和集群，用低配置机器替代超级计算机的性能来保证低成本，这种方式保证分布式数据的高可用、高可靠和经济性，即为同一份数据存储多个副本。云计算系统中广泛使用的数据存储系统是 GFS 和 Hadoop 团队开发的 GFS 的开源实现 HDFS。

3. 数据管理技术

云计算需要对分布的、海量的数据进行处理、分析，因此数据管理技术必须能够高效地管理大量的数据。云计算系统中的数据管理技术主要是 Bigtable 数据管理技术和 Hadoop 团队开发的开源数据管理模块 HBase。由于云数据存储管理形式不同于传统的 RDBMS 数据管理方式，如何在规模巨大的分布式数据中找到特定的数据，也是云计算数据管理技术所必须解决的问题。另外，在云数据管理方面，如何保证数据安全性和数据访问高效性也是研究关注的重点问题之一。

4. 分布式编程与计算

分布式计算是一种计算方法，和集中式计算是相对的。随着计算技术的发展，有些应用需要非常巨大的计算能力才能完成，如果采用集中式计算，需要耗费相当长的时间。分布式计算将该应用分解成许多小的部分，分配给多台计算机进行处理。这样可以节约整体计算时间，大大提高计算效率。简单地说，分布式计算研究如何把一个需要非常巨大的计算能力才能解决的问题分解成许多小的部分，然后把这些部分分配给许多计算机进行处理，最后把这些计算结果综合起来得到最终的结果。

5. 虚拟资源的管理与调度

云计算区别于单机虚拟化技术的重要特征是通过整合物理资源形成资源池，并通过资源管理层（管理中间件）实现对资源池中虚拟资源的调度。云计算的资源管理需要负责资源管理、任务管理、用户管理和安全管理等工作，实现节点故障的屏蔽、资源状况监视、用户任务调度、用户身份管理等多重功能。

6. 数据中心技术

数据中心是指一种特殊的 IT 基础设施，用于集中放置 IT 资源，包括服务器、数据库、网络与通信设备以及软件系统。未来数据中心将是与人力资源、自然资源一样重要的战略资源，与交通、网络通信一样逐渐成为现代社会基础设施的一部分，对很多产业都产生了积极影响。

7. 云计算相关的安全技术

云计算模式带来一系列的安全问题，包括用户隐私的保护、用户数据的安全、共享业务的安全、云计算基础设施的防护等，这些问题都需要更强的技术手段，乃至法律手段去解决。

云计算常用的安全技术手段有可信访问控制技术、数据加密技术、数据安全和隐私保护机制、虚拟化安全技术、防火墙过滤技术、入侵检测技术、用户行为异常分析技术、泄密预测等。

学习活动 3　了解主流的云服务商

在云计算领域，国内市场排名靠前的服务商主要有阿里云、华为云、腾讯云等，国外主要有微软云等。

1. 阿里云

阿里云创立于 2009 年，服务范围覆盖全球 200 多个国家或地区。阿里云有着国内最大的数据中心集群，提供高可用的弹性云计算能力，阿里云的大数据计算服务 MaxComputer 提供了分布式太字节或拍字节级别的数据处理，在云安全领域有全球首张云安全认证。阿里云为中国众多的企业提供服务，其中包括一大批明星互联网公司。在天猫双 11 全球狂欢节、12306 春运购票等极富挑战的应用场景中，阿里云提供了良好的支持。此外，阿里云广泛应用在金融、交通、医疗、气象等领域。

2. 华为云

华为云隶属于华为公司，专注于云计算中公有云领域的技术研究与生态拓展，致力于为用户提供一站式云计算基础设施服务。华为云立足于互联网领域，提供包括云主机、云托管、云存储等基础云服务、超算、内容分发与加速、视频托管与发布、企业 IT、云电脑、云会议、游戏托管、应用托管等服务和解决方案。

3. 腾讯云

腾讯云是腾讯公司旗下的产品，主要为开发者及企业提供云服务、云数据、云运营等整体一站式服务方案，具体包括云服务器、云存储、云数据库和弹性 Web 引擎等基础云服务。多年来，腾讯云通过对 QQ、QQ 空间、微信、腾讯游戏等业务的支持，形成一套完整有效的云计算服务体系，从基础架构到精细化运营，从平台实力到生态能力建设，腾讯云将整合并面向市场，使之能够为企业和创业者提供集云计算、云数据、云运营于一体的云端服务体验。

4. 微软云

微软云（Microsoft Azure）是微软公司开发的基于云计算的操作系统，主要目标是为开发者提供一个平台，帮助开发可运行在云服务器、数据中心、Web 和 PC 上的应用程序。云计算的开发者能使用微软全球数据中心的储存、计算能力和网络基础服务。Azure 服务平台包括了以下主要组件：Microsoft Azure，Microsoft SQL 数据库服务，Microsoft .Net 服务，用于分享、储存和同步文件的 Live 服务，针对商业的 Microsoft SharePoint 和 Microsoft Dynamics CRM 服务。Microsoft Azure 以云技术为核心，提供了软件 + 服务的计算方法，是 Azure 服务平台的基础。Azure 能够将处于云端的开发者个人能力，同微软全球数据中心网络托管的服务，如存储、计算和网络基础设施服务，紧密结合起来。

学习活动 4　认识开源云计算平台 OpenStack

OpenStack 是目前最主要的开源云计算平台，是一个旨在为公有云及私有云的建设与管理提供软件的开源项目，其首要任务是简化云的部署过程并为其带来良好的可扩展性。

云计算平台 OpenStack 帮助服务商和企业内部实现云基础架构服务（Infrastructure as a Service），用户可以利用 OpenStack 来搭建及管理自己的公有云或私有云。

2010 年 OpenStack 项目成立，总共经历了从 Austin 到 Yoga 共 25 个版本。OpenStack 的基本架构如图 8-4-1 所示。

OpenStack 的核心模块有 Keystone（身份验证）、Glance（镜像管理）、Nova（云主机管理）、Neutron（网络管理）、Swift（对象存储管理）、Cinder（块存储管理）等。

● 身份验证为 OpenStack 其他服务提供身份验证、服务规则和服务令牌的功能，管理 Domains、Projects、Users、Groups、Roles。

● 镜像管理是一套虚拟机镜像查找及检索系统，支持多种虚拟机镜像格式（AKI、AMI、ARI、ISO、QCOW2、Raw、VDI、VHD、VMDK），有创建上传镜像、删除镜像、编辑镜像基本信息的功能。

● 云主机管理是一套控制器，用于为单个用户或使用群组管理虚拟机实例的整个生命周期，根据用户需求来提供虚拟服务。负责虚拟机创建、开机、关机、挂起、暂停、调整、迁移、重启、销毁等操作，配置 CPU、内存等信息规格。

● 网络管理提供云计算的网络虚拟化技术，为 OpenStack 其他服务提供网络连接服务，为用户提供接口，可以定义 Network、Subnet、Router，配置 DHCP、DNS、负载均衡、L3 服务，网络支持 GRE、VLAN。插件架构支持许多主流的网络厂家和技术，如 OpenvSwitch。

● 对象存储管理是一套用于在大规模可扩展系统中通过内置冗余及高容错机制实现对象存储的系统，允许进行存储或者检索文件。可为 Glance 提供镜像存储，为 Cinder 提供卷备

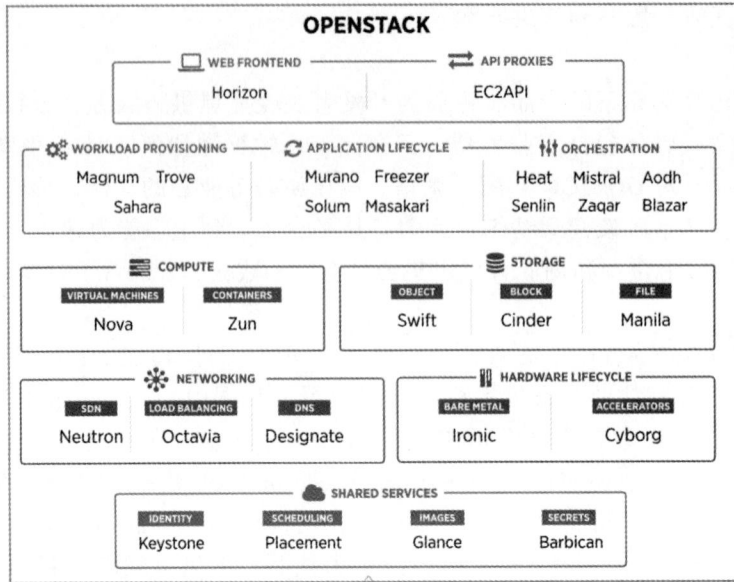

图 8-4-1 OpenStack 基本架构

份服务。

● 块存储管理为运行实例提供稳定的数据块存储服务，其插件驱动架构有利于块设备的创建和管理，如创建卷、删除卷，在实例上挂载和卸载卷。

任务 8.5   了解现代通信技术

了解现代通
信技术

PPT

学习活动 1 **现代通信技术概述**

从远古时代到现在文明高度发达的信息社会，人类的各种活动都与通信密切相关。特别是进入信息时代以来，随着通信技术、计算机技术和控制技术的不断发展与相互融合，极大地扩展了通信的功能，使人们可以随时随地通过各种通信手段获取和交换各种各样的信息。目前，通信已渗入到社会生产和生活的各个领域，通信产品随处可见，成为现代文明的标志之一，对人们日常生活和社会活动的影响越来越大。

1. 通信技术概述

通信（Communication）是指不在同一地点的双方或多方之间进行迅速有效的信息传递。我国古代的烽火传警、击鼓作战、鸣金收兵，及古希腊用火炬位置表示字母等，就是人类最早的利用光或声音进行通信的实例。当然，这些原始通信方式在传输距离的远近和速度的快慢等方面都不能和今天的通信相提并论。

随着社会的发展，人们对信息的需求量日益增加，要求通信传递的信息内容已从单一的语音或文字转换为集声音、文字、数据、图像等多种信息融合在一起的多媒体信息，对传递速度的要求也越来越高。当今的通信网不仅能有效地传递信息，还可以存储、处理、采集及显示信息，实现了可视图文、电子信箱、可视电话、会议电视等多种信息业务功能，如图 8-5-1 所示。

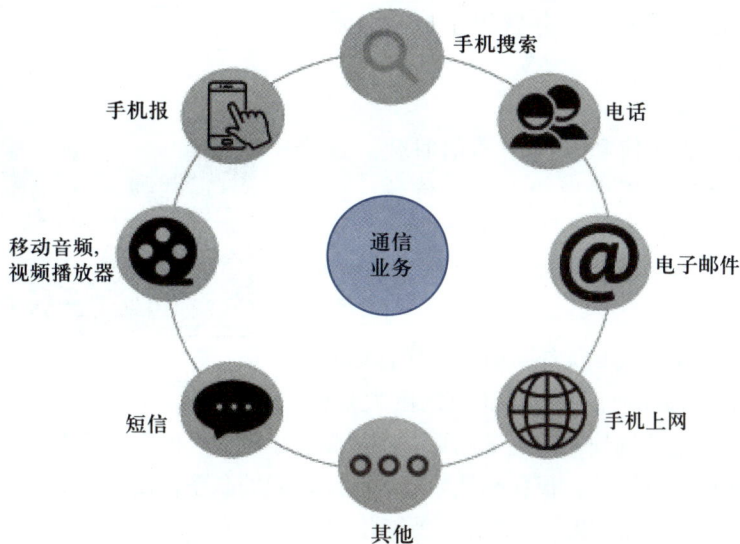

图 8-5-1 　通信业务功能

2. 通信技术发展历程

（1）古代通信

人类进行通信的历史已很悠久。早在远古时期，人们就通过简单的语言、壁画等方式交换信息。千百年来，人们一直在用语言、图符、钟鼓、烟火、竹简、纸书等传递信息。我国古代的飞鸽传书、烽火狼烟就是远古时代通信的典型例子，如图 8-5-2 和图 8-5-3 所示。

图 8-5-2 　飞鸽传书

图 8-5-3 　烽火狼烟

（2）近现代通信

19 世纪中叶以后，随着电报、电话的发明，电磁波的发现，人类通信领域产生了根本性的巨大变革。从此，人类的信息传递可以脱离常规的视听觉方式，用电信号作为新的载体，由此催生了一系列技术革新，进入了人类通信的新时代。利用电和磁的技术实现通信的目的，是近代通信起始的标志。

1844 年 5 月 24 日，莫尔斯用莫尔斯电码发出了人类历史上的第一份电报，从而实现了长途电报通信。1875 年，苏格兰青年亚历山大·贝尔（A.G.Bell）发明了世界上第一台电话机，如图 8-5-4 所示，并于 1876 年申请了发明专利。1878 年在相距 300 km 的波士顿和纽约之间进行了首次长途电话实验，并获得了成功，后来他还成立了贝尔电话公司。

（3）当代通信

当代通信指移动通信和互联网通信时代。这个时代的特征是在全球范围内形成以数字传输、程控电话交换通信为主，其他通信方式为辅的综合电信通信系统，电话网向移动方向延伸，并日益与计算机、电视等技术融合。

当代通信经历了由有线到无线，由第一代移动通信系统（1G）到第五代移动通信系统（5G）的巨大变迁，

图 8-5-4 亚历山大·贝尔发明电话机

业务由最初的只能打电话到现在的浏览网页、看视频、玩游戏、网上交流等。当前，只要打开计算机、手机、智能可穿戴设备，很容易就能实现彼此之间的联系，使生活更加便利。随着技术的不断进步，当代通信朝着综合化、宽带化、智能化的方向发展，满足日益多元化的业务需求。

学习活动 2 了解移动通信技术

1. 移动通信概述

移动通信就是通信双方至少有一方是在运动中（或临时静止状态）的通信方式，采用的频段遍及低频、中频、高频、甚高频和特高频。例如固定体（固定无线电台、有线用户等）与移动体（人、汽车、火车、轮船、飞机、收音机等）之间、移动体与移动体之间的信息交换，都属于移动通信。这里的"信息交换"不仅指双方的通话，还包括数据、电子邮件、传真、图像等通信业务。移动体与移动体之间通信时，必须依靠无线通信技术；移动体与固定体之间通信时，除了依靠无线通信技术之外，还依赖于有线通信技术，如公用电话网（PSTN）、公用数据网（PDN）和综合业务数字网（ISDN）等。

2. 移动通信技术的发展

自 20 世纪 80 年代初，第一代蜂窝移动电话系统投入使用以来，移动通信系统经历了飞速发展，主要分为以下几个时期，如图 8-5-5 所示。

第一代移动通信系统（the First Generation Communication System，1G）：第一代移动通信系统采用模拟蜂窝网络技术，基于频分多址和模拟调频技术。1976 年，国际无线电大会批准了在 800/900 MHz 频段对蜂窝电话的频率分配方案，使蜂窝系统进入了商用阶段。

第二代移动通信系统（the Second Generation Communication System，2G）：第二代移动通信系统在 20 世纪 90 年代初期进入商用阶段，主要采用时分多址和码分多址两种多址方式。2G 代表性的商用系统包括 GSM、IS-95、PDC 等。

第三代移动通信系统（the Third Generation Communication System，3G）：第三代移动通信系统（IMT-2000）是国际电信联盟（ITU）制定的通信系统，意即该系统工作在 2000 MHz 频段，最高业务速率可达 2000 kbit/s，主要商用系统有欧洲和日本的 WCDMA、北美的 CDMA2000 和中国的 TD-SCDMA 等。

第四代移动通信系统（the Fourth Generation Communication System，4G）：主要的 4G 标准有 3GPP 的 LTE-Advanced 和 IEEE 提出的移动 WiMAX（IEEE 802.16 m）。商用 4G 包括 TD-LTE 和 FDD-LTE 两种制式，其速率在高移动应用中达到 100 Mbit/s，在低移动或固定

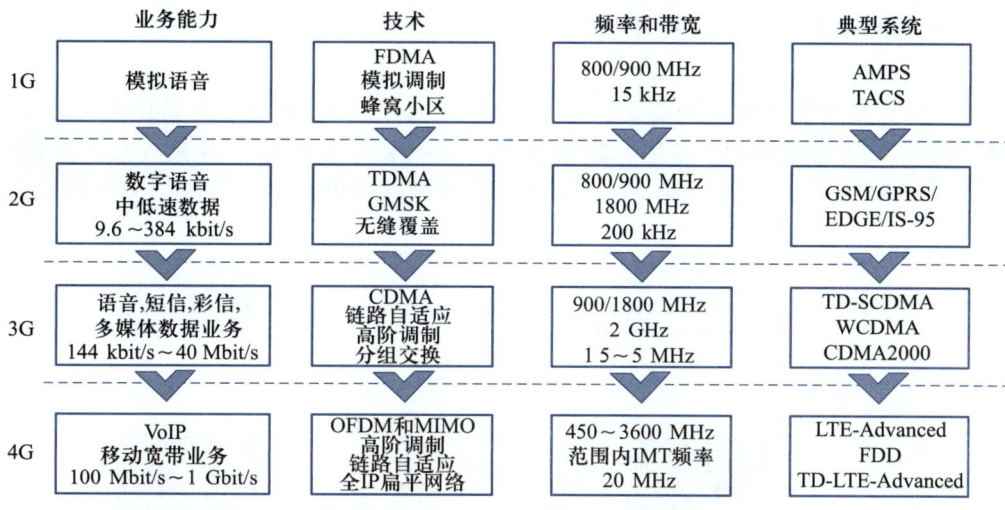

业务能力	技术	频率和带宽	典型系统
1G 模拟语音	FDMA 模拟调制 蜂窝小区	800/900 MHz 15 kHz	AMPS TACS
2G 数字语音 中低速数据 9.6～384 kbit/s	TDMA GMSK 无缝覆盖	800/900 MHz 1800 MHz 200 kHz	GSM/GPRS/ EDGE/IS-95
3G 语音,短信,彩信, 多媒体数据业务 144 kbit/s～40 Mbit/s	CDMA 链路自适应 高阶调制 分组交换	900/1800 MHz 2 GHz 1 5～5 MHz	TD-SCDMA WCDMA CDMA2000
4G VoIP 移动宽带业务 100 Mbit/s～1 Gbit/s	OFDM和MIMO 高阶调制 链路自适应 全IP扁平网络	450～3600 MHz 范围内IMT频率 20 MHz	LTE-Advanced FDD TD-LTE-Advanced

图 8-5-5　移动通信发展阶段

应用中达到 1 Gbit/s。4G 采用的主要技术有 OFDM（正交频分复用）、MIMO（多输入多输出）、AMC（自适应调制编码）和 HARQ（混合自动重传）。

学习活动 3　认识 5G 技术

1. 5G 的六大基本特点

（1）高速度

由于 5G 的基站大幅提高了带宽，因此使得 5G 能够实现更快的传输速率，同时 5G 使用的频率远高于以往的通信技术，能够在相同时间内传送更多的信息，表现在比 4G 快 10 倍的下载速率，峰值可达 1 Gbit/s（4G 为 100 Mbit/s）。

（2）低时延

相对于 4G 而言，5G 技术可以将通信时延降低到 1 ms 左右，因此许多需要低延迟的行业将会从 5G 技术中获益，如自动驾驶等，无须使用延时高达 50 ms 的 4G 网络，采用 5G 网络后能提高自动驾驶的反应速度。

（3）泛在网

5G 能够达到泛在网的标准，实现网络覆盖无死角，任何人在任何时间、任何地点都能畅通无阻地进行通信。有效改善 4G 网络下的盲点，实现全面覆盖。

（4）低功耗

5G 网络采用 eMTC 和 NB-IoT 技术，实现了低功耗的需求，能够降低物联网设备的功耗，使得物联网设备能够长时间待机而不更换电池，有利于大规模部署物联网设备。

（5）万物互联

与 4G 相比，5G 系统大幅提高了支持百亿甚至千亿数量级的海量传感器接入，能够很好地满足数据传输及业务连接需求，将人、流程、数据和事物结合一起，使连接更紧密。

（6）重构安全

5G 通信在各种新技术的加持下，有更高的安全性，在未来的无人驾驶、智能健康等领域能够有效地抵挡黑客的攻击，保障各方面的安全。

2. 5G 组网架构

根据我国工业和信息化部的规定，从 2020 年 1 月 1 日开始，5G 终端必须具备 SA（独立组网）模式。SA 模式是 5G 网络的最终场景，如图 8-5-6 所示，而 NSA（非独立组网）模式只是过渡场景，如图 8-5-7 所示，后续将被 SA 模式替代。

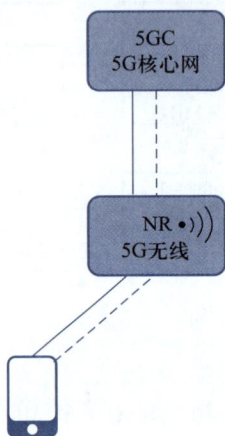

图 8-5-6　SA（独立组网）模式　　　图 8-5-7　NSA（非独立组网）模式

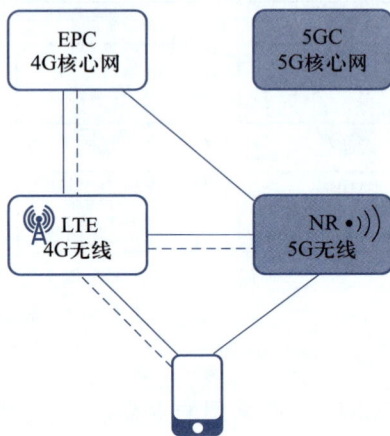

NSA 和 SA 是 5G 现行组网的两种主要方式。简单来讲，NSA 是融合现有 4G 基站和网络架构部署的 5G 网络。因此，其建设速度非常快，但由于架构使用的还是 4G 网络架构，导致 5G 网络的海量物联网接入和低时延特性无法发挥。而 SA 称为独立组网，需要重新建设 5G 基站和后端 5G 网络，从而完全实现 5G 网络的所有特性和功能，但其建设成本相对较高。

3. 5G 的三大应用场景

国际电信联盟电信标准分局 ITU-T 将 5G 的应用场景划分为三大类，包括应用于移动互联网的增强移动宽带（eMBB）、应用于物联网的大规模机器通信或海量物联（mMTC）和高可靠低时延通信（uRLLC），如图 8-5-8 所示。

（1）eMBB

eMBB 就是以人为中心的应用场景，集中表现为超高的传输数据速率，广覆盖下的移动性保证等，最直观表现为改善移动网速，未来更多的应用对移动网速的需求都将得到满足。从 eMBB 层面上来说，它是原来移动网络的升级，让人们体验到极致的网速。因此，eMBB 将是 5G 发展初期面向个人消费市场的核心应用场景。

（2）mMTC

mMTC 可使 5G 强大的连接能力快速促进各垂直行业（智慧城市、智能家居、环境监测等）的深度融合。这一场景下，数据速率较低且时延不敏感，连接覆盖生活的方方面面，终端成本更低，设备电池寿命更长且可靠性更高，真正能实现万物互联。

（3）uRLLC

uRLLC 在此场景下，连接时延要达到 1 ms 级别，而且要支持高速移动（500 km/h）情况下的高可靠性连接。这一场景更多面向车联网、工业控制、远程医疗等特殊应用，这类应

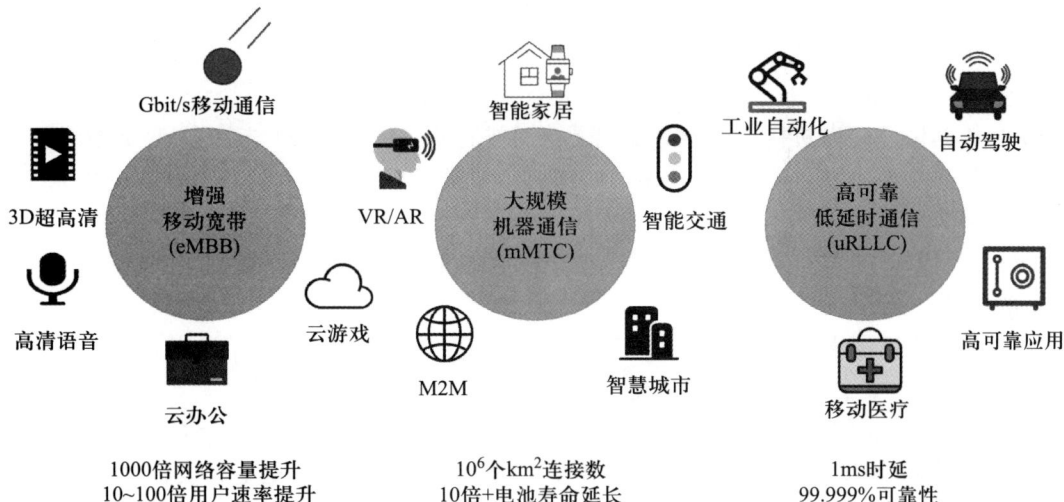

图 8-5-8　5G 三大应用场景

用在未来潜在的价值极高。未来社会走向智能化，这些应用对安全性、可靠性要求极高，就得依靠这个场景的网络。

4. 其他通信技术

在人们的日常的生活和生产应用中还有蓝牙、Wi-Fi、ZigBee、NFC、光纤通信技术、卫星通信技术等。

量子通信是指利用量子纠缠效应进行信息传递的一种新型的通信方式，是近 20 年发展起来的新型交叉学科，是量子论和信息论相结合的新的研究领域。量子通信主要涉及量子密码通信、量子远程传态和量子密集编码等多个方面。

2016 年 8 月 16 日，中国成功发射了世界上第一颗量子科学实验卫星"墨子号"，用于探索卫星平台量子通信的可行性。该卫星由中国科学技术大学和中国科学院上海技术物理研究所共同研制，卫星上装备了量子密钥通信机、量子纠缠发射机、量子纠缠源等载荷设备，是世界上第一个太空中的量子通信终端。

任务 8.6　了解物联网

学习活动 1　**物联网概述**

1. 物联网

物联网（The Internet of things，IoT）是信息科技产业的第三次革命，是新一代信息技术的重要组成部分。

物联网是指通过射频识别（RFID）、红外感应器、全球定位系统、激光扫描器等信息传感设备，按约定的协议，把任何物品与互联网相连接，进行信息交换和通信，以实现对物品的智能化识别、定位、跟踪、监控和管理的一种网络。物联网的核心和基础仍然是互联网，其用户端延伸和扩展到了任何物品与物品之间。

2. 物联网发展历程

1995 年，物联网概念首次被提出，只是当时受限于无线网络、硬件及传感设备的发展，并未引起世人的重视。

1998 年，国外研究机构创造性地提出了当时被称作 EPC 系统的"物联网"的构想。

1999 年，主要建立在物品编码、RFID 技术和互联网基础上的"物联网"的概念被提出。

2003 年，专业杂志提出传感网络技术将是未来改变人们生活的十大技术之首。

2005 年，国际电信联盟（ITU）发布了《ITU 互联网报告 2005：物联网》，正式提出了"物联网"的概念。

2009 年，我国提出建立"感知中国"，物联网被正式列为国家五大新兴战略性产业之一，写入政府工作报告，物联网在中国受到了全社会极大的关注。

2021 年，工业和信息化部等八部门印发《物联网新型基础设施建设三年行动计划（2021—2023 年）》，明确到 2023 年底，在国内主要城市初步建成物联网新型基础设施，社会现代化治理、产业数字化转型和民生消费升级的基础更加稳固。

学习活动 2　认识物联网体系结构

物联网体系结构分为三层，分别为感知层、网络层与应用层，如图 8-6-1 所示。

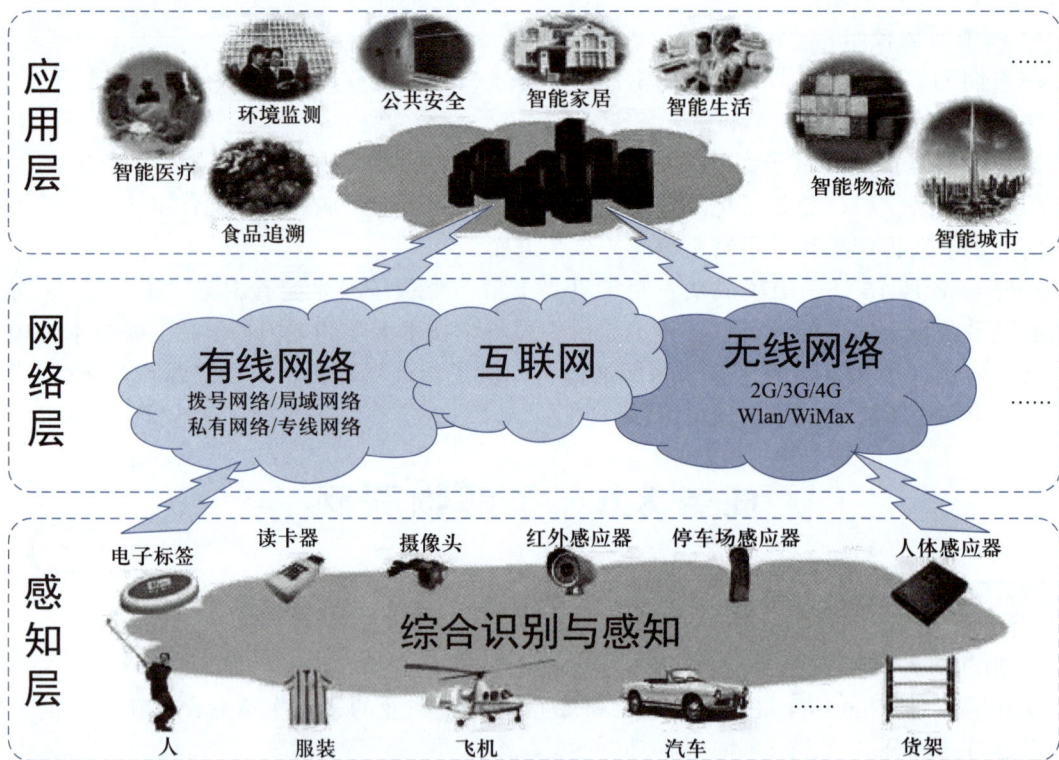

图 8-6-1　物联网体系结构

1. 感知层

感知层是物联网的基础，是连接物理世界与虚拟信息世界的纽带。感知层负责信息采集和物物之间的信息传输。感知层设备主要包括传感器、条码和二维码、读卡器、RFID 射频模块等；信息传输设备主要包括远近距离数据传输、自组织组网、协同信息处理等传感器网络设备。

2. 网络层

网络层是利用无线网络和有线网络对采集的数据进行编码、认证和传输。广泛覆盖的移动通信网络是实现物联网的基础设施，是物联网三层中标准化程度最高、产业化能力最强、最成熟的部分。网络层关键在于为物联网应用特征进行优化和改进，形成协同感知的网络。

3. 应用层

应用层提供丰富物联网应用，是物联网发展的根本目标。应用层将物联网技术与行业信息化需求相结合，实现广泛智能化应用的解决方案集。应用层关键在于行业融合、信息资源的开发利用、低成本高质量的解决方案、信息安全的保障以及有效的商业模式的开发。

学习活动 3　了解物联网关键技术

1. 感知层关键技术

感知层关键技术包括传感器技术、射频识别技术、条形码技术和 GPS 技术。

（1）传感器技术

传感器是一种检测装置，能够采集测量的信息，并能将检测采集到的信息按一定的规律变换成电信号或者其他形式输出。常见的传感器有温度传感器、声音传感器、光电传感器、位移传感器、加速度传感器等。

如果把计算机看成处理和识别信息的"大脑"，把通信系统看成传递信息的"神经系统"，那么传感器就是"感觉器官"。

（2）射频识别（RFID）技术

射频识别（Radio Frequency Identification，RFID）俗称电子标签，是通过无线电信号识别特定目标并读写相关数据的无线通信技术。RFID 已经在身份识别、电子收费系统和物流管理等领域有了广泛应用。

（3）条形码技术

条形码是一种信息的图形化处理方法，可以把信息复制成条形码，然后用相应的扫描设备将信息输入到计算机中。

条形码分为一维条形码（一维码）和二维条形码（二维码）。一维码制作简单，主要用于图书管理、货物运输、票务系统等。二维码的优点是信息容量大、译码可靠性高、纠错能力强、制作成本低、保密与防伪性能好，应用广泛，如日常生活中的扫码付款等。

（4）卫星定位技术

卫星定位即通过接收卫星提供的经纬度坐标信号来进行定位。四大卫星导航系统分别为美国全球定位系（GPS）、俄罗斯格洛纳斯（GLONASS）、欧洲伽利略（GALILEO）系统、中国北斗系统。

2. 网络层关键技术

网络层的关键技术包括 ZigBee 技术、Wi-Fi 技术和蓝牙技术。

（1）ZigBee 技术

ZigBee 技术是一种近距离、低复杂度、低功耗、低速率、低成本的双向无线通信技术。

ZigBee 的主要特点是功耗低、成本低、时延短、网络容量大、可靠、安全，主要适用于自动控制和远程控制领域，广泛应用于智能家居、楼宇自动化、工业自动化等领域。

（2）Wi-Fi 技术

Wi-Fi 是一种允许电子设备连接到一个无线局域网（WLAN）的技术，通常使用 2.4G UHF 或 5G SHF ISM 射频频段。几乎所有智能手机、平板电脑和便携式计算机都支持 Wi-Fi 上网。

通常会使用一个无线路由器把有线网络信号转换成无线信号，在这个无线路由器的电波覆盖的有效范围都可以采用 Wi-Fi 连接方式进行上网，这个无线网络又被称为"热点"。

（3）蓝牙技术

蓝牙（Bluetooth）是一种无线数据和语音通信开放的全球规范，它是基于低成本的近距离无线连接，为固定和移动设备建立通信环境的一种特殊的近距离无线技术连接。

蓝牙使当前的一些便携移动设备和计算机设备能够不需要线缆就能连接到互联网，具有稳定可靠、可用设备范围广、易于使用等优点。

3. 应用层关键技术

应用层的关键技术包括云计算、大数据以及标识和解析技术等。

（1）云计算

云计算可以助力物联网海量数据的存储和分析。依据云计算的服务类型可以将云分为基础设施即服务（IaaS）、平台即服务（PaaS）、软件即服务（SaaS）。

（2）大数据

应用层可以对感知层采集数据进行计算、处理和知识挖掘，从而实现对物理世界的实时控制、精确管理和科学决策，海量数据的处理需要用到大数据技术。

（3）标识和解析技术

标识解析技术是指将对象标识记录实际信息服务所需信息的过程，如地址、物品、空间位置等，就相当于给予机器或小部件一个"身份证"，此"身份证"可以是条形码、二维码和无线射频识别标签等标识。利用这个标识，可以快速搜寻机器或者物品的一系列信息，可以精确地判断产品的生命周期。

学习活动 4　了解物联网应用领域

目前，物联网已经在智能仓储、智能家庭、智能物流、智能医疗、智能交通、智能农业等领域得到了广泛应用。

1. 智能仓储

智能仓储是物流过程的一个环节，智能仓储的应用，保证了货物仓库管理各个环节数据输入的速度和准确性，确保企业及时准确地掌握库存的真实数据，合理保持和控制企业库存，如图 8-6-2 所示。

2. 智能家庭

在家庭日常生活中，物联网的迅速发展使人能够在更加便捷、更加舒适的环境中生活。人们可以通过物联网技术实现对家用电器的远程智能化控制，还可实现迅速定位家庭成员位置等功能，如图 8-6-3 所示。

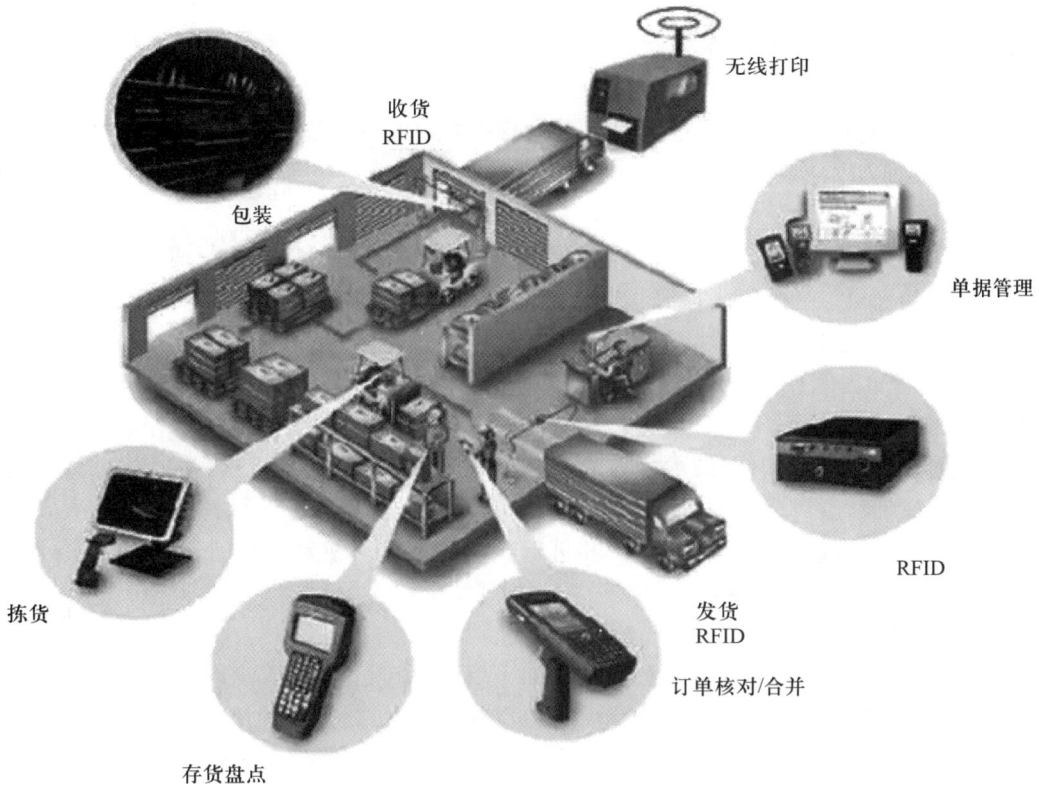

图 8-6-2　智能仓储示意图

无线打印
收货 RFID
包装
单据管理
RFID
拣货
发货 RFID
订单核对/合并
存货盘点

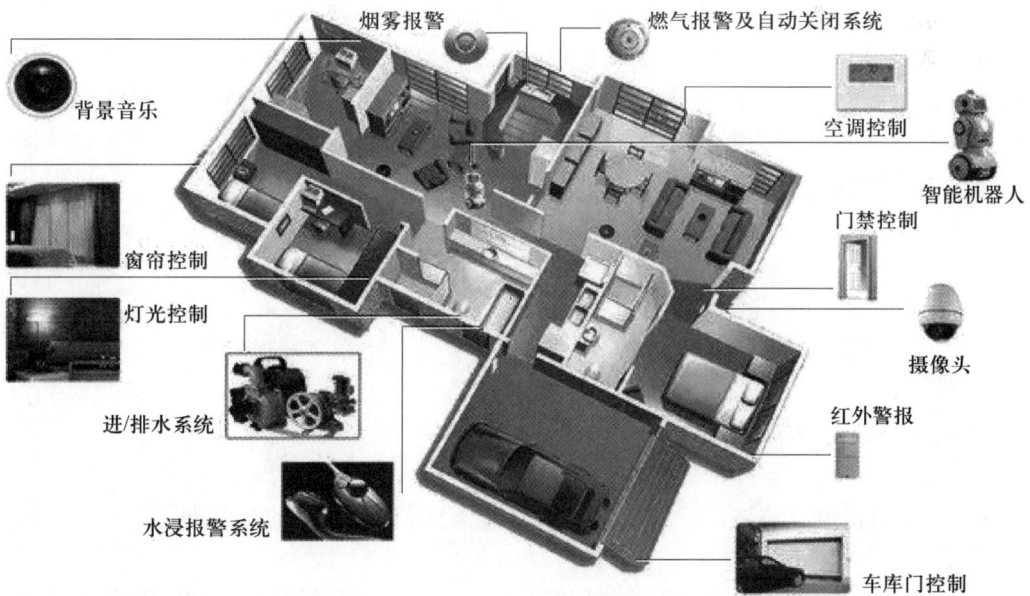

图 8-6-3　智能家庭

烟雾报警
燃气报警及自动关闭系统
背景音乐
空调控制
智能机器人
门禁控制
窗帘控制
摄像头
灯光控制
进/排水系统
红外警报
水浸报警系统
车库门控制

3. 智能物流

智能物流是一种以信息技术为支撑，在物流的运输、仓储、包装、装卸搬运、流通加工、配送、信息服务等各个环节实现系统感知。智能物流能大大降低制造业、物流业等各行业的成本，提高企业利润。生产商、批发商、零售商三方通过智能物流相互协作，信息共享，物流企业便能更节省成本。

4. 智能医疗

在医疗卫生领域中，通过传感器与移动设备来对人体的生理状态进行捕捉，如心跳频率、体力消耗、葡萄糖摄取、血压高低等生命指数。这些数据将会被记录到个人电子健康文件里，方便个人或医生进行查阅。同时还能够监控人体的健康状况，把检测到的数据通过通信终端上传网络，实现远程医疗。

5. 智能交通

智能交通领域以图像识别技术为核心，综合利用射频技术、标签等手段，对交通流量、驾驶违章、行驶路线、牌号信息、道路的占有率、驾驶速度等数据进行自动采集和实时传送。系统会对采集到的信息进行汇总分类，并进行分析处理，对机动车牌进行识别、快速处置，为交通事件的检测提供详细数据。

6. 智能农业

在农业领域，物联网的应用非常广泛，如土壤酸碱度、降水量、空气质量、风力大小、氮浓缩量、土地湿度等数据的监测与控制，可以在减灾、抗灾、科学种植等方面发挥巨大作用。

项 目 总 结

本项目介绍信息安全意识、信息安全技术、信息安全应用，大数据基础知识、大数据系统架构、大数据应用及发展趋势，人工智能基础知识、人工智能核心技术及应用，云计算基础知识和模式、技术原理和架构、主流产品和应用，现代通信技术基础、5G 技术、其他现代通信技术，物联网基础知识、物联网体系结构和关键技术、物联网应用领域等内容。通过本项目的学习，读者可以了解并熟悉新一代信息技术概念、应用、相关技术和工具，探索新一代信息技术与所从事领域工作的融合方式，提高工作效率。

思 考 与 练 习

一、选择题

1. 信息安全最大的威胁是（　　　）。

   A. 人　　　　　　　　　　　　　　　　　B. 计算机病毒

   C. 计算机漏洞　　　　　　　　　　　　　D. 日趋复杂的互联网

2. 大数据的 4V 特性不包括（　　　）。

   A. 数据量大　　　　B. 数据类型繁多　　　　C. 数据传输快　　　　D. 价值密度低

3. 下列（　　　）不是大数据时代的新兴技术。

   A. Hadoop　　　　　B. Spark　　　　　　　C. HBase　　　　　　D. SQL Server

4. 人工智能的英文是（　　　）。

    A. Automatic Intelligence　　　　　　　B. Artifical Intelligence

    C. Automatice Information　　　　　　　D. Artifical Information

5. 1997 年 5 月，闻名的"人机大战"，最终计算机击败世界国际象棋冠军，这台计算机被称为（　　　）。

    A. 深蓝　　　　　　B. IBM　　　　　C. 深思　　　　　D. 蓝天

6. 不属于云计算的典型服务模式是（　　　）。

    A. 基础设施即服务　　B. 计算即服务　　　C. 平台即服务　　　D. 软件即服务

7. 云计算是对（　　　）技术的发展与运用。

    A. 并行计算　　　　B. 网格计算　　　C. 分布式计算　　D. 以上都是

8. 以下属于近现代通信时期的通信方式是（　　　）。

    A. 烽火狼烟　　　　B. 电报　　　　　C. 3G 手机　　　D. 互联网

9. 以下通信技术中，属于远距离通信的是（　　　）。

    A. 蓝牙　　　　　　B. Wi-Fi　　　　C. NFC　　　　　D. 光纤通信

10. 物联网的英文名称是（　　　）。

    A. Internet of Matters　　　　　　　B. Internet of Things

    C. Internet of Therys　　　　　　　 D. Internet of Clouds

二、填空题

1. 信息安全的 5 个基本要素包括_____、_____、_____、可控性、不可否认性。

2. 大数据的 4 个基本特征是_____、_____、_____、_____。

3. _____是一个复杂的机器学习算法，在语音和图像识别方面取得的效果，远远超过先前相关技术。

4. 云计算的部署模式有_____、_____、_____。

5. 5G 的三大应用场景是_____、_____、_____。

三、思考题

1. 计算机病毒、蠕虫和木马三者有什么区别？

2. 归纳人工智能在生活中的应用，简要说说这些应用对生活能造成哪些影响。

3. 云计算在生活中有哪些应用？

4. 5G 通信技术有哪些特点？

5. 生活中物联网的应用场景有哪些？

参 考 文 献

［1］中华人民共和国教育部.高等职业教育专科信息技术课程标准：2021年版［M］.北京：高等教育出版社，2021.

［2］眭碧霞.信息技术基础［M］.北京：高等教育出版社，2021.

［3］王津.计算机应用基础（Windows 10+Office 2016）［M］.5版.北京：高等教育出版社，2021.

［4］丛国凤，徐涛，谢楠.计算机应用基础项目化教程（Windows 10+Office 2016）［M］.北京：清华大学出版社，2019.

［5］曾爱林.计算机应用基础项目化教程（Windows 10+Office 2016）［M］.北京：高等教育出版社，2019.

［6］林政.深入浅出：Windows 10通用应用开发［M］.2版.北京：清华大学出版社，2019.

［7］张玉慧.网络信息检索与利用［M］.北京：北京理工大学出版社，2017.

［8］朱胜涛.注册信息安全专业人员培训教材［M］.北京：北京师范大学出版社，2020.

［9］石淑华.计算机网络安全技术［M］.6版.北京：人民邮电出版社，2021.

［10］刘洪亮.信息安全技术 HCIA–Security［M］.北京：人民邮电出版社，2019.

［11］李臻.计算机网络基础及应用案例教程（微课版）［M］.2版.北京：人民邮电出版社，2020.

［12］通识教育规划教材编写组.新编信息检索教程［M］.北京：人民邮电出版社，2019.

［13］宋拯，张帆.通信入门［M］.3版.北京：北京理工大学出版社，2016.

［14］张海君，张宇，李杰.大话移动通信［M］.2版.北京：清华大学出版社，2015.

［15］王永学，张宇.5G移动网络运维（初级）［M］.北京：高等教育出版社，2020.

［16］刘宇，张宇.5G移动网络运维（中级）［M］.北京：高等教育出版社，2021.

［17］孙学康，张金菊.光纤通信技术［M］.3版.北京：人民邮电出版社，2012.

［18］夏道勋.大数据素质读本［M］.北京：人民邮电出版社，2019.

［19］武志学.大数据导论思维、技术与应用［M］.北京：人民邮电出版社，2019.

［20］杜康平，王磊.云计算技术［M］.北京：人民邮电出版社，2017.

［21］刘志成，林东升.云计算技术与应用基础［M］.北京：人民邮电出版社，2017.

郑重声明

高等教育出版社依法对本书享有专有出版权。任何未经许可的复制、销售行为均违反《中华人民共和国著作权法》，其行为人将承担相应的民事责任和行政责任；构成犯罪的，将被依法追究刑事责任。为了维护市场秩序，保护读者的合法权益，避免读者误用盗版书造成不良后果，我社将配合行政执法部门和司法机关对违法犯罪的单位和个人进行严厉打击。社会各界人士如发现上述侵权行为，希望及时举报，我社将奖励举报有功人员。

反盗版举报电话　　（010）58581999　58582371
反盗版举报邮箱　　dd@hep.com.cn
通信地址　　北京市西城区德外大街 4 号　高等教育出版社法律事务部
邮政编码　　100120

读者意见反馈

为收集对教材的意见建议，进一步完善教材编写并做好服务工作，读者可将对本教材的意见建议通过如下渠道反馈至我社。

咨询电话　　400-810-0598
反馈邮箱　　gjdzfwb@pub.hep.cn
通信地址　　北京市朝阳区惠新东街 4 号富盛大厦 1 座
　　　　　　高等教育出版社总编辑办公室
邮政编码　　100029